智慧水利
创新与实践

刘满杰 谢津平 等 编著

中国水利水电出版社
www.waterpub.com.cn
·北京·

内 容 提 要

　　智慧水利建设是数字中国、智慧社会建设的一部分，是贯彻落实国家发展战略的重要方面。智慧水利属于水利信息化建设的内容，借助"云、大、物、移、智"（云计算、大数据、物联网、移动应用、人工智能）等新技术革命，使得传统水利逐渐向智慧水利转型，并快速发展。

　　本书系统性地阐述了智慧水利的理论体系、创新应用及实践案例，首次提出"水利智能体"概念及建设框架，提出智慧水利建设应以应用管理为目标，以业务发展为引擎，以信息化新技术为手段，建设"创新、开放、共享"的智慧水利行业发展平台，提供智慧水利一体化的解决方案，搭建"一体化、智能化"的智慧水利服务模式，实现智慧水利从支撑保障到驱动引领的转变。

　　本书提供了相关企业在推进智慧水利业务发展过程中的经验，可为水利系统职工实践智慧水利新业态提供有益的借鉴。

图书在版编目（ＣＩＰ）数据

智慧水利创新与实践 / 刘满杰等编著. -- 北京：
中国水利水电出版社，2020.12
　ISBN 978-7-5170-9314-5

　Ⅰ．①智… Ⅱ．①刘… Ⅲ．①智能技术－应用－水利
工程－研究 Ⅳ．①TV-39

中国版本图书馆CIP数据核字(2021)第162218号

书　　　名	**智慧水利创新与实践** ZHIHUI SHUILI CHUANGXIN YU SHIJIAN
作　　　者	刘满杰　谢津平　等 编著
出 版 发 行	中国水利水电出版社 （北京市海淀区玉渊潭南路 1 号 D 座　100038） 网址：www. waterpub. com. cn E - mail：sales@waterpub. com. cn 电话：(010) 68367658（营销中心）
经　　　售	北京科水图书销售中心（零售） 电话：(010) 88383994、63202643、68545874 全国各地新华书店和相关出版物销售网点
排　　　版	中国水利水电出版社微机排版中心
印　　　刷	天津嘉恒印务有限公司
规　　　格	184mm×260mm　16 开本　20 印张　487 千字
版　　　次	2020 年 12 月第 1 版　2020 年 12 月第 1 次印刷
印　　　数	0001—1000 册
定　　　价	**99.00 元**

《智慧水利创新与实践》
编写人员名单

主　　　　编　刘满杰

副　主　编　谢津平

参加编写人员　（按姓氏笔画排序）

于　雨　王雪娇　付　超

乔亚奇　陈　诚　袁　悦

徐寅生　奚　歌

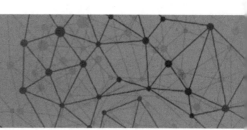

前　言

    智慧水利建设是数字中国、智慧社会建设的一部分，是贯彻落实国家发展战略的重要方面。2018年中央一号文件明确提出实施智慧农业林业水利工程。2019年全国水利工作会议提出，抓好智慧水利顶层设计，构建安全实用、智慧高效的水利信息大系统。2019年水利部正式出台《水利部关于印发加快推进智慧水利的指导意见和智慧水利总体方案的通知》（水信息〔2019〕220号），明确了今后一个时期智慧水利的总体要求和主要任务，提出了组织实施要求和保障措施。该文件的出台，必将掀起智慧水利的建设热潮。

    本书系统性地阐述了智慧水利的理论体系及其创新应用，并详细分析了智慧大兴水利枢纽、环洱海智慧生态廊道、黄花滩智慧灌区、南水北调东线江苏段智慧调度工程等实践案例。根据智慧水利的现状、成就及挑战，创新性地提出了"水利智能体"的概念及框架，水利智能体可以作为智慧水利发展的具象化体现，主要包括智能感官、智能联接、智能中枢、智能应用和智能免疫五个层面，是能感知、会思考、能决策、可防护的一体化智能水利系统，是智慧水利建设的新思路，可为水利行业的进一步发展提供指导。同时，作者认为，水利智能体的高级阶段是对物理水世界和生物智能的统一反映，不仅可以通过水利数字孪生模拟物理水世界，而且可以对当前水世界的态势进行不同模拟预测，并根据模拟预测结果对现实水世界的行为进行控制、调整与修正，改善水利业务服务能力。

    作者根据多年智慧水利的规划设计、软件开发、工程建设经验及相关论文专利抛砖引玉，希望给读者一些启迪和思考。本书分为三篇，第一篇为理论体系，包含第一章和第二章，重点分析了智慧水利的现状、成就、存在的问题与对策，并在此基础上，构建了水利智能体的概念，对水利智能体与智慧水利的关系、建设水利智能体的必要性、水利智能体的分类、建设水利智能体的策略等方面进行阐述。第二篇为创新应用，包含第三章至第七章，主要介绍构成水利智能体的多种类智能感官、多样化智能联接、多融合智能中枢、多业务创新智能应用和多手段智能免疫等五个方面的先进技术和应用案例。第三篇为实践案例，包含第八章至第十二章，介绍智慧大兴水利枢纽、环洱海智慧生态廊道、黄花滩智慧灌区、南水北调东线江苏段智慧调度工程等案例，将每个案例从水利智能体的角度进行解读，按照介绍不同智慧水利项目的建设思路和关注重点，以期通过分享这些智慧水利项目的成功经验，进而为不同业务项目的智慧水利建设提供经验借鉴。

希望本书能成为引玉之砖，与同行共同研讨智慧水利规划、开发、运用的理论问题和实际问题，为推进智慧水利建设作出贡献。

由于作者水平及时间有限，加上"云、大、物、移、智"等技术日新月异，书中难免有局限和诸多不足之处，敬请各位专家和读者批评指正。

作者

2020 年 10 月

目 录

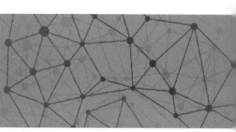

前言

第一篇

理论体系

本篇重点分析研究了智慧水利的现状、成就及其存在的问题。在此基础上，构建了水利智能体的概念，阐述了水利智能体与智慧水利的关系、建设水利智能体的必要性和水利智能体的分类，提出了建设水利智能体的策略。

第一章 绪 论

第一节 智慧水利的现状

一、背景

1998 年，美国时任副总统阿尔·戈尔提出"数字地球"构想，数字地球是一个无缝的覆盖全球的地球信息模型，它把分散在地球各地的从各种不同渠道获取到的信息按地球的地理坐标组织起来，既能体现出地球上各种信息（自然的、人文的、社会的）的内在有机联系，又便于按地理坐标进行检索和利用。

2008 年 11 月，IBM 公司在美国纽约发布的《智慧地球：下一代领导人议程》主题报告中提出，把新一代信息技术充分运用在各行各业之中。2009 年 1 月 28 日，美国工商业领袖举行了一次"圆桌会议"，IBM 首席执行官彭明盛（Sam Palmisano）首次提出"智慧的地球"（以下简称"智慧地球"）这一概念，建议新一届政府投资建设下一代智慧型基础设施。"智慧地球"也称为"智能地球"，就是把感应器嵌入或装备到电网、铁路、桥梁、隧道、公路、建筑、大坝、供水系统、油气管道等各种物体中，并且被普遍连接，形成"物联网"，然后将"物联网"与现有的互联网整合起来，实现人类社会与物理系统的整合。在这个整合的网络中，需要能力强大的中心计算机集群，能够对整合网络内的人员、设备和基础设施实施实时的管理和控制。

"智慧水利"是"智慧地球""智慧城市"理念的行业延伸。为了应对全球气候变化和人类剧烈活动导致的洪涝灾害、干旱缺水、水体污染、水土流失等复杂的水问题，推动水利信息化水平向更高层次发展，我国水利工作者借鉴"智慧地球"的理念提出了"智慧水利"的概念。

同时，智慧水利是智慧地球的思想与技术在水利行业的应用，即运用物联网、云计算、大数据等新一代信息通信技术，自动、实时地感知水资源、水环境、物理大气水文过程及各种水利工程的多要素、多属性、多格式的数据；通过信息通信网络传送到在线的数据库和云存储中；再利用云计算、数据挖掘、深度学习等智能计算技术进行数据处理、建模和推演，作出科学优化的判断和决策，并反馈给人类和设备，采取相应的措施和行动有效解决水利科技和水利行业的各种问题，提高水资源的利用率和水利工程的效益，有效保护水资源及水环境，实现防灾减灾和人水和谐。智慧水利是新一代水利信息化的集成发展方向。

二、水利信息化发展阶段

第一阶段。20 世纪 80 年代到 21 世纪初，为水利信息化建设的第一发展阶段，也可以说是启蒙阶段。在这个发展阶段中，开始对水利信息化建设进行研究，但进展缓慢，其工作主要围绕水情信息的收集和整理来进行。

第二阶段。21 世纪的前 15 年，是水利信息化建设的第二发展阶段。在这个阶段中，加大了对水利信息化建设的研究深度，人们意识到水利信息化建设的重要性，相关研究工作得以全面开展，其工作主要以对水利信息化基础设施研究和保障环境建设为主。

第三阶段。从 2015 年至今，是水利信息化建设的第三发展阶段。在这个阶段中，由于国家经济和科学技术得到了快速发展，水利信息化建设工作不再局限于一些简单的基础建设，而是提出了许多新的发展理念，其中智慧水利建设就是在这个阶段研究的成果，在未来许多年的发展时间内，这是最为主要的研究方向。

三、智慧水利的特征

（1）透彻感知。透彻感知是智慧水利的"感官"，通过全方位、全对象、全指标的监测，为水利行业管理与公共服务提供多种类、精细化的数据支撑，是实现智慧水利的前提和基础。透彻感知既需要传统监测手段，也需要物联网、卫星遥感、无人机、视频监控、智能手机等新技术的应用；既需要采集行业内的主要特征指标，也需要采集与行业相关的环境、状态、位置等数据。

（2）全面互联。全面互联是智慧水利的"神经网络"，实现感知对象和各级平台之间的互联互通，关键在于广覆盖、大容量，为随时、随地的应用提供网络条件。全面互联不仅需要光纤、微波等传统通信技术的支撑，也需要物联网、移动互联网、卫星通信、Wi-Fi 等现代技术的应用。

（3）深度整合。深度整合是智能应用的基本要求，不仅包括气象、水文、农业、海洋、市政等多部门，太空、天空、地面、地下等全要素监测信息等数据和业务的整合，还包括通过云计算技术等实现基础设施整合，关键是让分散的基础设施、数据和应用形成合力。

（4）广泛共享。广泛共享是智慧水利实现管理与服务高效便捷的关键，通过各类数据的全参与、全交换，实现对感知数据的共用、复用和再生，为随需、随想的应用提供丰富的数据支撑。广泛共享既需要行业内不同专业数据的共享，也需要相关行业不同种类数据的共享，丰富数据源，为大数据技术的应用提供支撑。

（5）智能应用。智能应用是智慧水利的"智慧"体现，关键在于对新型识别、大数据、云计算、物联网、人工智能、移动互联网等新技术的运用，对各类调控、管理对象和服务对象的行为现象进行识别、模拟、预测预判和快速响应，推动水行政管理部门监管更高效、水利行业管理更精准、调度运行更科学、应急处置更快捷、便民服务更友好。

（6）泛在服务。泛在服务是智慧水利的重要落脚点，将智能系统的建设成果形成服务能力和产品，关键是人性化、便捷化、个性化。水利行业的泛在服务在面向公众服务方面，应用的重点是要求便捷易用；在面向政府管理方面，提供服务的应用重点是要求决策支持。

四、智慧水利关键技术

（一）智能感知技术

利用各种先进灵敏的信息传感设备和系统，如无线传感器网络、射频标签阅读装置等，对系统所需的洪水、干旱、水利工程等各类信息进行实时的监测、采集和分析。如应用射频识别技术，通过对流域中的水工建筑物、水文测站、量测设备等装备射频标签，能够自动获取水工建筑物的特征数据和水文测站信息。无线传感器网络通过装备和嵌入到流域中的各类集成化的微型传感器实时监测、感知和采集各种流域环境或监测对象信息，然后将这些信息以无线方式发送出去，以自组多跳的网络方式传送到用户端，实现物理流域、计算流域和人类社会三元世界的连通。智能感知技术是感知自然循环和社会循环过程水情信息的重要组成部分。

（二）"3S"技术与三维可视化

"3S"技术是遥感技术（remote sensing，RS）、地理信息系统（geography information system，GIS）和全球定位系统（global positioning system，GPS）的统称，是利用遥感、空间地理信息、卫星定位与导航以及通信网络等技术，实现对空间信息进行采集、分析、传输和应用的一项现代信息技术。随着"3S"技术的不断发展，将遥感、全球卫星定位系统和地理信息系统紧密结合起来的"3S"一体化技术已显示出更为广阔的应用前景。智慧水利系统设计对现有水利技术进行了延伸，将RS、GIS、GPS三种技术集成，构成一个强大的技术体系，并且加入三维分析和可视化技术，更加直观准确地实现对各种水利工程空间信息和环境信息的快速、准确、可靠的收集、处理与更新，为防汛抗旱、水资源调度管理决策、水质监测与评价、水土保持监测与管理等业务系统提供决策支持。

（三）云计算与云存储技术

云计算（cloud computing）通过虚拟化、分布式处理和宽带网络等技术，使得互联网资源可以随时切换到所需的应用上，用户可以按照"即插即用"的方式，根据个人需求来访问计算机和存储系统，实现所需要的操作。其强大的计算能力可以模拟水资源调度、预测气候变化和发展趋势等。云计算的应用会使任何大尺度和高精度的实时模拟计算成为可能。通过云计算，将流域或河流模拟程序拆分成无数个较小的子程序，通过网络交换由分布式计算机所组成的庞大系统搜索、计算分析之后将处理结果回传给用户，这样对局部河段或者流域干流的高精度的三维模拟从理想变成现实。现有的多数"半分布式"系列模型将向"完全分布式"系列模型转变，其中对水循环过程的模拟是采用二维或者三维水动力学及其伴生过程模型。云存储是在云计算概念基础上延伸和发展的一个新概念，是以数据存储和管理为核心的云计算系统。通过云存储技术，流域中海量的原型观测、实验数据和数学模型计算的历史数据和实时数据以及流域管理的自然、社会、经济等数据的存储将不再受制于硬盘空间。

（四）物联网技术

物联网（internet of things，IoT）是互联网、传统电信网等信息承载体，能够在所有具有独立功能的普通物体之间实现互联互通、资源共享的网络，就是物物相连的互联网。

物联网具有基于标准的操作通信协议的自组织能力，其中物理的和虚拟的"物"具有身份标识、物理属性、虚拟的特性和智能的接口，与信息网络无缝整合。在流域中的主要应用就是将感应器嵌入并装备到水质监测断面、供水系统、输水系统、用水系统、排水系统、大坝、水文测站等各种水利工程或设施中，通过互联网连接起来，形成所谓的"流域物联网"。

（五）大数据分析技术

大数据（big data）是指无法用现有的软件工具提取、存储、搜索、共享、分析和处理的海量的、复杂的数据集合。大数据具有数据体量巨大、数据类型繁多（包括结构化和非结构化的）、价值密度低（海量信息中有价值的信息可能很少）和更新速度快的特征。

大数据分析技术是指对大量的、多种类的和来源复杂的数据进行高速地捕捉、发现和分析，用经济的方法提取其价值的技术体系或技术架构。

智慧水利建设必须要充分整合现有资源和外部资源，结合新技术和新数据，面向协同互通，创造新应用，而非一切推倒重来。数据资源要打破现有资源的部门分割、地域分割、业务分割，加强数据共享开放原则、协议、数据标准、交换接口、质量标准、可用性、互操作性等方面相应标准规范的制定，推动资源从分散使用向共享利用转变，逐步实现国家水行政主管部门、水利行业、全国涉水部门之间的数据资源共享，利用各种大数据分析和处理技术最大程度挖掘和发挥数据资源的价值，分析各业务数据之间的互联关系，提出重要的信息和知识，再转化为有用的模型，以增加应用的预判力和针对性，使业务应用具有更强的决策力、洞察发现力和流程优化的能力。

（六）建筑信息模型技术

建筑信息模型（building information modeling，BIM）是以建筑工程项目的各项相关信息数据作为基础，建立起三维的建筑模型，通过数字信息仿真模拟建筑物所具有的真实信息。BIM作为全开放的可视化多维数据库，是智慧水利极佳的基础数据平台，可保证数据随时、随地、随需应用。

（七）人工智能技术

人工智能（artificial intelligence，AI）是研究、开发用于模拟、延伸和扩展人的智能的理论、方法、技术及应用系统的一门新的技术科学，具有自学习、推理、判断和自适应能力。AI技术借助计算机信息技术和通信技术，模拟人的听觉、视觉及嗅觉，进行信息判断和处理。在科技水平逐渐提升的同时，机器人、语言及图像识别系统、诊断专家等为代表的人工智能技术得到了迅猛的发展。各项系统发展中的技术含量不断增加，同时也更加具有个性化的实用价值。从技术事实来看，人工智能已经发展到比人脑更为系统，能够处理非常复杂的系统逻辑关系，在水利设施的建设、运行、检测、维修等过程中发挥着关键作用。

（八）虚拟现实技术

虚拟现实（virtual reality，VR）技术通过借助计算机及传感器技术，开创了崭新的人机交互手段，是一种体现虚拟世界的仿真系统。依托VR技术可以构建出虚拟的水利环境，实现水数据的信息化、智能化、可视化，是一种综合性的高科技技术。

（九）边缘计算

边缘计算是将计算任务在接近数据源的计算资源上运行，可以有效减小计算系统的延迟，减少数据传输带宽，缓解云计算中心压力，提高可用性，并能够保护数据安全和隐私。

随着万物互联的飞速发展及广泛应用，边缘设备正在从以数据消费者为主的单一角色转变为兼顾数据生产者和数据消费者的双重角色，同时网络边缘设备逐渐具有利用收集的实时数据进行模式识别、执行预测分析或优化、智能处理等功能。大数据处理已经从以云计算为中心的集中式处理时代正式跨入以万物互联为核心的边缘计算时代。集中式大数据处理时代，更多的是集中式存储和处理大数据，其采取的方式是建造云计算中心，并利用云计算中心超强的计算能力来集中式解决计算和存储问题。相比而言，在边缘式大数据处理时代，网络边缘设备会产生海量实时数据；并且这些边缘设备将部署支持实时数据处理的边缘计算平台为用户提供大量服务或功能接口，用户可通过调用这些接口来获取所需的边缘计算服务。在边缘计算模型中，网络边缘设备已经具有足够的计算能力来实现源数据的本地处理，并将结果发送给云计算中心。边缘计算模型不仅可降低数据传输带宽，同时能较好地保护隐私数据，降低终端敏感数据隐私泄露的风险。因此，随着万物互联的发展，边缘计算模型将成为新兴万物互联应用的支撑平台。

（十）网络安全技术

网络安全技术致力于解决诸如如何有效进行介入控制，以及如何保证数据传输的安全性的技术手段，主要包括物理安全分析技术、网络结构安全分析技术、系统安全分析技术、管理安全分析技术及其他的安全服务和安全机制策略等问题。

智慧水利中含有大量的信息系统和控制系统，属于国家关键信息基础设施定义的范畴。水利关键信息基础设施在数据采集、数据传输、数据存储、应用系统、基础环境及系统互联等各个层面，面临着来自内部和外部网络的非授权访问、数据窃取、恶意代码攻击、数据丢失等现实威胁，为保障水利关键信息基础设施的网络安全，利用各种先进的网络安全技术提高网络安全监测预警及对重大网络安全事件的快速发现和应急处置能力，是保障智慧水利安全运行的重要手段。

（十一）视频识别技术

尽管视频监控技术在水利行业已得到广泛应用，但监视和识别的人工依赖程度还比较高，随着视频接入量增加，尤其是全国水利视频监测点实现统一汇聚，数据量成倍增长，采用视频识别技术来实现自动化监视和报警势在必行。

视频识别技术是基于计算机视觉的视频内容理解技术。原始视频图像经过背景建模、目标监测与识别、目标跟踪等一系列算法分析，识别视频流中的文字、数值、图像和目标，按照预先设定的预警规则，及时发出报警信号，使得视频监控系统实现全天候全自动实时监视和分析报警，将以往的事后分析变成事中分析和实时报警。

视频识别技术结合热成像、可见光等智能摄像机，能自动识别水位、流速、流量、水体颜色等水文水质要素信息，以及水面漂浮物、非法采砂、水域岸线侵占、河岸垃圾倾倒、闸门开启、施工区域安全行为等事件信息。可在防汛抗旱、河湖管理、水利工程建设与运行管理等方面发挥重要作用，增强"主动发现"的能力，提升精细化管理水平。

第二节 智慧水利的成就

一、概述

近年来，全国水利系统深入贯彻落实中央"四化同步"的战略部署，按照水利部党组提出的"以水利信息化带动水利现代化"的总体要求，紧紧围绕水利中心工作，全面推进水利信息化建设，有序实施了"金水工程"，有力支撑了各项水利工作，全国水利信息化取得显著成效，为水利信息化转型迈入智慧水利新阶段奠定了良好基础。

（1）水利网信管理日益规范。截至 2019 年底，在管理机构及人才队伍方面，全国省级以上水利部门有 38 个成立了网络安全与信息化领导小组（或信息化工作领导小组）及其办公室，网信从业人员达到 5877 人，其中专职运维人员 1574 人、专职网络安全人员 438 人。在制度建设方面，出台了《水利部信息化建设与管理办法》（水办〔2003〕369号）、《关于进一步加强水利信息化建设与管理的指导意见》（水信息〔2016〕459号）、《水利网络安全管理办法（试行）》（水信息〔2019〕233 号）等文件，进一步规范水利信息化建设与管理工作。

（2）规划与技术体系渐趋完善。从"十一五"开始，水利信息化发展五年规划成为全国水利改革发展五年规划重要的专项规划之一，均对全国的水利信息化统筹规划。相继印发《水利信息化顶层设计》《水利信息化资源整合共享顶层设计》《水利网络安全顶层设计》《水利网信水平提升三年行动方案（2019—2021 年）》《水利业务需求分析报告》《智慧水利总体方案》《关于推进水土保持监管信息化应用工作的通知》等系列文件，有效衔接规划与实施。在顶层设计架构下，通过完善水利信息化标准体系，解决技术层面的共享协同问题；通过制定项目建设与管理办法，解决共享协同的机制体制问题。此外，还出台了防汛抗旱、水资源管理、水土保持、水利电子政务、水利数据中心等方面的建设技术要求，指导各层级项目建设，解决不同层级间的共享协同。以上措施对促进互联互通、资源共享、业务协同发挥了重要作用。

（3）信息基础设施不断增强。通过国家防汛抗旱指挥系统、国家水资源监控能力等重点工程建设，水利信息化基础设施初具规模。截至 2019 年底，在采集监测方面，全国县级以上水利部门应用的各类信息采集点达 43.57 万处，其中，水文、水资源、水土保持等各类采集点共约 21.07 万处（包括水文 12 万处、水资源 45853 处、水土保持 826 处、山洪灾害自动雨量站 4.7 万处、水位站 1.7 万处，不含山洪灾害纳入水文重复计算站约 2 万处）；大中型水库安全监测采集点约 22.5 万处。在智能监控方面，全国县级以上水利部门应用的各类视频监视点共有 134840 处，其中，84280 处视频监视应用纳入了集控平台（1449 个），约占 62.50%；16798 处为智能视频应用，约占 12.46%；应用的智能传感器共有 134704 个。水利信息采集内容大幅度扩展，先进技术得到应用，立体化水利综合信息采集体系初步构建。在水利政务内网建设方面，全国县级以上水利部门有 1373 个单位建了政务内网，在水利政务外网互联方面，全国县级以上水利部门共 4691 个单位接入了水利政务外网，其中水利部机关与 32 个部直属单位、32 个省级水行政主管部门实现了全联通；流域管理机构与其直属单位和下属单位实现了全联通；省级水行政主管部门与其直属单位的联通率为 68.35％，与其他地市级水行政主管部门全联通，与区县级水行政主管部门的联通率为 86.32％。在水利视频会议系统连接与应用方面，全国共有 32 个省级水利部门、341 个地市级水利部门、2540 个区县级水利部门和 15427 个乡镇接入了视频会议系统，全国县级以上水利部门共组织召开视频会议 2.6 万多次，参加会议人数约 138.50 万人次，其中，水利部本级召开视频会议 66 次参会人数约 12.85 万人次。水利视频会议已成为水利工作的重要手段和途径，极大地提高工作效率、有效降低行政成本。在计算存储方面，全国省级以上水利部门共配备各类存储设备共 1086 台，总容量约 33.8PB，其中，私有云总容量 13.15PB、政府云总容量 19.16PB、公共云总容量 1.49PB，国产存储设备 377 台。在水利通信方面，全国县级以上水利部门共配置各类卫星设备 3696 台（套），北斗卫星站共计 6822 站，有效弥补了公用通信网不能覆盖水利应用场景的各种特殊需求，为水利系统各种业务的开展提供有力的通信保障，同时应急保障能力明显提高。

（4）信息资源开发利用不断推进。自 2015 年印发《水利信息化资源整合共享顶层设计》以来，按照"整合已建、统筹在建、规范新建"的思路，大力推进资源整合共享工作。水利部以水信息基础平台建设为抓手，创建水利数据模型对水利数据进行统一组织管理，以日常管理面对的水利和涉水对象作为主线条，对分散信息进行汇集、组织和关联，并按照"统一数据模型""统一数据目录"，构建了水利信息资源体系。2017 年国务院部署开展政务信息系统整合共享工作，各级水利部门按照统一要求，编制了水利政务信息资源目录，初步摸清了数据家底。截至 2019 年底，全国省级以上水利部门存储的各类信息资源共有 1148 项，数据总量约为 2.14PB，其中基础数据 1635.10TB、行政类数据 25.86TB、业务类数据 513.11TB、其他类数据 2.80TB，数据资源集中存储的单位有 146 家，已建数据中心的单位有 70 家，已建数据目录服务的单位有 105 家，有效促进了水利信息资源的整合与共享。

（5）业务应用全面推进。在水利信息化重点工程的带动下，业务应用从办公自动化、洪水、干旱、水资源管理等重点领域向全面支撑推进。国家防汛抗旱指挥系统二期主体工程基本完成，构建了覆盖我国大江大河、主要支流和重点防洪区的信息收集、预测预报、防洪调度体系和旱情信息上报体系。国家水资源监控能力建设基本完成，初步搭建了支撑最严格水资源管理的数据和软件框架。全国水土保持管理信息系统构建了由水利部水土保持监测中心、流域水土保持监测中心站、省级水土保持监测总站、地市级水土保持监测分站、水土保持监测点组成的监测体系以及支撑监测、监督、治理的业务应用系统。水利财务管理、河长制湖长制管理、农村水利管理、水利工程建设与管理、水利安全生产监督管理、生态环境保护等重要信息系统也先后推进。

（6）新技术与业务融合初见成效。水利部搭建了基础设施云，实现计算、存储资源的池化管理和按需弹性服务，有力支撑了国家防汛抗旱指挥系统、国家水资源监控能力建设、水利财务管理信息系统等项目建设。水利部太湖流域管理局利用水文、气象和卫星遥感等信息和模型对湖区水域岸线和蓝藻进行监测，提升了引江济太工程调度等工作的预判性。浙江水利部门在舟山应用大数据技术，通过公共通信部门提供的手机实时位置信息，及时掌握台风防御区的人员动态情况，结合气象部门的台风路径、影响范围等信息进行分析后，自动通过短信等方式最大范围地发布预警和提醒信息，为科学决策和有效指导人员避险、财产保护等提供了有力支撑。无锡水利部门利用物联网技术，对太湖水质、蓝藻、湖泛等进行智能感知，实现了蓝藻打捞、运输车船智能调度，提升了太湖治理的科学水平。

（7）区域智慧水利先行先试积极探索。浙江省在台州市开展的智慧水务试点工作已初见成效，上海市实施了"互联网＋智能防汛"，广东省水利厅出台了《广东省"互联网＋现代水利"行动计划》（粤水办汛技〔2017〕6号），江西省水利厅出台了江西省智慧水利建设行动计划，依托智慧抚河信息化工程等项目建设积极开展智慧水利建设，宁夏回族自治区水利厅启动了"互联网＋水利"行动。各地河长制湖长制管理工作中综合运用移动互联网、云技术、大数据支撑河长湖长开展工作。传统业务与信息化深度融合不断加快。

二、水利各项业务主要成就

（一）洪水防御

1. 业务方面

随着近些年的洪水防御工作开展与不断完善，已基本建成覆盖全国主要防洪区域的防汛指挥调度体系，能够对洪水预案、洪水风险图等相关信息进行电子化调用，实时汇集7个流域管理机构、31个省（自治区、直辖市）和新疆生产建设兵团的水雨情数据，实现了对洪水预测预报、洪水调度、应急抢险技术支撑等业务工作信息化支撑。

洪水防御业务主要包括信息采集、预测预报、洪水调度、应急抢险技术支撑、公共服务等5项业务工作。

（1）信息采集。已建成覆盖7个流域管理机构、31个省（自治区、直辖市）及新疆生产建设兵团的水情分中心。截至2019年底，全国水文部门基本水文站、专用水文站、水位站、雨量站、蒸发站、墒情站、水质站、地下水站、实验站已经初具规模。

（2）预测预报。已重点完善水利部、7个流域管理机构及31个省（自治区、直辖市）预报分级管理所需要建设的断面方案，支撑洪水预测预报工作。同时启动了山洪灾害非工程措施省级完善项目的建设，开展了基于山洪灾害调查评价成果进行山洪预警预报试点工作。

（3）洪水调度。随着前期国家防汛抗旱指挥系统工程等项目建设和运行，重点对水利部和流域防洪调度进行优化、提高和完善，扩充防洪调度覆盖范围，调整和补充防洪调度河段，已初步建立七大流域防洪调度体系。

（4）应急抢险技术支撑。在前期工程建设的基础上，构建了7个流域管理机构应急抢险机动通信体系，为所辖流域片的工程抢险、防汛现场指挥提供通信保障，并结合洪水风险图、各地区防洪预案和防汛抢险的实际需求编制了避洪转移指导方案。根据新业务职能要求，与应急管理部协同开展洪水防御工作，建立洪水信息共享机制，支持应急抢险等工作。

（5）公共服务。通过前期群测群防等山洪灾害防治体系建设，实现了实时向社会发布水情预警信息，2017—2019年通过短信、广播、网络、电视等媒体向社会发布预警信息1500多次，及时为社会公众提供水情预警信息服务，提高了社会公众防灾减灾意识及能力。

2. 系统方面

围绕洪水防御业务建设了国家防汛抗旱指挥系统、全国重点地区洪水风险图编制与管理应用系统、全国山洪灾害防治非工程措施监测预警系统、全国中小河流水文监测系统，以及其他洪水监测预报预警相关系统，建成了覆盖重要防洪地区和县级以上水利部门较完备的水情、雨情、工情、灾情采集体系，构建了主要江河湖库和重点断面的洪水预报体系，初步建立了七大流域和重点防洪区洪水调度体系，构建了省级以上应急抢险机动通信保障和避洪转移预案体系，实现了大江大河和主要支流水情预警信息的及时发布，为洪水预报调度防御各环节业务提供了较有力的数据和功能支撑。通过山洪灾害防治项目建设，统一进行了全国范围小流域划分，提取了基础属性，建立了全国统一的河流水系编码体系和拓扑关系，为精细化洪水预报预警打下了坚实的数据基础。

3. 数据方面

基于前期业务工作开展，洪水防御业务建设了体系较为完备的防洪基础数据体系，实现了重点防洪区和防洪工程及重大灾情信息的实时采集和汇集，业务管理数据基本实现了电子化，预测预报等业务实现了系统化管理。

（二）干旱防御

1. 业务方面

通过前期抗旱项目建设，我国抗旱减灾应急管理水平有了较大提升，已基本实现中央、流域、省级干旱防御业务工作互联互通和信息共享，各级干旱防御业务部门能够及时掌握旱情发生、发展及抗旱进展信息，提高了各级各部门之间的应急联动和防灾减灾能力。

干旱防御业务主要包括信息采集、旱情综合分析评估、旱情预测与水量应急调度、重大旱灾防御及应急水量调度、公共服务等5项业务工作。

（1）信息采集。自2013年开始，水利部在已有信息采集的基础上补充旱情信息采集建设，根据旱情发生发展的需要，开展应急和补充监测，以加大采集点和采集密度，提高监测信息的准确度和科学性，已初步实现了旱情信息的采集与监视等业务。

（2）旱情综合分析评估。基于前期抗旱工作基础，可根据连续无雨日数、降水距平指数、标准化降水指数、河道径流量监测产品、水库蓄水量监测产品、土壤墒情分布监测产品等干旱指数形成气象、水文、农情干旱监测图及相关成果产品，对旱情综合分析评估提供支撑。

（3）旱情预测与水量应急调度。开展了降水量、大江大河来水量等要素的预测，旱情预测工作仍不全面。

（4）重大旱灾防御及应急水量调度。根据新业务职能要求，正与应急管理部协同开展重要旱灾防御工作，建立重大旱情信息共享机制，支撑重大旱灾救援、抗旱应急调水等工作。

（5）公共服务。已向社会公众发布旱情预警。

2. 系统方面

干旱防御业务通过国家防汛抗旱指挥系统工程初步建设了旱情信息采集系统、数据汇集平台、抗旱业务应用系统等信息系统，初步构建了以县级以上水行政主管部门旱情统计报送为主和雨情、水情以及重点地区土壤墒情监测为补充的旱情监测体系，为抗旱工作提供了基本数据支撑，也为后续干旱防御业务应用系统建设积累了宝贵经验。

3. 数据方面

基于前期业务工作开展，干旱防御业务收集了部分重要干旱灾害抗御基础数据，初步构建了旱情监测和统计数据上报体系。

（三）水利工程安全运行

1. 业务方面

通过前期水利工程安全运行业务工作开展，基本保障了水库大坝、农村水电站安全和工程运行，同时由对应的水利工程管理单位、各级水行政主管部门及其技术支撑机构等建立了水闸、堤防管理组织体系。

水利工程安全运行业务主要包括水利工程运行管理、水利工程管理体制改革、水利工程运行管理督查考核、农村水电站管理等4项业务工作。

（1）水库、水闸、堤防等水利工程运行管理。水利工程运行管理主要包括落实责任制、注册登记、安全鉴定与评价、工程划界、除险加固、降等报废、应急管理、年度报告、巡视检查、监测预警、调度运用等方面工作。法规和标准体系在逐步完善，安全管理逐步规范，安全责任制不断落实，安全状况明显提高。

（2）水利工程管理体制改革。2002年，全国范围内启动实施水利工程管理体制改革。国有水库管理体制和良性运行机制率先建立，大多数落实了两项经费。2013年开始，开展深化小型水利工程管理体制改革工作，改革目标是到2020年，基本扭转小型水利工程管理体制机制不健全的局面，建立产权明晰、责任明确的工程管理体制；建立社会化、专业化的多种工程管护模式；建立制度健全、管护规范的工程运行机制；建立稳定可靠、使用高效的工程管护经费保障机制；建立奖惩分明、科学考核的工程管理监督机制。2011年，水利部、财政部建立中央财政对公益性水利工程维修养护补助机制，每年安排中央财政补助资金。2016年底，财政部、水利部共同印发管理办法，将公益性工程维修养护补助资金纳入中央财政水利发展资金管理。

（3）水利工程运行管理督查考核。2009年开始，为加强水库大坝运行管理，建立了水库运行管理督查制度。2013年开始，将运行管理督查工作扩展到水闸、堤防等水利工程。实行对水行政主管部门和工程管理单位"双督导"，印发整改通知。为进一步推进水利工程管理规范化、法制化、现代化建设，建立了水利工程管理考核制度，考核水利工程管理单位的组织管理、安全管理、运行管理和经济管理工作。近年来，还组织开展了多次专项检查，如2013年全国水库蓄水安全专项检查、2017年全国水库大坝安全隐患排查。

（4）农村水电站管理。农村水电站管理工作主要包括：落实安全监管和生产责任制，安全生产标准化达标评级管理和监督，隐患排查治理、应急管理等，同时通过督导检查、安全隐患排查、督促整改落实等措施，强化安全生产和体制机制建立，有效保障农村水电工程良性运行及效益有效发挥。农村水电站已落实监管责任主体和生产责任主体，正在进一步落实水电站水库防汛行政、技术、巡查"三个责任人"；全国共有2500多座电站完成了安全生产标准化达标评级；通过增效扩容改造工程对全国数千座老旧病险电站实施改造，改善农村水电运行工况；规范农村水电运行管理，落实各项规章制度，强化风险管控；推进管理体制改革，建立良性运行机制。

2. 系统方面

水利工程安全运行业务建设了水利工程运行管理系统、全国水库大坝基础数据管理信息系统、全国农村水电统计信息管理系统、部分工程管理单位和区域水利管理部门相关管理系统，正在建设全国大型水库大坝安全监测监督平台，水库、水闸、堤防、农村水电站的督查整改、隐患排查、管理考核等日常监管和安全鉴定、工程划界、除险加固、降等报废等安全管理以文档式分散管理为主，水库、水闸的注册登记初步实现了在线统一管理，农村水电站实现了基础数据和生产经营主要指标的统一管理，各类水利工程运行维护主要由各水管单位分散开展，为水利工程安全运行提供了基础数据支撑和少数业务的信息管理等功能支撑。

3. 数据方面

基于前期业务工作开展，水利工程安全运行业务掌握了水利工程基础数据，通过统计年鉴等掌握了部分新增工程主要基础数据，部分大中型重点水利工程建设了水情或工程安全监测设施，建设了水库主要管理业务的数据。

（四）水利工程建设

1. 业务方面

随着前期水利工程建设业务工作开展，逐步实现水利项目建设管理层面的项目全生命周期管理，提升了水利工程建设管理的能力。

水利工程建设业务主要包括水利建设项目管理和市场监管两项业务工作。

（1）水利建设项目管理。水利工程建设一般分为规划、立项（包括项目建议书及可行性研究报告）、施工准备、初步设计、建设实施、生产准备、竣工验收、后评价等阶段。水利工程建设全过程形成的数据丰富，围绕项目建设，市场主体和监管主体各司其责。

（2）市场监管。水利工程市场监管主要依托水利工程项目管理，建立水利建设市场信用体系和对水利建设市场进行监督管理。水利部涉及市场监管内容包括资质审批与资格注册管理、水利建设市场信用评价、招标投标管理、质量管理、监督检查等。各省（自治区、直辖市）涉及市场监管内容包括资质与资格审批、水利建设市场信用评价、招标投标管理、质量管理、监督检查等。

2. 系统方面

水利工程建设业务建设了水利规划计划管理信息系统、全国中小河流治理项目信息管理系统、水利建设与管理信息系统、全国水利建设市场监管服务平台、水利安全生产监管信息系统，对国家审批的水利规划、国家审查审批的水利项目前期工作、国家下达的投资计划、水利建设市场主体及信用信息等业务实现了信息集中管理，水利行业管理一定规模以上在建和已建水利工程建立了事故信息和隐患信息上报机制，为水利工程建设前期和安全运行提供了基础数据，并为管理决策提供了重要依据。

3. 数据方面

基于前期业务工作开展，水利工程建设业务建设了大量基础数据，不同形式的施工监测生成了大量数据，计划和市场信用数据初步实现了统一管理，各单位积累了大量工程建设管理数据。

（五）水资源开发利用

1. 业务方面

近些年，水资源开发利用业务工作主要致力于完善以流域为单位、以省（自治区、直辖市）为考核对象的水资源管理所需的数据获取和监控手段，形成满足实施最严格水资源管理制度管理需要的监测、计量、信息管理能力，为强化水资源管理监督考核提供技术支撑，为最严格水资源管理制度的实施提供了有力的手段和支撑。

水资源开发利用业务主要涉及水文水资源监测、水资源及开发利用评价与预测预报、水资源规划、水资源开发、水量分配、取用水管理、水资源调度、水资源保护、水资源开发利用监督考核等 9 项业务工作。

（1）水文水资源监测。随着全国水文基础设施建设持续推进，中央投资主要用于国家地下水监测工程、省界断面水资源监测站网监测工程、大江大河水文监测系统建设工程、水资源监测能力建设工程等项目实施，新建改建了一批水文测站、水文监测中心和部分水文业务系统建设。同时，随着中小河流水文监测系统项目建设完成和验收工作加快推进，一批水文测站投入运行，水文站网得到进一步充实完善，增强了水文监测能力，为服务防灾减灾体系建设、实施最严格水资源管理、水生态文明建设等领域提供了有力的基础支撑。

（2）水资源及开发利用评价与预测预报。水资源调查评价是国家重要资源环境和国情国力调查评价的重要领域。2017 年，水利部启动"实施第三次全国水资源调查评价"的工作部署，计划用 2～3 年时间，在前两次全国水资源调查评价、第一次全国水利普查等已有成果的基础上，全面摸清近年来我国水资源数量、质量、开发利用、水生态环境的变化情况，系统分析 60 年来我国水资源的演变规律和特点，提出全面、真实、准确的评价成果，建立水资源调查评价基础信息平台，并形成规范化的滚动调查评价机制，为制定水资源战略规划、实施重大水利工程建设、落实最严格水资源管理制度、促进经济社会持续健康发展和生态文明建设打下坚实的基础。

（3）水资源规划。为加强水利规划管理工作，规范水利规划体系构成，明确水利规划编制、审批和实施等有关要求，依据相关法律法规以及国家有关政策，水利部出台了《水利规划管理办法（试行）》（水规计〔2010〕143 号），明确了水利规划体系框架、编制程序和相关要求。

继 2012 年底国务院批复长江、辽河流域综合规划后，2013 年国务院批复了黄河、淮河、海河、珠江、松花江、太湖流域综合规划。完成了一批重要江河湖泊综合规划，启动了全国水中长期供求规划、全国水资源保护规划等编制工作，组织完成了大型灌区续建配套与节水改造、农村饮水安全等一大批专项建设规划。

（4）水资源开发。根据国务院规定，2010—2012 年开展第一次全国水利普查。据普查结果，我国水资源开发利用成果显著，共建有水库近 10 万座，总库容近 10000 亿 m^3。水闸、橡胶坝、泵站、农村供水工程、塘坝以及窖池遍布全国各大中小河流。在党中央、国务院的高度重视下，农村水电建设取得了举世瞩目的成就。2014 年国务院总理李克强主持召开国务院常务会议，按照统筹谋划、突出重点的要求，2020 年前规划建设百余项重大水利工程。工程建成后，将实现新增年供水能力 800 亿 m³ 和农业节水能力 260 亿 m³，增加灌溉面积 7800 多万亩，使我国骨干水利设施体系显著加强。在法规制度方面，第十二届全国人民代表大会常务委员会第二十一次会议修订通过了《中华人民共和国水法》，国务院印发了《中华人民共和国水文条例》（国务院令第 496 号）、《农田水利条例》（国务院令第 669 号）、《关于实行最严格水资源管理制度的意见》（国发〔2012〕3 号），水利部印发了《水量分配暂行办法》（水利部令〔2007〕第 32 号）、《关于非常规水源纳入水资源统一配置的指导意见》（水资源〔2017〕274 号）、《地下水超采区评价导则》（SL 286—2003）、《地表水资源质量评价技术规程》（SL 395—2007）以及《水资源保护规划编制规程》（SL 613—2013）。

（5）水量分配。国务院批复了《全国水资源综合规划（2010—2030）》，明确了全国水资源配置与用水总量控制方案。黄河、黑河、塔里木河等部分流域已实行了用水总量控制。2007 年，水利部颁布了《水量分配暂行办法》（水利部令〔2007〕第 32 号），下发了《关于做好水量分配工作的通知》（水资源〔2011〕368 号），全面启动了跨省江河流域水量分配工作。部分省（自治区、直辖市）已下达了本辖区所辖各市级行政区年度用水总量指标，实行了年度用水总量控制管理。计划划定 59 条跨省江河流域水量分配方案，已批复 33 条。

（6）取用水管理。依据水资源规划、水能资源规划、水量分配方案、《取水许可和水资源费征收管理条例》（国务院令第 460 号）和《取水许可管理办法》（水利部令〔2017〕第 49 号）等，对规划和建设项目取用水的合理性、可靠性与可行性，取水与退水的影响进行分析论证。依据水资源规划和水量分配方案，对直接从地下或者江河、湖泊取水的，进行取水许可管理和取水量监测统计。进行水资源费税征收和使用管理。

（7）水资源调度。根据《中华人民共和国水法》和《水量分配暂行办法》（水利部令〔2007〕第 32 号），县级以上人民政府水行政主管部门或者流域管理机构应该根据批准的水量分配方案和年度预测来水量，制定年度水量分配方案和调度计划，实施水量统一调度。国务院颁布了《黄河水量调度条例》（国务院令第 472 号），水利部制定了《黄河水量调度管理办法》（水利部计地区〔1998〕2520 号）、《黑河干流水量调度管理办法》（水利部令〔1998〕第 38 号）。部分江河明确了水资源调度方案、应急调度预案和调度计划，对保障城乡居民用水、积极应对水污染事件、协调生活生产和生态用水方面发挥了重要作用。2018 年，水利部印发了《关于做好跨省江河流域水量调度管理工作的意见》（水资源〔2018〕144 号），全面落实水量分配方案，强化水资源统一调度，提升水资源开发利用监管能力，严格流域用水总量和重要断面水量下泄控制，保障河湖基本生态用水，实现水资源可持续利用。

（8）水资源保护。水资源保护业务以水资源规划成果为指导、水环境水生态评价为支撑，开展饮用水水源地管理和保护、地下水管理和保护、水功能区和入河排污口管理、河湖水生态保护与修复等工作，为水资源开发、取用水、水资源调度等业务提供水源保护、入河污水排放、河湖生态流量、地下水水位水量、农村水电站减脱水河段生态流量等约束性条件要求。

（9）水资源开发利用监督考核。组织编制取用水总量、用水效率、水功能区纳污红线指标控制方案，实行最严格水资源管理制度考核，实施水资源监督管理，保障水资源合理开发利用。

2. 系统方面

水资源开发利用业务建设了国家水资源监控管理三级平台、水资源调查评价系统等信息系统，构建了覆盖国家重点取用水户取用水、国家级水功能区和大江大河省界断面水量水质等三大监控体系，搭建了支撑水资源监测、规划配置、调度、保护、管理和公众信息服务等业务管理平台，研发了水量调度等模型工具，为三级水利部门的水资源开发利用提供了基础和监测数据支撑，为水资源开发利用主要环节提供了功能支撑，特别是为最严格水资源管理制度实施提供了有力支撑。

3. 数据方面

基于前期业务工作开展，水资源开发利用业务初步构建了基础数据体系与监测数据体系，积累了业务管理数据。

（六）城乡供水

1. 业务方面

经过多年努力，已基本解决了城市供水的供需矛盾，保障了农村居民能及时获得足量够用的生活饮用水，长期饮用不影响人身健康，提高了供水服务质量，降低供水成本。

城乡供水业务主要涉及城镇供水、农村供水、供水保障信息支撑3项业务工作。农村供水方面已经整合上线的农村饮水安全管理信息系统，能对工程基本概况、行业概况、运行状况和供水工程年实际供水量信息进行采集，按照规划目标任务分解年度、市（县）目标任务，按照年度任务下达投资计划、项目审批、实施、验收等。供水保障信息支撑方面已颁布多部法律法规、标准规范、相关规划等，支撑城乡供水业务的顺利开展。

2. 系统方面

城乡供水业务主要涉及国家水资源管理系统、全国农村水利管理信息系统、农村饮水安全项目管理信息系统，基本实现了重要城市饮用水水源地水质在线监测，农村饮水项目进展、集中供水工程运行、行政村饮水等信息的在线填报和逐级审核入库，为城镇供水提供了部分基础和监测数据支撑，为农村供水提供了基础和业务管理数据支撑以及主要业务信息管理等功能支撑。

3. 数据方面

基于前期业务工作开展，城乡供水业务积累了部分城乡供水基础数据，部分重点饮用水水源地实现了在线监测，千吨万人以上农村供水工程运行实现了人工填报，积累了部分城镇供水管理数据和大部分农村供水管理数据。

（七）节水

1. 业务方面

节水业务主要依托于国家水资源监控项目进行工作开展，针对用水总量和效率红线指标、用水定额、重点监控用水户监控等业务，已收集全国用水效率红线指标和考核结果、全国各省用水定额标准及评价信息、800家重点监控用水户监测信息和计划用水等相关信息，为今后节水业务开展奠定了基础。

节水业务主要包括完善节水政策法规、推进各行业节水、严格节水监督管理、创新探索节水机制和加强节水宣传教育等 5 项业务工作。

（1）完善节水政策法规。贯彻《中华人民共和国国民经济和社会发展第十三个五年规划纲要》文件精神，落实节约用水工作要求，国家发展改革委、水利部、住房城乡建设部印发《节水型社会建设"十三五"规划》（发改环资〔2017〕128 号），统筹推进全国节水型社会建设。国家发展改革委、水利部等九部委（局）联合印发《全民节水行动计划》（发改环资〔2016〕2259 号），推进各行业、各领域、各环节节水。水利部、国家发展改革委印发《"十三五"水资源消耗总量和强度双控行动方案》（水资源司〔2016〕379 号），强化水资源的刚性约束。水利部在全国范围内开展县域节水型社会达标建设，指导各部门、各地区落实节水任务措施。编制《国家节水行动方案》（发改环资规〔2019〕695 号），立足国家层面，以更大力度、更高标准、更强举措推动节水。

（2）推进各行业节水。农业节水方面，国务院办公厅印发《国家农业节水纲要（2012—2020 年）》（国办发〔2012〕55 号），强调全面做好农业节水工作，把节水灌溉作为经济社会可持续发展的一项重大战略任务。国家发展改革委、财政部、水利部、农业农村部联合印发《关于贯彻落实〈国务院办公厅关于推进农业水价综合改革的意见〉的通知》（国办发〔2016〕2 号），推进农业水价综合改革，促进农业节水、提高用水效率。国家发展改革委、水利部组织编制了《全国大中型灌区续建配套节水改造实施方案（2016—2020 年）》（发改农经〔2017〕889 号），推进灌区续建配套与节水改造工程建设，探索建立节水奖励机制，选择部分具备条件的灌区探索以创新体制机制为核心开展农业节水综合示范。指导推动灌区节水改造，推广高效节水灌溉方式，同时系统配套计量设施对取水和关键用水节点、供用水户的分界断面进行水量监测。工业节水方面，联合工业和信息化部发布两批国家鼓励的工业节水工艺、技术和装备名录及一批高耗水工艺、技术和装备淘汰名录，指导高耗水行业实施节水技术改造。城镇节水方面，实施城镇供水管网改造，推广生活节水器具，大中城市节水器具普及率基本在 80% 以上。把非常规水源纳入水资源统一配置，推进非常规水源开发利用。

（3）严格节水监督管理。严格用水定额管理，出台 38 项高耗水工业行业取用水定额国家标准，建立省级用水定额滚动编制和备案管理制度，组织流域管理机构开展省级用水定额评估，指导 31 个省（自治区、直辖市）全部发布用水定额。水利部印发《计划用水管理办法》（水资源〔2014〕360 号），对纳入取水许可管理的单位和其他用水大户实行计划用水管理。建立重点监控用水单位监管体系，将 800 家取水量大的用水单位纳入国家水资源管理系统，规范和强化在线监控，强化取用水监管。水利部印发《灌溉水利用率测定技术导则》（SL/Z 699—2015），对各省（自治区、直辖市）系数测算分析工作进行定量综合评价。

（4）创新探索节水机制。会同科技部开展节水型社会创新试点，确定在北京市房山区等 4 个地区集成示范推广水资源高效利用先进实用技术。国家发展改革委、水利部等部门联合印发《水效领跑者引领行动实施方案》（发改环资〔2016〕876 号），明确在重点用水行业、灌区和用水产品等领域推进水效领跑者引领行动，已在钢铁、纺织染整等行业遴选出 11 家国家级水效领跑者，树立节水典型，带动用水企业节水标准提升；联合印发《关于推行合同节水管理促进节水服务产业发展的意见》（发改环资〔2016〕1629 号），出台

《合同节水管理技术通则》（GB/T 34149—2017）等3项国家标准，引导社会资本参与推动节水产业投资和节水服务产业发展。建立水效标识制度，国家发展改革委、水利部、国家质检总局印发《水效标识管理办法》（发改委令〔2017〕第6号），并率先对坐便器推行水效标识管理，推广高效节水产品，提高用水效率。在全国100个县启动推进小农水设施产权制度改革和创新运行管护机制工作，推动农业水价改革，探索农业节水典型案例，开展创建100家全国农民用水合作组织国家示范组织工作，80家农民用水合作组织通过了复核。

（5）加强节水宣传教育。在"世界水日""中国水周"集中举行内容丰富、形式多样的宣传活动，持续开展"节水在路上""节水中国行"等主题宣传，通过新闻媒体和其他行业资源宣传节水典型、节水知识，提高公众节水意识。开通"节水护水在行动"微信公众号，联合教育部建设19家全国中小学节水教育社会实践基地，举办以中小学老师为对象的节水辅导员培训，累计培训近500名节水辅导员。组织编写节水案例汇编，把农业、工业、服务业和城镇生活的典型节水案例汇编成册，供社会各界参考学习，普及科学用水和节约用水知识。

2. 系统方面

节水业务建设了国家水资源监控管理三级平台，基本实现了800家重点用水单位监控，开发了用水总量和效率红线指标管理、用水定额管理、计划用水等功能模块，积累了部分用水总量和效率红线指标和考核结果、省级用水定额及评价信息、重点用水单位监测信息等相关信息，为节水业务开展奠定了基础。

3. 数据方面

基于前期业务工作的开展，节水业务初步构建了基础数据体系框架，实现了部分重点用水单位监测，积累了一些节水管理数据。

（八）江河湖泊管理

1. 业务方面

通过前期业务工作开展，已初步建成了全国河长制湖长制管理体系，全国各省（自治区、直辖市）、市、县三级均成立了河长制办公室，承担河长制日常工作。同时在全国部分省（自治区、直辖市）集中组织开展河湖管理范围划界和水利工程划界确权工作，取得明显成效。在采砂管理方面，全国大江大河采砂管理基本维持总体可控、稳定向好的局面。

江河湖泊业务主要包括河长制湖长制管理、水域岸线管理、河道采砂管理等3项业务工作。

（1）河长制湖长制管理。在《关于全面推行河长制的意见》（厅字〔2016〕42号）印发后，水利部与国家发展改革委、财政部、原国土资源部等十部委联合召开视频会议，对全面推行河长制工作作出系统安排；联合原环境保护部印发贯彻落实《关于全面推行河长制的意见》（厅字〔2016〕42号）实施方案。截至2018年6月底，各地已全面建立河长制。全面推行河长制湖长制工作部际协调机制、督导检查机制、工作会商机制、考核评估机制基本建立。

针对河湖存在的突出问题，水利部先后开展了4次督导检查和1次暗访，部署了长江干流岸线保护和利用专项检查行动、长江经济带固体废物点位排查、全国河湖"清四乱"专项行动、采砂专项行动，指导督促各地组织开展河湖整治，全面改善河湖面貌。

（2）水域岸线管理。2014年，水利部印发《关于开展全国河湖管理范围和水利工程管理与保护范围划定工作的通知》（水建管〔2014〕285号），组织各地开展划界确权工作，各地河湖管理范围和水利工程管理与保护范围划界工作正在推进实施。中央财政资金安排实施了中央直管河湖管理范围划定工作，计划在2020年底前基本完成对中央直管河湖划界任务。

经推动长江经济带发展领导小组同意，2016年9月，水利部会同原国土资源部印发《长江岸线保护和开发利用总体规划》（水建管〔2016〕329号），将长江溪洛渡以下干流、岷江、嘉陵江等主要支流，洞庭湖入江水道，鄱阳湖的河道、岸线划分为保护区、保留区、控制利用区和开发利用区，严格分类管理；《珠江-西江经济带岸线资源开发利用与保护规划》已编制完成。

水利部指导各流域管理机构和地方水行政主管部门实施河道管理范围内建设项目工程建设方案审批，定期对由流域管理机构审批的大江大河、主要支流、跨省河流的河道管理范围内建设项目工程建设方案进行公告。

（3）河道采砂管理。2008年，水利部批准了《河道采砂规划编制规程》（SL 423—2008），规范和指导河道采砂规划的编制工作。各地水行政主管部门根据本地河湖管理需要，编制了相关河湖的采砂规划。同时水利部、原国土资源部、原交通部成立了河道采砂管理合作机制领导小组，三部门分管领导任组长，办公室设在水利部，建立了常态化的巡江检查和明察暗访机制。针对采砂综合执法监管，2016年12月1日起，最高人民法院、最高人民检察院出台司法解释，将非法采砂入刑，依《中华人民共和国刑法》按"非法采矿罪"处理，有力震慑了非法采砂黑恶势力。各地也积极开展河湖非法采砂专项整治，保持对非法采砂高压严打态势。

2．系统方面

江河湖泊业务建设了全国河长制信息管理、水域岸线管理等信息系统，部分流域和地方建设了河道采砂管理信息系统，实现了河长制办公室基础数据、"清四乱"活动、巡河情况等信息的管理，开发了水域岸线划界确权登记、涉河建设项目管理等功能模块，部分流域区域实现了重点河段、水域的采砂管理，为河长制湖长制提供了基础数据和部分业务数据，为水域岸线管理和采砂管理奠定了基础。

3．数据方面

基于前期业务工作开展，江河湖泊业务基本掌握了基础数据，实现部分重点对象的监测，积累了大量业务管理数据。

（九）水土保持

1．业务方面

经过多年的建设与发展，水土保持业务工作正全面、有序开展。能够对生产建设活动和水土流失综合治理工作进行有效监督管理，能够通过调查掌握全国水土流失情况。

水土保持业务主要包括生产建设活动监督管理、水土流失综合治理、水土保持监测管理、规划考核、其他等业务工作。

2．系统方面

水土保持业务建设了水土保持监测、水土保持监督管理、重点工程管理等信息系统，实现了重点防治区和生产建设项目集中区的水土流失监测，实现了生产建设项目水土保持监督检查、监测监理、补偿费征收、行政执法等业务管理，以及重点治理工程项目管理信息填报和统计，为水土流失各业务提供了较有力的数据和功能支撑。

3．数据方面

基于前期业务工作开展，水土流失业务建设了体系较为完备的基础数据体系，初步实现了重点防治区"天地一体化"监测，业务管理数据基本实现了数字化和空间化。

（十）水利监督

1．业务方面

水利监督业务工作主要集中于组建水利督查队伍，构建水利部统一领导、监督司牵头抓总、各司局分工配合、各流域和业务支撑单位具体实施、地方各级水行政主管部门自查自纠的"大督查"框架体系，形成"地方自查＋流域检查＋监督司督查"为主体的水利监督体系。水利部、水利部督查办、流域督查办和省级及以下水行政主管部门根据自身职责开展监督工作。

水利监督业务主要包括监督检查、安全生产监管、工程质量监督、行业稽察等4项业务工作。

（1）监督检查。

1）国务院发布涉及水利的重大政策方针、决策部署和重点工作，例如《中共中央国务院关于加快水利改革发展的决定》（中发〔2011〕1号）等相关重要水利行业重大决策文件。

2）水利部在水利监督方面的主要业务包括：负责提出监督检查工作总体目标和基本要求；组织拟订年度监督检查计划、专项监督检查计划等并组织实施；组织制订水利监督检查工作制度并监督实施；统计提出监督检查发现的问题清单，复核抽查问题整改情况，提出责任追究意见建议；指导监督检查队伍管理和业务培训（以上为水利部监督司职责）；提出各项水利业务的年度监督检查需求，提供业务工作标准和督查依据；督促本业务领域内的问题整改落实（以上为其他业务主管司局职责）。水利监督业务体系尚处于全面建设阶段。

3）水利部督查办的业务定位和目标如下：对中央预算投资项目、水利部和各流域管理机构直管项目情况开展监督检查；承担水利部领导特定"飞检"任务的具体实施；负责各流域督查办监督检查工作成果的汇总、梳理，发现问题统计、分析，监督检查报告的编制、上报等；受监督司委托，对流域督查办提供技术支持，实施业务指导，开展业务培训。

4）流域督查办的业务定位和目标如下：按照水利部安排部署的监督检查任务，在流域管理范围内，对水利行业风险要素、水利大政方针落实情况、"3·14"讲话贯彻落实重点和政府工作报告任务、中央专题部署、国务院领导批示重点工作等四大方面开展不间断督查工作；按照水利部监督司统一安排部署，执行专项监督检查任务。按照流域管理机构有关督查工作的安排部署和要求，承担负责流域范围内不间断督查、专项督查等任务的具体执行。

5）省级及以下水行政主管部门的业务定位和目标如下：负责本行政区域内的水利监督问题整改、向上级水行政主管部门报送整改情况，组织本行政区域内水利监督问题的自查自纠。

（2）安全生产监管。

1）国务院发布涉及水利安全生产重点工作和重要决策等，例如《国务院关于进一步加强企业安全生产工作的通知》（国发〔2010〕23号）、《国务院关于坚持科学发展安全发展促进企业生产形势持续稳定好转的意见》（国发〔2011〕40号）等相关重要文件。

2）水利部从直属管理和行业监管的两个维度出发，对水利安全生产过程中的安全事故、隐患、危险源进行分级管控和监督管理，实现对事故、隐患以及危险源的全周期管理；开展定期和不定期的各项安全生产检查工作，并对检查过程中发现的隐患等各类问题进行跟踪，实现闭环管理；同时，组织并开展面向全国的安全生产考核工作，组织对水利企事业单位进行安全生产教育培训，实现企事业单位以及项目法人相关的特种设备、信用、执法情况的管理。此外，对于水利部直属以及部分资质满足条件的水利企事业单位的标准化达标以及施工企业的安全生产"三类人员"考核工作。

3）流域管理机构和各级水行政主管部门实现与水利部在安全生产监管业务上的业务信息互联互通，并参照水利部的安全生产监管体系，进行安全生产管理工作；同时，接收水利部的安全生产检查等业务工作。

4）水利企事业单位开展日常安全生产信息的内容填报，并将信息及时报送上级水行政主管部门，同时，配合上级水行政主管部门的安全生产检查、隐患督办等各项业务工作；进行企业安全生产标准化建设工作，对于水利施工企业，进行安全生产"三类人员"考核的申请和管理。

（3）工程质量监督。由水利部及各级水行政主管部门组织实施水利工程质量监督，组织或参与重大水利质量的调查处理。在水利部设置质量监督总站，在各级水行政主管部门设置质量监督分站，按照有关制度要求，对在建水利工程项目开展质量巡检工作，同时，对重要的工程项目进行抽检，适当情况下可委托专业检测机构进行专项工作质量检查。对发现建设质量问题的工程，对项目法人发布整改通知，并持续跟踪整改过程。各水利质量监督分站及时向总站报送质量监督情况，同时总站对直管的在建工程项目实行质量监督监测，全面实现对在建水利工程质量的全面监督管理。

（4）行业稽察。行业稽察业务由水利部和各级水行政主管部门依据有关法律、法规、规章、规范性文件和技术标准等，对水利建设项目组织实施情况进行监督检查。主要业务包括稽察计划制定、稽察项目确定、稽察成果管理、稽察资料管理等。①按照法规制度要求，制定年度稽察工作计划，并确定批次稽察方案、稽察组人员构成、稽察项目等内容；②水利部统一管理全国在建水利建设项目基本情况，各级水行政主管部门分管辖区水利建设项目情况，对重大水利工程的稽察档案进行管理并建立稽察项目库；③在稽察执行过程中，明确稽察问题，对问题分类归纳，分级分等，对整改情况进行统计汇总，生成建设项目稽察工作档案；④统计稽察工作信息，编制稽察报告、稽察整改意见、问题整改反馈报告以及维护稽察专家库。

2. 系统方面

水利监督业务建设了水利安全生产监管信息化系统，实现了安全生产信息常态化上报，开发了安全生产信息采集、危险源监管、隐患监管、事故管理、安全生产检查、水利稽察、标准化评审、"三类人员"考核、决策支持等功能模块，初步支撑水利安全生产监管和水利项目稽察业务，为水利监督业务开展奠定了基础。

3. 数据方面

基于前期业务工作开展，水利监督业务积累了安全生产监管等方面的基础数据与部分业务管理数据。

第三节　智慧水利存在的问题与对策

一、存在的问题

近年来的水利信息化建设虽然取得了较大成绩，智慧水利建设已进行了积极探索，但水利行业总体上还处于智慧水利建设的起步阶段，与智慧社会建设的要求相比，与交通、电力、气象等部门的智慧行业相比，与推进国家水治理体系和治理能力现代化的需求相比，在以下几个方面都存在较大差距。

1. 透彻感知不够

（1）感知覆盖范围和要素内容不全面。流域面积 $3000km^2$ 以上河流中布设水文测站的河流仍不全面，流域面积 $200km^2$ 以下河流、滨海区和感潮河段、小面积湖泊以及防洪排涝重点城市的水文监测设施不足，土壤墒情和地下水超采区监测站网密度不足，部分中型水库和 50% 的小型水库没有库水位等水文监测设施；水土保持监测站点在人口密集、人类活动频繁的地区布局明显不足，无法真实客观地反映实际情况；全国约 1/3 的中型水库、90% 以上的小型水库、大多数堤防、中小型水闸等缺乏监测，泵站、引调水工程、淤地坝、农村水电站、农村集中式供水设施等水利工程运行安全监测设施不足；水资源开发利用业务中行政断面实际监测覆盖率不高，万亩以上灌区斗口取水和千吨万人以上集中农村供水等规模以上取用水单位监测不全；河湖管理对于排污、水生态、岸线开发利用、河道利用、涉水工程、河湖采砂等监控设施不足。

（2）感知自动化智能化程度低，技术落后。监测技术和手段方面自动化程度不高，仅有部分河流湖泊、大中型水利工程开展了自动监测采集；新型传感设备、智能视频摄像头、定位技术和卫星无人机遥感等新技术应用不足；监测仍以单点信息采集为主，存在测不到、测不准、测不全等问题，缺乏点、线、面协同感知；应急监测装备能力低、应急监测手段不足。

（3）通信保障能力不足。现有感知通信网络覆盖不全、带宽不足、通信基础薄弱，物联网技术未得到广泛应用；应急通信装备和应急抢险通信保障能力严重不足。

2. 信息基础设施不强

（1）水利业务网传输能力不足，还有部分县级水利部门未连接到水利业务网，仅有个别省（自治区、直辖市）的水利业务网通达到乡镇级水利单位，工程管理单位连通率更低，导致水利信息系统无法实现"三级部署、五级应用"；水利业务网骨干网带宽大都仅有 8Mbit/s，与其他行业近百兆比特每秒甚至 1Gbit/s 的带宽相比差距巨大，这些问题已经成为发展云计算、大数据处理、人工智能等技术应用的掣肘。

（2）云计算能力不足，在水利大数据管理和分析应用中涉及大量非结构化数据，数据挖掘分析和大数据模型运算需要强大的并行计算能力，这些现有的基础软硬件无法提供足够支撑。

（3）存储资源不够。现阶段水利行业不少业务应用除结构化数据外，还需要大量非结构化数据的支撑，包括图片、图像、视频等，随着业务的持续开展，数据资源总量呈快速增长趋势。

（4）备份保障能力不足，截至 2017 年底，全国省级以上水利部门中仅有 23 家单位实现同城异地备份，26 家单位实现了远程异地容灾数据备份，整体容灾数据备份能力明显不足。

3．信息资源开发利用不够

（1）内部整合不够，水利信息化普遍存在着分散构建的现象，造成水利信息化建设成果"条块分割""相互封闭"，无法实现信息资源的有效流动、基础设施的共用共享、业务应用的交互协同，严重制约信息资源整体化效益的发挥。

（2）外部共享不足，主要接入了防汛需要的部分气象数据、测绘部门的基础地理数据、部分工商部门注册的企业数据等，环保、交通、国土、住建、工信、民政的相关数据还不能做到部门间共享；对互联网数据的应用处于起步阶段，仅在水旱灾害防御等少量业务领域进行了一些尝试，未开展业务化运营。

4．应用覆盖面和智能化水平不高

（1）系统和业务融合不深入，节水、城乡供水等业务缺乏可用的信息系统支撑，抗旱、工程建设信息化水平总体偏低，河长制湖长制、水利监督等业务信息系统支撑不足，水利工程安全运行、水资源开发利用等业务信息系统使用不足，洪水、水土流失等业务智能化水平不高，水利业务系统整体支撑能力不足、应用效果不强。

（2）创新能力不足，水利信息化主要是对现有管理模式的简单复制，大部分做不到流程再造、管理模式创新。

（3）前沿信息技术应用水平不高，高新信息技术的潜能尚未得到充分挖掘，应用效果不够明显，水利业务应用系统主要以展示查询、统计分析、流程流转、信息服务等功能为主，大数据、人工智能、虚拟现实等技术尚未得到广泛应用，整体上水平不能满足应用需求。

（4）智能便捷的公共服务欠缺，水利产品和服务多围绕供给侧和管理需要，以公众的需求侧作为出发点的服务产品相对缺乏。

5．网络安全防护能力不足

（1）网络安全等级保护建设仍有欠缺，全国省级以上水利部门的 1000 余个应用系统中，通过等级保护测评的数量不到 1/3。

（2）信息系统尤其是工控系统安全防护体系不健全，安全防护水平不高，大型水利工程控制系统核心设备和软件大多存在安全隐患，尚未实现以国产化为主，且大部分工控系统设备老旧，安全风险高，网络安全体系无法满足新技术的发展需要，对云计算、大数据、物联网、移动互联网等新技术缺乏防护手段。

（3）威胁感知应急响应能力不足，无法掌握网络安全态势并及时主动发现处置网络安全风险威胁。

6. 保障体系建设不够健全

（1）思想认识不到位，守旧思想较为普遍，不能充分认识水利信息化存在的差距，认为水利信息化建设只是信息化部门的职责，业务部门不用大力参与。

（2）体制机制不够健全，充分适应新时代水利信息化建设的组织体系、规章制度、法律法规、考核体系等体制机制不够健全。

（3）标准规范不够完善，与新一代信息技术应用要求相配套的水利装备、物联通信、网络安全、应用支撑、系统建设与运行维护等技术和管理标准欠缺。

（4）资金投入不足，相对水利工程建设，水利信息化总体投入比重偏低，持续投入不足。

（5）人才配置不充分，云计算、物联网、大数据、人工智能等新一代信息技术人才储备不足，信息化人才总体数量偏少、配置不充分。

（6）科技创新应用不足，缺少技术创新激励机制，水利科技创新动力不足，前沿技术在水利行业创新研究与应用不够。

（7）运行维护体系不完善，重建设轻运行维护的现象普遍存在，信息化建设成果的继承性不够，持续应用效果偏低。

7. 数据分析技术不够先进

水利工程数据存在信息多、种类杂、体量大的特点，而数据分析技术难以全部适用，缺乏针对性，或者说缺乏统一性，导致数据的分析结果误差较大，实际应用效果不佳。如水文系统，是地球上最大、最复杂的动态系统，其子系统同样复杂，包括大气层、海洋系统、河流系统、冰川系统、地下水系统等。

二、应对策略

智慧水利建设是全国性的问题，水利行业是我国基础产业，需要优先发现并实现可持续发展，从而有利于保障国民经济建设。智慧水利建设应在国家、水利部门的统一规划、统一领导的前提下进行联合建设，遵循智慧水利建设的基本方针，实现水利信息共享，推动水利事业的发展和水利建设技术的优化，促进我国社会经济建设和公共服务水平。智慧水利的建设要适应社会经济基础建设和基础产业的地位。构建统一、协调的水利工程管理机制，加强水资源保护工作，对各区域的防洪、排涝、供水、水土保持、地下水回灌等实施有效的规划和管理。在对智慧水利建设进行规划时要结合当地实际需求，同时要考虑到长期发展的目标。提高智慧水利建设项目的服务水平，重视水资源保护，通过利用已有资源，循序渐进地完善水资源管理体系。智慧水利项目建设中结合现代信息技术的合理应用，保证水利工程的正常和稳定运行。利用现有的信息资源，将其进行优化整合，建立共建共享机制，实现信息资源共享，不断提高工作人员的专业水平和综合素质，加强专业人员队伍建设，推进水利事业的可持续发展。

1. 高层次推动智慧水利建设

智慧水利建设对于完善水治理体系，提升水治理能力，驱动水利现代化具有重要战略意义，是当前和今后一段时期水利工作的重要任务。这项工作涉及面广，协调难度大，事关工作模式改变和业务流程再造，主要负责同志亲自挂帅，协调整合资源，集中力量攻关，才能有效推进。

2. 高起点谋划智慧水利建设

智慧水利建设是一项复杂的系统工程，要作为一个有机整体通盘考虑。从层级上既要考虑智慧机关，又要考虑智慧流域，还要考虑区域智慧水利，专业亦要实现统筹兼顾。抓紧制定智慧水利建设总体方案，科学确定目标任务，合理设计总体架构，构建统一编码、精准监测、高效识别的网格，高起点做好顶层设计。

3. 高标准夯实智慧水利基础

由于智慧水利涉及的数据和业务快速增长，信息技术发展日新月异，信息基础设施后续改造提升的困难较大，要改变以往单要素、少装备、低标准的做法，适应智慧水利建设的需要，统筹全局，着眼长远，构建适度超前的智慧水利技术装备标准，为技术进步、功能扩展和性能提升预留发展空间。要构建全要素动态感知监测体系和"天地一体化"水利监测监控网络，实现涉水信息的全面感知。要建设高速泛在的信息网络和高度集成的水利大数据中心，实现网络的全面覆盖、互联互通和数据的共享共用。要建立多层次一体化的网络信息安全组织架构，同城和异地容灾数据备份体系，以防为主、软硬结合的信息安全管理体系，保障网络信息安全。

4. 高水平推进智慧水利实施

智慧水利是一项全新的复杂的系统工程，必须充分发挥外脑优势，集中各行各业人才资源。联合和引入有经验、有实力的知名互联网企业，参与到智慧水利建设的规划、设计和实施等各个阶段，保证智慧水利建设的先进性。建立多层次、多类型的智慧水利人才培养体系，创新人才培养机制，积极引进高层次人才，鼓励高等院校、科研机构和企业联合培养复合型人才，形成多形式、多层次、多学科、多渠道的人才保障格局，打造智慧水利领域高水平人才队伍。

5. 创新智慧水利建设投入机制

按照智慧水利建设和发展需求，在统筹利用既有资金渠道的基础上，积极拓宽项目资金来源渠道，强化资金保障，以推进智慧水利基础设施建设。探索可持续发展机制。吸引社会资本，以政府购买服务、政府和社会资本合作等模式参与智慧水利建设和运营，推动技术装备研发与产业化。鼓励金融机构创新金融支持方式，积极探索产业基金、债券等多种融资模式，为智慧水利建设提供政策性金融支持。

第二章 水利智能体

第一节 什么是水利智能体

　　智慧水利的建设相对复杂，如果存在一个参照标准或参照体系，将能够使我们大家的思路更加清晰和抓住其中的关键所在。这个参照标准或参照体系本身应该是大家所熟悉的而且相对简单，从而便于大家进行分析和理解。笔者认为人体可以作为智慧水利建设的参照体系。根据智慧水利的发展现状，笔者提出了"水利智能体"这一概念，水利智能体可以看作是一种类人体。

　　人拥有大量的感官系统和神经末梢，能够对人体的各项状态和各种外部环境进行感知。通过遍布全身的神经系统可以将信息在器官之间、器官和大脑之间进行相互传递，人的大脑能够对这些信息进行高效的处理，及时做出各种反应，并能够总结经验，从而在今后更好地做出反应，而这些和智慧水利的建设目标不谋而合。因此，水利智能体可以作为智慧水利发展的具象化体现。笔者提出通过仿生学原理，将水利智能体和人体进行类比，从而找出智慧水利的系统化、合理化建设策略。

　　水利智能体以计算机技术、多媒体技术和大规模存储技术为基础，以网络联接为纽带，运用传感器、遥感、地理信息系统、工程测量技术、仿真-虚拟、人工智能、大数据分析等技术，对涉水要素进行多分辨率、多尺度、多时空和多种类描述与分析，即利用新一代信息技术手段把涉水世界的过去、现状和未来的全部内容模拟实现。

　　水利智能体主要包括智能感官、智能联接、智能中枢、智能应用和智能免疫五个层面，是能感知、会思考、能决策、可防护的一体化智能水利系统。水利智能体结构示意图见图2-1，图中的"------"表示水利智能体的智能联接，图中的"- - -"表示智能免疫的防护。

　　智能感官是水利智能体的感知器官，它的作用是将现实的涉水信息通过摄像头、雷达或者其他传感器的硬件设备映射到数字世界，然后借助信号处理、图像识别、人工智能等前沿技术，可将这些数字信息进一步提升至可认知的层次，比如记忆、理解、决策等。

　　智能联接是水利智能体的神经，本质上是

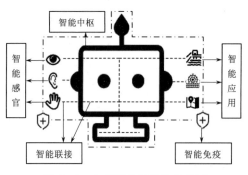

图2-1　水利智能体结构示意图

起联接作用，涉及的主要是各种通信技术和人工智能技术，将人工智能技术加入到网络联接中，通过智能管控系统构建网络的数字孪生，实现网络的动态控制和闭环。对于一个水利智能体而言，智能联接主要分为三部分：①中枢内部的联接；②智能感官设备到智能中枢的联接；③智能中枢到智能应用的联接。

智能中枢是水利智能体的大脑，以水利云为代表的载体，对感知数据进行存储、融合，通过对数据的计算，可以输出各种服务决策信息。

智能应用相当于水利智能体的"运动系统"，水利智能体的决策输出，是水利智能体的价值体现，是以开放的大数据智能化为引领的水利业务智能化技术与管理的应用。

智能免疫是水利智能体的免疫系统，通过智能化技术对水利智能体的硬件设施和软件系统进行防护，提升应急处置能力，保障水利智能体平稳健康运行。

水利智能体的本质是通过水利对象状态精准感知、水利数据实时传输、水利模型科学分析决策、水利应用智能精准执行，构建涉水数据闭环赋能体系，实现水利世界的监控、诊断、预测、模拟和控制，消除水利业务规划、建设、运行、管理、服务的随机不确定性。

需要注意的是，这里的水利智能体是水利行业形成的类人体复杂系统，它与生物学中的人体是不同的。笔者将水利智能体定义成为类人体模型，因为水利行业涉及的设备元素众多，需要感知自然生态状况和认为动作信息，并通过这些信息内容作出相应的决策或提供相应的服务，包含了感知器官、神经传输、神经中枢、运动系统、免疫系统等在内较为完整的生物体系概念，并不等同于生物学的人体概念。

水利智能体还具有灵活更新、可扩展性的特点，有利于后续业务的延续。水利智能体能够对不同来源获得的数据进行灵活地转化，并用于不同目标的智能应用。在某些水利业务场景中，随着需求的变化，允许应用系统在运行时添加新部件。这些新部件既包括硬件设备的更新，也包括软件系统的更新。新部件模块既可以单独地被测试，又可以由原应用轻松地进行模拟，以演示或原型化某项特定的功能，进而达到对原应用的尽量少甚至不做修改。水利智能体能够快速地响应不断变化的环境，可以方便地自定义、扩展或隔离相关功能组件，为水利用户提供优越的服务。

随着技术的发展，水利智能体还会逐渐发展出自我学习的能力，逐步提升业务能力。水利智能体自我学习的能力主要体现在让智能体自己去搜索和发现，而不是完全靠人类设定的相关知识、规则和方法。简单解释就是，水利智能体通过水利数据的不断认识学习，从大量数据里面重复出现的提取规律，作为后面预测新数据的依据，提高水利模型的预测预报能力和精度。这样水利智能体可以对当前水利世界的态势进行不同模拟预测，并根据模拟预测结果对水利世界的行为进行控制、调整与修正，改善水利业务服务能力。

水利智能体的最高阶段是对物理水世界和生物智能的统一反映。水利智能体通过水利数字孪生模拟物理水世界，即充分利用水利物理模型、各类传感器采集信息、涉水运行历史等数据，集成以水利为主的多学科、多物理量、多尺度、多概率的模拟过程，在虚拟空间中完成映射，从而反映相对应的物理水世界的全生命周期过程，模拟物理水世界发展变化。水利智能体通过人工智能模拟生物智能，构建出一种新的能以人或其他生物智能相似的方式作出反应的智能机器，逐渐发展出自我学习的能力，主要体现在让智能体自己去搜索和发现，而不是完全靠人类设定的相关知识、规则和方法，即对水利数据的不断认识学习，从大量数据里面重复出现的提取规律，不仅可以对水利自然变化作出精准预判，可以对人类涉水活动作出合理预测，针对不同情况提出合理决策建议。这样水利智能体可以对当前水世界的态势进行不同模拟预测，并根据模拟预测结果对现实水世界的行为进行控制、调整与修正，改善水利业务服务能力。

对于水利智能体，要实施人机双智能控制，人类权限最大，也就是说对于水利智能体的每个感知、传输、决策等动作，均可以由智能化机器或人进行控制。其中智能化机器将根据人已经制定的规则策略进行控制实施或将情况报告给人，由人进行控制实施。水利智能体的自我学习能力是在人圈定的范围内的学习，学习的知识策略仍然受到人的控制。人拥有各个动作的最高控制权限，可以根据人的判断，改变既定的策略或智能化机器提供的方案。

在未来，普通大众可以通过水利智能体感受水在环境中的脉动、享受便捷化水利服务，水利行业的管理者通过水利智能体合理调配水资源，作出科学涉水决策，提高水利治理效能，加强水利行业监管。

第二节　水利智能体与智慧水利的关系

水利智能体是笔者根据智慧水利总体方案、智慧水利业务实践和相关科技发展提出的。在智慧水利总体方案的"天空一体化"水利感知网、全面互联高速可靠水利信息网、智慧水利大脑、创新协同的智能应用和提升网络安全态势感知等五部分的基础上，水利智能体包括智能感官、智能联接、智能中枢、智能应用和智能免疫等五个方面。

水利智能体中新提出的五个方面是对智慧水利框架的继承和发展，而不是另起炉灶，也不是重复建设。对于已建设的智慧水利部分，可以根据自身需求在原有基础上进行改造提升，对于未建设的智慧水利部分，可以考虑使用水利智能体这样的新模式进行建设。

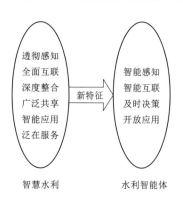

图 2-2　由智慧水利向水利
智能体发展的新特征

相比于智慧水利，水利智能体将展现几个新的特征，分别是智能感知、智能互联、及时决策、开放应用，见图 2-2。相比于智慧水利中的水利信息感知，在水利智能体中，在感知器官将拥有简单的智能，除了能够对涉水对象及其环境信息的感知外，还可以对接收的信息进行处理，识别出涉水关键性信息并对关键信息进行"解读"，根据识别结果制定传输策略，从而减少数据传输，减轻带宽的压力。相比于智慧水利中的全面联接，水利智能体对联接提出了更高的要求，除了满足将水利智能体的各个部分联接外，还将智能化技术应用到联接中，根据不同的环境情况，实施不同的联接策略，综合考虑数据传输及时性与经济效益。智能感官可减少数据传输，智能联接可改变数据传输方式或传输路径，两者协同作用可减少水利智能体从感知涉水环境到作出决策的时间，从而实现及时决策。水利智能体的另一个特点是开放应用，通过构建开放、共享的平台将一定的数据和应用程序接口开放，满足社会、企业和个人对资源数据的需要，共同实现对数据的分析、使用和价值的发现，释放数据潜能，提高资源利用率，将促进水利智慧化应用的蓬勃发展。

与智慧水利相比，水利智能体在实施途径、建设理念上都发生了一定的变化。

（1）水利智能体明确提出了水利业务发展在感知、联接、中枢、应用、防护各个部分的实现智能，将智能的范围从"水利大脑"进行扩展。与智慧水利中采取在"水利大脑"中集成各种"智能"不同，水利智能体采取了适当的将"智能"分散在不同部位的策略，旨在实现整体框架集成和适度智能分散的设计策略，减少高度集成化带来的负面作用。智慧水利的模式主要将所有一线问题反馈到中枢再进行解决，而将智能分散后的水利智能体模式可以对部分问题进行即时解决、就地解决，不用将一线问题反馈到中枢。

（2）水利智能体是一个"创新、开放、共享"的水利行业发展平台，将吸纳各行各业的智慧和力量，协同创新，共促水利发展。水利智能体实施开放和共享的思路，通过数据的集中、融合和开放，汇聚社会、行业、企业的力量，共同挖掘水利数据的内在价值，形成更具活力和竞争力的水利行业产品，支持水利行业管理者实现更加合理的决策，加快水利治理体系和治理监察能力现代化进程，为水利行业的使用者提供便捷服务体系，形成高效便捷、无处不在的水利信息服务。

第三节　建设水利智能体的必要性

水利智能体是智慧水利建设的新思路，可为水利行业的进一步发展提供的指导。

从水利行业的建设来看，已经存在一些智能感知设备，如使用 AI 水尺测量水位，水位本质上是个长度的概念，完全可以通过视觉测量，即通过摄像头结合人工智能算法测量水面线在水尺的位置来计算。在这种方式下，可直接在感知端进行自动读数，无需将所有视频数据传回服务器，因此可以帮助我们减少网络传输延迟并提高性能，将有助于优化网络的数据驱动功能。在智慧水利的实际建设中，为了更好地解决感知过程中出现的问题，已经开始采用智能感知的手段，而水利智能体将这一智能感知手段纳入其建设框架中。

从现阶段智慧城市的发展来看，设备间的通信还存在一些问题，具体表现为数据传输不够及时、设备间信息兼容性较差、信息搜集分发平台因无法容纳巨量数据而短时崩溃等。例如，城市的用电量根据时间不同存在一定的差异，在一天内不同的时间段或者一年的不同季节，城市的用电量是不同的。电力部门希望能尽可能地根据实际情况，实时调整整个城市的电力输送。但是，目前做不到全城市数据的实时传输主要有两点原因：一是会对信息传输速度有极高的要求，4G 网络还无法满足；二是持续不断的巨量数据存储，容易造成中心化数据存储平台的瘫痪。当水利感知网中的感知设备大幅增加时，也可能会出现数据传输不畅的问题。5G、人工智能等新技术的发展为解决这一问题提供了更多的思路，应采用多种手段优化网络信息传输速度。

从其他行业的发展看，数据的开放有利于相关产品的开发，向社会大众提供更好的产品服务。例如，在气象行业，中国气象局将中国气象数据网作为对社会开放基本气象数据和产品的共享门户，旨在通过提供气象数据产品服务，向全社会和气象信息服务企业提供一个均等使用气象数据的途径。很多公司利用这些开放的气象数据，开发了以彩云天气为代表的天气预报产品,能提供分钟级精准的降水预报,街道级精准定位,能够实现每条街道和小区都有专属预报,为人们的出行提供了帮助和便利。对于水利行业而言,数据资源向公共开放了,更多的公司、团体或个人才能接触到水利数据资源,都对这个数据资源进行了使用分析,然后从中根据他们的专业特长,发掘出对于水利行业有价值的信息,甚至进行信息再加工,进而向水利行业提供不同的有竞争力的应用产品,这样能促进整个水利行业的繁荣和发展。

通过上述分析可以发现,为了更好地促进水利业务智慧化发展,应当根据水利业务的实际发展、科学技术的进步、其他行业的发展,适时地调整发展思路,构建适度超前的建设框架。水利智能体可以作为"创新、开放、共享"的智慧水利行业发展平台,可以在现有基础上提升效率、优化流程、重构体验,进一步提高水行政部门的决策服务能力。

第四节　水利智能体的分类

水利智能体与数学中的"集合"类似,所有服务于水利业务的智能水利系统都可以成为水利智能体,服务全省的智能水利系统可以称为水利智能体,服务于一条河、一个水坝、一个泵站的智能水利系统也可以称为水利智能体。就像一个集合可以分成若干个子集,在一个"大"的水利智能体中往往可以分割出若干个"小"的水利智能体,它们都是服务于特定对象的智能水利系统。而发展建设智慧水利就是通过建设一个个水利智能体来实现。

通过相互联通的水利信息网,全国的水利智慧化系统可统一看作是一个最大的水利智能体,可称为总水利智能体或全水利智能体。全水利智能体相当庞大,可以根据不同的标准对其进行进一步的划分,得到多个互相联通的水利智能体,见图 2-3。根据智能中枢所在的不同层级可以分为最高级别的国家级水利智能体、流域级水利智能体、省级水利智能体,还包括借助于政务云的市级、县级水利智能体。按照水利智能体覆盖的洪水、干旱、水工程安全运行、水工程建设、水资源开发利用、城乡供水、节水、江河湖泊、水土流失和水利监督活动这些水利业务的不同,可以根据将水利智能体分为多个专项的水利智能体,如负责水工程建设的水利智能体。当水利智能体覆盖多项水利业务时,也可以称之为综合水利智能体;当水利智能体覆盖所有十大水利业务时,又可以称之为全业务水利智能体。无特殊说明,水利智能体一般指全业务水利智能体。还有一类特殊的水利智能体,它们在感知端进行智能感知后将数据传到应用端,为管理者或使用者提供决策支持或信息服务,而无需通过水利云这样的智能中枢进行数

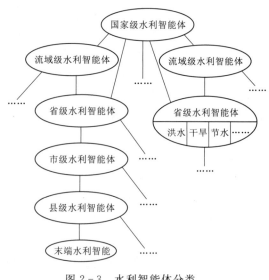

图 2-3　水利智能体分类

据信息传递，例如中小水库的自动化安全监测系统，因其处于一个综合水利智能体的末端部分，可称为末端水利智能体。在笔者看来，智慧水利的建设认为可以通过分解成建设一个个不同层级的水利智能体来实现。

无论是根据层级对水利智能体还是根据业务对水利智能体进行分类，各个水利智能体间既相互独立由又相互联通。例如，各个市级水利智能体相互独立，可以各自处理本行政管辖区域内的各项水利业务，但有时处理本行政区域的水利业务时，获取相邻市的水利数据资源才能进行决策或者能作出更好的决策，这时需要与此相邻市的水利智能体进行数据传输，这两个市的水利智能体间的联接方式可以是直接联接的，也可以是通过上一级的水利智能体进行联接。相比于不同层级间的水利智能体或同一层级间的不同水利智能体，不同业务的专项水利智能体间的联系更为紧密。例如，负责节水业务的水利智能体和负责城乡供水业务的水利智能体，负责节水业务的水利智能体需要负责城乡供水业务的水利智能体提供供水企业计划用水管理信息，负责城乡供水业务的水利智能体需要负责节水业务的水利智能体提供线路节水改造信息，当某个专项智能体缺少另一个专项智能体提供的相关信息时，容易造成错误决策。这个例子也同样说明了数据融合与共享的重要性。

具有组织关系的多个水利智能体还可以构成一个新的整体。例如，一个省级水利智能体和其所属的所有市级水利智能体可以构成一个新的水利智能体，该水利智能体可以为该省所有的省级和市级水利业务提供决策支持或服务信息。在这种由高层级的水利智能体和对应的低层级的水利智能体组成的新的水利智能体中，高层级的水利智能体居于主导地位，高层级的水利智能体统率低层级的水利智能体，低层级的水利智能体服务于高层级的水利智能体。

高层级的水利智能体与低层级的水利智能体相互依存，当高层级的水利智能体缺少对应的低层级的水利智能体时，高层级的水利智能体将成为空中楼阁，缺少来自低层的数据支撑，其决策服务也很难落到实处；当低层级的水利智能体缺少对应的高层级的水利智能体时，低层级的水利智能将成为孤岛，只能通过有限的数据资源提供决策服务，将缺少整体性。

高层级的水利智能体与低层级的水利智能体相互影响，当高层级的水利智能体的功能模块出现优化或变化，在为低层级的水利智能体提供数据资源或者决策服务时，将影响低层级的水利智能体的决策服务；反过来低层级的水利智能体的功能模块的优化或变化后，也会对高层级的水利智能体产生影响。

当多个水利智能体以有序合理优化的结构形成新的水利智能体时，此时新的水利智能体能够调用分析更多的数据资源，相比于各个水利智能体可以作出更好的决策服务；当多个水利智能体以无序欠佳的结构形成新的水利智能体时，新的水利智能体作出的决策服务可能还不如各个智能体的分别决策。

这就要求在建设高层级的水利智能体时，要多从整体和全局的角度出发，在整体上选择最佳行动方案，实现最优目标，在建设低层级的水利智能体时，要搞好低层级的功能模块，为高层级的水利智能体提供尽可能好的数据资源信息等，使整体功能得到最大限度发挥。

值得一提的是，在图2-3中，除了以行政区为单位的国家级水利智能体、省级水利智能体、市级水利智能体、县级水利智能体外，还可以通过流域方式划分水利智能体。这是因为在治理河流水系时，一个流域是最基本的水系单元，一个流域内水利活动间的相关影响也最为密切。在水利机构的层面，目前在流域管理层面上主要为水利部派出的各个流域水利委员会，可建成流域水利委员会级别的水利智能体。随着水利业务开放共享理念的发展，为更好地服务水利管理业务，除了流域水利委员会级别的水利智能体，也将会出现其他级别的以流域为单元的跨省、跨市、跨县的水利智能体。

第五节　建设水利智能体的策略

一、构建统一的系统性框架

(一) 顶层设计思路

推进水利智能体建设需要有效的实施路径，要兼顾考虑过去资源、现实问题和未来规划，设计好的水利智能体的框架是前提。水利智能体的框架应由高层提出总的构想，从水利系统的整体高度和全局出发，自上而下的逐级分解和细化，注重设计规划与实际需求的紧密结合。这种构建方式可以称为"顶层设计"，强调对水利智能体定位上的准确、结构上的优化、功能上的协调、资源上的整合，是一种将复杂对象简单化、具体化、程式化的设计方法。与之相反的是自下而上的设计，亦可称之为"底层设计"，是从目标系统某一着眼点入手，自下而上地进行逐级融合，从而完成整个系统结构的搭建，以保证总体目标的实现。显而易见，相较于顶层设计而言，这种底层设计缺乏总体框架的约束，很容易导致设计结果与初衷的偏差。总而言之，顶层设计与底层设计二者的出发点不同，但最终目标均是实现整体化的系统设计。二者最显著的差异是顶层设计的结果具有很强的可控性，而底层设计的结果可控性较低，有种"摸着石头过河"的感觉，难以确保终极目标和系统的整体性、一致性。

水利智能体是一个相对复杂的系统或体系工程，如果缺乏科学有效的结构框架，各级水行政主管部门的建设标准容易出现不统一、建设口径容易出现不一致，导致各级的建设成果难以有效地共享，更为严重的是还可能出现不同部门重复投资、重复建设的资源浪费现象，这些问题会对水利智能体的发展与推广产生极大的阻力。

在理论上，对水利智能体使用顶层设计的方式是非常有效的，是对水利发展和发展路线的整体设计，不仅取决于新技术，更取决于理念和人。在开展顶层设计工作的过程中，最关键、最核心的是要对水利智能体的整体目标和全局观念有着准确的感知和把握。对于复杂、庞大的水利智能体而言，其顶层设计应基于水利行业现状，对水利行业进行全面的感知和把握，开展需求分析，提出建设目标，构想实施途径等。

顶层设计对水利智能体建设的成效至关重要，体现在如下方面：

(1) 可以明确水利智能体建设的本质需求，明确蓝图和计划，将建设水利智能体的初衷回归到提升水行政部门管理服务水平的方向上。力戒水利智能体建设"空心化"，坚持以应用管理为目标，以业务发展为引擎，以信息化新技术为手段。对水利职能部门而言，可以明确水利业务发展目标，指引其进行业务流程优化。对大众而言，可以在政府的引导和规范下参与水利智能体的建设，享受水利智能体带来的便捷服务。由于顶层设计是自上层向下层而逐步展开的设计方法，其核心理念与终极目标都来源于最上层，因此，使得整个系统的设计能够具有很强的可控性。

（2）通过顶层设计，可以着眼全局，避免信息孤岛，构建协调机制。水利智能体建设需要全面整体的技术模型来规范软件、接口、体系标准等关键要素，尤其在中国条块分割的行政体系下，水利智能体推进如果没有一个整体性的顶层设计指导，在实施过程中必然会遭遇各自为政、信息孤岛等水利信息化建设的老问题，增加水利智能体建设失败的风险。水利部通过顶层设计来制定水利智能体的目标、架构和功能要求，避免设计局限化。其他各级水行政管理机构通过顶层设计来保证水利智能体建设具有创新、开放和共享的特点，使之可以实现充分的资源整合和共享，同时确保框架的兼容性和扩展性，达到 $1+1>2$ 的效果。通过顶层设计可以明确水利智能体内各业务范围以及相应的责任，加强部门之间的分工合作，避免管理分散，解决项目建设、业务协同与资源共享的问题。

为了确保水利智能体建设中各子水利智能体的整合能够准确融合，避免重复建设、重复投资等建设乱状的发生，在构建水利智能体的框架时，除了做好指导性方案之外，也要做好相关标准规范，约定统一的数据格式与接口，为各级水利智能体间或同级水利智能体不同业务间的数据共享与资源整合打好基础。新的标准规范应涉及水利智能体建设各个方面，能够指导水利智能体建设，新的标准体系能够与国家标准及行业标准纵向贯通，同时做到与现有应用领域的横向衔接。

（二）统一的框架

水利智能体可以分为不同的层级，同一层级又可以分出不同的水利智能体。将这些水利智能体作为多个对象来看，这些水利智能体可以采用相似的架构，也有必要采用相似的架构。

水利智能体面向各层级水利业务智能化，以智能感官为基础、以智能联接为通道、以智能中枢为核心、以智能应用为输出、以智能免疫为保障，形成各层级水利智能体的统一框架，见图2-4。

不同层级的水利智能体，或者同一层级的不同水利智能体使用相似的架构有如下原因。

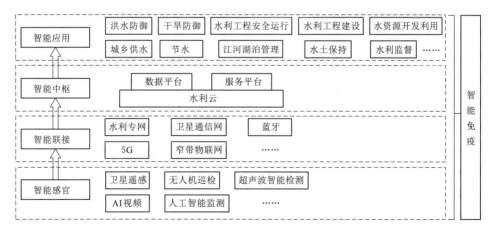

图 2-4　水利智能体框架

（1）不同水利智能体的服务主体相似，水利智能体的服务主体无外乎是公众、水行政主管部门和水资源本身，任何层级在构建水利智能体时，都应从公众、水行政主管部门和水本身三个维度出发，实现公众的便捷化用水，提升水行政主管部门的管理和服务水平，保障水资源可持续发展的目标。

（2）不同水利智能体基本构成相似。构建"水利智能体"一般都遵循以下建设模式：利用新技术对江河湖泊水系等自然类、水利工程类和水利管理活动类这三类目标进行感知，依托先进的信息感知技术，重点围绕十大水利业务领域，打造水利智能应用体系，实现水利与新技术的深度融合，促进水利规划、工程建设、运行管理和社会服务的智慧化提升。

不同层级的水利智能体或者同一层级的不同水利智能体使用相似的架构还有如下好处：①不同水利智能体采用相似的架构可以便于在水利智能体的建设过程中上层对下层进行指导，也便于下层向上层学习。②我国幅员辽阔，各地区经济发展不平衡，各地对水利业务的最紧迫的需求也不同，因此各地水利智能体的建设进程有快有慢，建设重点各有侧重。若各地建设水利智能体时采用相似的架构，那么后建设水利智能体的地区可方便地参考已建设水利智能体的地区，加快水利智能体的建设过程；某项业务薄弱的水利智能体可以方便地借鉴这项业务丰富的水利智能体，加快补足短板的建设时间。③不同水利智能体采用相似的架构便于对共性内容的统一建设和标准规范的制定，有利于数据的流通、资源的整合。

二、建设个性化的内容

在构建水利智能体框架时是由上至下，由上层从全局的角度出发进行统一设计，下层框架应与上层保持一致，而规划水利智能体建设内容时，下层应有一定的自主性，不能将水利智能体建设得"大而全"，即各地一定要考虑到当地最紧迫的需求、最需要解决的水利问题，通过新技术手段来解决它，从而更好地让技术服务于人们生活。

水利智能体的建设内容主要包括各种各样的智能感官设备，多种类的智能联接方法，提供计算、存储和服务等功能的智能中枢，服务于十大水利业务的智能应用，以及为整个水利智能提供防护的多种手段、智能免疫的软件和设备。

但是，我国地域辽阔，各地区经济发展不平衡，水资源分布不均衡，水利发展需求不一致，不同的地区水资源特点各有不同。这种区域差异性、管理差异性、需求差异性要求水利智能体的建设内容应该一地一策、因地而异，不能千篇一律，水利智能体建设目标的确立要符合地区当前的水利发展阶段，结合自身的水利发展定位和区域特点，解决水行政部门最想解决的问题，满足大众最迫切的需求。

例如，江苏省位于我国东部沿海，地貌由平原、水域、低山丘陵构成，东滨黄海，湖泊众多，地势平坦，地跨长江、淮河两大水系，那么在江苏地区建设水利智能体时，根据区域性特点就应重点解决防洪防台风、水质水量等问题。而甘肃地形呈狭长状，地貌复杂多样，山地、高原、平川、河谷、沙漠、戈壁，四周为群山峻岭所环抱，作为全国"两屏三带"生态安全战略格局的重要组成部分，长期以来都面临着水资源紧缺、水资源时空分布不均、水旱灾害频发等问题，生产、生活和生态用水供需矛盾突出，那么在甘肃地区建设水利智能体时，根据区域性特点就应重点解决水旱灾害、节约用水、城乡供水等问题，而不需要解决防台风的问题。

不同的水利智能体不仅有共性的、普遍性的特征，还有各自的特殊性。共性决定了水利智能体的基本性质，特殊性揭示了水利智能体之间的差异性。水利智能体之间的差异性是有利于水利智能体的优化发展的。随着各地水利智能体的建设，当某个水利智能体的某项特殊功能取得很好的效果，其他各水利智能体可以纷纷学习效仿，这项特殊功能也就成了普遍的功能。当水利智能体的某个共有功能效果不佳时，很多水利智能体舍弃了这项功能，这项普遍的功能也就成了特殊的功能。

每个地区都有其自身水资源的特点，从本地的实际水资源情况出发，重点实现某些水利业务的智慧化，每个地区都向世人展现出不同的水利智能体面貌，所以各地水利智能体的建设内容在统一框架的基础上也存在一定的差异性。结合地区的特征和资源优势，综合运用各种新思维、新方法，求同存异地分析、探索适合本地区的水利智能体的建设内容，能够为水利智能体的建设实践和实践运营降低投资成本，促进水利智能体建设目的的实现。

三、统筹考虑实施原则

水利智能体在具体建设中涉及部门众多，用户需求模糊多变，各类数据形式多样，信息相互关系错综复杂，分析模型个性化，建设项目众多，建设周期长等，这些因素都导致水利智能体在具体建设过程中很容易偏离预定目标，建设效果差强人意。

水利智能体作为一个大的系统工程，有其内在发展规律，还需要通过明确解决哪些问题，实现什么样的目标，哪些工作先做，水利智能体之间如何联通交互，如何更好地使用资金等，这些是在进行水利智能体建设时必须要考虑清楚的问题。理想的水利智能体建设是一个漫长的过程，在水利智能体实现的过程中，每个地区都要充分认识自身的能力和诉求，从系统性地看待水利发展的问题和需求，设定不同的阶段目标，寻找合适的资源来配合建设。

如何科学合理地开展水利智能体的建设是摆在人们面前的紧迫难题。要解决上述问题，就需要进一步明确两个问题：做什么和什么时候做。做什么解决建设内容，其要点是需要根据各地区水资源特点和需求，均衡地确定需要建设哪些项目和建设规模，梳理清楚这些项目之间的匹配关系和接口，并确保这些项目整合之后能够达到预期的总体目标；什么时候做是解决建设步骤，其要点是根据每个阶段的目标，确定项目完成的次序，从而确保没有超前建设的项目和滞后建设的项目。值得注意的是，需要实现各个项目之间的协调发展，优化结构。水利业务智慧化建设中比较容易忽视这方面，例如，某些地区建设安装了大量高清视频摄像头设备监控河湖、水库等自然资源信息，但相关后台视频数据分析功能没有跟上，数据不能转变为对使用者有价值的信息，导致使用者无法感知到水利智能体的智慧所在。

水利智能体建设是一个长期的过程，应当在水利现代化战略规划的框架下形成一个清晰的分步实施路线和原则，指导各方顺利推进水利智能体的建设实施。水利智能体建设实施路线的主要原则如下。

（1）重要性和紧迫性优先原则。水利智能体的建设要按照重要性和紧迫性两个维度，针对不同地区水资源的具体情况，对规划的水利智能体工程和项目进行排序，筛选出重要性和紧迫性都很强的工程和项目，优先实施。

（2）着眼现实原则。水利智能体建设要实现未来蓝图与现实情况的平衡，必须仔细考虑地区原有基础，包括经济发展水平、水利智慧化建设水平等因素，策划好新项目与已建项目、在建项目的关系，梳理已建项目的能力、范围，结合现实和未来需求，提出需要补充、优化和整合之处，尤其描述清晰新建项目与原有项目的共用部分，以及它们之间的数据关系。对于存在较多已建项目和在建项目的领域，要重点加强整合以及对现有资源的创新性应用，对于原有基础较为薄弱的领域，应当重点加强资源的配置，争取实现后发先至。

（3）灵活调整原则。水利智能体建设会随着国内外环境、水利智慧化发展实际情况和技术的变化而不断变化，水利智能体建设的范围、内容和组织形式也应适应变革的需要。因此，一方面，以"近细远粗"为原则，将近期的计划做详细，对远期的计划可以比较简略，留出调整空间；另一方面，建设规划要滚动进行，每年根据实际情况变化进行调整，并保持与长期目标的一致性。滚动计划不是静态地等一个项目计划全部执行完之后再重新编制，而是在每次编制或调整计划时，根据计划的执行情况和环境变化，进行调整和修正，并逐期向后移动，是把近期计划和中长期计划结合起来的一种方法。这样有利于水行政主管部门掌握整体水利智能体的建设节奏，协调水利智能体建设资金的使用，以及用于衡量和考核各个工程项目的进度、质量和效果。

（4）可扩展性原则。水利智能体的架构设计能够快速适应需求的变化，当需要增加新的功能时，对原有架构不需要做修改或者做很少的修改就能够快速实现新的水利业务需求。

（5）智能提升原则。在建设水利智能体的过程中，要持续关注各种新技术、新方法、新手段对水利智能体的智能程度提升和水利智能体自我学习的发展，逐步提升水利智能体的智能业务能力。

四、制定水利智能体评价体系

在水利智能体建设过程中必须要制定科学评价体系。评价体系应涉及水利智能体建设各领域，评价体系的建设需要结合国内相关评价体系和水利智能体的特点，制定出能够对水利智能体建设效果给出的客观评价并能对水利智能体建设起到指导和规范作用的，从而带动水利智能体的科学建设、质量保证、合理评价、科学管理。

水利智能体评价体系是由一套科学系统的评价指标构成的，是对水利智能体的建设成果进行量化计算、科学评测的方法体系，是检验水利智能体成果的具体体现。水利智能体的评价指标起导向作用，将引导水行政部门的执行重点及规划阶段性目标。因此，水利智能体的评价体系将是引领、监测指导、量化评估水利智能体建设的重要工具。科学的水利智能体评价指标体系不仅是水行政部门制定规划和发展方向的依据，更能帮助水行政部门了解水利智能体的优势与缺陷，找出水利智能体可以加以利用的优势和存在的需要重点解决的问题，争取达到取长补短的效果。因此，评价指标体系作为整个水利智能体建设过程中必不可少的内容，是水利智能体建设的重要保障。

建设水利智能体的目的是让水利行业的管理者、参与者和用户"用起来"，而不是让大家"看起来"。因此，水利智能体的评价标准和一般的工程项目评价标准不同，除了对水利智能体的基础设施建设情况进行评价外，还应包括对水利智能体的应用效果的评价。对于水利智能体的基础设施的评价体系可以参考一般的信息化项目评价体系，包括感知端的信息采集点的覆盖程度、感知设备的正常工作比例、数据传输层有线网络和无线网络的覆盖程度、网络带宽、水利云中心的容量、能耗指标等。

但是，对水利智能体的应用效果的评价有一定困难，这是因为各地的水利智慧化建设整体上处于早期，从国家标准层面也没有关于水利智能体、智慧城市或其他"智能体"的应用效果标准体系发布。从水利智能体的发展角度看，需要一套水利智能体应用效果的评价标准，实际地指导各地水利智能体建设全过程。水利智能体智能程度标准体系的建立，需要做到以深厚的理论为基础、以广泛而有说服力的资料为证据，并且必须具有较强的可操作性。该评价标准最好以定量评价为主、定性评价为辅。

根据其他行业对智能设备应用效果的评价，结合水利智慧化建设的实际情况，暂设计了几个指标对水利智能体的应用效果进行评价，分别是覆盖程度、健康程度、活跃程度、智能程度、安全程度，见图2-5。

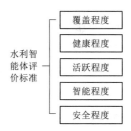

图2-5　水利智能体的评价标准

覆盖程度指标主要测评江河湖泊水系等自然类、水利工程类和水利管理活动类这三类目标有多大比例联接到一个水利智能体中，并可以进行信息的交互。

健康程度指标主要测评硬件基础设施和软件系统的稳定性，可以通过系统的故障率来进行测量。

活跃程度指标主要测评联接到水利智能体的水利设备、用户终端的信息发送和交互活跃程度，是衡量水利智能体被使用的程度，能从一定程度反映相关应用是否好用，这一指标受到健康程度指标的影响。

智能程度这一指标相对复杂，需要考量的角度比较多。水利智能体的执行方式有三种：机器执行，人机结合执行，机器指令正确率。智能程度的第一个评价考量的是机器执行、人机结合执行的比例，两者的比例越高，说明智能程度越高。智能程度的第二个评价考量的是机器执行、人机结合执行时的效率，对水利智能体给定输入和完成输出（由机器完成或人机协作完成）的时间间隔，这个时间间隔越短，说明智能程度越高。智能程度的第三个评价考量的是机器独自完成的正确率或风险概率，正确率越高或风险概率越低，说明智能程度高。

安全程度指标主要衡量当网络攻击发生时，水利智能体能够维持多长时间来保护自己。安全程度越高，说明水利智能体具有更强的防止信息丢失的能力。

水利智能体的建设需要在探索中实践，在创新中完善，以应用管理为目标，以业务发展为引擎，以信息化新技术为手段，把使用效果作为最重要的衡量标准，根据现有条件和需求，分步分块建设水利智能体，随着技术、客观条件和需求的发展变化，不断对水利智能体进行改进和完善，最终建成一体化、智能化的水利服务平台。

第二篇

创新应用

本篇主要介绍构成水利智能体的多种类智能感官、多样化智能联接、多融合智能中枢、多业务创新智能应用和多手段智能免疫等五个方面的先进技术和应用案例。由于水利智能体可以根据不同的层级进行划分，在不同的层级中水利智能体的五个方面划分也不完全一致，本篇主要从省、市级水利智能体的角度对五个方面进行划分。

第三章　多种类智能感官

第一节　各种类型的智能感官

智能感官可以认为是具有信息处理功能的传感器。智能感官带有微处理机，具有采集、处理、交换信息的能力，是传感器集成化与微处理机相结合的产物。智能感官能将检测到的各种物理量储存起来，并按照指令处理这些数据，从而创造出新数据。智能感官之间能进行信息交流，并能自己决定应该传送的数据，舍弃异常数据，完成分析和统计计算等。与一般传感器相比，智能感官具有以下三个优点：通过软件技术可实现高精度的信息采集；具有一定的编程自动化能力；功能多样化。

构建智能感官体系，按水文自然循环和水资源社会循环过程不同环节，对不同的水体及涉水对象，进行"天空地一体化"采集，扩大江河湖泊水系，水利工程设施的监测范围和水利管理活动的动态感知，补充完善水文水资源、水生态、水环境、水土流失、涉水工程安全、洪涝干旱灾害、水利管理活动、水行政执法等感知内容，真正实现对涉水对象，如江河湖泊、水资源、城乡涉水工程运行状况、水生态与安全水环境要素、经济社会大数据网络舆情等全面智能感知。

根据水利智能体的智能感官获取信息方式的不同，类比于人体的感官，可以将水利智能体的智能感官分为类视觉感官、类听觉感官和类触觉感官。

一、类视觉感官

类视觉感官属于新兴的传感设备。在类视觉感官中包括基于视频、卫星、无人机等一系列智能感官。

（一）视频智能感官系统

相对于传统的视频监控系统，智能视频监控在可控性、报警精确度、突发事件处置响应速度、安全部门保护级别、主动式监控等方面都是技术发展进步的成果。

传统视频监控系统存在的不足：①图像不能长时间显示。当摄像机数目很多时，几乎没有一个视频监控系统会按照摄像机数目相同的模式配置显示设备。在这种情况下，很可能有大量的摄像机采集的视频图像传输到监控中心后，而刚好不显示某路视频图像的时间内就导致值班人员无法看到值得注意的异常情况。②数据分析困难。传统视频监控系统缺乏智能因素，录像数据无法被有效地分类存储，数据工作就变得非常耗时，很难获得全部的相关信息。③传统视频监控是一种"被动监控"。监控系统大部分情况下仅仅只能起到一个录像的作用。在发生异常情况或突发事件后，需要查找录像，找出事件发生时的视频录像，但此时损失事故已经造成，无法挽回，完全是一种"亡羊补牢"式的被动监控。

在传统视频监控基础上发展出来了智能视频监控系统。智能视频监控的技术原理是通过直接分析各种摄像机和 DVR、DVS 及流媒体服务器等各种视频设备的监控视频画面，通过智能化图像识别处理技术，自动分析出当前的监控位置的警情，对各种安全事件主动预警，通过实时传输，将报警信息传导综合监控平台及客户端。具体来讲，智能视频监控系统通过摄像机实时"发现警情"并"看到"视野中的监视目标，同时通过自身的智能化识别算法判断出这些被监视目标的行为是否存在安全威胁，对已经出现或将要出现的威胁，及时向综合监控平台或后台管理人员通过声音、视频等类型发出报警。这种方式可以使得报警更加及时，能对成百上千路视频同时分析，监测更加全面，也大大降低安保人员的工作量，提高监控效率。

智能视频监控系统可以有效防止在混乱中由于人为因素而造成的延误，可以有效利用和扩展视频资源的用途，对智能监控在可控性、精准性、反应速度等方面有极大的提高。主要体现在以下方面：①全天候可靠监控，彻底改变以往完全由安全工作人员对监控画面进行监视和分析的模式，通过嵌入在前端处理设备中的智能视频模块对所监控的画面进行不间断分析；②提高报警精确度，前端处理设备集成强大的图像处理能力，并运行高级智能算法，使用户可以更加精确地定义安全威胁的特征。有效降低误报和漏报现象，减少无用数据量，提高响应速度；③将一般监控系统的事后分析变成了事中分析和预警，它能识别可疑活动，在安全威胁发生之前就能够提示安全人员关注相关监控画面以提前做好准备，还可以使用户更加确切地定义在特定的安全威胁出现时应当采取的动作，并由监控系统本身来确保危机处理步骤能够按照预定的计划精确执行，有效防止在混乱中由于人为因素而造成的延误；④有效利用和扩展视频资源的用途，对事件和画面经过了智能分析和过滤，仅保留和记录了有用的信息，使得对事件的分析更为有效和直接，同时可利用这些视频资源在非安全领域进行更高层次的分析。

视频智能感官系统在水利行业中的运用比较广，在实际应用中能够有针对性地解决问题。这从某种程度上也体现了视频智能感官系统的重要性。视频智能感官系统在水利行业涉及的范围比较广，如水利工程的建设监管、水利工程安全运行管理、江河湖泊等自然资源的监控、水资源的开发利用、水利管理活动等很多方面。

1. 视频智能感官系统在水利工程的应用

在水利行业的发展过程中，水利建设处于最基本的层面，涉及工程建设、工程设计、水利工程建设方面的经济评定等诸多关键事项。对于水利工程而言，主要包括水利工程安全运行和水利工程建设管理中的应用。视频智能感官系统在水利行业中的实践能够有力推进水利行业信息化管理系统的构建。在水利工程建设中运用视频监控系统，能够为管理层制定正确决策输送直观的视频资料，还可以节约大量的人工，也能够逐步改变水利作业人员在观测方面的细节，以及改善测量作业方面的环境，降低水利工程监督作业方面的人数，提高工作效率，大体上达成自动控制及监测的目标。

视频智能感官系统能够帮助水库管理达成智能化，水库视频监控系统可以对水库中易发生问题的部位（例如每个闸门、水库蓄水库、大坝、周围环境等有关部位）进行实时监

督控制（图3-1），且都连接至视频监控
中心。这样，作业人员可以及时、全面
地掌控水库各部位的实时运转情形。倘
若水库运转情形处于稳态，便不需要作
业人员干预，不会给作业人员增添作业
量；若水库运转发生问题，视频监控系
统将及时发出报警信号，呼叫水库作业
人员，作业人员在监控中心就可以及时
获知水库发生问题的部位，进而分析问
题发生的原因，这样就有更充足的时间
制定好控制措施。对水库借助视频监控
系统实施智能管控，可有效提升水库的
安全性及可靠性。

图3-1　监测水库的视频设备

　　视频智能感官系统能够实现水利工程建设智能化监管，通过部署视频监控设备，通信
信道将工地现场图像实时回传至系统中，达到对建筑工地的远程监督，保证全天24h且足
不出户地了解当前施工情况（如进展程度和质量情况）；通过远程信号传输，在系统中就
能方便地观看到建设工地的现场情况，通过控制面板，手动或通过程序设定自动轻松调节
视频角度、镜头缩放旋转等操作，从不同角度进行观察。视频智能监控系统对不安全、不
文明施工等违规行为进行识别，并发出预警或警告信号，见图3-2。该功能可以与业务
系统中信息发送平台功能相结合，当发现有违规行为时，抓取当前图片并通过信息发送平
台发送至项目相关人员手机，通知其进行纠正。

图3-2　水利工程建设智能化监管现场

　　2. 视频智能感官系统在江河湖泊等自然资源监管的应用

　　（1）江河湖泊等自然资源的监控。水利行业中的河道蕴含许多不确定因素，不利于河
流的整治。河道治理工程包括调节及稳固主流位置、保护水流周边环境、泥沙运动等。运
用视频监控系统对河道实施监督控制，可以及时了解河道运行状态，有利于河道治理工作
的顺利进行。把视频监控设备设置于河流两旁稍高的地方，有利于对河流情况施行全方位

的监督控制，作业人员借助视频监控系统可以精准地判断河流主流位移状况。

（2）水位自动监测。水位自动监测系统利用机器视觉技术，通过水位监测点的视频智能检测系统和水尺信息，实现水位标尺的自动测读。对视频图像进行一系列图像预处理操作，截取水尺目标区域的图像，提取水位线和水尺顶部边缘线位置，以得到最终的水尺目标。根据水尺刻度线定位和分割出的数字字符进行识别，即可确定水位值，见图 3-3。水位自动监测能够实现全自动化水值测读，当水位超出预设阈值时，能够发出预警信息，该智能感官一般还具有支持自定义采集周期、定制测量量程、历史数据存储等功能。

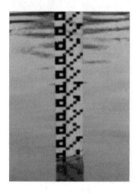 

（a）图像预处理前　　　　（b）图像预处理后

图 3-3　自动读取水位线示意图

（3）水色自动监测。通过在水色监测点布设视觉水色自动监测系统，利用机器视觉技术，实现水色的自动识别、事件检测和水色骤变检测。采集当前场景图像，在图像中提取若干子区域样本，对样本图像进行校正，去除图像中的阴影和反光，结合相关颜色识别算法，与事先训练好的颜色信息值以及事件信息进行对比，判断水质颜色，判断是何种水质事件以及判断水色是否发生了骤变。该系统能够实现全自动化水色识别，对颜色骤变进行检测，当检测到水质颜色变化（如洪水、水质富营养化等事件）时，会发布预警信息。该系统一般还支持色度变化速度自定义、支持采集周期自定义等功能，进一步而言，利用该系统的识别成果，还可以对水色变化进行大数据分析。但是，该系统可能会受到光照的影响。

（4）漂浮物自动监测。在漂浮物监测点布设关于漂浮物的视频智能检测系统，利用机器视觉技术，实现水面漂浮物的自动检测。该系统首先通过采用自适应背景模型创建背景图像，然后利用当前图像与背景图像相差分的技术检测出图像中的变化区域，再对变化区域进行样本特征提取并进行训练，建立漂浮物分类器。在使用该系统时，根据输出数据决定其属类，判断识别结果是否为漂浮物。该系统能够实现全自动化水面漂浮物检测，若检测到水面漂浮物面积超过限制时，会发布预警信息且能够实时展示漂浮物信息，识别结果见图 3-4。

图 3-4　河道漂浮物检测结果图像

（二）卫星智能感官系统

卫星遥感属于遥感的一种。遥感技术所能探知到的波段为紫外线、可见光、红外线以及微波。一切事物，由于其种类及环境条件不同，因而具有反射和辐射不同波长电磁波的特性。太阳作为电磁波发射源，其发出的光芒也是一种电磁波。当太阳光经过宇宙及大气层照射到地球表面时，地面上的物体就会对由太阳光构成的电磁波产生反射和吸收。由于事物的内部结构和相关特性及入射光的波长不同，因此它们对入射光的反射率也不同。遥感就是根据这个原理来探测目标对象反射和发射的电磁波，分析获得所需信息，通过解译处理完成远距离物体识别的技术。

卫星遥感技术有以下特点：①监测范围大，可覆盖全球；瞬时成像、实时传输、快速处理、迅速获取信息和实施动态监测、受地面影响小等。探测范围大，我国只要600张左右的陆地卫星图像就可以全部覆盖。②获取资料的速度快、周期短，实地测绘几年、十几年甚至几十年重复一次。由于卫星围绕地球运转，从而能及时获取所经地区的各种自然现象的最新资料，以便更新原有资料或根据新旧资料变化进行动态监测，这是人工实地测量和航空摄影测量无法比拟的。③受地面条件限制少，对于自然条件恶劣、人类难以到达、地面工作难以展开的地区（如沙漠、沼泽、高山峻岭等），用卫星遥感则比较容易获取资料。④获取信息的手段多、信息量大。根据不同的任务，遥感技术可选用不同波段和遥感仪器来获取信息。利用不同波段对物体不同的穿透性，还可获取地物内部信息。例如，地面深层、水的下层、冰层下的水体、沙漠下面的地物特性等，微波波段还可以全天候地工作。

卫星遥感技术具有快速、有效、实时、范围广的特点，遥感卫星的图片见图3-5。利用遥感开展水利监管工作，不仅可以动态监督水利工程建设，还可以监测水情、灾情、水土流失、河湖管理等问题。根据不同影像产品，使用卫星遥感数据可以实现对雨水情、工情、险情、旱情、水土流失、水质水环境、非法采砂、水域岸线占用等大尺度的动态监测预警，实现对地表水体、水域岸线、水域深度、水生物分布、植被覆盖

图3-5　遥感卫星

率、干旱指数、水土流失面积、堰塞湖位置及面积变化的动态监测。随着技术的不断发展，遥测信息类型越来越多，成本也相继降低，并且逐渐提高了遥测影像分辨率。在这一基础上，遥感技术在水利领域的应用也不断扩大，卫星遥感先进技术通过强有力的监管发现问题，通过严格的问责调整规范各类涉水行为。

常用的遥感信息提取的方法有两大类：一是目视解译，二是计算机信息提取。目视解译是指利用图像的影像特征和空间特征，与多种非遥感信息资料组合，运用其相关规律，进行由此及彼、由表及里、去伪存真的综合分析和逻辑推理的思维过程。早期的目视解译多是纯人工在相片上解译，后来发展为人机交互方式，并应用一系列图像处理方法进行影像的增强，提高影像的视觉效果后在计算机屏幕上解译，提取水利目标及其变化信息。计

算机信息提取是利用计算机进行遥感信息的自动提取，由于地物在同一波段、同一地物在不同波段都具有不同的波谱特征，通过对某种地物在各波段的波谱曲线进行分析，根据其特点进行相应地增强处理后，可以在遥感影像上识别并提取水利目标。早期的自动分类和图像分割主要是基于光谱特征，后来发展为结合光谱特征、纹理特征、形状特征、空间关系特征等综合因素的计算机信息提取。

1. 卫星智能感官在水土保持的应用

随着人口增长和城市化迅速发展，我国经济社会快速发展，由于人们在生产生活中土地利用不当、地面植被遭破坏、耕作技术不合理、土质松散等问题，水土流失问题严重。而且各地水土流失监察工作仍存在着一些突出问题，例如由于日常巡查人员相对较少，执法监察范围有限肉眼排查精度较低，难以全面快速地发现水土流失现象，导致一些水土流失现象难以及时被发现并得到有效的处理。卫星遥感技术成为解决这一难题的有效途径。

卫星遥感影像可以观察土地利用的变化，能够定期地对我国土地资源进行测绘监测，快速准确地反映土地利用的状况，包括其具体的分布情况，土地面积数据等信息通过对不同时间阶段的遥感影像进行叠加，能够实时监测土地变化，如某一块地前时相显示的是荒地，后时相显示的是草地，见图3-6前后两张图的左侧，将两个时间点的遥感影像叠加对比就能够在图上直观地发现变化，遥感技术的运用极大地减少了工作量和调查时间，在土地执法中构建起一个天上看（天上监测）、地上查（地面人力巡查）与网上管（网上计算机系统管理）的全方位、立体化、信息化的建设用地动态执法监察网络。

（a）前时相　　　　　　　　　　　　（b）后时相

图3-6　某地不同时期卫星遥感图像对比图

2. 卫星智能感官在水利工程建设监督的应用

基于卫星遥感技术水利工程建设应用主要包括基于遥感技术的水利工程规划设计、水利工程建设工程情况监测。

利用卫星智能感官可以进行农田水利灌排渠道选线。遥感具有宏观性、真实性和全面性的特点，其可作为信息源快速准确地获取工程区域的水文地质、土地利用、各级灌排渠道的控制范围、人口分布、交通条件等信息。结合GIS进行渠道选线的分析，工具GIS将选线所需的基础资料分层存储和管理，并利用其强大的数据综合、地理模拟和空间分析功能，对各种信息进行叠加和分析制作各种专题图像。利用卫星遥感技术进行农田水利灌排渠道的优化选线，使得难以到达地区（困难地区、危险地区等）的空间信息的获取变得便利可行。卫星遥感与 GIS 技术相结合制作遥感地质工程图，进行纵横断面和灌区控制范围分析，通过综合分析地形、地貌与工程地质条件之间的关系，可使灌排线路避开透水性强和易塌方的不良地质地段、居民区等。利用卫星智能感官进行农田水利灌排渠道选线可以达到如下效果：快速科学地选定干支渠最优线路、渠系建筑物位置以及各支渠分水位等信息；基于高分辨率遥感影像数字高程模型，利用 GIS 中的相关环境数据库生成真三维模型，进行工程建设区的地形和地质情况分析，并对所选线路进行三维透视，查看线形是否顺畅、水流是否无阻碍以最终确定选线信息。

利用卫星智能感官还可以进行农田水利工程建设进度监测和辅助验收。在农田水利工程建设中不定时地获取项目区遥感影像，结合农田水利工程规划图，对比分析工程建设进展情况。在此基础上，对发现问题较多、进展缓慢的项目建设区进行实地检查，以此提高检查效能，促进农田水利工程项目建设的顺利进行。在农田水利工程项目建设完成后，将农田水利工程竣工图与项目区农田水利工程建设完成后获取的高分辨率卫星遥感影像进行对比分析，宏观把握项目建设完成情况；在此基础上有针对性地对农田水利工程进行验收，以节省验收时间并保证项目验收工作质量。

3. 卫星智能感官在河湖"四乱"监管中的应用

水利部对河湖"四乱"的定义主要包括乱占、乱采、乱堆、乱建 4 个大类。"乱占"包括如下内容：围垦湖泊；未依法经省级以上人民政府批准围垦河道；非法侵占水域、滩地；种植阻碍行洪的林木及高秆作物。"乱采"包括如下内容：河湖非法采砂、取土。"乱堆"包括如下内容：河湖管理范围内乱扔乱堆垃圾；倾倒、填埋、贮存、堆放固体废物；弃置、堆放阻碍行洪的物体。"乱建"包括如下内容：河湖水域岸线长期占而不用、多占少用、滥占滥用；违法违规建设涉河项目；河道管理范围内修建阻碍行洪的建筑物、构筑物。图 3-7 为河道部分区域的卫星遥感图像及砂体自动识别结果。

（a）卫星遥感图像　　　　　　（b）砂体自动识别结果（白色区域）

图 3-7　卫星遥感图像及砂体自动识别结果

考虑到水体光谱信息复杂，水生植物、水位原因、停靠船只、悬浮泥沙导致的水色差异等多种因素直接影响着变化图斑自动提取的精度，所以监测采用人机结合解译提取的方案。通过比对两个时期遥感影像数据，利用建立的"四乱"解译标志，人机结合解译提取疑似"四乱"图斑，并进行实地验证。分析遥感数据特点，探究不同监测尺度下最佳的应用方法。

（三）无人机智能感官系统

1. 概述

无人机遥感技术是集先进的无人驾驶飞行器技术、遥感传感器技术、遥测遥控技术、通信技术、GPS 差分定位技术和遥感应用技术为一体的新型应用技术。通过将无人机搭载数码相机、多光谱成像仪、三维激光扫描仪等设备，可执行多目标任务。例如，图 3-8 所示为一组飞行平台及摄影测量系统的具体外观，某无人机飞行平台搭载五镜头倾斜摄影测量系统可对重要入河口重要水工建筑物进行倾斜摄影测量。

(a) 某无人机飞行平台　　　　　　　　　(b) 五镜头倾斜摄影测量系统外观

图 3-8　飞行平台及摄影测量系统

无人机技术的应用具有很多特点，一般多集中体现在以下方面。

（1）运行成本低，危害性小。与传统有人机运行方式相比，无人机无论是在生产成本，还是维护成本方面，均要比以往低得多，更适用于水利行业测绘工作中。同时，无人机技术可以适用于气候环境条件恶劣的区域中，可以有效规避操作不当问题，防止危险问题出现，最大限度地确保人身安全。

（2）实时性特点明显，测绘精度高。无人机可以根据任务需求实现随时起降飞行目的，并且利用图传系统以及通信链路等可以完成航拍图像内容的实时传输功能。鉴于无人机技术实时性特征的优势，一般多将其用于山洪灾害与防汛监测工作当中，以期为职能部门部署规划工作提供强有力的支撑。无人机飞行高度一般为 50～1000m，比较贴近航空摄影中近景测量标准，且在测量精度方面可以达到亚米级。

（3）作业操作方式便捷、灵活。无人机体积小且重量轻，在起降场地要求方面要比有人机低得多，因此比较适用于山区水库等地质险峻的区域当中。操作人员可以在地面当中利用遥控器设备对无人机进行实时操控，实现多维度处理过程，比较易于学习与掌握。正式应用过程中，无人机以挂载不同设备的方式，可以初步实现垂直与倾斜拍摄要求，在三维影像获取方面往往可以满足高精度要求，比较适用于水库日常监管工作或三维水利模型建立过程。

（4）不确定因素多，干扰问题明显。无人机技术应用过程容易受到气候条件等不确定因素的干扰影响而出现应用不足问题。例如，当冬季气温过低时，无人机的续航时间明显下降；春季沙尘天气明显时，细小的砂粒石子容易混入机体当中，造成堵塞部件等危险问题。另外，在大风天气条件下，飞机俯仰角度过大时，飞行过程中会出现偏移既定航线的问题，容易对数据精度造成误差。此外，高压电线、信号发射塔等设备发射出的电磁波信号，会对无人机 GPS 设备等产生干扰影响，容易引发无人机稳定飞行效率下降的问题。

（5）数据处理要求严格。无人机执行任务过程中，一般多以外业飞行与内业数据处理两种方式为主。科学、合理的外业飞行往往是确保内业数据处理安全的前提基础，同时也是内业数据高质量的集中体现。不难看出，内业数据处理对于外业飞行的依赖程度较高。内业处理数据量较多，对于技术人员的数据分析能力与计算能力要求严格，必须予以重点践行。

无人机遥感与卫星遥感的各自优点，卫星遥感因为站得高，所以看得远，故其观测的信息宏观、综合，这是其最主要特点；此外，它可以长期连续观测，形成时序信息；总体上说，遥感卫星照片（同样精准度面积）成本比无人机低，还不受一些自然条件（如无人区、无人岛）所限。而无人机因为近地面，总体上分辨率高，受天气影响小（通常卫星遥感需要无云天气），时效性好，且可以拍摄视频影像，但其观测范围小、（同样精准度面积）成本相对高、数据处理比较复杂。

2. 无人机智能感官系统应用

无人机遥感技术在生态环境保护、水利、自然灾害监测与评估、测绘等领域发挥了重要的作用。利用无人机遥感手段开展河湖岸线监测，主要是通过三维倾斜摄影、正射航拍、航空视频、红外探测等方式获取江河湖泊水系等自然类、水利工程类和水利管理活动类的数据，并实施有效解译，形成监测管理成果。以下结合相关经验以及相关文献资料，对无人机技术在水利行业建设中的技术应用情况进行分析。

（1）山洪灾害调查评价分析。为确保各山地洪灾项目得以顺利建成，大量研究人员重点针对山丘区小流域现场工作问题进行了广泛研究与分析。通过应用无人机搭载激光雷达测量技术，基本上可以实现调查评价工作要求。通过利用无人机航拍技术与三维模型构建特征，基本可以第一时间掌握受灾区域的情况，以便及时制定出预防对策加以防范。例如，无人机技术可以实时获取示范流域内高精度基础数据，尤其是山洪灾害防治区数据问题。通过按照无人机技术要求基本上可以准确定位居民户位置、高程、人口分布特点，提取各类参数数据之后，为山洪灾害分析与评价工作提供了较多的决策支持。在具体应用过程中，以高分辨率点云和影像数据、反射强度信息以及高精度 DEM 为主要应用方式。其中，高分辨率点云和影像数据根据作用对象的不同，可以分为土地利用类型分类提取和河道断面、居民户等信息分类提取。沟道土壤含水量反演问题主要从沟道土壤含水量分布规律方面入手，根据沟道土壤含水量分布问题确定当前山洪灾害实际情况。除此之外，在高精度 DEM 当中，主要按照不同尺度 DEM 数据实现对水文模型模拟结果的测量与分析，根据实际作用结果确定山洪灾害调查评价内容，图 3-9 为某次山洪后的无人机调查山体滑坡范围，其中浅色区域为圈定区域。

（2）监测河湖岸线。无人机遥感可以用于河湖水域岸线资源利用管理情况监测。河湖水域岸线资源利用主要包括依法划定河湖管理范围，落实规划岸线分区管理要求，明确不同管理范围内涉河项目的合法合规性，对以各种名义侵占河道、围垦湖泊、超标排污、非法采砂、乱占滥用岸线、破坏航道、电毒炸鱼等违规违法行为进行梳理、分类，并根据管

图 3-9　山体滑坡调查范围

理范围明确对应的监测清单。采用无人机倾斜摄影可以建立河道实景三维模型，通过模型构建和细节监测观察，对照清单排查河湖岸线管理中的各种问题，并通过无人机实时跟踪问题整改进展。例如，河道管理范围线应绘制在河道岸线资源空间管控规划图中，通常以红、绿、蓝三线分别标示。

无人机遥感可以用于污染物排放情况监测。利用无人机航拍影像等方式，通过数据解译，及时发现污染物排放问题，包括城镇生活垃圾、雨污不分流、畜禽养殖粪便排放、农业面源污染、船舶污染、危险化学品运输和泄漏等造成的污染物排放。使用无人机重点对排污口及其所在水域进行监测，通过探测数据分析，整理并形成监测数据，通过成果记录及管理，将发现的问题处置并报送相关主管部门。通过无人机定期巡查和突击检查，达到污水不出门的监管目的。

无人机遥感可以用于整治行动、问题处理的落实及效果监测。针对已经发现的问题，通过无人机航拍监测处理进度和整治效果，如对黑臭水体的治理、河道疏浚计划的实施、非法建设码头等项目的拆除、生态长廊的保洁维护、绿化美化计划的实施、警示标志等维护管理情况等。

3. 在水利工程建设中的应用

无人机可以根据任务需求实现随时起降飞行的目的，并且利用图传系统以及通信链路完成航拍图像内容的实时传输功能。其中，无人机搭载测量设备在水利工程坝址区地形图测量、岩体变形与设计等工作中得到了良好运用。与此同时，可以在地面利用遥控器设备对无人机进行实时操控，实现多维度处理过程，如岩体体积低空遥感技术概念及优势。

二、类听觉感官

类听觉感官可以分为两大类：一类实质上是接收声音并对声音进行分辨的类听觉感官系统，可称为声音辨别智能系统；另一类实质上是发出超声波并接收超声波的类听觉感官系统，即超声波智能测量系统。

（一）声音辨别智能系统

一些设备或者仪器在正常情况下和故障情况下的运行状态是不一样的，此时可能会发出不同的声音，声音辨别智能系统可以通过这种非正常声音识别故障。

下面以水利工程中的电机为例对声音辨别智能系统进行举例说明。由于运行环境或者人为操作等原因，发电机、电动机在运行过程中会产生各种故障信息，这些故障信息安全、快速并方便采集与获取，对水利事业安全和高效的生产提供重要基础和保障。在电机中如果某一个部件有发生变形或断裂等，其声音传播与在正常金属材料中传播的形式不同，此时形变或断裂处在受力的状态下就会以弹性波的形式释放出部分能量，这种能量以声音的形式发射出去，利用这种非正常的声音即可判断出是否存在故障以及故障发生部位，整个基于声音的故障自动识别流程见图 3-10。

故障诊断技术有多种。利用移动平台便捷性，将小波包分析技术、神经网络、模式识别、深度学习技术与传统故障声音诊断技术结合用于发电机故障的检测，这样即可实现对发电机故障检测的自动诊断与识别分类功能，又可满足便携式故障检测应用的需求。

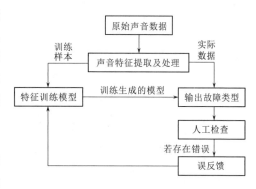

图 3-10　声音的故障自动识别流程

（二）超声波智能测量系统

超声波测量是指测量频率超过 16kHz 的弹性波在介质中传播速度的方法。由于超声波的波长小，发射的定向性高，所以能精确地测定超声波传播速度。

超声波可以用于水速测量。超声波时差法流量系统是最准确、最省事的连续水速测量方案。时差法超声波流量计的原理是通过两个超声波换能器互相收发超声波信号，测量正程与逆程的超声波飞行时间，然后计算时间的差值来计算流体流速的流量仪表，精确测量正程与逆程的超声波飞行时间是实现时差法超声波流量计精密测量的基础。时差法测量的基本原理可由图 3-11 来说明，两个换能器分别为 A 和 B，它们的类型都是收发合置的。将这两个换能器分别对应夹到被测管道的两侧，放置角度为 θ，河道直径长度为 D。

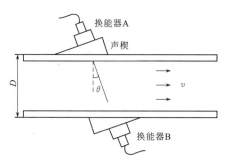

图 3-11　时差法测量的基本原理图

设声速为 c，水的流速为 v，可将超声波顺流传播时的传播时间 t_1 表示为

$$t_1 = \frac{D/\sin\theta}{c + v\cos\theta} \qquad (3-1)$$

同样，超声波逆流时传播时间 t_2 为

$$t_2 = \frac{D/\sin\theta}{c - v\cos\theta} \qquad (3-2)$$

经过计算整理后，可近似得到时差法的流速公式为

$$v = \frac{v^2\tan\theta}{2D}(t_2 - t_1) \qquad (3-3)$$

安装在两岸的至少一对超声波换能器（与流速方向成一定的夹角，通常为 45°）相互发射声波，顺流的声波传播得比逆流的声波快，两个速度的差值与水流的流速成正比，可以代表断面上的平均流速，当断面面积恒定时，便与流量成正比。

三、类触觉感官

类触觉感官涉及的感知原理众多，既包括力学、电磁学等物理原理设备，也包括化学原理设备。按照与测量对象是否接触可分为接触式智能感官系统与非接触式智能感官系统。

（一）接触式智能感官系统

1. 压阻传感器

压力测速的原理就是利用差压传感器测量某一测点的动水压力，用该动水压力与流速成正比的关系来转换成流速。将差压传感器和一些放大电路安装在一块线路板上，加密封防水装置后放在水中的某一固定位置上，安装时可将差压传感器的一个感压面正对水流方向，另一个感压面则与水流方向平行，由于水深会产生一个静水压力，流速将产生一个动水压力。因此，面对水流的感压面所感应的压力为动水压力、静水压力、大气压力（可忽略不计）之和，而平行水流方向的感压面所感应的压力为静水压力和大气压力之和，两个感应面所感应的压力之差就是动水压力，将传感器相应的电压信号经放大整形后，通过电压/频率转换后，输入到相应的流速计上，便可测出任意点的时均流速并显示出流速的变化过程。

流量的变化使传感器产生了一个差压信号，将该信号通过数/模转换后，通过单片机进行数据处理、计算，再显示其结果并进行传输。数据采样时间间隔要视实际情况而定，而传输有两种方式可供选择，即定时传输和应召传输。定时传输为每一定时间传输一次流量，应召传输则根据工作人员需要而随时传输即时流量。在硬件设计时，为了尽可能降低功耗，流量计长期都处于待命状态，只有在采样或应召时才进入工作状态。

2. 气泡式智能水位计

气泡式智能水位计内部的气泵向气路管路里泵气，直至水下的气管有连续的气泡冒

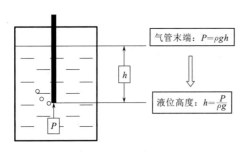

图3-12　气泡式智能水位计原理

出，气泵停止工作，待整个气路达到平衡状态时，此时水的液位高度（h）和气管内气压（P）的关系为：$P = \rho g h$。一般对于同一地方的水体，水的密度 ρ 基本保持不变，可以认为是一个恒定的常数，重力加速度 g 也是保持不变的，这样气管内的气压和水的液位高度之间就存在一定的线性关系，见图 3-12。所以可以通过测量出气管内的气压值来计算出水的液位高度：$h = \dfrac{P}{\rho g}$。

气泡式智能水位计应用于测量开阔水域或观察管内的水位值，因不需要建水位井，对水文站水位、水库水位、水力发电调压井水位、大坝测压管以及上下游水位的监测，气泡式水位计是最理想的水位监测仪器之一。它具有安装维护方便、操作灵活、运行稳定可靠、精度高等特点。

3. 墒情自动监测系统

墒情自动监测系统主要是针对土壤水分含量和土壤温度进行监测，通过墒情传感器和温度传感器测量土壤的体积含水量和温度值。将采集的土壤墒情信息通过 GPRS 模块及网络上传至计算机监控中心。计算机监控中心服务器上安装有专门设计的信息系统管理软件，负责数据的接收、转换、分析处理、统计、显示及存储，可以以图形报表的形式显示土壤墒情信息，形成历史曲线，以便管理人员查询分析。有完善的自动报警功能，能够根据实际土壤墒情信息的变化，产生控制信号与自动滴灌装置相配合，控制土壤墒情在农作物适合生长的范围之内。用户可以通过手机及计算机终端，足不出户即可获得田间土壤墒情信息，真正做到全自动无人监管，以对田间苗情、灾情实现自动监测，使管理人员可以远程关注作物生长状况，根据作物在不同生长周期的需求，指导灌溉、施肥、喷药等措施。

墒情自动监测系统实现了各遥测点墒情信息的实时采集及自动无线传输到监测平台，见图 3-13。采用高精度传感器且系统运作无需人工参与，保证测报工作的高精确性，使用太阳能供电，可连接无线传输模块，适于长期放于野外，防雷、防水、防尘不受环境因素影响。

4. 水质在线监测分析

近年来，随着工业化进程的加快和城市化水平的不断提高，水污染日益严重。如何保护水资源和监测污水排放已成为我国可持续发展重点关注的问题之一。水质在线自动监测技术可以对污染源排放进行实时和连续监测。它是近年来发展迅速的一种环境监测技术，对于污染物总量控制和提高环境管理能力具有重要意义。

水质自动监控系统由自动监控设备和分析中心两部分组成。自动监控设备是指在水源现场安装的用于监测水源的流量计、流速计、运行记录仪和数据采集传输仪等仪表，见图 3-14。分析中心与自动监控设备通过信息传输线路相连接，其利用计算机和其他设备对重点水源实施自动监测。具体包括水样采集单元、配水单元、分析单元和控制单元等。分析单元由一系列水质自动分析和测量仪器组成，可对地表水水温、pH 值、电导率、溶解氧、浊度和氨氮含量等水质参数进行连续在线监测，及时对异常水质情况进行报警，有效预防水污染带来的环境安全问题，是在线监测系统的核心部分。

图 3-13 固定墒情自动监测站安装效果

图 3-14 水质自动监测站安装效果

（二）非接触式智能感官系统

非接触式智能感官包含多种感官及应用，下面介绍几种典型智能感官。

1. 红外智能诊断仪

自然界中，一切绝对零度以上的物体都会向外辐射红外线，而且，物体的温度越高，发射的红外线辐射能量越强。从另一个角度说，红外线或称热辐射是自然界中存在最为广泛的辐射。

当水利电气设备出现故障，或者存在缺陷时，在运行时水利电气设备部分温度会存在异常。根据此现象，可以利用红外智能诊断仪诊断水利电气设备的缺陷或故障。利用红外智能诊断仪诊断水利电气设备缺陷及故障的方法可以分为以下几种：

（1）表面温度判断法。表面温度判断法主要适用于电流过大引起的发热或者由于电磁效应产生的发热设备，检测和诊断比较方便、直观。将所测得的设备表面温度值与中高压设备相应部件等温度和温升极限的相关规定进行对比，并考虑负荷大小和环境气候条件对检测的影响。

（2）同类比较判断法。同类比较判断法是根据同组三相设备、同相设备之间及同类设备之间对应部位的温差进行比较分析。电流过大引起的发热设备检测时可同时应用相对温差判断法。

（3）图像特征判断法。对于电压致热型设备建议采用热谱图分法，根据同类设备在正常状态和异常状态下的热谱图差异来判断设备是否正常。

（4）相对温差判断法。电流致热型设备的检测一般采用相对温差判断法。不同的环境温度或者不同的设备负荷都会对设备温度的检测产生影响，此方法可以避免这些影响。红外诊断技术已成为电力设备监测、普查、及时发现隐患、及时抢修、杜绝恶性突发性设备事故的一种先进手段。

红外智能诊断仪主要有以下几点：①无电磁干扰，无须接触带电设备，无须将设备停运、解体或进行取样；②可及时发现带电设备的故障，避免发生事故；③检测效率高，劳动强度低，缺陷判断准确、直观、快捷；④检测手段成熟，技术门槛低；⑤有利于开展状态检修；⑥提高设备运行可靠性和运行效益。

2. 电磁波智能测速仪

电磁波智能测速仪是利用多普勒效应，电磁波在不同介质表面发生反射时，当波源、观察者、媒质之间发生相对运动时，引起电磁波频率改变的原理制成。在满足施测条件下，只与媒质（水体）运动速度有关，且只与水体表面水力情况有关，与水中漂浮物无关。

应用电磁波智能测速仪测速时，波源与观察者不动，水体相对运动，引起反射波的频率改变（电波流速仪仅利用反射波），改变量的大小，与水体流动的相对速度有关。发射波频率与反射波频率的差值，就是多普勒频率。

在水流急、含沙量大、漂浮物多以及大洪水等复杂水情情况下，常规流速测验仪器难以施测，有时连投放浮标都不能进行，而电磁波智能测速仪采用远距离无接触方法直接测量水面流速，通过水面流速系数的换算达到测量河流流量的目的。该仪器采用无接触测流，不受含沙量、漂浮物影响，具有操作安全、测量时间短、速度快等优点。

3. 雷达智能水位计

雷达智能水位计采用"发射—反射—接收"的工作模式。雷达智能水位计的工作原理是超高频电磁波经天线向被探测水面发射电磁波，碰到水面后反射回来，再被天线接收，雷达中控器检测出发射波与回波的时差，从而计算出水面与雷达间距离。电磁波从发射到接收的时间与到液面的距离成正比。

在脉冲时间行程方法中，测量系统以固定的带宽发射出某一固定频率（即载波频率）

图 3-15 雷达智能水位计安装效果

的脉冲，在介质表面反射后由接收器接收。设 c 为电磁波传播的速度，即光速脉冲的时间行程 Δt 决定了由测量系统至介质表面的距离 d：

$$d = \Delta t \, c/2 \qquad (3-4)$$

雷达智能水位计记录脉冲波经历的时间，而电磁波的传输速度为常数，则可算出水面到雷达天线的距离，从而知道水位，其安装效果见图 3-15。雷达智能水位计测量时发出的电磁波能够穿过真空，不需要传输媒介，不受大气、蒸气、雾霾影响。

第二节 边 缘 智 能

边缘智能是在边缘计算的基础上发展而来的，是边缘计算方式与智能计算方法的结合，是指在网络边缘执行智能计算的一种新型计算模型，其边缘是指从数据源到水利云计算中心路径之间的任意资源和网络资源，通俗讲就是除了"云"之外皆是"边缘"。"边缘"的界定和水利智能体是息息相关的，对于水利部水利智能体而言，七大水利流域机构可以认为是它的"边缘"；水利部水利智能体的上述"边缘"就是七大水利流域机构的"中枢"。有时，水利智能体的感官用设备本身中的计算资源无法完成智能识别认知的效果或者智能认知识别的效果较差，这时候就需要借助"边缘"中的计算资源，这种情况下，感知设备和边缘从整体上构成了智能感官。值得一提的是，在省、市级水利智能体中，这种"感知设备+边缘"构成了智能感官；但是在一个末端智能体中，这里"边缘"可能就成了"中枢"，水利智能体各个部分要重新划分，再称为"边缘智能"就不合适了。

一、边缘计算

边缘计算一般是指将主要处理和数据存储放在网络的边缘节点的分布式计算形式。边缘计算在靠近物或数据源头的网络边缘侧进行存储、计算与应用，见图 3-16。就近提供服务，满足水利行业在敏捷联接、实时业务、数据优化、智能应用等方面的需求。未来边缘计算和云计算是相辅相成，相互配合的。

随着物联网和智慧城市的建设发展以及云计算应用的逐渐增加，集中式的云已经无法满足终端侧"大连接，低时延，大带宽"的云资源需求。以"视频场景"为例，收集图像、视频、声音等数据的传感器是智慧城市的智能感官。例如，交通系统中数以十万、百万计的视频设备需要 TB 级（TB 一般指太字节，即 Terabyte，为计算机存储容量单位，$1TB=1024GB=2^{40}$ 字节）以上的带宽连续上传监控数据。当前的网络带宽

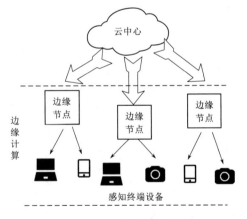

图 3-16 边缘计算示意图

无法承载这样的连续上传，造成云计算的应用受到限制。在视频场景中使用边缘计算不仅能够解决 TB 级甚至更大的视频流低成本接入的问题，还可以提供丰富的计算能力，在边缘完成视频的分析和识别工作后再将结构化的数据快速传递回云中心进行信息融合。

而且，与物联网、智慧城市类似，由于水利智能体的设备环境复杂且分散部署，部分水利场景存在的本地业务不中断服务诉求，且部分业务只需要在本地就可以提供服务，进行本地数据分析与处理，但仅仅需要策略和应用由水利云中心来进行配置管理和维护。只需要通过水利云进行统一的部署和升级，满足云边协同管理，满足物联网本地业务需求，即可降低现场服务投入。

边缘计算不仅实现了"低时延、低成本"的协同，还能有效抵抗网络抖动等不稳定因素，提升系统整体的鲁棒性。因此，需要将云计算的能力拓展至距离终端更近的边缘侧，并通过云端的统一管控实现云计算服务的下沉，而边缘计算逐步发展成为无处不在的通用基础。

随着新一代技术的发展，水利行业也在利用科技智能化和大数据分析等前沿科技手段，提升行业应用的科技效率，减低产业数字化系统的运行维护成本。例如在河道监测中，通过把关键信息自动识别能力和视频监控能力部署在感知终端，实现在感知终端实时处理分析具有特征值的人和物，满足实时监控需求。总体来看，边缘计算技术具备六大特点：①低延时。因边缘计算就近提供计算和网络覆盖，数据的产生、处理和使用都发生在离数据源很近的范围内，接收并响应终端请求的时延极低。②自组织。当网络出现问题甚至中断时，边缘的节点可以实现本地自治和自恢复。③可定义。边缘服务及业务逻辑不是一成不变的，而是可以由用户修改、更新和定制。④可调度。业务逻辑可以由中心云动态分发，具体在哪个边缘节点执行是可以调度的。⑤高安全。能够提供与传统云计算一体化的安全防护能力。⑥标准开放。标准化且开放的环境，具有和其他系统互联及互操作的能力。

随着水利智能体的建设，数以千亿计的各种感觉设备将会与水利智能体联接，大量的摄像头、遥感设备、传感器将会成为水利智能体的智能感官，是水利智能体提供智能应用的基础。为了满足水利行业的便捷服务，在水利智能体的智能感官处也需要出现大量的边缘计算。

有时候，对于智能感官获取内容的计算不是发生在集成智能感官的设备中，而是发生在距离终端最近的基础设施，这些基础设施为终端侧数据源提供具有针对性的算力。这也属于边缘计算。在这种情况下，可以将一部分数据处理终结在边缘侧，另一部分则可以处理后再回传至中心云。这样，边缘计算就提供了一种新的弹性算力资源，通过与中心云的协同和配合，为终端提供满足技术需求的云计算服务。例如，在水库安全运行智能检测系统中，可以把人工智能（AI）能力和数字分析能力部署在水库管理室内，以实现在边缘局域范围内完成实时的智能监控。使用分布在距离终端最近的基础设施进行边缘计算的价值在于如下几点：

（1）提供 AI 云服务能力。边缘视频汇聚节点对接本地的监控摄像头，可对各种能力不一的存量摄像头普惠地提供 AI 能力。云端可以随时定义和调整针对原始视频的 AI 推理模型，可以支持更加丰富、可扩展的视觉 AI 应用。

（2）视频传输稳定可靠。本地的监控摄像到云中心的距离往往比较远，专网传输成本过高，公网直接传输难以保证质量。在"先汇聚后传输"的模型下，结合汇聚节点的链路优化能力，可以保证结构化数据和原始视频的传输效果。

（3）节省带宽。在各类监控视频上云的应用中，网络链路成本不菲。水利智能体的某些业务对原始视频有高清码率和 7×24h 采集的需求，据推算，网络链路成本甚至可占到总成本的 50％ 以上。与数据未经计算全量回传云端相比，据估计，在视频汇聚点做 AI 计算可以节省一半以上的回源带宽，极大地降低成本。

二、边缘智能及其应用

一方面，无处不在的传感器和智能设备正在产生大量的数据，不断增长的计算能力正在驱动计算和服务的核心从云到网络的边缘，这催生了边缘计算技术；另一方面，从人脸识别到各种智能设备，人工智能（特别是深度学习技术）应用和服务正蓬勃发展，正在广泛地改变人们的生活。对于深度学习技术而言，由于其需要进行大量的计算，因此基于深度学习的智能应用通常依赖于具有强大计算能力的水利云数据中心。但是，由于效率和延迟问题，当前的水利云计算服务架构阻碍了为任何地方的每个人和每个组织提供人工智能方法的愿景。考虑到当下移动终端和物联网设备的高度普及，如何将深度学习模型高效地部署在资源受限的终端设备，从而使得智能更加贴近用户、解决人工智能（AI）落地的"最后一公里"这一问题，已经引起了学术界与工业界的高度关注。

针对上述面临的一系列难题，"边缘智能"这一概念应运而生。所谓边缘智能就是将人工智能融入边缘计算，部署在边缘设备，在更加靠近用户和数据源头的网络边缘侧这一位置训练和部署深度学习模型，从而改善 AI 应用的性能、成本和隐私性。边缘智能可以使智能更贴近用户，更快更好地为用户地提供智能服务。

相比于传统水利应用，在水利智能体中，基于视频分析、图像和语音识别技术等新兴 AI 应用的计算和数据都更为密集，对延迟和隐私保护要求也更为严苛。因此，现在专门把在网络边缘侧支撑 AI 应用这一新场景称为边缘智能。

（一）边缘智能的发展方向

考虑到边缘计算和人工智能的优势，结合边缘智能的实际问题，例如，计算存储等资源受限、边缘网络资源不足、人工智能在边缘终端并行困难等，提出了边缘智能的五个发展方向，分别是模型云中心训练边缘部署、模型分离训练、模型压缩、减少冗余数据传输及设计轻量级加速体系结构。其中，模型云中心训练边缘部署、模型分离训练、模型压缩主要是减少边缘智能在计算、存储需求方面对边缘设备的依赖；减少冗余数据传输主要用于提高边缘网络资源的利用效率；设计轻量级加速体系结构主要针对边缘特定应用提升智能计算效率。

1. 模型云中心训练边缘部署

为弥补边缘设备计算、存储等能力的不足，满足人工智能方法训练过程中对强大计算能力、存储能力的需求，可以使用云计算和边缘计算协同服务架构，将模型训练过程部署在云端，而将训练好的模型部署在边缘设备。显然，这种服务模型能够在一定程度上弥补人工智能在边缘设备上对计算、存储等能力的需求。

2. 模型分离训练

为了将人工智能方法部署在边缘设备，还可以使用分离训练模式，它是一种边缘服务器和终端设备协同训练的方法，将计算量大的计算任务卸载到边缘端服务器进行计算，而计算量小的计算任务则保留在终端设备本地进行计算。显然，上述终端设备与边缘服务器协同推断的方法能有效地降低深度学习模型的推断时延。然而，不同的模型切分点将导致不同的计算时间，因此需要选择最佳的模型切分点，以最大化地发挥终端与边缘协同的优势。

3．模型压缩

为了减少人工智能方法对计算、存储等能力的需求，还可以在不影响准确度的情况下使用一系列的技术裁剪训练模型，如在训练过程中丢弃非必要数据、稀疏代价函数等。例如，神经网络中可能有许多神经元的值为零，这些神经元在计算过程中不起作用，因而可以将其移除，以减少训练过程中对计算和存储的需求，尽可能使训练过程在边缘设备进行。除此之外，利用一些压缩、裁剪技巧，也能够在几乎不影响准确度的情况下极大地减少网络神经元的个数。

4．减少冗余数据传输

为了节省带宽资源，可以在不同的环境中提出各式各样减少数据传输的方法，主要表现在"边云协同"和模型压缩中。例如，可以只将在边缘设备推断有误的数据传输到云中心再次训练，以减少数据传输；或者在不影响准确度的情况下移除冗余数据，以减少数据的传输。

5．设计轻量级加速体系结构

虽然 NVIDIA 公司的 GPU 芯片在数据中心人工智能的训练阶段占据了主导地位，但是依靠电池供电的边缘设备需要低功耗、小面积的加速芯片才能在智能感官处进行有效地推理。为此，需要相关研究人员从不同角度进行考虑，设计出许多针对边缘设备的加速体系结构。例如，可以针对压缩、裁剪环境下的网络模型设计一个加速器；可以采用可编程硬件加速，即对不同种类的应用使用同一硬件重写编程加速，以提高资源利用率，减小加速硬件的面积；还可以利用可重构硬件特性，针对多种应用设计加速体系结构，在维持硬件面积的同时扩大应用范围。

（二）边缘智能的应用

人工智能、边缘计算已获得国内外政府、学术界和工业界的广泛关注和认可，已在许多应用场景下发挥作用。

无线网络全面的覆盖、灵活的部署，能有效降低项目施工难度，节约成本；同时，4G/5G 移动通信网络所具备的运营商级别的高可靠性，也让行业客户的网络安全得到了大幅提升；将业务下沉到边缘，降低了运营商回传网络和移动核心网的带宽压力，有效满足了业务对超低时延的需求。而且，通过将边缘计算与人工智能技术创新结合的边缘智能，实现了对分布在各水域的摄像头所采集的视频进行本地分流处理，提供河道漂浮物监测、水位读数、非法采砂监控等多种典型行业应用场景服务，大幅降低了对运营商移动核心网、移动回传网和骨干承载网传输资源的占用，并有效满足了部分水利业务对超低时延的需求，真正做到无人值守、智能告警。

将人工智能部署在边缘设备已成为提升智能服务的有效途径。尽管边缘智能仍处于发展初期，边缘智能将对水利行业智慧化发展起极大的促进效果，促进整个智慧水利体系的升级。最为典型的应用是华为公司提出的水利监测一体站，将多种感知手段结合，将多种功能一体化。

水利监测一体站见图3-17，为了减少海量前端站点建设和运行维护带来的高昂人力成本，杆站采用一体化设计，高度集成物联网关、智能摄像头、太阳能板、水位计、雨量计等传感器，市电、太阳能和蓄电池备电等多种方式供电，显示屏、一键报警、边缘AI等部件，支持手机蓝牙连接，App一键开局，降低现场部署复杂度。同时根据不同的部署场景选择主备通信方式，通过光纤、4G/5G、微波、卫星等多种方式回传，并提供北斗应急通信通道，确保业务永不掉线。含备电在内所有杆站部件，均可远程维护，包括查看状态、远程开关、远程升级等，并可以通过视频完成巡检，尽量减少现场维护和巡检人力。通过物联网关接入传感器、摄像机等，实现智能唤醒/休眠，无需摄像头支持休眠功能，降低选型要求。

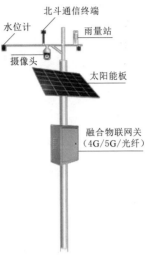

图3-17　水利监测
一体站示意图

水利监测一体站极大方便了水利前端各类物联信息采集，将所有业务数据回传到水利监测预警平台，支撑深度分析和预报预警。杆站具备如下关键价值：偏远区域可免挖沟埋缆，视频和传感数据实时回传有保证，回传网络高可靠；边缘智能视频实时分析、预警和安全巡检，"人防""技防"发展到"智防"，主动监测预防危险事故，提升紧急事件处理能力，降低基层管理人员技术要求；预集成快速部署、尽量减少现场人工作业，业务"永在线"，综合投资低。

为了适配水库、流域、河道地理分布广，偏远区域电力供应和网络条件不足的现状，水利监测一体站在支持光纤网络基础上，支持4G/5G网络自适应接入、微波和北斗卫星回传，可根据运营商网络覆盖与否，灵活选择回传方式，避免高昂施工布线成本。通过太阳能供电和能耗控制策略，可实现连续阴雨天业务不中断，大功耗设备日常休眠，按需唤醒。节省备电成本的同时，减少对天气和太阳能充电时长的依赖。杆站采用工业级防雷设计，满足极寒极热环境网络通信需求，安全可靠。

水利监测一体站集成边缘智能分析模块，将视频与边缘智能结合，日常智能巡检，提供视频智能分析告警，如水尺水位识别、漂浮物、人车入侵、游泳等，实现对水库安全实时全面的监测。在日常巡检中，采用远程控制站点摄像头进行智能巡检取代人工巡检，提升运行维护和巡检效率。

水利监测一体站还集成站点联动预警和自治管理，主动监测预防危险事故发生。水利监测一体站通过传感水位、雨量、入库流量等数据，同时结合视频智能识别，为防洪排涝提供数据支撑，指导预警预报，预防洪灾事故发生。通过智能联动，实时动态发布天气、雨量和上游水位信息，针对险情发布紧急疏散预案信息。同时，前端站点可自动识别入侵人员报警联动，实现自治管理。

第四章 多样化智能联接

第一节 多样化联接

智能感官是水利智能体的感知器官，联接着物理世界和数字世界，这些终端根据行业不同部署在不同环境中，有室内也有室外，有固定的也有移动的，需要根据场景不同需要选择合适的网络联接方式。在水利智能体中，也希望能够实现任何时间、任何地点和任何人（物）实现任何方式的沟通。各种各样的通信技术为实现这种愿望提供了可能。下面对一些常见的新型通信技术进行介绍。

一、5G 技术

第五代移动通信技术（简称5G）是最新一代蜂窝移动通信技术，是4G技术的延伸。5G的性能目标是高速率、低延迟、省能源、节成本、大容量和多连接。5G的高速率、低延时、大容量可以实现环境现场的实时监控，实现控制中心与远程设备基本同步，也可以通过远程控制对设备进行检修和维护，使远程协同、分式设计的时延性忽略不计。借助5G技术，使得通过无线网络操作的控制应用成为可能。系统通过5G网络，对系统的每个传感器进行连续测量，同时测量数据传输给云端，进行实时控制执行。5G通信技术使很多东西发生改变，不仅可以摆脱以往无线网络技术较为混乱的应用状态，对于推动智能社会的建设以及水利智能体的建设也具有更积极的意义。

（一）5G移动通信的关键技术

（1）同时同频全双工技术。同时同频全双工技术可以有效提升频率资源利用效率，并且可以同时接收在一条物理信道上两个不同方向的信号，同时同频全双工技术可以同时进行发射信号和接收同频数据信息，使通信双工节点自身发射机信号产生的搅扰问题被有效解决。既能提升高频谱的利用效率，又能够使移动通信网络快速可用。一旦实行5G，通信用户以及流量使用都将迅速增加，因此，传统基站模式为主的组网方式下已经不足以满足时代对于移动通信技术的要求，所以，5G这样新的网络连接模式可以很好地实现业务要求。

（2）多天线技术。多天线技术由很多个天线链路组成，所以这项技术所需要的元件非常多样，包括接收天线以及发射机也要有多个配套。接收天线可以方便地分布在设备上面，但是发射天线必须集中或分布排列。这项技术还可以提升高频谱的利用效率降低能耗。在小区干扰、噪声以及损耗和掉线问题方面做出了很大的改进，5G移动通信技术可以使用较为简单的方式去解决这些问题，不仅可以用多天线技术简化设计，还可以分散信号将时间和频谱利用率得到很好的提升。

（3）智能化技术。对 5G 移动通信技术进行更深层次的分析，得出的结论是：针对 5G 移动通信来说，云计算有着无法被替代的作用，云计算网络中的服务器在 5G 移动通信技术中起着非常重要的作用，可以与基站相结合形成交换机网络。另外，工作人员可以合理运用存储功能完成对大量数据进行存储的工作。云计算一大优点就是可以对所存储的数据进行及时和高效地处理，因为基站规模较大、数量可观，所以，基站就可以根据实际情况对频段进行正确地划分以及在这之上进行相对应的业务应用。5G 的发展方向就是通信系统体系结构的变革，扁平化体系结构促使移动通信与互联网进行高度融合。在未来，移动通信意味着更加智能化、高密度，以及可编程性，通过把内容分发网络向核心网络边缘分布，可以减少网络访问路由的负荷，带给用户们更好的使用体验。所以，5G 所涉及的新技术为未来时代的需求做出很大的改进，相对于传统的移动通信技术有了很大的突破。

通过技术的革新，5G 的资源利用效率在 4G 的基础上提升了 10 倍以上，吞吐率比传统移动通信技术提升 25 倍左右，频率资源比传统模式扩大 4 倍。

（二）5G 移动通信技术的特点

（1）频谱利用率高。高频段的频谱资源利用程度受到很大的约束，在现在的科学技术条件之下利用效率会受到高频无线电波穿透力的影响，一般不会阻碍光载无线组网以及有限与无限宽带技术结合的广泛使用。在 5G 移动通信技术中，将会普遍利用高频段的频谱资源。

（2）通信系统性能有很大的提高。5G 移动通信技术将会在很大程度上提升通信性能，把广泛多点、多天线、多用户、多小区的共同合作以及组网作为主要研究对象，在性能方面做出很大的突破，并且更新了传统形式下的通信系统理念。

（3）先进的设计理念。移动通信业务中的核心业务为室内通信，所以想要在移动通信技术上有更好的提升，须将室内通信业务进行优化。因此，5G 移动通信系统致力于提升室内无线网络的覆盖性能以及提高室内业务的支撑能力，在传统设计理念上突破形成一个先进的设计理念。

（三）5G 应用场景

5G 移动通信技术实现了频谱利用率的大幅度提高，满足现代人们对于网络速度的要求以及对通信技术更高要求的体验，可以很大程度改变人们的生活方式，更加便利人们的生活。5G 通信为移动互联网的快速发展奠定了基础，是对其他无线通信技术的衔接，可以满足未来各方面对于通信技术的要求，5G 将拥有较智能化以及网络自感知、自调整的优点。

利用 5G 网络，可以实时直播水利实景，为水利立体化执法提供坚实的物质基础。在 4G 网络环境下，一般只能提供 1～2 路高清 4K 监控源；基于 5G 网络场景，则可以提供 4 路以上水利高清视频源或者水利 VR 全景视频，使监控中心的水利实景或者水利 VR 全景直播成为可能，让水利行业监管者无需到达现场就能身临其境了解现场状况。

1. 5G 在实时水利监控中的应用

在过去设计和实施的某市排水防涝软件平台项目中，用户通过手机随时可以看到污水处理厂的关键工艺流程状态、河道水位、泵站运行状态、低洼地积水和拦河坝的运行状态，以及各个站点的实时监控视频。传统无线移动网络存在网络时延明显、视频加载慢、清晰度不高等问题，影响视频监控的实时性和清晰性。而利用5G网络的高带宽和低延迟特性能够保障数据信息实时回传，使高清视频的回传成为可能，5G时代的视频监控将实现4K全高清监控。

针对水资源保护和水环境治理，可以通过监控大数据平台体系将各种水质参数通过5G网络上报到水质监测云平台，使全流域水质情况一目了然。水环境监测通常地域分布广，有时交通途径困难，人工采样和执法取证难度大。借助5G网络，可以针对不同需求在不同的地理位置设置不同类型监测点，通过固定监测点的传感器采集定点水质和水位信息；通过巡检船或无人船使用多功能水质检测仪游动采集河流动态水质和水位信息；使用无人机吊装轻载水质检测设备补充采集交通不便水域信息。

2.5G技术在巡河机器人中的运用

5G技术与现如今传统机器人存在的发展问题正好相互契合，机器人对网络速率的要求较高，生产机器人更是需要保障人与机器之间交互网络的实时性，而利用5G网络则可以解决这一问题，高传输速率使得机器人可以与控制者无缝连接。一方面，5G网络进入城市河道，可以完全替代人工，定期巡查城市渠道是否存在乱排污水、乱倒垃圾等环境情况、渠道淤积情况、树木倒伏及渠道通畅情况，而随着日后的5G网络覆盖，机器人在复杂环境当中也不会担心网络连接的问题，仅仅需要在程序的控制下到达指定地点，在各种场景中完成巡河要求。另一方面，5G使得系统实时监控，可以使得控制在可以随时随地看到机器人周边清晰的视觉画面，这就是可视化的视觉共享，也是应用范围十分广泛的项目之一。

二、卫星通信技术

卫星通信系统实际上也是一种微波通信，以卫星作为中继站转发微波信号，在多个地面站之间通信。卫星通信的主要目的是实现对地面的"无缝隙"覆盖。由于卫星工作于几百、几千甚至上万千米的轨道上，因此覆盖范围远大于一般的移动通信系统。但卫星通信要求地面设备具有较大的发射功率，因此不易普及使用。

（一）卫星通信的原理

卫星通信系统是由空间部分（通信卫星）和地面部分（通信地面站）两大部分构成的。在这一系统中，通信卫星实际上就是一个悬挂在空中的通信中继站。它居高临下，视野开阔，只要在它的覆盖照射区以内，不论距离远近都可以通信，通过它转发和反射电报、电视、广播和数据等无线信号。

通信卫星工作的基本原理见图4-1。从地面站1发出无线电信号，这个微弱的信号被卫星通信天线接收后，首先在通信转发器中进行放大、变频和功率放大，然后再由卫星的通信天线把放大后的无线电波重新发向地面站2，从而实现两个地面站或多个地面站的远距离通信。举一个简单的例子：如北京市某用户要通过卫星与大洋彼岸的另一用户打电话，先要通过长途电话局，由它把用户电话线路与卫星通信系统中的北京地面站连通，地面站把电话信号发射到卫星，卫星接收到这个信号后通过功率放大器，将信号放大再转发到大西洋彼岸的地面站，地面站把电话信号取出来，送到受话人所在的城市长途电话局转接用户。

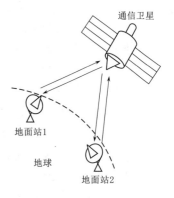

图 4-1　通信卫星工作的基本原理

电视节目的转播与电话传输相似。但是由于各国的电视制式标准不一样，在接收设备中还要有相应的制式转换设备，将电视信号转换为本国标准。电报、传真、广播、数据传输等业务也与电话传输过程相似，不同的是需要在地面站中采用相应的终端设备。

（二）卫星通信的特点

1. 优点

卫星通信与其他通信方式相比较，有以下几个方面的优点：

（1）通信距离远，且费用与通信距离无关。而且建站费用和运行费用不因通信站之间的距离远近、两通信站之间地面上的自然条件恶劣程度而变化。这在远距离通信上，比微波接力、电缆、光缆、短波通信有明显的优势。

（2）广播方式工作，可以进行多址通信。通常，其他类型的通信手段只能实现点对点通信，而卫星是以广播方式进行工作的，在卫星天线波束覆盖的整个区域内的任何一点都可以设置地面站，这些地面站可共用一颗通信卫星来实现双边或多边通信，即进行多址通信。另外，一颗在轨卫星，相当于在一定区域内铺设了可以到达任何一点的无数条无形电路，它为通信网络的组成提供了高效率和灵活性。

（3）通信容量大，适用多种业务传输。卫星通信使用微波频段，可以使用的频带很宽。

（4）可以自发自收进行监测。发信端地面站同样可以接收到自己发出的信号，从而可以监视本站所发消息是否正确，以及传输质量的优劣。

（5）无缝覆盖能力。利用卫星移动通信，可以不受地理环境、气候条件和时间的限制，建立覆盖全球性的海、陆、空一体化通信系统。

（6）广域复杂网络拓扑构成能力。卫星通信的高功率密度与灵活的多点波束能力加上卫星上交换处理技术，可按优良的价格性能比提供宽广地域范围的点对点与多点对多点的复杂的网络拓扑构成能力。

（7）安全可靠性。事实证明，在面对抗震救灾或国际海底/光缆的故障时，卫星通信是一种无可比拟的重要通信手段。即使将来有较完善的自愈备份或路由迂回的陆地光缆及海底光缆网络，明智的网络规划者与设计师还是能够理解卫星通信作为传输介质应急备份与信息高速公路混合网基本环节的重要性与必要性。

2. 缺点

虽然卫星通信有很多优点，但是卫星通信也有不少缺点：

（1）传输时延大：500～800ms 的时延。

（2）高纬度地区难以实现卫星通信。

（3）为了避免各卫星通信系统之间的相互干扰，同步轨道的星位是有一定限度的，不能无限制地增加卫星数量。

（4）太空中的日凌现象和星食现象会中断和影响卫星通信。

（5）卫星发射的成功率为 80%，卫星的寿命为几年到十几年，故发展卫星通信需要长远规划和承担发射失败的风险。

（三）卫星通信应用

近年来，随着国家对应急保障措施越来越重视，相对于传统的有线、无线通信系统而言，卫星通信系统的优越性非常明显，特别是在应急通信抢险救灾以及解决偏远山区水库通信问题等作用突出。卫星通信系统提高了水库防汛工作的效率和应急防汛通信的保障能力，促进了流域重要水库的信息化水平。水利卫星应用系统的建成对这些水库的应急通信、防汛调度、水利工程管理及办公自动化等方面创造了条件，也为水库的防汛减灾、水利信息化和水利应急体系建设提供了基础资源。

水利卫星通信网从功能上主要划分为语音数据通信、应急通信、综合业务等 3 类小站。3 类小站由于功能定位不同，组网方式、解决方案与设备配置也有所差别。

（1）语音数据通信小站。水利系统中，需要对水位、雨量、流量等各类信息实现自动化采集与数据传输，以及语音通信和高速数据通信（如 Internet 接入）等业务需求。为实现语音通信功能，中心站配置软交换和相应的中继网关设备与水利网络语音电话业务网相连，实现远端站的语音通信。卫星小站用户可通过卫星链路经主站软交换与其他卫星小站用户互通，也可经软交换、网络语音电话业务网关等与流域机构及省网络语音电话业务专网用户互通。

（2）应急通信小站。当发生自然灾害（如地震、火灾、洪水等）和突发事件对常规通信设施造成破坏时，会直接影响到正常的通信。因此，建立应急系统是提高应对突发事件和紧急情况处置能力的有力手段，是十分必要的。应急通信具有通信时间、发生地点不确定、通信容量较大、实时性要求高、同时在线通信站点少、可靠性要求高等特点，为满足现场与本地决策机构之间语音、数据、视频通信的实时性要求，水利应急卫星通信采用网状网结构。主站根据需要可同步接收，并可存储于主站视频服务器，同时其他单位可通过 SDH 专网进行视频浏览。

（3）综合业务小站。一些水利基层单位（包括部分重点中小型水库、水利局和水文站等）由于地处偏僻，经济落后，公网通信设施薄弱。只需在这些水利基层单位建设一个卫星小站，配置相应的应用设备，即可解决电话、水情数据浏览、VPN 数据交换、Internet接入、云图接收、图像传输、远程教育等多种业务的需要。水利基层单位与其上级主管部门的信息传输既可通过防汛通信卫星网实现，也可通过防汛通信卫星网传输到卫星主站，再接入现有的 SDH 专网实现。

三、无线低速网络

无线低速网络的特点是网络容量大、成本和复杂度低、能量受限，设备之间可传输诸如环境参数和控制标识等简单的数据信息。水利智能体的部分部件设备是通过低速网相连的。无线低速网中的终端特性是低速率、低通信半径、低计算能力和低能量消耗。无线低速网络协议充分考虑了上述要求，比如蓝牙、红外、ZigBee 技术协议等。这里主要介绍蓝牙和 ZigBee 技术。

（一）蓝牙技术

蓝牙技术是广受业界关注的近距无线连接技术。它是一种低成本、短距离、开放性的数据无线传输规范，应用于廉价的固定或移动终端设备。它的本质是实现近距离无线接口并以此实现固定设备或移动设备的通信互联。蓝牙技术采用通信与计算机技术结合的方式实现近距离范围内的相互通信与操作，其传输频段为全球公众通用的 2.4GHz ISM 频段，采用的是跳频技术，提供 1Mbit/s 的传输速率和 10m 的传输距离，新的协议支持 20Mbit/s 的速率。在全球范围内，2.4GHz 波段是无须申请许可证的无线电波段，所以使用蓝牙技术不需要支付任何费用。

手持设备和笔记本移动终端多数配备蓝牙设备，成为当今市场上支持范围最广泛、功能最丰富且安全的无线标准。另外，在医疗保健、运动健身、保安及家庭娱乐等应用物联网行业，以纽扣电池供电的低功耗小型无线产品及传感器得到了广泛应用。

（二）ZigBee 技术

在蓝牙的使用过程中，人们发现蓝牙技术尽管有许多优点，但仍存在许多缺陷，尤其在工业界，蓝牙的高复杂性、高功耗、抗干扰能力差、组网规模小是其发展的瓶颈。针对以上缺点，出现了 ZigBee 协议。ZigBee 协议的发展目的是在短距离通信中，提供可靠的无线数据传输并能有效地抵抗工业现场中的各种电磁干扰。随着物联网的发展，ZigBee 致力于形成全球统一的易于与互联网集成的网络，实现端到端的网络通信。ZigBee 技术是一种短距离、低功耗、低复杂度的无线网络技术，主要用于固定、便携或者移动设备。同时，该技术具有更强的灵活性和远程控制能力。

作为一种新型的无线通信技术，ZigBee 具有如下特点。

（1）数据传输速率低。ZigBee 通信技术的数据传输速率只有 10～250kbit/s，主要用于低传输速率应用。因此，ZigBee 无线传感器网络不适合传输大数据量的采集数据，而仅仅能用来传输一些简单的数据。

（2）低功耗。ZigBee 技术具有工作和休眠两种模式。在工作模式下，ZigBee 通信技术有传输速率低及传输数据量小的特点，导致信号的收发时间很短，当 ZigBee 切换到休眠模式时，ZigBee 节点处于休眠状态，耗电量降低至 $1\mu W$。由于上述特点，采用 ZigBee 技术的设备非常省电，ZigBee 节点的电池工作时间可以长达 6 个月到两年。

（3）传输可靠。ZigBee 采用了 CSMA-CA 的碰撞避免机制，同时为需要固定带宽的通信业务预留了专用时隙，避免了发送数据时的竞争和冲突。ZigBee 的 MAC 层采用了完全确认的数据传输机制，每个发送的数据包都必须等待接收方的确认信息。

（4）容量大。利用网络协调器组建的无线传感器网络可以支持超过 65000 个网络节点，如果再将各个协调器相连，那么整个 ZigBee 的网络节点的数目将会更大。

（5）自动动态组网、自主路由。无线传感器网络是动态变化的，当节点的能量耗尽或者节点被俘获时，节点都会自动退出网络，从而保证了安全性。ZigBee 技术的节点模块之间具有自动动态组网的功能，可以满足使用者在需要时向已有网络中加入新传感器的需求。

（6）兼容性。ZigBee 技术与现有的控制网络标准具有很高的兼容性，而且为了可靠传递，还提供全握手协议。

（7）安全性。为了提高通信的安全性，ZigBee 提供了数据完整性检查和鉴权两种功能，而且在数据传输中提供了三级安全性。

（8）成本低。由于 ZigBee 数据传输速率低，且 ZigBee 协议免专利费用，因此大大降低了成本。无线传感器网络可以具有成千上万的节点，如果节点成本过高，必将大大影响无线传感器网络的扩展性和规模。

综上所述，ZigBee 技术比蓝牙更好地支持在工业监控、传感器网络、安全系统等领域的大量应用。

（三）无线低速网络的应用

无线低速网络的应用领域广泛，如自动化设备及门禁系统的远程控制，工业生产中的数据自动采集和处理系统等。无线低速网络在水利中也有着广泛的应用。例如，在进行河流水位监测时，测量节点须沿河岸一一安放，该监测系统通过与 ZigBee 节点相结合的超声波测量模块来测量水面到节点的距离，进而得到水位的高度，并通过协调器节点（汇聚点）发送到上位机，实现对各测量点的水位的监测。无线传感器网络不仅可以实现大规模节点布置，还可以摆脱有线连接的方式对节点位置的局限，增加系统的灵活性。

由于 ZigBee 采用自组织方式组网，允许随时建立无线通信链路，协调器节点一直处于监听状态，当有新的终端节点加入到网络中时，会被附近的路由器节点发现并将其信息传送给协调器节点。由协调器节点进行编址，计算其路由信息，更新数据转发表和设备关联表，确定其物理位置。在紧急特殊情况发生时，水利水文工作人员在进入指定区域前，带上可移动的终端节点设备，则在进入 ZigBee 无线网络覆盖区域后，终端节点将自动加入到网络中。根据其与邻近的路由器节点的通信关系，可以确定其具体位置，便于监测中心准确指挥。

四、光纤通信技术

光纤通信是指利用相干性和方向性极好的激光作为载波（也称光载波）来携带信息，并利用光导纤维（光纤）进行传输的通信方式。光纤通信常用的波长范围为近红外区，即 $0.85 \sim 1.6 \mu m$，其频率范围约为 $10^{14} Hz$ 数量级，比常用的微波频率高 $10^4 \sim 10^5$ 倍，所以其通信容量也比常用的微波通信原则上高 $10^4 \sim 10^5$ 倍。

（一）光纤通信的原理

光纤通信的原理见图 4-2，在发送端，首先要把传送的信息（如话音）变成电信号，然后调制到激光器发出的激光束上，使光的强度随电信号的幅度（频率）变化而变化，并通过光纤发送出去；在接收端，检测器收到光信号后把它变换成电信号，经解调后恢复原

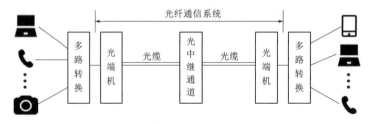

图 4-2 光纤通信系统原理

信息。实质上就光信号和电信号之间的转换，利用光线传播快和光的折射原理，在光纤内的玻璃通道内，高速折射传输，再通过光电转换设备变成电信号。

（二）光纤通信的主要特点

在光纤通信系统中，作为载波的光波频率比电波频率高得多，而作为传输介质的光纤又比同轴电缆损耗低得多，因此相对于电缆或微波通信，光纤通信具有许多独特的优点。

（1）频带宽，传输容量大。过去，通信线路是信号传输的技术瓶颈，但是自从使用光缆后，这个问题就不复存在了。光多路传输技术是充分挖掘光纤带宽潜力、扩大通信容量的技术之一。采用多路传输技术可以充分利用光纤带宽，给通信带来巨大的经济效益。采用密集波分复用技术，增加可使用波长的数量，并利用光纤损耗谱平坦、扩大可利用的窗口技术和波长转换技术，实现波长再利用等，可使单根光纤的传输速率达到 Tbit/s 级。

（2）损耗小，中继距离长。现在，商品化的石英光纤损耗比任何传输介质的损耗都低，为 0～20dB/km；如果将来使用非石英极低损耗传输介质，理论上传输的损耗还可以降到更低的水平。所以光纤通信系统可以减少中继站数目，不但降低了系统成本和复杂性，更为重要的是可以实现更大的无中继距离。

（3）重量轻，体积小。由于电缆体积和重量较大，安装时还必须慎重处理接地和屏蔽问题。在空间狭小的场合，如舰船和飞机中，这个弱点更显突出。然而，光纤重量很轻，直径很小，即使做成光缆，在芯数相同的条件下，其重量还是比电缆轻得多，体积也小得多。通信设备的重量和体积对许多领域，特别是军事、航空和宇宙飞船等方面的应用，具有特别重要的意义。

（4）抗电磁干扰性能好。光纤的原材料是石英，具有强烈的抗腐蚀性能和良好的绝缘性能，同时自身抗电磁干扰能力强，能够解决电力通信中电磁干扰的问题，不受外界雷电以及太阳黑子活动等的干扰，可以通过复合与电力导体的高压输电线等形成复合光缆，有利于强电领域的通信系统工作。例如，在电气化和军事等方面应用。用无金属加强筋光缆非常适合于存在强电磁场干扰的高压电力线路周围，以及油田、煤矿和化工等易燃易爆环境中使用。

（5）泄漏小，保密性好。在现代社会中，不但国家的政治、军事和经济情报需要保密，企业的经济和技术情报也可能成为竞争对手的窃取目标。因此，通信系统的保密性能是用户必须考虑的问题。电波传输会因为电磁波泄漏而出现串音情况，容易被窃听，现代侦听技术已能做到在离同轴电缆几千米以外的地方窃听电缆中传输的信号，可是对光缆却困难得多。因此，在要求保密性高的网络中不能使用电缆，而在光纤中传输的光泄漏非常微弱，即使在弯曲地段也无法窃听。没有专用的特殊工具，光纤不能分接，因此信息在光纤中传输非常安全，对军事、政治和经济都有重要的意义。

（6）节约金属材料，有利于资源合理利用。使用制造同轴电缆和波导管的金属材料，在地球上的储量是有限的；而制造光纤的石英（SiO_2）原材料成本低，资源丰富，光纤柔软、重量轻、容易进行铺设，并且光纤的使用寿命长、稳定性好。

（三）光纤通信技术的应用

光纤通信技术具有强抗干扰能力、传输量大和传输衰耗小的特点，这就决定了该技术在水利通信系统中将具有广泛应用。

　　计算机外网主要是以光纤为传输介质、利用光纤通信技术组建的数据传输网络，起着桥梁和纽带作用，为综合数据信号的大流量远程传输提供便捷高效的传输通道，使得水利工程的远程调度和信息化管理得以实现。水利工程的自动化管理是实现水利信息化管理的关键。传统的信息组网模式信号丢失严重，传输速率慢，随着光纤技术的不断成熟及广泛应用，光纤的价格也在逐年降低，因此组建信息传输网络时应该首选光纤，不但成本低而且维护方便，使用寿命也长。在水利工程自动化管理系统升级改造项目中越来越多地应用光纤，构建高效、快捷、稳定的光纤传输网络，并实现数据的有效传输及系统的可靠集成。另外，水利通信专网的建设，可基于光纤通信技术，在有效范围内通过铺设光缆来实现，相较于无线通信、宽带网络，能够有效保证信息交互过程中的稳定性与效率，包括用于视频会商系统和应急指挥系统等。

五、窄带物联网

　　窄带物联网（narrow band internet of things，NB－IoT）是低功耗广域网通信技术的一种，工作于授权频谱下，是万物智联网络的一个重要分支。

（一）窄带物联网的特点

　　NB－IoT聚焦于低功耗广覆盖物联网市场，是一种可在全球范围内广泛应用的新兴技术。具有覆盖广、连接多、速率低、成本低、功耗低等优势。NB－IoT室内覆盖能力很强，而且NB－IoT无需重新建网，射频和天线基本上都是复用的。低功耗特性是物联网应用的一项重要指标，特别是对于一些不能经常更换电池的设备和场合，如安置于荒野偏远地区中的各类传感监测设备。NB－IoT设备功耗可以做到非常小，续航时间大幅提升到几年甚至更长时间。另外，低速率、低带宽同样给NB－IoT芯片以及模块带来低成本优势。广覆盖将极大地改善物联网室内覆盖的现状，在同样的频段下，窄带物联网比现有网络增益20dB，相当于覆盖区域能力增强了百倍以上；多连接是指其单个扇区即可支持10万个连接；低功耗特性使得其终端模块待机时间可长达10年之久；低成本则是指其模块成本低，单个连接模块的成本可降至二三十元人民币。最后，在同一基站的情况下，NB－IoT可以提供比现有无线技术高50～100倍的接入数。一个扇区能够支持10万个连接，支持低延迟敏感度、超低的设备成本、低设备功耗和优化的网络架构。

（二）关于窄带物联网的政策

　　2017年6月，工业和信息化部正式出台了《关于全面推进移动物联网（NB－IoT）建设发展的通知》（工信厅通信函〔2017〕351号），在这个政策中，作为主管的政府部门，工信部明确表达了对NB－IoT技术的支持，以及对相关产业的发展要求。工信部要求全国加快部署NB－IoT网络，并加快这个行业的应用成熟度。特别是要求加快完成国内NB－IoT设备、模组等技术要求和测试方法标准制定。

　　同时，在这份标志性的通知文件中，工信部为NB－IoT的应用划分了4个领域：公共服务领域、个人领域、工业制造领域、新技术新业务领域。公共服务领域，首先是水、电、气表智能计量，公共停车管理，环保监测等，这些领域将迎来新的通信技术的升级周期；但这些领域的行业主导权并不在工信部和相关通信企业手中，而是都掌握在相关的行业主管部门和国企手中，未来的技术升级和行业推广，还需要国家更高层面的统筹协调。

在个人生活领域，主要集中在智能家居、可穿戴设备、照看儿童及老人、宠物追踪及消费电子产品等应用中。在工业制造领域，工业互联网、智能制造相结合，以及对生产制造过程的监控和控制，在物流运输、农业生产等方面都是重点推广领域。当然，涉及工业生产层面，无论是运营商还是设备厂商，都还仅仅从理念和技术层面提出了自己的构想，还没有很成功的实际应用案例，这是一个蓝海市场，有着极大的想象空间。

（三）窄带物联网的应用

我国水文监测系统最常使用的数据传输方式有：超短波、卫星通信以及 GPRS 通信。当前新兴的通信技术窄带物联网以其广覆盖、大容量、低功耗、低成本的优势全面超越其他技术，是一种最适合长距离、多终端物联网业务的通信技术，窄带物联网的应用领域非常广泛，涵盖公共事业、智慧城市、电子消费、有效提升电力信息系统的服务质量与效率。

水文测报系统可综合考虑系统采集通信部分功能要求，以及稳定性、低功耗、可拓展和低成本等因素，开发基于窄带物联网传输信道，吸收其他现有系统优良稳定设计方案，实现终端多信道数据可靠采集传输。水文测报系统可以兼容传感器的适配和控制，兼容超短波通信模式，增加新的数据传送模式（窄带物联网），从硬件上可以兼顾系统超短波信道的衔接，既让超短波信道得到充分利用，又能与窄带物联网信道完美融合，实现系统水文远程测试，支持各类监测数据长期本地存储及远程报送等功能，确保低功耗无人值守运行。遥测站点可采用超短波自报式和窄带物联网双信道主备工作模式，当雨量变化 1mm 或水位变化 1cm 时，遥测站通过窄带物联网信道报送数据，当报送不成功后自动启用超短波发送本站数据信息。在这种情况下，中心站可以随时接收各遥测站点从不同信道发送的水位、雨量、电压等水情数据。

六、IPv6 技术

（一）什么是 IP

IP 地址是指互联网协议地址（Internet Protocol Address），又译为网际协议地址，是 IP Address 的缩写，是互联网上计算机相互标识自己的符号，也是在互联网通信时唯一的标识，每台计算机或者终端都是依靠 IP 地址进行通信的。IP 地址在通信时必须相对唯一，每台网络设备都依靠 IP 地址来互相区分、互相联系，同时 IP 地址由统一的地址管理机构进行分配，任何个体都不能随便分配使用。

（二）IPv6 技术

1. IPv6 的特点

IPv6 代表全新的互联网技术规范。IPv6 最显著的特征是通过采用 128 位的地址空间替代 IPv4 的 32 位地址空间来提高下一代 Internet 的地址容量。在 IPv6 中，地址空间大于 3.4×10^{38} 个。如果整个地球表面都覆盖着计算机，那么 IPv6 允许每平方米拥有 7×10^{23} 个 IP 地址。有人戏称，IPv6 的地址数量足够给地球表面每一颗砂粒分配一个地址。如果地址分配速率是每微秒分配 100 万个地址，则需要 1019 年的时间才能将所有可能的地址分配完毕。

除此之外，IPv6 具有安全性高、服务质量好和移动性强的特性。IPv6 技术在保障传统业务的同时，还可以支持丰富多彩的新业务应用。随着中国下一代互联网（CNGI）项目的启动，IPv6 技术在各种网络及不同业务之间已逐步实施，它将带动整个相关产业链的发展，IPv6 技术在给我国信息产业带来飞速发展的同时，也给全球的 IPv6 产业带来了无限的商机。IPv6 在我国的发展已经进入了实质性阶段，各种网络之间、不同业务之间的融合将逐步展开，IPv6 市场及整个产业链的上下游将被带动起来，并通过展开大规模应用来推动我国的信息产业进入 IPv6 时代。许多国内专家认为，CNGI 的部署将推动我国成为全球 IPv6 产业的引擎。换言之，这不仅给全球的 IPv6 产业带来了发展良机，同时也给我国带来了跨越式发展机会，使我国有机会进入世界信息技术领域的第一阵营，甚至成为被追赶的对象。

2. IPv6 所引起的主要变化

（1）更大的地址空间。IPv6 将地址从 IPv4 的 32 位增大到 128 位，使地址空间增大了 2^{96} 倍。这样大的地址空间在可预见的未来是不会被用完的。

（2）扩展的地址层次结构。IPv6 由于地址空间很大，因此可以划分为更多的层次。

（3）灵活的首部格式。IPv6 数据包的首部和 IPv4 的并不兼容。IPv6 定义了许多可选的扩展首部，不仅可以提供比 IPv4 具有更多的功能，而且还可以提高路由器的处理效率，这是因为路由器对扩展首部不进行处理。

（4）改进的选项。IPv6 允许数据包含有选项的控制信息，而 IPv4 所规定的选项是固定不变的。

（5）允许协议继续扩充。随着技术的发展，IPv6 协议可以继续扩充，而 IPv4 的功能是固定不变的。

（6）支持即插即用。

（7）支持资源的预分配。IPv6 支持实时视像等要求，保证一定的带宽和时延的应用。

（8）IPv6 首部改为 8 字节对齐，原来的 IPv4 首部是 4 字节对齐。IPv6 数据包在基本首部的后面允许有一个或多个扩展首部，首部后面是数据。所有的扩展首部和数据组合起来叫作数据包的有效载荷或净负荷。

3. IPv6 地址分类

IPv6 地址可以分为三类：单播地址、多播地址和任播地址。

（1）单播地址（Unicast Address）是 IP 网络中最常见的，它指的是主机之间"一对一"的通信方式。它标识了一个单独的 IPv6 接口，每个接口必须有一个与之对应的单播地址。IPv6 单播地址功能与 IPv4 地址一样受制于 CIDR，由两部分组成：一部分用来标识网络，另一部分用来标识接口。在特定边界上将地址分为两部分，地址高位部分包含路由前缀，地址低位部分包含网络接口标识符。

（2）多播地址（Multicast Address）也叫组播、多点广播或群播，指把信息同时传递给一组目的地址。它的使用策略是最高效的，因为消息在每条网络链路上只传递一次，而且只有在链路分叉的时候，消息才会被复制。

（3）任播地址（Anycast Address）是一种网络寻址和路由的策略，使得数据可以根据路由拓扑来决定送到"最近"或"最好"的目的地。如何确定这个"最近"的接口，由路由选择协议确定。在任播中，在网络地址和网络节点之间存在一对多的关系：每一个地址对应一群接收节点，但在任何给定时间，只有其中之一可以接收到发送端来的信息。在互联网中，通常使用边界网关协议来实现任播。

（三）IPv6 技术的发展与应用

近年来，我国致力于物联网和 IPv6 融合的标准研发和应用，国内的物联网 IPv6 项目组结合标准化、产业推动、原型系统研发等多方面的力量推动了物联网 IPv6 产业和产品的发展。我国已开始部署和建设 IPv6 地址项目，并以此展开相关应用，将对水利智能体的发展产生重大促进作用。整个水利智能体的概念涵盖了从终端到网络、从数据采集处理到智能控制、从应用到服务、从人到物，涉及众多的技术与节点。而智能感官和智能应用的联接需求，对 IP 地址的需求会迅速膨胀。从现有可用的技术来看，只有 IPv6 能够提供足够的地址资源，满足端到端的通信和管理需求，同时提供地址自动配置功能和移动性管理机制，便于端节点的部署和提供永久在线业务。

水利系统已经开始 IPv6 改造工程。例如，珠江流域网站及网络按照急用先建、适度超前、逐步建设的思路，珠江委开展 IPv6 改造工作。

（1）对网站的 IPv6 改造。按照国家 IPv6 有关要求，结合各单位网站的实际情况，对网站内容进行迁移，对网站硬件服务器、软件和中间件等进行升级改造，改造后的网站可全面支持 IPv6 协议。其中，网站的 IPv6 兼容性改造包括操作系统、网站发布和应用服务器软件、网站发布模板、定制开发应用程序、应用开发接口等的升级和测试。

（2）对网络设备 IPv6 改造。珠江流域各单位首先对骨干网节点的网络设备进行升级改造，实现珠江流域骨干网络对 IPv6 的支持；随后逐步完成各单位全部网络设备的 IPv6 升级改造，实现珠江流域网络对 IPv6 的全面支持。

第二节　万　物　智　联

一、广泛联接

水利智能体内部存在各种各样的联接方式，将不同智能交互设备之间相连，将不同的智能设备与智能中枢智能相连，将不同的子水利智能体相连。

从水利智能体的范畴而言，智能联接将智能感官、智能中枢、智能应用联接在一起，将自然水资源与人类涉水活动联接，让整个涉水世界连在一起。各种各样的网络技术和设备将水利智能体触及的万物形成了无处不在的联接，这种联接成为推动水利智慧化服务的关键要素和前提。在水利智能体中，最明显的特征便是基于水利云、智能终端的基础设施实现了涉水世界中人和物的"普遍连接"，在连接的基础上，依托大数据和云计算平台创造一系列智能化、软件化、定制化的水利智能化服务成为最主要的生产方式。如今，我们能够看到其他行业和领域的物联网应用已经逐步普及，可穿戴设备、智能汽车、智能家居、智能机器人等无数个具备智能化的机器设备的出现，推进世界进入了广泛联接的新时代。而在水利行业，随着水利智能体的建设、智能感官的发展、智能联接的进步，整个水利世界也会形成广泛联接的局面，所有相关的仪器设备通过不同的技术手段方式达到"万物智联"。

广泛联接依靠智能网络、最先进的计算技术及其他领先的数字技术基础设施武装而成。这种广泛联接实际上应存在于水利智能体的各个层级。对于智能感官而言，它可能同附近的其他智能感官直接相连，进行协同动作；可能同距离终端最近的中间基础设施相连，进行局部的统计整理分析；也可能直接与智能中枢相连，将数据进行统一处理分析；智能感官作为本地化服务的设备还可能与移动端的智能应用系统直接相联，方便本地交互操作。智能感官与其他设备联接手段并不固定，联接策略也并不固定。例如，智能感官可以通过 4G/5G 技术、卫星通信技术、光纤通信技术等多种技术手段与其他设备仪器相连，而且智能感官在平时工作状态下可以只通过 4G 网络与附近的中间基础设施相联，在紧急情况下可能通过卫星通信技术与智能中枢直接相联。相应的智能应用系统可能直接与智能感官相连、直接与智能中枢相连，但一般不会与其他智能应用系统相连。而智能中枢除了直接与智能感官、智能应用系统相连，还会与其他智能中枢相连。不同智能中枢的联接实质上就是不同的子水利智能体之间的联接，这种联接是为了不同业务、不同区域或不同层级的协同水利办公。

同时，由于广泛联接要求无论在哪种环境之下，设备仪器都能够有这种传感技术，所以对于传感器的技术标准就会有非常严格的要求，能够适应各种恶劣的环境。这种广泛联接现象，也要求在水利智能体中各种终端设备的传感器功能不再局限于简单的数据感知和收集，而是不断向自带智能化算法、集成系统制造的方向发展，将传感器制作成为融感应、传输、存储、计算为一体的智能感官，满足越来越大的数据分析需求和用户的个性化需要。

广泛联接可以说是一个宏伟的理念和目标，它描绘了一幅未来的水利世界画像，在未来的水利世界中，通过高带宽、多制式、充分融合和广泛覆盖的网络，实现任何时间、任何地点、水利管理工作人员之间、各种水利智能平台设备之间、水利行业人员与水利智能设备之间均可无缝连接。从而使水利智能体触及所有自然水资源与人类涉水活动，形成广泛的联接。

广泛联接的发展方向，将是移动化与泛在化的融合共生，打造出一个无处不在、无所不包的水利智能体。移动化的广泛联接，顾名思义，强调的是用户即使在移动的状态下，也能够无缝地获得无所不能、无所不包的水利网络服务。移动和泛在这两大核心特征，描绘出了未来水利智能体中智能联接网络的概貌，整个水利智能体将从固定化，对象化向移动化、泛在化的过程。

从另一个角度来说，水利智能体也可以看作是广泛联接的更形象阐述。将所有的自然水资源与人类涉水活动连接起来，就构成了一个互联的水利网络。但是，这仅仅是一种非智能化的水利体。而水利智能体不仅仅是各种人或物之间的连接与通信，更强调对各种信息进行分析处理和判断，得出为人所用的结论。这种情况下的水利体已经是一个具有智慧的水利体，也就是水利智能体。因此，水利智能体，是一种拥有智慧化的水利体，通过技术的演进，实现人类与自然水世界和谐相处的愿望。

二、云边协同

随着水利智能体的发展，智能感官的数据量呈几何级数上涨，这些数据都在边端形成、积累，传送到云端，进行数据处理，再返回到边端指导业务。这里所说的边端包括图3-16中的边缘节点和感知终端。这一系列动作将对网络带宽产生数百Gbit/s的超高需求，不仅会存在延迟，还需要面临弱网卡顿、连接成功率低等诸多问题，用户体验无法保障。同时，大带宽对回传网络、业务中心造成巨大传输压力，也会让企业面临着巨额的带宽成本。这意味着之前集中式的数据存储、处理模式将面临难解的瓶颈和压力，水利智能体的不同设备间的数据传输需要智能化策略。

（一）为什么需要云边协同

在第三章中提到过，边缘智能是将网络边缘上的计算、存储等资源进行有机融合，构建成统一的用户智能服务平台，按就近服务原则，通过智能计算，对网络边缘节点任务请求及时响应并有效处理。而云计算是分布式计算的一种，指的是通过网络将巨大的数据计算处理程序分解成无数个小程序，然后，通过多部服务器组成的系统进行处理和分析这些小程序，得到结果并返回给用户。通过这项技术，可以在短时间内完成对数以万计的数据的处理，从而达到强大的网络服务。但是由于边缘节点能力、资源、带宽、能源等受限，云计算存在大量的数据传输，则需要充分的网络带宽，并且可能存在网络延迟，因此需要通过网络对计算资源在云中心和边缘端进行合理调配，称为云边协同。

1. 引发云边协同的原因

进行云边协同本身是一个复杂的过程，而且在不同的环境中引发协同的原因也是不同的，具体如下。

（1）采用边缘计算会出现边端资源受限。在复杂的网络环境中，各种网络设备由于体积、质量等方面的千差万别，它们所承载的计算资源也有大有小，特别是现今水利智能设备普及度越来越高，但是智能设备终端本身的计算资源有限。而且，人们对智能边端的依赖也越来越高，但智能移动设备由于体积的限制，不能像桌面计算机那样执行人们期望的所有应用。这种情况下借助云计算资源可能会取得更好的效果。

（2）采用云计算会出现数据传输量大，设备网络时延大。在计算任务执行的过程中，计算节点和本地客户端之间会产生大量需要传输的中间数据，这些数据的频繁传输需要耗费大量的网络资源。特别是当用户所在的物理环境网络不稳定、时延高时，这时传输计算所需的数据会出现很高的网络延迟。

2. 云边协同的优势

为解决边端资源和网络传输受限引入了云边协同这一新的方法。云边协同在解决以下几种应用情况时作用尤为明显。

（1）边端资源受限时，即智能边端由于体积、输入操作等的限制，计算资源、存储资源、电池容量和网络连接能力始终有限，无法支持一些大型应用的运行。此时，可将计算迁移到资源丰富的云中心或其他边端上运行，只需返回计算结果给边端就可以达到预期的计算效果。

（2）将计算迁移到云中心时，需要云中心和边缘设备之间通过网络进行数据交换，由于网络带宽限制，数据交换过程可能会出现时延。此时，云数据中心将计算和存储能力等资源"下沉"到网络边缘节点，因距离用户更近，用户请求不再需要经过漫长的传输网络到达核心网才能被处理，而由部署在本地的边缘服务器将一部分流量卸载，降低对传输网和核心网带宽的要求，直接处理并响应用户，并减轻网络负荷，大大降低了通信时延。

（3）网络状况是根据用户的需求随机变动的，不同的物理环境中，客户的网络质量不尽相同，这就产生了网络资源的动态变化，需要云边协同弥补网络连接效果差所带来的影响。当网络条件特别好时，可以将数据发送到云中心进行计算，然后返回给客户端计算结果；当网络条件特别差时，将计算任务迁移到特定的计算节点执行，执行这些计算所需的数据可以直接在此计算节点上调用，计算节点只需要返回给客户端计算结果，传输的数据量大大减小；还有些情况下，会将计算任务分解，部分计算任务在本地进行处理，部分计算任务传输到云端进行处理，将融合后的计算结果传输给用户。

云计算是将传输数据到云端，再把结果反馈到边端的路径，边缘智能就近解析的效率更高。边缘智能作为一种新型解决方案，靠近用户的"小数据"计算难题，它并不能取代云计算。显然，在水利智能体解决方案中，云计算和边缘智能，这二者并不是孰优孰劣、此消彼长的关系，不同的情况需要不同的解决方案，边缘智能与云计算需要协同发展，而且云计算和边缘计算之间的协同很可能构成未来的架构，才能为用户带来更好的体验。

（二）云边协同的计算策略

在云边协同计算中，应用程序运行、应用数据处理可以在水利智能边端设备与水利云服务之间进行协同分配、分解计算任务，水利智能边端设备可能作为感知端，也可能作为客户端，从水利云中心协同获得计算资源、存储资源、网络访问资源、隐私安全等协同调度分配使用。因此，增强、扩展了水利智能边端设备的计算资源、存储资源、网络访问资源、隐私安全，同时，减少水利智能边端设备电量的消耗，对智能终端设备计算、存储、网络等能力进行了扩展。

有的水利智能边端设备需要水利云端服务提供协助，有的智能终端设备则可自行完成；水利智能边端设备用户有不同的服务质量需求，如计算资源、存储资源、网络访问资源、隐私安全等方面的要求，为了能够更加灵活、高效地利用水利云端的计算资源，当水利智能边端设备获得水利云端服务时，水利智能边端设备可以自我调节任务分解与计算；当水利智能边端设备未获得云端服务时，水利智能边端设备将不能完成或难以完成的部分任务协同迁移到水利云端服务中，应雇用水利云端服务来完成。

云边协同计算，是基于云计算的软件即服务层（Software as a Service，SaaS）的扩展，也就是说，云端和边端上的软件系统的层次和状态是一致的。当用户在边端执行程序时，根据边端设备的计算能力，向云端提出请求，由云边协同决策计算在哪一端、计算的哪一段程序、什么功能等，最后，同步云端系统与边端系统计算状态，见图4-3。该方案既保证了网络不稳定时智能边端系统可以执行，同时，也让云边协同计算端保证快速执行，也充分利用了智能边端的计算能力，从而满足云边协同计

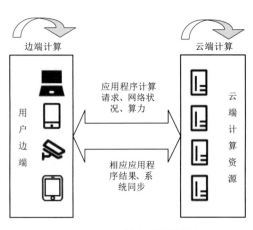

图4-3　云端与边端协同
数据传输方式及计算

算的要求。

在云边协同计算中，首先对计算任务进行拆分。拆分方式有两种，第一种是技术人员在编写应用程序时，根据业务逻辑，提前对应用程序进行分区，标注适合迁移到外部进行计算的代码块，在执行迁移策略时，优先将适合迁移的分区卸载到外部服务器。第二种是策略执行者主导任务迁移分区，技术人员对业务流程以及业务逻辑更加了解，相比第一种拆分方式，技术人员主导任务拆分在性能上更具有优势，但是对于已经开发完毕的软件，需要进行二次开发，这样会增加人员成本以及时间成本。云边协同计算主要包括协同环境感知、任务划分、协同决策、任务提交、云服务器端执行、结果返回等六大步骤，其中任务划分、迁移决策是最为核心的两个环节。各步骤的具体说明如下：

（1）协同环境感知。该过程是任务协同的准备阶段，为后续过程提供参考信息。当智能设备有任务协同需求的时候，它首先要在当前网络中感知协同环境，其中包括能够提供任务协同服务的云服务器的状态与信息、计算性能、无线网络的信道条件等。这些收集的任务协同环境变量会决定后面的协同决策过程。

（2）任务划分。任务划分的功能是通过某种切分算法将一个整体的移动应用划分为多个子任务，这些子任务一般分为本地执行任务和可协同任务。其中本地执行任务是必须在移动设备上执行的任务，例如用户交互任务、设备输入输出任务、外围设备接口任务等。可协同任务一般是不需要与本地设备交互的程序任务，这些任务往往是数据处理型任务，计算量较大，适合协同到云服务器上执行。任务划分完成后形成的子任务彼此之间既有数据交互，又能够分开执行，是协同决策过程的主体。

（3）协同决策。协同决策过程是任务协同流程中最核心的环节。该环节的功能主要是解决可协同任务是否协同、选择哪个信道协同、以多少功率传输等问题。这些问题的决策需要参考第一环节收集的协同环境和第二环节划分的子任务特性（任务计算量、任务输入输出数据量等）。具体决策时，会通过合适的协同决策算法，综合考虑各项指标（任务执行能耗、任务完成时间、用户偏好等），选择出最优的协同决策。协同决策算法在整个任务协同过程当中起着至关重要的作用。

（4）任务提交。当移动设备作出协同决策之后，就可以把某些计算任务通过有线或无线网络协同到云服务器端去执行了。

（5）云服务器端执行。云服务器端执行计算任务采用的是定制虚拟机方案。移动客户端把计算任务协同到云服务器后，云服务器会为该任务分配一个虚拟机，作为一个独立的应用来支持计算任务的执行。

（6）结果返回。计算结果的返回是任务协同流程中的最后一个环节。云服务器在执行完提交的任务后，会把计算结果通过无线网络回传给移动设备使用。移动设备可能会将此结果进行加工和使用后，再次启动协同流程，或者是主动发起断开请求，断开与云服务器的连接。

第五章 多融合智能中枢

水利智能体的智能中枢，即为水利智能体的大脑，按照不同的层级会有不同的载体，在国家级、流域级或省级水利智能体中，智能中枢的载体一般为有许多个服务器及其相关设备组成的水利云；而在末端水利智能体中智能中枢的载体可能只是一块芯片，一台或几台计算机。智能中枢基于大数据、人工智能、AR视频增强等关键技术，构建计算存储资源融合、数据资源融合、服务融合、开放共享融合的"智慧大脑"。在本章中，将主要介绍以水利云为载体的智能中枢的相关内容。水利云是智能中枢的载体，除了提供计算服务外，在水利云中还存在汇集处理水利数据的数据平台和利用水利数据和软件模块为智能应用提供服务的服务平台。而且，依托于数据平台和服务平台的共享开放平台相当于水利智能体智能的无限延伸，可促进水利智能体健康持续发展提高。

第一节 水 利 云

一、水利业务系统发展的困境与对策

（一）水利业务系统发展的困境

随着水利信息化、智能化的发展，传统的水利业务系统正在变得越来越复杂，需要支持更多的水利用户为他们提供服务，需要更强的计算能力加载复杂的水利模型，需要更加稳定安全的环境保护水利智能服务免遭入侵，等等。而为了支撑这些不断增长的需求，水利主管部门和相关企业不得不去购买各类硬件设备（服务器等）和软件（数据库、中间件等），甚至还需要组建一个完整的运行维护团队来支持这些设备或软件的正常运作，这些维护工作就包括安装、配置、测试、运行、升级以及保证系统的安全等。支持这些应用的开销巨大，这些费用也会随着水利业务系统的数量或规模的增加而不断提高。

（二）应对水利业务发展的对策

为了提升水利智能服务和应用的效率，可以减少这些令人头疼的硬件和软件问题，可以将水利业务部署到水利云端，水利云提供诸如海量样本数据共享存储和预处理、多用户模型训练、资源管理、任务调度和运行监控等服务，避免重复性的工作，最终显著降低成本。

"云"作为计算机资源在现阶段中的一种重要形式，也是计算机领域的一大技术转变。初期的"云"主要致力于"计算"能力的整合与优化，这也是为什么"云"又称"云计算"的原因。"云计算"是一种计算模型，它将诸如运算能力、存储、网络和软件等资源

抽象成服务，以便让用户通过互联网远程享用，付费的形式也如同传统公共服务设施一样。"云"是网络、互联网的一种比喻说法。云计算甚至可以让人们体验 10 万亿次/s 的运算能力，用户通过计算机、手机等方式接入数据中心，按自己的需求进行运算。

水利云，可视为由计算机硬件、网络及相关软件构成，基于计算机软硬件并向水利管理者和水利用户提供计算服务、网络和存储能力的综合体。

1. 水利云的功能

水利云基础设施通过升级扩展计算、存储和网络资源，形成集约高效的水利云基础设施；同时基于网络资源，利用云管理平台实现资源的统一管理；并利用可视化硬件资源为业务应用提供不同维度的可视化支撑。云基础设施主要包括统一云管理平台、计算资源、存储资源、机房环境及异地备份机房改造、容灾备份系统、可视化硬件等内容。其中，云管理平台实现大数据、虚拟化、容器、裸金属、数据库等云计算资源的统一管理，提升大数据中心计算能力；计算资源方面，支撑云计算平台运行损耗、十大业务应用的运行需求及未来发展需求；存储资源方面，实现块存储、文件存储、对象存储的融合，根据不同的业务类型和业务特点，选择不同的存储资源池；可视化硬件资源方面，将多平台/应用系统数据有机整合，并进行三维可视化，通过大屏幕展示。

水利云旨在通过网络把多个成本相对较低的计算实体整合成一个具有强大计算能力的系统，并借助 SaaS（Saftwave as a Service，软件即服务）、PaaS（Platform as a Service，平台即服务）和 IaaS（Infrastructure as a Service，基础设施即服务）等模式把这强大的计算能力分布到水利终端用户手中。水利云是基于互联网的超级计算模式，即把存储于个人计算机、移动电话、智能摄像头、其他智能感知设备和智能应用终端上的大量信息和处理器资源集中在一起，协同工作。水利云的一个核心理念就是通过不断提高"云"的处理能力，进而减少用户终端的处理负担，最终使水利用户终端简化成一个单纯的输入/输出设备，并能按需享受"云"的强大计算处理能力。将水利数据存放在水利云后不必单独进行备份；将水利应用软件存放在水利云后不必下载可以自动升级。理想状态下，在任何时间、任意地点、任何设备登录后就可以进行水利计算服务，具有无限空间、无限速度。以服务为基础、可扩展性及弹性、共享、基于互联网技术等特性为水利云提供了很好的发展空间，宽带的发展也为水利云提供了硬件基础。

2. 水利云的特点

下面从技术的角度来讨论一下水利云本身的一些特点。

（1）按需服务。水利云是一个把信息技术作为服务提供的一种方式。这种服务的概念都是从用户角度出发，而不是从服务提供方出发考虑问题，因此，一个基本特点是水利云要求按需服务，即用户可以根据需求即时得到服务。

（2）资源池。水利云的一个好处是提高资源的利用率，而这个一般需要通过共享的方式来达到这个目的。如果需要共享就需要先把资源集中到一个资源池中。在云计算当中，根据这个资源池中资源的类别，可以把云计算的服务模型分为三种，将在下一节介绍。

（3）高可扩展性。水利云的资源池相对于单个水利用户的需求而言是比较大的，因此考虑到会有大量不同水利用户共用一个资源池，他们之间的资源使用模式一般存在一定的互补性，所以对于某个用户的需求而言，云计算具有很高的扩展性。

（4）弹性服务。弹性服务指的是水利云的资源分配可以根据应用访问具体情况进行动态地调整。也正是因为如此，水利云对于非恒定需求的应用，比如需求波动很大、阶段性需求等，具有非常好的应用效果。在水利云的环境中，资源的扩展方式可以分为两大类，一类是事先可以预测的，比如一些季节性的需求；另一类是完全基于某种规则实时动态调整的。无论是哪一种，都要求水利云提供弹性的服务。

（5）自服务和自动化。对于自服务和自动化概念本身都比较好理解，但是把这两个放在一起是因为它们之间的内在联系。自服务是云计算中降低服务成本，提高服务便捷性的一种途径，因此它是一个服务的提供方式。但是，对于水利云服务提供方来说，自服务就要求尽量简化水利用户操作，降低水利用户使用服务的难度，提升服务响应速度，而这个只能通过后台自动化的方式才能实现。因此从这个意义上来讲，自服务是目的，而自动化则是手段。

（6）泛在接入。水利用户可以利用各种终端设备如 PC 电脑、笔记本电脑、智能手机、智能摄像头和其他智能设备等，随时随地通过互联网访问云计算服务。

水利云，对水利行业的信息化架构进行优化整合，通过虚拟化、自动化等关键技术手段，搭建统一云管理平台，充分体现云计算的理念和应用，实现智能应用和服务的全新使用模式，将大量硬件资源进行标准化、自动化、集中化的统一管理。水利云通过三方面推进水利智能体实现：一是算力，运用水利云按需扩展的大规模联机计算能力，提供云服务，提高水利大数据实时处理分析能力；二是数据，建立统一数据标准，汇集多源数据，开展数据治理，构建数据资源池，提升数据价值，统一数据服务，快速、灵活地适配前端业务调整与业务升级；三是算法，研究应用深度挖掘、机器学习、知识图谱等技术，构建水利模型和算法共享平台，提升智慧水利的预测预报、工程调度和辅助决策的算法能力。

正是因为水利云具有以上特点和作用，在未来的水利智能体中，水利云将成为一种随时随地的服务，就像平时的供水、供电一样成为公共水利基础服务，而水利云必然给水行政主管部门、涉水企业和用水用户，乃至整个社会带来便利。

二、水利云的服务模式

前文已经介绍了云计算的三种服务模式，下面将结合水利智能体，展开介绍不同服务模式下的水利云服务方向。

（一）水利云 SaaS 服务

在计算机技术日益发展的今天，水利专业软件有力地支撑了水利勘测、规划、设计、建设，以及科研和管理等各项工作，已逐渐成为推动水利智能体发展的重要力量。现在水利专业软件应用广泛，推动水利科学发展水平的提高。水利专业软件不仅仅提高了工作效率，更多地已经改变了水利行业传统的工作模式，这些软件在水利行业各领域的治水实践中发挥了重要作用。

SaaS 是一种全新的软件应用模式。这种模式是通过互联网提供软件的模式，水利应用软件统一部署在服务器上，用户可以根据实际需求，通过互联网获得应用软件服务。提供给用户的服务是运行在云计算基础设施上的应用程序，用户可以在各种设备上通过客户端界面访问。

要以 SaaS 的方式提供软件服务，必须构建完善的服务体系，让云平台能够以服务的形式调用这些服务类，因此必须对平台的服务进行划分、总结、生成。平台对提供给用户的服务类进行归类划分，形成 SaaS 服务体系结构，见图 5-1。SaaS 服务体系包含需要提供给用户的服务类，主要包含软件运行类服务、软件开发类服务、软件系统管理类服务、软件版权管理类服务等。这些类别里包含多种子服务。

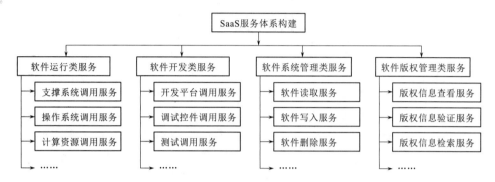

图 5-1 SaaS 服务体系结构

用户调用服务时，根据用户的需求，从各个开发类中选择合适的服务，在 SaaS 层的服务组成构件中形成针对特定用户的服务，提供给用户。下面对水利专业软件服务调用中重要的服务类进行描述软件标准化描述类服务，提供对软件进行标准化验证的服务。云平台提供电子表格开发标准化服务。电子表格需要具有统一的风格、标志，均由主界面、工作界面、帮助界面构成。每一个电子表格均需要编写开发报告、使用手册，给出参考规范。电子表格开发完成后，需要经过开发人员自检，相关人员复核，最后进行评审。

软件系统管理类服务，针对云平台实现对软件的存储、分类、升级等维护管理。通过软件升级和维护，在云平台部署的软件由云平台统一完成在线升级更新和维护，用户无需担心因为系统崩溃导致软件无法使用、软件版本过低等问题。用户不需要在本地安装部署任何客户端软件，即可实时在线享用云软件平台所提供的全部软件，且不必担心软件版本更新问题，随时使用到的均是该软件的最新发布版本。

软件运行类服务，针对软件开发运行过程中需要用到的系统运行支持、操作系统支持、计算资源支持服务，以及在线数据导入、数据导出等类型的服务，一系列的服务保障系统顺利运行。

版权信息类服务，是指开源软件在软件提供过程中应包含有声明软件版权的信息，包括软件开发者、软件著作权、软件使用授权等的说明信息。软件版权管理类服务是提供在开源软件代码中插入版权信息、管理版权信息、维护版权信息等操作功能的服务。

（二）水利云 PaaS 服务

PaaS 的作用是将一个应用的开发和部署平台作为服务提供给用户。PaaS 是一种以提供服务器平台为主的服务模式，这种云服务企业通过定制化研发的中间件平台，节省用户的开发成本，使用户只需要将精力放置在其核心业务上，至于服务器的系统维护、数据存储等运行维护工作交由云平台统一托管完成。

PaaS 能将现有各种业务能力进行整合，具体可以归类为应用服务器、业务能力接入、业务引擎、业务开放平台，向下根据业务能力需要测算基础服务能力，通过 IaaS 提供的 API 调用硬件资源，向上提供业务调度中心服务，实时监控平台的各种资源，并将这些资源通过 API 开放给 SaaS 用户。

例如 PaaS 在水利模型中的应用。一般而言，使用计算机模拟水利事件，水利模型计算可以复现实际应用中的本质过程，通过编程开发可以根据实验需求随时调整实验数据、环境变化参数、初始条件等，便于进行反复实验，无需搭建模拟实验场地，节约人力物力，降低资源消耗。然而，随着水利模型软件技术大发展，一些水利模型软件开发和使用过程中的问题也不断显现。水利模型软件业内大多数采用自行开发、自行使用的方式，处于模型软件使用的初级阶段，即模型软件复用性差，每遇到一个新的问题需要重新开发模型软件系统进行计算；共享性差，每个团队独立开发，团队和团队之间不公开，阻碍水利科技进步，影响解决水利科研问题的效率；对已有的研发成果修改难，因为开发过程非标准化，没有标准化的接口，要对原有模型系统进行更新、修改、添加等操作困难。

为了解决上述困难，可在已有研究的基础上提出搭建基于 PaaS 层的水利模型组合云平台。通过构建基于云平台的水利模型软件平台收集、遴选国内外水利专业较为先进的数学模型，借助软件工程思想和云计算的服务架构，通过标准规范的接口设计规范，将数学模型封装成为标准的公共水利模型模块，通过平台即服务提供用户水利模型的在线组装、快速生成、在线修改、模型运算、结果展示等功能，实现模型的开发、共享使用，提高模型的复用效率，提高模型修改速度。云平台建立标准化、通用化的模型应用和评价流程，构建水利模型评价体系，推动优秀数学模型的规范化、标准化发展，提高决策支持水平，推进水利行业模型软件发展。

（三）水利云 IaaS 服务

IaaS 是一种以提供基础设备为服务的云计算服务模式。这种服务是给用户提供所有设施的利用，包括处理、存储、网络和其他基本的计算资源。用户在其上可以运行和发布任意软件，而用户则不需要管理或控制任何云计算基础设施。

水利云的 IaaS 服务可应用于水利数值模拟仿真计算领域。水利研究工作大量使用 MIKE、FLOW3D、FLUENT 等数值计算软件，这些软件都归属于计算机数值仿真。计算机数值仿真亦可通称为计算机辅助工程 CAE，是指利用计算机辅助求解、分析复杂工程和产品性能，并进行优化工作。伴随着数值计算方法的逐步完善以及计算机处理能力的日益提高，计算机数值仿真已经成为众多工业企业及科研机构的重要研发工具，对比传统实验手段，计算机数值仿真可以帮助研发团队缩短研发周期，优化产品设计，积累研发知识，节约研发成本，提升企业核心竞争力。

数值仿真工作的建模、前后处理工具对图形工作站的要求较高，可概括为高速 CPU、大内存以及高端图形显示卡，这些硬件特性可保障仿真工程师的图形操作体验，有效增强 CAE 仿真研发生产力。硬件生产商、图形显卡生产商不断推陈出新，持续涌现出更为丰富的图形显示技术。然而，如何有效管控这些高端图形计算设备，科学规划并节约硬件投资，已经成为众多企业面临的重要问题。

仿真云计算平台从多个层面验证了云计算模式在计算机仿真领域的便利性与高效性。

（1）仿真分析人员不再需要在客户端进行繁琐的应用软件安装、配置以及升级维护等操作，也无需关注服务器软硬件资源的配置、管理、维护甚至升级，只需要通过浏览器登录仿真云计算服务门户，方便快捷地开展仿真计算工作。

（2）互联网技术管理人员不再需要进行桌面软件维护工作，一站式解决高端研发计算资源运行维护需求，即使遭遇单点设备故障，亦可保障平台计算资源高可用性，更能实时掌控企业仿真计算中心的运营状态及资源瓶颈。

（3）研发管理人员不需要费时费力地搜集、整理仿真计算工作报告，经过流程定制后的仿真云管理平台将可以随时自动出具当前项目进展报表、软硬件资源使用情况。

（4）研发机构领导不需要担心软硬件投入理由缺乏论证数据，企业仿真计算中心不再被视为"高成本低功效"的累赘部门，仿真云计算平台可以用详实的数据、直观的图表揭示计算中心的创新驱动价值，更可精准预测未来软硬件资源的投入需求与发展趋势。

三、云计算与边缘计算

云计算可以认为是分布式计算的一种，指的是通过网络"云"将巨大的数据计算处理程序分解成无数个小程序，然后通过多部服务器组成的系统进行处理和分析这些小程序得到结果并返回给用户。

云计算的几大优势。云计算保证用户可以随时随地访问和处理信息，并且可以方便地与人共享信息；云计算保证用户可以使用大量在云端的计算资源，而无需自己购入设备，压低了用户成本，且用户不用担心数据丢失、病毒入侵等麻烦；云计算把整个云端的服务器资源作为整体保存，然后根据用户的需求动态分派这些资源。

而边缘计算可以认为是云计算的另一种形式，是计算的一种下沉，并没有跟云计算、云中心脱离，包括核心数据、核心应用都跟云中心连接，这样可以保证应用稳定性和数据安全性。它能够把云中心的计算快速交付到离水利用户或者是离水利数据最近的源头，让人、物、环境应用方便使用边缘计算的计算能力。

边缘计算的流行源于变化，第一个是5G和云计算的普及，第二个是水利行业的数字化转型。这个过程中，就衍生出随处可见的智能设备连接和交互，这些智能设备组成物联网场景，同时运转会产生海量的数据。在5G万物智联时代真正到来之后，当传感器、摄像头就成为整个水利智能体的眼睛，边缘计算解决了时滞和带宽成本的问题，就能更好地通过眼睛去识别水利环境、回传水利信息、智能分析水利状态，实现更智慧的水利业务管理。

在水利智能体中，这种计算下沉边缘的模式可以很好节省回源带宽，可以提升交付效率和降低运营成本。据测算，在某些典型水利场景中，网络带宽成本占的比例是占到一般以上，这是非常大的成本，经过边缘计算的数据收敛之后，带宽可以做到原来的5%，对总成本节省可以到一半以上。

相比云计算传输到云端，再把结果反馈到终端的路径，边缘计算就近解析的效率更高。但是边缘计算作为一种新型解决方案，核心聚焦的是物联网场景下，靠近用户的"小数据"计算难题，它并不能取代云计算。云计算和边缘计算，这二者并不是此消彼长的关系，边缘计算正在拓展云计算的边界。

以常见的互动直播场景举例，大量的弹幕、刷礼物、连麦、秒杀等交互，使数据量激增，同时互动直播场景需要十分准确、快速的计算能力。如果在客户端上进行视频计算，会大量消耗终端的算力，对终端的性能要求很高且耗电量很大，但是将计算放在云中心，又面临高昂的视频传输成本。

这时候，客户端算力上移，云端算力下沉，在边缘形成算力融合，云边协同的架构将会发挥重要的作用。如此，直播平台可以根据自己业务的特点和需求，利用云中心实现强大的算力支撑和海量存储的支持，在云中心统一管控下完成核心数据的处理，将部分业务下沉部署到边缘进行终结。这相当于给云中心增加了分布式能力，不仅能在边缘计算领域建立一套新的生态系统，进行本地数据的初步分析和处理，承担部分"云"的工作，减轻云中心的压力，还能减少复杂网络中各种路由转发和网络设备处理的时延，获取到更低延时，更能大幅减少网络传输和多级转发带来的带宽成本。如此一来，既能解决处理能力问题，又能优化成本的问题。

未来水利智能体中存在大量的摄像头、传感器，如何把这些数据及时分析，对水利治理形成帮助，这是一个非常大的命题。例如，在河道、水利工程场景中，可以把数千万摄像头采集的视频汇聚、传输到各自的边缘计算平台，数据在边缘节点进行有效收敛、AI及结构化处理，关键性数据再回传到水利云中心。

水利智能体的设备及其提供的数据正在改变着水利行业的工作流程和工作方式。基于水利云的解决方案已经开始运用，未来在大多数情况下，水利智能体解决方案将包括边缘和云的混合。因此，在水利智能体的解决方案中要正确地平衡边缘和云的功能，不同配置的边缘计算有不同的优势和劣势。

简而言之，边缘计算和云计算是属于相互协同的关系，就好像一个服务于中心主流主干枢纽，而另一个则负责处理枢纽侧的分支，两个服务相互协作，每个服务的用户都需要适合自己的产品和能力。即使实际水利业务需要复杂的设计，水利智能体的解决方案也应该尽可能的简单。这看起来简单做起来却很难，边缘计算和云计算的选择可能会对解决方案的成功与否产生影响。

第二节　数　据　平　台

一、数据的价值

随着水利行业的不断发展，水利数据蕴含的价值也在增加。针对数据价值的利用，可以简单地分为三个层次。①水利数据查询。从海量的水利数据中快速定位到水利目标信息。②水利数据统计。从海量的数据中根据不同的维度和颗粒度快速地生成水利统计信息。③水利数据挖掘。从海量的数据中发现规律和关联关系来辅助水利决策。三个层次层层递进，其实也是对数据利用的不断细化和深入。

数据平台应实现对水利大数据计算的软硬件资源进行统一管理和调度，以云计算、数据挖掘处理等技术为基础，满足用户对海量水利数据进行存储、分析、挖掘、研判、共享等多样化应用。通过对基础数据进行分析、提炼、碰撞比对，连接各种孤岛数据并在打通它们的基础上萃取数据；将数据与业务相结合，实现数据智能应用；让数据自成业务，并创新性地实现价值变现，最大限度发挥信息化能效，提高水利业务管理和服务水平。

水利智能体全要素数据的全方位融通和巨量数据的深度发现将赋予水利智能体新的动能。鉴于数据天然的分散性，水利智能体全要素数据的全方位融通离不开技术和产业开放生态的构建。技术上，需联合全链条参与方制订统一的数据汇聚、数据治理原则、标准、协议等，形成数据的一致理解和统一的坐标参照系统，打通数据流通环节，形成数据资源流通全程闭环管理，促进各方数据有序、合规、开放的融合。产业上，需以开放共享的精神联合众多参与方共同参与水利数据建设，保障各方利益。在很多水利业务系统中，数据检索仍然依赖于传统的文本关键词检索，并未采用多模态检索、知识图谱、语义理解等前沿技术，进而影响了数据的利用率。未来，水利智能体需要大力增强对巨量异构数据的实时深度发现能力，从而实现水利智能体数据的全局洞察和知识管理，进而实现数据驱动的水利行业治理。

二、数据增长带来的挑战与对策

（一）数据增长带来的挑战

水利行业数据爆发式地增长，数据资源不断丰富，应用系统不断建设，但是也相应地带来了一些问题。

1. 基础设施支撑不足

由水利基础及业务数据、遥感影像、视频、图片、网络舆情数据等构成的各类水利信息资源有 60 余类 1500 余项。数据类型包括文件、矢量、栅格、格网等结构化、半结构化和非结构化数据，数据格式、标准多样，更新机制不一，属性分类体系差异较大，同时面临水利数据类型及数据量的爆发式地增长。

在业务需求发生变化的背景下，现有的基础设施提供的算力、存储、网络能力不足，不能充分使用和灵活配置，成为业务应用瓶颈。

（1）存储资源能力不足。随着遥感影像、视频、图片、移动终端上传信息，已逐步形成海量数据，传统的存储设施设备无法应对呈指数级别的数据增长量，对存储类型的要求远远超过了普通存储资源的能力。

（2）数据的计算能力不足。针对海量数据进行计算分析处理的运算量不是普通的 PC 机、工作站和服务器能够满足的。随着多光谱、高光谱遥感数据的出现，一幅图的处理难度成指数倍增加。多张高维数据处理、水利大数据实时分析模型、预测预报预警模型对服务器并行计算量和计算能力的需求激增，现有计算环境不具备并行计算、大数据处理能力，不能很好地支持图形、遥感方面的计算需求。

（3）云计算技术缺乏。水利业务的迅速发展给 IT 基础设施带来了巨大压力，各类水利业务系统数量众多，且相对独立，服务器、存储等基础设施资源利用率低，无法复用、共享和统一管理，需要通过虚拟化等技术防止资源浪费、重复建设，提升基础设施共享水平和利用率。

2. 数据整合共享不足

采集的数据不仅分散在各级水利数据中心或不同水利业务部门，尚无完整的数据资源体系，同时形式异构，业务间交叉冗余、语义冲突。由于缺乏数据横向和纵向共享机制，未进行数据共享或共享程度差，造成信息孤岛现象严重，阻碍了水利数据的进一步整合和分析，不利于各个业务的发展。

在纵向整合和共享方面，数据采集往往采用分散建设的方式，缺乏数据上报汇集的管理办法，造成数据管理分散，水利业务数据资源的统一调度能力弱，对水利工作总体情势的掌控能力不足；在横向数据共享方面，部分已在国家其他相关部委开展建设的涉水数据，由于业务协同较弱，缺乏共享机制，未能实现数据共享，或共享程度不充分；与农业农村部、生态环境部等行业外涉水数据和其他相关数据共享不足，公众涉水信息服务不及时。

3. 各系统协调发展欠缺

长期以来，各水利单位与业务部门开展了大量的水利信息化业务应用，并积累了丰富的水利数据资源。数据的采集与使用一直依赖于不同的业务系统，由于各个业务部门不用太仔细去梳理这些"烟囱式"建设起来的系统，实际上大量的功能和业务在多个系统中同时存在，从开发和运行维护两方面成本投入的角度，就是一种很显性的成本和资源浪费，出现了重复功能建设和维护带来的重复投资。而从数据角度看，这种缺乏统一规划和整体布局的业务系统发展建设会导致许多数据在各个业务系统重复出现，各个数据格式标准不统一，"一数多源"，甚至不同来源的一个数据出现多个值。

（二）应对数据增长的对策

通过数据平台建设，统筹各级水利部门现有基础设施和内外部数据资源，可摸清水利业务数据家底，提高基础设施利用效率以及涉水数据和水利信息系统的集约整合共享程度，减少软硬件的重复建设，实现业务应用协同创新，提升水利管理和服务水平，提升国家水安全保障能力、政府水治理能力、水利业务精细化管理水平和水利公共服务能力。

1. 基础设施集约化建设，提升设施利用率

数据平台为水利业务应用提供按需分配的计算、存储资源，实现水利业务结构化数据，视频、图片等半结构化数据，以及遥感、文档等非结构化数据的集中统一存储管理。通过整合机房资源和数据容灾备份资源，提供具有容灾、容错能力的运行环境，大大减少各级水利主管部门在基础设施方面投入和运行管理难度，避免重复建设，节约投资。

2. 数据资源整合共享，整体性降低数据获取费用

数据平台的建设实现了水利行业内部及社会相关部门间的信息交换和无缝连接，打通数据壁垒，有效消除信息孤岛，使彼此互联互通，实现涉水数据"聚、通、用"。各相关单位可通过数据平台直接调用数据服务，实现水利行业整体工作的协同优化，降低了单项应用成本，使各项工作无需从头做起，整体性降低了数据获取费用。通过水利行业内外部数据的汇集、整合和治理，推动数据贯通和业务协同创新，增强水利业务的预测研判与管理调控能力，为水利服务管理工作提供更全面、更精细、更准确、更实时的信息，推动水利业务数据流、管理数据流和服务数据流优化再造，驱动水利业务向智能化、精准化、标准化方向发展。

3. 加强水利业务协同创新，提高政府水治理能力

水利业务涉及面广，服务内容和服务对象多而杂，通过数据平台，有助于摸清底数，做好保障服务产品的规划设计、水利资源的优化配置、作业合规性和资源配置合规性监督

等，开发出协同创新的应用系统，向有关行业、企业和公众提供更加丰富、及时、精准的公共信息和公共服务。打通之前"烟囱式"系统之间的连接，以提高或优化水利业务运营效率，更好地整合水利资源、更好地提升用户体验，实现各个系统间的协调发展，推动信息多跑路，涉水企业和水利用户少跑腿，使其更为及时、精准地获取水事行为指引和监管意见要求，有效降低了广大水利服务对象接受管理服务时所付出的大量交通和时间成本，大幅度提高行政效率，创新行政管理方式，提高政府公信力和执行力，推进政府绩效管理，提升水利部门履行职能能力和政府公信力。

三、数据平台的业务

充分考虑水利业务需求，全面梳理与整合水利行业数据，融合相关行业和社会数据，在水利云存储框架和计算框架下，基于"一数一源、一源多用"的原则，以全域全时多源途径获取数据为依托，以数据整合治理技术为纽带，以数据联动更新为核心，以数据集中共享为目标，以数据产品为驱动，构建水利数据平台，为服务平台提供数据服务。

数据平台围绕数据资源的汇集、治理、数据管理逐级流转，基于大数据存储和大数据计算技术，支撑水利数据管理和应用。数据平台按业务可以分为数据资源汇集、数据资源管理、数据资源治理三部分。

（一）数据资源汇集

数据资源汇集是在对水利现有业务的基础上，将水利行业数据、外部共享数据、企业购置数据以及互联网舆情等各种数据，通过各种数据汇集传输方式，对各来源的水利数据进行汇集，并在数据汇集的过程中记录不同来源数据的元数据信息。

为实施数据集中存储管理和进一步数据整合和治理，实现由数据源到水利数据平台的数据迁移或数据同步接入，形成与数据源基本一致的同步库，实现水资源在数据平台的共享，以及数据进一步治理整合处理的基础。数据平台所涉及信息资源主要来源各水利业务系统数据、外部其他部门共享数据、购置企业数据及互联网舆情数据，数据汇集来源包括水利业务数据、外部共享数据、企业购置数据、互联网舆情数据等。

（1）水利业务数据。水利业务数据主要来自水利十大业务，包括洪水防御、干旱防御、水利工程安全运行、水利工程建设、水资源开发利用、城乡供水、节水、江河湖泊管理、水土保持、水利监督等全部水利对象数据及监测数据。

（2）外部共享数据。通过数据共享交换平台，获取其他业务相关部门共享的数据资源。

（3）企业购置数据。企业购置数据主要包括通过企业合作或者政府采购的形式获取满足水利业务开展所需的企业数据，包括人口位置数据、电力相关数据、企业信息数据、地理信息数据、市场交易数据、实时交通数据等与水利业务相关数据，可以面向所有水利业务提供服务支撑。

（4）互联网舆情数据。根据微信、微博、博客、网站、论坛、贴吧等互联网媒介，定时或实时抓取水利业务相关数据，如政策新闻类数据、涉水企业数据、个人发布类数据等水利工程事故等相关的网络舆情数据等，可以面向所有水利业务提供服务支撑。

对异构数据的汇集，主要包括上报采集数据、其他业务系统节点数据以及与其他领域交换的数据等多种方式。①上报采集数据主要为实时监测数据，根据业务需求实现数据的在线采集，可采取设备直连或现场服务器转发的形式接入；②其他系统节点数据指水利业务范畴内已建成的应用系统中的业务数据的定时或不定时接入，实现不同部门间异构应用系统间松耦合的信息交换；③其他领域交换数据指其他行业与水利相关的数据，如国土、气象等数据，通过定义好的接口或连接接入。针对不同来源数据，需要对所有要汇集的水利数据进行数据源配置，实现对数据来源方式进行分类，便于追本溯源，同时记录元数据的情况，便于后期进行数据资源治理。

（二）数据资源管理

数据管理是承载着数据资源"管家"的重要角色，从数据库维度实现对各类数据资源的管理。在数据模型完善后，结合数据库的建设，对已有的数据管理系统中数据内容确保与数据库进行同步更新和应用，确保系统提供的数据查询和统计分析结果保持最新，从而实现数据平台与服务平台的衔接。在全域数据采集的基础上，对数据的标准、质量、生命周期、元数据以及数据共享等进行全方位管理。

1. 数据标准建设

数据标准建设是通过统一的数据标准制定和发布，结合制度约束、系统控制等手段，实现数据平台中数据的完整性、有效性、一致性、规范性，推动数据的共享开放。数据标准建设要充分借鉴国际国内相关领域数据中心建设的标准体系以及水利行业内部已有的数据标准体系，考虑标准体系的纵横关系。应遵循已有行业和国家相关数据标准，根据数据平台自身标准化的特点以及未来大数据发展的趋势。

2. 数据质量管理

数据质量是信息系统中数据视图与实际数据的一致性测度，是数据的一致性、正确性、完整性和最小性等四个指标在信息系统中得到满足的程度。由于数据采集、传输、存储过程的多样性、复杂性等问题，导致数据采集过程中可能出现不满足质量要求的数据错误。应对汇集数据的质量状况给出一个合理的评估，可以帮助了解数据的质量水平，确定采取的相应数据治理方法以提高数据质量。

3. 数据全生命周期管理

根据水利行业大数据的特点：数据对象种类多，数据来源渠道重复，数据使用周期长、可追溯等特点，将国家水利大数据中心的数据生命周期管理划分为入库阶段、审批阶段、在线阶段、在线归档阶段、离线归档阶段、销毁阶段，实现数据全生命周期管理。

4. 元数据建设和管理

元数据的基本构建可以分为两部分：①基于面向对象建模手段，分别获取数据库数据来源的元数据和数据资源目录的元数据并对其进行著录管理；②设计并构建水利资源池元数据的核心索引项，实现水利资源池的全文检索系统，便于用户交互检索、发现适用的水利数据资源。

5. 数据共享管理

数据平台的数据对外提供数据服务通过数据共享来实现，从而完成数据平台对水利系统十大业务：洪水防御、干旱防御、水利工程建设、水利工程安全运行、水资源开发利用、城乡供水、节水、江河湖泊管理、水土保持、水利监督等全部水利业务领域数据共享的实现，进而再对其他非水利系统的水利数据共享提供支持。数据共享的方式可以采用 SOA＋微服务的混合方式进行共享。一方面，利用 SOA 模式的中央管理功能集中管理，确保各个应用系统对于数据的交互操作；另一方面，利用微服务的快速扩展能力开发新业务功能，减少新业务组件的模块规模，降低二次开发和维护的成本；同时，提供基于可视化的数据访问工具，能够通过图形、表格、3D、地图等多种维度方式访问数据。数据共享的范围可根据水利大数据建设的要求、各个应用系统及职能部门的实际需要进行合理规划，包括对于主数据和元数据的共享范围规划、全生命周期内各个周期的数据共享的范围规划等。

（三）数据资源治理

数据资源治理是指从使用零散数据变为使用统一数据、从具有很少或没有组织和流程治理到综合数据治理、从尝试处理数据混乱状况到数据井井有条的一个过程，提升数据的规范性、可用性，避免数据冗余和重复，规避数据"烟囱"和不一致性。数据资源治理是从各个水利业务对水利数据资源的需求出发，依据数据应用范围和关联关系，基于现有面向业务视图建模、语义空间不一致的数据资源，利用数据库开发技术、质量控制技术等数据治理技术，针对数据归一化处理、一致化处理、图斑处理、实体编码与关联、质量检查与入库等需求，对分散在水利部机关各部门和各单位的涉及水利业务和政务应用全局的水利对象信息，以及水利对象空间和业务关系等数据，整合形成面向对象建模、统一语义、分布式存储与管理的水利数据资源，为数据分析、信息共享、信息服务和知识决策提供基础，最终实现"统一模型、一数一源、共建共享、授权使用"。

1. 数据治理手段

常见数据治理手段包括有数据清洗转换、数据比对整合、数据质检及数据加工等方法。

（1）数据清洗转换。由于汇集的各类水利数据来源、空间坐标、数据格式、数据结构、属性分类体系等存在较大差异，为满足资源科学组织管理要求，需对汇集的各类数据按要素进行分类分层，并进行数据清洗，具体包括地理编码与空间化、数据格式转换、数据坐标变换、属性处理、图形处理、结构化处理等一系列清洗功能，通过清洗后的数据将会有统一时空参考、统一空间数据格式和统一分类编码体系，为下一步数据的比对整合做好准备。

（2）数据比对整合。针对不同来源、不同类型、不同尺度的水利专题数据，根据不同水利业务应用服务需求，需进行比对分析，具体包括图形比对、属性比对、范围比对、现势性比对、精度比对等功能，以便系统、全面地评价各专题、各图层空间和属性一致性及差异。基于比对分析结果，需选取表达准确、现势性好、精度高、内容全的要素进行分层组织，形成水利基础库、主题库和产品库。

（3）数据质检。为保证水利行业数据的标准化、现势性、准确性、丰富性、结构化等方面达到最优，需具备几何拓扑一致性处理、空间关系一致性处理、逻辑一致性处理等功能，以进一步提升数据资源的规范化和权威性。

（4）数据加工。由于基础数据库包含种类繁多、体量庞杂的数据资源，为保证数据服务的多样性和高效性，需满足对地名地址、地形、三维模型、统计表格、专题图和多媒体等各类服务产品的加工支持，满足个性化、定制化和多样化的应用需求。

在以上数据清洗、数据比对整合和数据质检等通用功能基础上，针对水利专题业务化、个性化差异，还需补充定制开发针对领域主题数据清洗整合的工具集，提升水利业务数据资源整合的自动化和标准化程度，提升业务效率。提供基于灵活、可配置方案的数据质检功能，提升方案设计的灵活性与便捷性，提高自动质检结果正确率，降低人工复检、核检的工作量。

2. 数据治理对象

数据治理对象包含基础类数据、主题类数据和产品类数据。

（1）基础类数据主要是用来存储水利基础信息，包括水利对象数据、水利监测数据、水利业务数据、行业共享数据以及社会数据等，是将离散的数据变成有机整体的关键。基础类数据的治理其中最重要的一方面就是水利对象的整合，不同来源的水利对象不同，但存在交叉的对象，因此，基础类数据的首要前提是通过对象名称、对象所在地、关键指标数据等信息进行对象代码映射关系整理，明确进入水利基础库的对象名录，并按水利对象赋予统一的对象代码。将涉及水利业务和政务应用全局的水利对象基础信息，以及水利对象空间和业务等数据，统一纳入水利数据资源池进行管理，并提供相应的数据服务。

（2）主题资源数据用来存储水利基础库经过数据治理与数据挖掘后生成的面向不同业务的水利主题数据。根据实际业务需求和数据特性，围绕特定专题，跨业务、跨时空、跨对象、跨类型对水利基础库进行萃取、提炼、加工，存储到水利主题库中。主题资源数据治理的一系列处理流程包括：数据质检与预处理、主题信息挂接、数据关联、数据入库、数据校验与质量控制。其中，主题信息挂接相当于基础信息整合中的特征信息挂接，即建立主题信息与对象标识之间的映射关系。

（3）产品类数据用来存储各业务数据加工产品，涉及统计分析图表、专题图（集）、分析成果及其他数据加工产品等，通过运行专业数据分析和挖掘模型，生产具有共性需求的水利分析和挖掘产品，形成水利分析挖掘产品类数据，为构建业务应用、辅助决策、综合运维和公共服务提供产品数据服务。产品类数据治理首先对收集到的产品数据进行分析，根据基础库中建立的标识对象，与每类产品数据的标识建立对象映射关系，再通过抽取、清洗与转换，最终经过校验与质量控制后进行数据迁移。产品库整合思路与主题资源数据整合思路一致。

第三节　服　务　平　台

一、业务应用增长带来的挑战与对策

（一）业务应用增长带来的挑战

随着水利行业智能化的发展，数据资源不断丰富，业务应用不断完善，但为应用端提供的应用支撑、数据分析以及运行管理等服务能力有待加强。

1. 应用支撑能力不强

由于长期以来水利业务系统采用分散建设方式，导致水利行业基础应用支撑服务缺乏统一规范，应用支撑能力不足，应用支撑服务不共享，应用支撑服务手段相对落后，缺乏有效的监管抓手，数据基础应用支撑能力较弱。

（1）应用支撑服务不规范。各业务系统建设过程中，基础应用支撑服务设计理念有差异，标准化程度低。

（2）应用支撑能力不足。现有水利各业务基础应用支撑组件功能不全或能力不足，无法满足水利业务应用要求。统一用户管理、搜索引擎、水利一张图、水利模型服务等基础组件有待改建，工作流管理、消息服务、规则引擎、水利网格化管理平台等基础组件有待新建。

（3）应用支撑服务不共享。各业务应用系统的基础应用支撑大多仅为本业务应用提供服务，造成基础应用支撑服务资源的浪费，未全面形成应用支撑服务的集约互联共享。

2. 数据分析能力不足

随着水利智能化进程的推进，水利数据在时间和空间尺度及类型上均有巨大的扩展。水利数据之间的关联关系和可视化水平均较低，同时智能化的精准高效数据分析挖掘技术对水利业务支撑能力不足。

（1）水利算法和模型支撑不足。尚缺乏工程安全风险隐患评估预警模型、自动化水资源模拟评价预测优化调配模型等决策模型，洪水、旱情和节水等水利业务预报精准度和精细化水平不高，缺少问题主动发现和提前精准预警的能力。

（2）数据分析挖掘能力弱。利用分布式计算集群对大数据进行数据挖掘、深度学习、预测诊断、决策分析的能力还比较薄弱，难以实现科学、准确的辅助决策。与公安部门视频跟踪、大数据分析、人脸识别等差距很明显。

（3）水利产品分析和挖掘能力不够。尚未实现多源数据综合应用，缺乏数据融合、分析和挖掘等衍生增值产品。

（4）应用服务目标单一。现有水利数据库功能单一，主要是满足水利资料的一般性管理、查询、检索服务。服务面窄，数据处理水平低，不能满足科研、水利工程设计、管理运行等方面及经济社会发展的需求。各水利专业数据库之间独立建设，缺少系统交换功能系统，不能有效地实现水文数据交换与共享服务。

3. 服务资源管理能力不足

水利智能体要对系统内外提供基础的支撑组件服务、数据访问服务、网格化管理、地理信息服务、水利模型、算法服务等内容，需要有一个模块对这些服务进行管理、调度，实现服务的注册、维护、调用、访问控制、安全管理等。但缺少相关运行管理模块，作为服务注册、管理和安全访问控制中心，可提供各类服务资源在水利云中心进行注册、维护、调用、安全管理和访问控制方面的支撑能力。

（二）应对业务增长的对策

通过服务平台建设，统筹各级水利部门现有应用系统，摸清各类水利应用模块，将共性应用资产下沉，重点聚焦于水利业务共性剥离，通过为上层水利业务应用统一提供各类基础服务支撑，避免不同水利业务应用之间的重复建设，为应用端提供强有力的应用支撑、数据分析以及运行管理等服务，支持前台快速开展业务创新。

（1）建立为即将搭建的各类智能应用提供统一的基础软件运行支撑应用的支撑平台，

既作为系统基础软件运行支撑，提供组件式公共功能，又以水利网格和水利一张图提供应用运行基础框架。应用支撑平台基于统一的技术接口标准、网络协议、规范与其他功能模块进行交互，使服务的交互效率最高，又因为是以服务契约先行的方式进行了服务接口功能的约定，在某种程度上很好地保障了服务接口和稳定性，所以大大降低了因为服务接口发生变化给服务调用者带来的影响。

（2）建立为水利大脑不断进化催化的智慧使能平台，通过应用接口为上层水利业务应用提供水利模型、智能算法、知识图谱等基础能力，实现对预测预报、工程调度、辅助决策、迭代优化等智慧水利核心功能的关键支撑。

（3）建立将应用支持服务和智慧使能服务进行协调和统一管理的服务资源管理平台。在建设好应用支持平台和智慧使能平台后，只有将这些资源进行统一的宣传、介绍和管理，才能更好地利用这些资源，避免"建而不用"的尴尬局面。

整个服务平台能最大程度地避免重复功能建设和维护带来的成本浪费，降低不同模块开发间的协同成本，使水利业务应用的开发响应更迅捷。服务平台能大幅降低系统间的耦合度以及整体复杂度，各个开发应用可专注于各自的业务模块。各开发团队只需专注于自己负责的业务，原本需要对整个应用的架构和业务流程有全面的理解，现在转变为只要将自己领域内的业务做到最专业。由于不同水利功能模块间进行了清晰、稳定的服务契约的定义，只要保证对外服务的接口定义不发生变化，内部的业务不管如何调整，都不会影响到其他功能模块，能更加快捷地响应业务的需求。

二、服务平台的业务

服务平台主要服务于各级水利主管单位、行业单位等，为水利业务智能应用统一提供公共基础服务，支持应用端快速开展业务创新，可以避免不同水利业务应用之间的重复建设，使得水利数据得到全面分析处理和挖掘应用。服务平台主要包括应用支撑平台、智慧使能平台和服务资源管理平台三大部分，其中应用支撑平台主要提供通用类、水利空间类这两类应用支撑服务；智慧使能主要包括水利模型管理、学习算法、机器认知、知识图谱四类智慧使能服务；服务资源管理平台主要包括提供服务注册、管理和安全访问等服务的控制中心和提供检索、申请、审批等服务的交易中心两部分。

（一）应用支撑平台

对水利各类基础支撑组件进行梳理，在应用支撑层实现整合与共享，形成通用类、水利空间两类应用支撑服务。

1. 通用类应用服务

服务平台的通用类组件为应用层提供各类支撑服务、功能服务、数据访问接口、安全管理策略、应用协调和约束。依据业务需求，通过对业务应用共性基础支撑功能模块的分析，提炼业务逻辑单一、耦合度低的基础组件，实现灵活、快捷地搭建复用度高、逻辑复杂的业务功能。通用类组件主要介绍统一用户管理、统一门户、搜索引擎、工作流管理、移动支撑组件、规则引擎、协同工具、可视化支撑组件等 8 个公共服务基础功能的应用支撑组件库等。

（1）统一用户管理。若各级水利智能体涉及的水利云平台和智能应用对组织机构、用户、角色、系统资源、授权等方面进行单独管理，管理过程重复繁琐，工作效率低。为此，依托水利政务外网已有的统一用户管理系统，建立覆盖全国各级水利智能体的统一用户管理体系，实现全国各级水利智能体各平台、各组件、各应用的统一用户管理与权限控制管理，将各业务应用集中管理起来，减少用户信息同步的开销。实现用户授权管理，同时提供各业务应用的单点登录集成服务和接口。

（2）统一门户。若水利智能体建成的各业务成果相互独立，则无法综合获取跨水利业务和水利事务的综合性信息服务。为此，统一门户为水利智能体一站式登录门户提供构建支撑，依据水利行业强监管的实际需求，建设跨水利业务和水利事务的综合性信息服务系统来支撑水利行业的综合管理能力服务平台。统一门户提供内容管理、应用及数据资源整合、组件集成等功能，通过资源管理和门户构建技术，把各应用模块和数据，作为门户框架的资源构件，根据前端服务门户的用户对象和功能定位，实现门户的构建和发布，为用户提供访问的统一入口。

（3）搜索引擎。随着水利业务领域的不断拓展，已经积累了多类型、多来源、多时相的海量水利信息数据。为此，搜索引擎服务通过数据平台进行数据抽取，并存储在检索中间库中，并配合应用服务提供整个相应水利云中心内的检索查询服务，提供结构化和非结构化数据库结合的数据检索、模糊智能检索、二次检索等功能。利用搜索引擎，可提供高效、智能的搜索服务。通过统一的搜索服务，对系统内所有的业务数据资源根据权限进行查询，提供自定义工具，对业务数据进行自定义查询。

（4）工作流管理。结合具体业务需求，开发定制适合数据平台管理和应用的业务流程管理通用流程服务组件与服务调用接口，形成通用流程基础库，若每一资源模块单独开发，势必造成资源浪费等问题。提高水利云中心业务流程管理的规范化、标准化水平，实现业务流程的快速构建与复用。

（5）移动支撑组件。水利业务应用不仅要满足电脑端用户的使用，同时还要具备各类业务快速移动化的要求。实现水利云中心涉及所有数据信息能在一个移动平台查询到，所有查询到的信息都能在一个页面展示，使水利智能体的服务范围更广。为此，移动支撑组件为应用层开发水利移动应用提供进行移动开发通用的工具、标准和发布平台。各级水行政主管部门通过移动支撑组件可快速地搭建移动应用。开发的移动应用标准统一、方便集成，可有效地减少各单位在今后移动应用开发上的投资。移动支撑组件为大数据中心移动应用提供服务端管理、移动端管理和移动服务环境等支撑。

（6）规则引擎。为增加软件的可维护性，规则引擎为水利云中心提供业务规则管理，通过规则分类、规则形式化表示、规则存储组织管理、规则执行、模式匹配算法等关键技术，将业务决策从应用程序代码中分离出来，降低软件更新成本，沉淀水利业务知识与逻辑，形成可指导业务的业务规则管理系统。

（7）协同工具。之前的水利业务应用相对独立运行，无法实现相互调用、进行协同等问题。协同工具提供单位及部门内部实时交流沟通、多级组织管理、权限管理、通信录管理等功能，并提供办公、短信、邮箱及应用业务系统之间的集成服务。

（8）可视化支撑组件。为了能够对水利行业进行全面监控展示，为领导会商、综合决策指挥等提供智能化的服务帮助，可视化支撑服务对数据进行个性化管理与使用，实现水利相关数据及分析成果实时图形的可视化、场景化以及交互，提供对大数据分析成果的高质量可视化支撑能力。主要包括可视化组件服务、数据渲染服务和可视化场景定制模块。

2. 水利空间类应用服务

（1）水利时空一张图。水利时空一张图将成为水利智能体不可或缺的基础保障，是推进信息共享与智能应用的最佳工具。除了空间外，水利智能体将更加注重在时间维度上的实时、持续、动态刻画，并实现水利业务在时间、空间两个维度上的纵深关联，从而在时间维度上强化水利智能体对当前业务领域的感知、统筹和响应能力。逐步建立以业务、空间和时间为基准的水利智能体三维框架，将实现水利对象在时空上的连续精准映射，所有的主体数据都将叠加统一的时空信息，从而为水利业务治理提供数据保障和决策基础。水利时空一张图将针对不同业务和应用场景，需汇聚集成河流、水库、堤防等水利工程以及防汛抗旱、河长制管理、水资源管理、水土保持、山洪灾害防治等不同的业务专用时空数据，并以图层形式在基础时空框架上进行叠加融合，从而实现对水利各领域运行情况的可视化感知。更重要的是，可以重点针对缺乏动态时空数据支撑的治理痛点，以时间和空间维度为线索，通过人工智能算法，实现对不同城市领域的多源异构数据的深度关联、融合分析，并在统一的高精度底图中进行综合动态展示，为水利业务管理的每一个环节提供具备高度时效性的动态数据支撑，实现治理需求的即时感知和即时响应。

（2）水利网格管理。为了进一步提升水利行业应用的精细化管理能力，更精细、更准确地对水利行业各对象进行监管，需要在大数据资源池的基础上对水利对象进行空间网格划分。构建一套标准的水利网格化规范支撑体系，支持多元化、精细化、个性化的管理功能，支撑终端用户和业务系统对监管网格类别的自由切换。水利网格化管理运用网格空间属性描述区域基本情况、空间位置等基础属性以及作为业务数据运用载体，可非常方便、直观地描述自然水循环、社会水循环等业务管理工作的轨迹。在应用区域内供水过程及空间分布、排水及水环境的空间分布、用水量在城市中不同区域的表现和耗用情况等业务管理工作最终都可落实于各层级网格供、用、耗、排的水量与水质数据的动态变化，进而服务于相应业务应用需求。

（3）BIM＋GIS应用服务。建立BIM＋GIS应用服务，实现跨区域的空间信息和模型信息的集成，使得工程可以通过三维GIS场景从宏观上把控工程的状态指标，同时叠加高精度BIM模型，能够在宏观的基础上聚焦到局部各个领域，深化多专业协同应用。通过BIM＋GIS的宏观、中观、微观数据集成，为数据挖掘、分析及信息共享提供数据可视化及展现平台，增强数据的表达方式。

（二）智慧使能平台

对比水利信息化服务现状，对水利数据基于大数据思想的数据挖掘、深度学习、预测诊断、决策分析等方面能力严重不足。为此，迫切需要建设智慧使能类服务为水利业务应用提供模型、算法等基础能力，实现对预测预报、工程调度、辅助决策、迭代优化等水利大数据应用提供关键支撑。而以人工智能为代表的智能技术将成为水利智能体发展的关键驱动力。智慧使能平台将为水利智能体建设提供需求载体与核心驱动力。人工智能等新兴技术可以补足在水利智慧治理方面的短板，快速形成各种低成本、普惠化的智能应用。智慧使能主要包括水利模型管理服务、水利智能模型管理服务。

1．水利模型管理服务

为了适应新时期新任务，改变系统程序可移植性不高、不便于重复利用的现状，就必须通过建设统一的模型管理平台，建立统一的标准模型接口、标准化管理水利各业务模型，提供多层次和多功能的信息服务，提高各水利模型的复用率，不断提升水利模型精度。

水利模型管理按照统一的服务标准，改造、集成各级水利单位已有的水利模型资源，通过服务资源管理系统进行统一注册、发布和共享，实现各类模型的统一管理。其他单位可通过服务资源门户获取水利模型的共享途径和调用方法，通过服务资源管理系统获得合法授权后，根据具体的应用场景从水利模型管理服务提供对模型进行直接调用或进行组合调用。

2．水利智能模型管理服务

为满足水利大数据应用进行数据分析、业务建模、大数据计算、实时计算等功能，需要搭建水利人工智能模型服务，为水利大数据应用提供算法管理和调用。水利智能模型管理服务包括结构数据算法服务、智能认知算法服务和知识图谱服务。

（1）结构数据算法服务面向水利业务应用，提供了调用机器学习模型与算法的支撑能力，为应用提供了针对非多媒体的结构化水利数据而展开的预测预报、分类和聚类分析能力，分为基础算法库、算法调用和算法管理三部分。①基础算法库为水利云中心各业务应用提供基本的学习算法，基础算法主要包括监督学习、无监督学习和半监督学习三个类别；②算法调用是为水利云中心各业务应用及外部用户提供学习算法服务目录清单以及各算法调用方法说明、参数说明、调用示例等服务；③算法管理是针对水利十大业务需求，在学习算法服务建成后，结合智慧水利的典型应用，可提供与十大业务相结合的学习算法服务。

（2）智能认知算法服务区别于结构数据算法服务，面向业务应用可提供通过计算机智能分析和理解图像、音频和视频数据的能力，侧重于通过多媒体数据分析而形成的识别与认知能力。为了使水利智能体能在大规模水利场景下替代人类进行监视和监听音视频内容，并提取感兴趣的水利信息并进行结构化分析，需要通过训练学习算法，建立一套能够利用计算机智能分析和理解图像、音频和视频的先进水利模型库，为水利业务应用提供调用服务，实现对水利目标相关特征信息的提取与分析；对水利场景的智能处理，实现对水利目标的行为事件提取和分析。通过对该类功能接口的调用，上层应用可以进行智能的监视和监听音视频内容，提取感兴趣信息并进行结构化分析、检索、处理和诊断等。机器感知服务主要包括：视频识别、图像识别、音频识别、遥感智能解译、自然语言处理等算法功能。

（3）知识图谱服务面向水利业务应用提供基于水利管理对象数据之间、水利相关各类业务数据间、水利与其他相关行业数据间关系的检索、分析、组织和文本挖掘功能。知识图谱库以"自然-社会"水循环二元系统论为基础进行水利本体设计，用于对概念、实例、关系、事件等水利知识的表述。知识图谱服务是为了更好地对真实世界中的江河水系、水利工程和人类活动等实体进行管理，智能化地发现并建立对象实体间的关联，建立水利语义网络，实现实体识别、实体链接、属性填充等功能。基于数据平台梳理出来的涉水数据，经过数据融合，加工提取出实体、属性以及实体间的相互关系，提供基础水利本体图谱和实体化的知识库。

（三）服务资源管理平台

为了将应用支持服务和智慧使能服务进行协调和统一的管理，需要一个服务资源管理平台，可为各级使用单位用户提供将各类自有服务资源在水利云中心进行注册、访问、维护、调用等方面的服务支撑能力。服务资源管理平台具体可以分为控制中心和交易中心，控制中心提供服务注册、管理和安全访问等服务，交易中心提供检索、申请、审批等服务。

1. 控制中心

各类应用支撑服务和智慧使能服务资源在服务资源管理平台上进行注册和管理，这部分功能由控制中心负责。服务资源管理平台的控制中心主要完成以下功能。

（1）对服务资源的改造或新建开发。各级水利部门根据服务共享的需要，结合自身工作的实际情况，改造或新建开发与应用支撑和智慧使能平台各类服务类别相对应的服务。

（2）服务资源的注册和发布。各类符合服务标准格式的服务均可在服务资源管理系统上进行注册和发布。

（3）服务安全访问控制管理。当服务注册后，服务资源管理平台可以充当服务网关的角色，提供安全访问控制的功能。

（4）服务资源的维护。服务资源提供用户和具有管理员权限的用户可以通过服务资源管理系统对已注册的服务进行注册信息的增、删、改操作。

2. 交易中心

服务资源管理平台还提供服务资源的查询检索、申请、审批和交易功能，这一部分功能由交易中心负责。服务资源管理平台的交易中心主要完成以下功能。

（1）服务资源的检索查询。各级水利主管部门和社会公众可以通过服务资源平台对已经注册的各类服务资源进行检索查询操作。发现兴趣服务资源后，用户可以根据该服务资源的使用共享权限，后续通过服务资源门户进行服务资源的申请和交易操作。

（2）服务资源的申请与交易。服务调用者通过服务资源门户发现目标兴趣服务后，对于有条件免费服务资源，可在服务资源门户向服务的管理单位进行申请。服务的提供单位可通过服务资源门户在线对服务申请进行审批。对于需要收费的服务资源，服务资源门户可在线提供服务采购与交易功能。

第四节　开放共享平台

水利智能体不是孤立的系统，其每个环节都会有不同的参与者，因此我们需要用生态圈或生态环境的理念来建设和发展水利智能体。在这个生态圈内，需要更多的开放和合作，需要构建合作的产业链，规模化、协同化发展，这些所有合作关联的纽带就是开放共享平台。

开放共享平台是对应用支持平台和智慧使能平台中的部分资源进行开放，平台开放共享相当于水利智能体的智能的无限延伸。开放的水利智能体应用平台可以打破行业壁垒，促进水利智能体生态环境持续、健康发展。并且，开放平台能够促进水利产业链各环节的合作互补，调动各单位参与水利智能体的积极性，提高水利智能体的智能程度，加速提升水利产业发展速度。

一、开放共享平台服务方式设计

水利智能体开放共享平台的服务方式设计，主要从开发者管理、平台方内部管理和双方对接管理三方面进行设计。针对开发者管理而言，主要考虑开发者身份注册、开发者数据权限范围授权等方面；针对平台方内部管理，主要考虑申请审核流程、服务配置、业务交易管理等内容；针对双方对接管理，主要考虑提供测试环境和应用对接等内容。

通常情况下，水利智能体开放共享平台的门户放在一个特定的门户地址。共享平台的门户主要是帮助用户在平台进行注册、申请接入、查询审核进度、查看相关接入参数、下载数据文档等，接入成功并上线后，查看一些数据、模型以及资料，方便与平台方进行对接。

注册接入申请一般包括开发者通过公司名称、手机号或者邮箱进行账号注册，注册后即可以填写接入申请，申请单内容一般包含接入需求描述、关联项目、联系人等。进度查看和参数获取一般包括申请提交后，开发者可以在线查看申请进度，审核成功后即可查看相关接入参数，如果审核不成功可以重新修改后提交。下载相关数据文档是指开发者可以自助下载相关数据、接口文档及其他说明文档。

开放平台内部管理，主要是解决相关部门负责人对接入需求的审核、系统管理员对参数配置以及服务管理等。接入申请审核和参数配置，是指内部相关人员对开发者申请需求进行审批，审批成功后执行的人员对参数进行配置，并制定对接人负责后续相关问题解答服务。

开放平台设计好后，还需要进行良好的运营管理，才能发挥开放平台应有的用途。当开发者针对需求开发出相应的功能后，可以申请在测试环境的上线申请，平台方配置相关参数；当测试通过后，开发者和平台管理者合作将应用进行实际业务推广。

二、开放共享内容

针对水利智能体的应用开发需求，建设水利智能体的开放共享平台，目标是围绕水利智能体数据、算法、水利模型和应用开发形成四个主要的社区，打造水利智能体的用户、服务、技术有机交融的产业生态系统。

1. 数据供应社区

基于水利智能体数据、资产的统一采集和整理，并可以接入或购买第三方的数据资产，经过数据的统一采集、清洗、存储和索引，形成水利智能体数据开放共享平台自有的"统一数据资产"，并通过各种水利业务系统不断扩充，形成水利智能体的大数据供应社区。

2. 智能算法社区

基于水利智能体集成的智能算法，包括预测预报、分类和聚类分析算法、图像和视频识别和解译算法、知识图谱关联与分析算法、大数据分析算法等，形成水利智能体算法开放共享平台自有的"统一智能资产",并根据各种水利业务系统和智能技术发展不断扩充和引进新的智能类算法,形成水利智能体的智能算法供应社区。

3. 水利模型社区

基于水利智能体集成的水利模型,包括系统理论模型、概念性模型、数学物理模型等水利模型,形成水利智能体模型开放共享平台自有的"统一模型资产",并根据各种水利业务系统和科学研究发展,不断扩充和引进新的水利模型,形成水利智能体的水利模型供应社区。

4. 应用开发社区

基于水利智能体开放共享平台,聚集互联网应用、移动应用、大数据应用的开发企业,以数据服务为导向,提供更多优质、创新、便捷的应用。水利智能体开放共享平台将应用开发交由第三方应用开发商。第三方开发商在开发应用时,也会对水利智能体数据的扩展提出新的要求,从而推动现有水利智能体业务系统的进一步完善。通过用户和市场决定如何使用水利智能体数据以及如何构建系统,最终有用户、有市场的应用自然会持续发展,而没有用户的应用则自然被市场淘汰,实现市场机制的优胜劣汰。

基于水利智能体云基础设施环境,实现水利智能体的数据、算法、模型和应用的统一管理,基于企业用户和个人用户的庞大用户群,开发面向水利数据的规律解析、态势研判、趋势预测、决策优化四类典型应用;基于企业用户和个人用户的庞大用户群,开发面向智能算法的学习算法、机器认知和知识图谱等手段的三类典型应用;基于企业用户和个人用户的庞大用户群,开发面向水利模型的系统理论模型、概念性模型和数学物理模型等三类模型的典型应用;在应用部署后,不断迭代发展各种应用,提高智能水平。建设一个水利智能体应用发布、定制及评价的统一门户,形成数据、算法和模型提供者、应用开发者及用户相互促进的水利智能体共建共享的平台,打造需求、数据、资金合理流向产业生态的水利智能体开放共享平台建设内容。

水利智能体开放共享平台,原生就具有众多的水行政主管部门和其他政府、水利企业和个人用户,并积淀了海量的数据信息,集成了很多智能算法,规整了很多水利模型,对于各类企业具有巨大的吸引力。水利智能体围绕数据、算法、模型和应用进行开放,将形成其数据运营、算法更新、模型率定和应用发展的自我"造血"及扩展能力,从而打造出水利智能体滚动循环发展、相互支撑的产业生态系统。

三、开放共享平台的重点应用

(一)开放数据的应用

在水利智能体数据开放共享平台中,可以从规律解析、态势研判、趋势预测、决策优化等方向开展面向水灾害、水资源、水环境、水生态、水工程的开放应用系统,群策群力,共同促进相关应用蓬勃发展,促进水利行业智慧化发展。

1. 规律解析

在水灾害方面,特殊的地理气候条件决定了我国频繁发生水旱灾害事件。在开放共享平台中,利用长系列多源数据资料研究水旱灾害极值事件发生规律,揭示区域年代际气候异常变化机理,对认识人类活动与气候变化的相互作用规律等具有重要意义。在水资源方面，利用开放共享平台数据，认识水资源和用水变化规律对编制水资源利用和保护，以及制定水资源政策具有重要参考价值。在水环境方面，利用开放共享平台数据，科学评估河流、水库水质状况及变化特征是流域水资源保护、高效利用和管理的重要基础工作。在水生态方面，利用开放共享平台数据，准确把握水土流失的时空演化特征对于制定因地制宜的水土保持措施有重要价值。在水工程方面，我国是世界上水库最多的国家，现有各类水库 9.8 万座，但大坝安全管理相对薄弱，大坝病险和溃决事故仍偶有发生，利用共享平台数据，加强对大坝风险规律的研究，对保障我国大坝工程服役安全、充分发挥工程效益、进一步延长水库大坝服役周期等，具有极其重要的意义。

2. 态势研判

水旱态势研判研究方向在于洪水预警指标及其阈值的确定、旱情指标的确定及监测模型的构建。水资源态势研判研究方向在于水资源承载能力评价预警分析、水库供水预警分析和水资源管理预警分析等方面。水环境态势研判研究方向在于河流、水库、湖泊、地下水和引调水工程的水环境评价预警，主要数据源包括地面监测和卫星遥感。在水生态态势研判中，土壤侵蚀形成机制与影响因素识别是当前研究的核心与议题，然而从多因素综合作用的角度进行定量归因仍需加强。水工程态势研判研究方向是水电机组、水轮机组健康诊断，以及大坝、闸门等水利工程安全监测评价。

3. 趋势预测

在水灾害应用中，洪涝和干旱形成的影响因素众多、成因机制复杂，洪涝和干旱预测预报是研究重点和难点。水资源需求预测是国家和地区对水资源分配过程中都必不可少的关键步骤，但是因水的随机性行为，以及受到经济、人口、环境等诸多因素的影响，水资源需求预测一直以来都是十分困难的问题。在水环境方面，合理的水质预测和预警对于提前保障应急能力及降低水资源可持续管理中污染物扩散带来的负面影响至关重要。在水生态方面，区域土壤侵蚀预测预报一直是水土保持领域的研究重点和热点。在水工程安全中，大坝变形预测是该方向的研发难点。

4. 决策优化

在水灾害实时监测、诊断归因及预测预警基础上，通过水利大数据综合集成方法，对水旱灾害进行灾前预防、灾中跟踪和处置进行动态支撑，规避或减轻自然灾害对人类生命财产的危害。水资源决策优化研究的重点在于水资源优化配置、水利工程联合调度、水权分配和交易等方面。在水环境方面，利用卫星遥感、空间定位、视频监控、无人机、智能手机等手段构建"空天地"网立体化监测网络，利用人工智能和图像处理技术，研发相关智能应用，自动监控河流、湖泊、水域岸线、河道采砂行为，及时捕捉河湖围垦、岸线侵占、非法侵占和采砂、水域变化。另外，实时跟踪水质变化，一旦发现污染事件，能够对污染源进行溯源分析，找到污染的症结，供管理人员进行源头控制和严格监管。

（二）开放算法的应用

在水利智能体智能算法开放共享平台中，可以从学习算法、机器认知、知识图谱等手段开展面向水利应用系统，群策群力，共同促进相关应用蓬勃发展，促进水利行业智慧化发展。

1. 学习算法

学习算法可以为业务应用提供机器学习模型与算法，为应用提供了针对非多媒体数据而展开的预测预报、分类和聚类分析能力。各类应用可在十大业务需求分析的指引下，结合自身业务对大数据分析的使用目的，可灵活调用机器学习算法，结合目标分析数据进行模型的训练和分析使用。通过机器学习算法的调用，可为上层应用系统提供可靠的预测预报、分类、聚类等大数据分析成果。

2. 机器认知

机器认知区别于学习算法，是为业务应用可提供通过计算机智能分析和理解图像、音频和视频数据，侧重于通过多媒体数据分析而形成的识别与认知能力。机器认知可以为上层应用进行智能地监视和监听音视频内容，提取感兴趣的信息并进行结构化分析、检索、处理和诊断等。机器认知的重点应用方向主要包括视频识别、图像识别、音频识别、遥感智能解译、自然语言处理等算法功能。

3. 知识图谱

知识图谱包括关联分析与挖掘、统计直方图分析与挖掘、时间轴分析与挖掘等。水利业务应用通过知识图谱可以快速地获取检索、分析、组织和文本挖掘水利管理对象数据之间、水利相关各类业务数据间、水利与其他相关行业数据间关系的能力。通过知识图谱功能的分析，可以结合目标分析数据，快速分析出水利管理业务之间、对象之间、本部门和其他部门间、水利行业和其他行业间在时间、空间、属性相似性等维度上的相关性关系、因果性关系、传递性关系和递归性关系等。典型的知识图谱服务样例包括河湖水污染源汇关系、水资源利用效率与社会经济发展关系等。

（三）开放模型的应用

在水利智能体水利模型开放共享平台中，可以使用系统理论模型、概念性模型、数学物理模型等水利模型，围绕解决流域防洪、城市内涝、水资源紧缺、水资源利用率等问题，从防洪排涝模型、水资源调度模型、降雨预报模型等多方面进行水利科学技术能力的完善，优化率定水文分析与计算、水利计算、水力计算、水环境分析计算等水利模型，在服务于智慧水利各业务系统建设的基础上，实现满足水利业务开展和决策所需的智能应用需求，为涉水相关的各部门提供科学的水利专业智能决策服务。

（四）应用智能更新

在智能应用发布后，智能应用的开发者还需要根据业务实际，开发业务访问服务，对外接收和处理智能应用请求，对内调用模型部署提供的模型服务响应接收到的请求。智能应用全流程可以搭建为一个数据闭环：发布模型并提供智能服务之后，平台可通过在线服务持续收集样本，同时不断地进行模型评估以判断模型是否能适应数据分布的持续变化；然后，使用收集的新数据集重新训练模型，提高在线推理预测的准确性。随着可用的样本数据越来越多，可以继续对模型进行迭代训练，以提高准确性。

四、开放共享平台应用示例

此处介绍的开放共享平台应用示例是水利工程智能一体化仿真云应用平台，是在天河工程仿真云平台的基础上，结合实测采集数据与实验数据，集成应用云计算、大数据与人工智能等信息技术，进一步面向水利行业的典型应用场景进行定制化开发，构建水利工程智能一体化仿真云应用平台，面向水利行业提供便捷化、智能化的水利工程仿真应用开放共享服务。

（一）平台构成

平台包含以下四个模块：

（1）通过集成已有的水利工程仿真专业软件，针对水利工程仿真应用的典型性、复杂性应用场景进行定制化、流程化封装，形成面向水利工程领域的通用性仿真云平台，可开展固体结构静动力分析、复杂流动数值模拟、流固耦合问题分析等的高性能并行计算，极大地降低仿真应用门槛，依托云化的服务模式，极大地降低企业仿真应用的软硬件成本。

（2）结合实测采集数据与实验数据，通过大数据与人工智能等分析手段，建立全国水利工程数字孪生云服务计算模型，开展实时洪水演进数值模拟，集成于全国洪水预报系统提供数据支撑，开展水利工程设施运行阶段的结构稳定性、可靠性等力学分析，为水利基础设施安全监测提供数据支撑。

（3）建立水利工程仿真软件的研发平台，提供开放、规范的接口服务，上层可快速集成 SaaS 应用，支持软件部署、测试以及快速云化应用，推动自主水利工程模拟软件的研发进程与产业化应用。

（4）结合 5G 技术构建水利工程仿真云应用 App，为水利行业仿真用户提供无服务器计算体验。

（二）平台功能

水利工程智能一体化仿真计算平台功能架构主要由用户交互前端、应用集成后台和数据管理后台组成，见图 5-2。

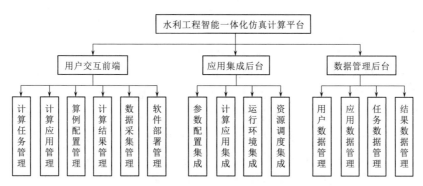

图 5-2　水利工程一体化仿真计算平台功能架构

用户交互前端针对水利工程仿真计算需求提供给用户可视化的计算。计算任务管理模块实现任务状态的查看，计算应用管理模块对可使用的计算应用进行管理，算例配置管理模块进行算例设置，计算结果管理模块浏览及可视化结果文件，数据采集管理模块主要用于数据的实时采集，软件部署管理模块用于用户软件的自定义安装与发布。

应用集成后台主要提供给平台水利工程仿真应用研发及管理人员使用，通过可视化配置的方式将水利工程仿真应用集成至平台后端的"天河融合环境"上，主要包括参数配置集成、计算应用集成、运行环境集成以及资源调度集成。

数据管理后台重点实现了平台数据库数据及文件数据的在线管理，平台管理员可通过登录数据管理后台对平台用户数据、应用数据、任务数据及结果数据进行维护与管理。

（三）应用架构

水利工程智能一体化仿真计算平台应用架构见图5-3。

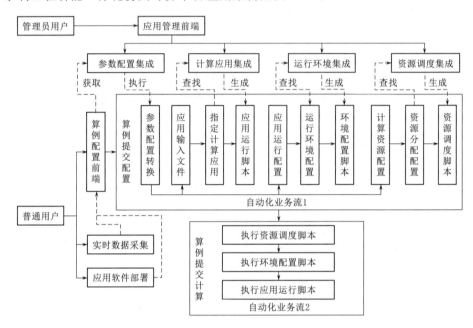

图5-3 水利工程智能一体化仿真计算平台应用架构

管理员用户通过登录应用集成后台对水利工程仿真计算应用的参数配置、计算应用、运行环境以及资源调度等需求进行配置，实现水利工程仿真计算应用的平台集成。

普通用户登录用户交互前端平台进行算例配置，通过互联网将配置参数提交至平台后端服务驱动"自动化业务流"的执行，最终实现水利工程仿真算例提交计算。这样通过利用平台后端对超级计算机的使用过程进行封装，实现终端用户对超级计算机的无感知使用，用户只需了解平台的使用方法及水利工程仿真计算配置即可实现超级计算环境下水利工程仿真计算及应用，可使非计算机专业的工程人员充分利用超级计算机，实现水利工程仿真的计算并行和任务并行，极大地提升水利工程仿真应用效率。

在此基础上，通过实时数据采集，可以实现实时状态的仿真模拟，针对洪水演进、水利工程运行阶段安全监测两种典型应用场景开展应用，实现水利工程的数字孪生；通过用户研发软件的部署发布，实现用户软件的在线测试与研发，助力自主水利工程仿真软件的发展。

（四）应用场景

水利工程智能一体化仿真计算平台包括三种应用场景：通用水利工程仿真计算、水利工程数字孪生平台应用、水利工程仿真软件研发。其应用场景见图5-4。

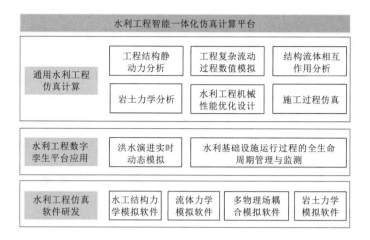

图 5-4 水利工程智能一体化仿真计算平台应用场景

通用水利工程仿真计算可开展工程结构静动力分析、工程复杂流动过程数值模拟、结构流体相互作用分析、岩土力学分析、水利工程机械性能优化设计、施工过程仿真等。

水利工程数字孪生平台应用基于实测数据，可开展洪水演进实时动态模拟，水利基础设施运行过程的全生命周期管理与监测。

水利工程仿真软件研发平台可快速部署、发布、测试水工结构力学、流体力学、多物理场耦合、岩土力学等领域的模拟软件。

（五）创新模式

1. 业务创新

（1）平台面向水利工程领域提供通用性仿真资源服务，具有云化使用模式与流程化操作、在线付费与按需分配等灵活的资源配置，以及高性能的硬件资源与丰富的软件资源池，改变以往使用本地服务器的方式，用户无需事先固定投资，无需投入大量软硬件资源与运行维护人员，无需投入专业性很强的技术人员，即可快速完成计算任务。

（2）平台具有集成开放性以及功能适应性，结合行业特点，可为水利工程各个专业领域建立适用性更强的行业专属云平台，提供专业仿真云服务；集成于全国洪水预报系统开展实时洪水演进数值模拟，为洪水预报提供数据支撑；集成于水利基础设施安全监测系统开展水利工程设施运行阶段的结构稳定性、可靠性等力学分析，为水利基础设施安全监测提供及时、可靠的数据支撑。

2. 流程创新

（1）通过云端封装与可视化发布，解决以往应用超级计算机流程繁琐、技术门槛较高的问题，用户无需输入命令、无需编辑脚本即可提交作业，资源使用、任务提交情况一目了然，余额、余时实时查询。

（2）通过集成一体化分析系统、GPU 虚拟化加速处理系统、云平台门户系统，构建可视化模型处理、界面化高性能计算等集仿真前端设计、计算、后端处理为一体的全流程仿真，极大地增加平台的使用体验。

（3）通过针对特定水利工程场景进行抽象云化，形成自动化计算处理流程，降低仿真工具的应用门槛,同时提供仿真模型的推荐配置参数及固化配置参数,使水利工程专业人员更多地关注于水利工程问题本身,而不用过多地考虑仿真计算工具的使用方式及计算模型本身的参数配置。

3. 技术创新

(1) 构建了高性能计算、云计算、大数据、人工智能融合支撑环境,解决了水利工程仿真计算性能要求高、数据规模大、数据共享困难、安全管理难度大的问题,实现了对敏捷研发多元信息化需求的基础支持。

(2) 研发了基于统一视图的高弹性高可用 PaaS 云平台,解决了跨平台的融合设施集成管理、行业研发工具的多样性需求等技术瓶颈,实现了在统一系统平台下服务水利工程多领域、多场景仿真。

(3) 研发构建了水利工程典型仿真场景的流程化应用环境,降低平台以及水利工程软件的使用门槛。

五、水利智能体的开放前景

所有人都是水利智能体开放共享平台的潜在用户,因此平台建设具有天然的产业号召力,从而催生各类企业共同发展的产业生态,并形成产业聚集。

平台建设将进一步推进水利智能体的共建共享。居民或企业不再仅仅是平台服务的受众,而是平台建设的共同参与者,其价值主要体现在三个层面:①数据、算法和模型提供者层面,能够为水利智能体开放共享平台提供各种类型资源;②应用的开发者,能够通过数据开放共享平台开发各种服务于水利行业发展的应用系统;③通过对系统应用的使用和评判,为平台的第三方应用开发商提供商业应用开发环境,形成大数据应用的开放环境。

平台将催生围绕水利智能体数据、算法和模型的应用创新。一些第三方应用开发商还可以不参与数据、算法和模型的直接共享,而是基于开放数据开发企业级或用户级应用产品,在为现有各类资源提供增值的基础上,深度挖掘数据、算法和模型的价值,打造一个围绕平台的产业生态。

平台将打造围绕互联网的水利智能体服务。"网络强国"是习近平新时代中国特色社会主义思想的重要组成部分,也为未来水利智能体建设提供了新的要求和思路。互联网"以用户为中心"的原则,为未来水利智能体勾画了蓝图,即能够以市民、企业等服务对象为中心,建成"一站式"的水利业务办理、水利信息查询、水利信息推送、水利服务访问等综合型的公共服务平台。

平台将推进水利主管部门的服务创新。水利智能体开放共享平台将进一步发挥互联网、云计算和大数据技术在水行政主管部门服务职能转换中的作用,推动水行政主管部门抓住"网络强国"的机遇,形成围绕水利智能体运营的公共创新创业平台,建设面向水利智能体的专属开发社区和应用商店,逐步实现"一站式"服务平台,将为水利行业的发展升级提供更加有力的支撑。

我国各级水行政主管部门都在积极探索围绕水利智慧化的建设,充分发挥市民、企业和其他机构的积极性,形成一个良性互动的发展模式。水利智能体的开放共享符合信息技术及社会发展的趋势，在应用中将不断完善并推进平台建设及运营机制的进一步形成。最终水利智能体开放共享平台要建设一个数据消费、算法创造、模型更新的良性的产业循环，形成数据、算法和模型提供者、应用开发者及用户相互促进的依存体系，打造需求与供给合理流向的产业生态。

第六章　多业务创新智能应用

本章介绍的水利创新智能应用按洪水防御、干旱防御、水利工程安全运行、水利工程建设、水资源开发利用、城乡供水、节水、江河湖泊、水土流失、水利监管等十大水利业务分类，在每类水利业务中，介绍一个包含多种功能的典型业务应用。

第一节　洪　水　防　御

一、业务范围

洪水业务主要包括洪水监测、预测预报、调度抢险、公共服务等。洪水监测的要点是确保防汛关键期测得到、测得准、报得出、报得快，重点是有防洪任务的中小河流和中小水库雨水情监测、堰塞湖等应急水文监测；预测预报的要点是确保关键洪水预测预报（重点防洪区域、重点预报断面，超警超保以上量级的洪水预测预报）精准、可靠、及时，重点是服务于水库调度、蓄滞洪区运用的防洪调度预测预报，服务于风险预警的中小河流和中小水库预警预报；调度抢险的要点是确保水工程自身安全，保证流域上下游、左右岸的防洪安全，重点是流域/区域水工程联合科学调度；公共服务的要点是信息有用、及时、易懂，重点是洪水防御的预警信息发布、减灾避险的科普宣教。关于洪水业务的智能应用有很多，在这里介绍一种洪水预报及防洪调度应用。

二、洪水预报及防洪调度应用

（一）建设目的

（1）洪水预报的目的就是预测短、中、长期河道洪水的发生与变化趋势。它是防汛抢险、防洪应用和调度运用的决策依据，为水资源的合理利用和保护、水利工程的建设和管理运用及工农业的安全生产服务。为沿江企事业单位的正常生产生活、居民的生命财产安全提供水情保障，突发大洪水时及时撤离，可避免许多不必要的损失。

（2）防洪应用由堤防、分洪工程、水库等联合组成。在防洪调度时，要充分发挥各项工程的优势，有计划地统一控制调节洪水。这种调度十分复杂，基本调度原则是：当洪水发生时，首先充分发挥堤防的作用，尽量利用河道的过水能力宣泄洪水；当洪水将超过安全泄量时，再运用水库或分洪区蓄洪；对于同时存在水库及分洪区的防洪应用，考虑到水库蓄洪损失一般比分洪区小，而且运用灵活、容易掌握，宜先使用水库调蓄洪水。如运用水库后仍不够控制洪水时，再启用分洪工程。具体动用时，要根据防洪应用及河流洪水特点，以洪灾总损失最小为原则，确定运用方式及程序。

（二）应用介绍

洪水预报及防洪调度应用充分利用当前的地理信息应用和计算机网络通信、人工智能、大数据等新方法和技术，根据实时雨、水、工情信息，进行洪水预报和防洪调度，制定防洪调度方案，在防洪调度方案的基础上，以人机交互方式生成实时调度方案，进行调度方案仿真和仿真模拟结果的三维可视化显示，进行多方案比较，为防洪调度相关人员提供操作方便、方法实用和精度合理的实时调度决策支持平台。根据应用需求分析，应用的总体功能应包括基础数据管理、洪水预报和防洪调度三部分，应用功能结构框架设计见图6-1。

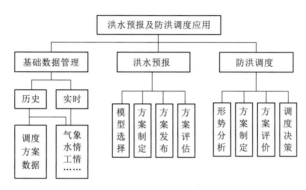

图6-1　洪水预报及防洪调度应用功能结构框架

1. 基础数据管理部分

基础数据管理模块主要实现对流域历史和实时数据的采集与管理。该功能模块可从流域水情测报应用数据库及相关数据库中提取洪水预报和防洪调度所需的流域气象、水情、工情等数据，为洪水预报方案制定、防洪形势分析、防洪调度方案制定等提供数据基础，且对已完成的预报和调度方案数据进行管理。

2. 洪水预报部分

洪水预报作业是通过分析流域洪水特点及河床变形规律，采用水文学、水力学等相结合的方法，建立符合流域工程实际的数学预报模型和洪水预报方案，以流域实时雨情、水情、工情等各类信息为输入，驱动预报模型和方法，对流域关键断面的洪峰水位（流量）、洪量、峰现时间、洪水过程等洪水要素进行实时预报，并对危险区域进行预警。进行洪水预报作业时先根据历史洪水数据，选择预报模型并对参数进行优化和率定；根据率定好的预报模型参数和流域水雨情信息，给出未来一定时期内流域各预测断面的洪水流量过程和水位过程，操作人员也可根据经验在人机交互界面对预报方案进行修改；根据洪水预报结果，生成符合洪水预报方案格式要求的报表，提交至流域防汛管理部门及相关水利工程运行管理单位。在洪水之后，将各预报模型制定的洪水预报方案与实测洪水数据进行对比分析，对洪水预报方案的及时性和准确性进行评定，以提高洪水预报成果的精度。

3. 防洪调度部分

防洪调度是运用防洪工程或防洪应用的各项工程措施及非工程措施，对汛期发生的洪水有计划地进行控制调节。进行洪水调度作业时，首先对防洪形势分析，将流域实时信息与历史水情信息进行对比和匹配，分析防洪形势，生成三维可视化场景展示，给出流域水雨工情分析，显示水雨工情详细信息和洪水形势分析；根据防洪形势分析结果和各工程的泄流特性，设置修订调度时间、来水条件、边界条件、调度规则及调度方式，对仿真洪水或实时预报洪水进行调度预演，生成相应的三维可视化场景；对各种调度方案进行仿真模拟，三维可视化场景图中模拟调度方案实施后水库水位与出流变化过程、河道主要控制站的水位与流量过程等，并对各种调度方案进行可行性分析和风险评估，最后对防洪调度方案集进行排序，进而制定防洪调度决策。

（三）创新技术

（1）三维可视化场景展示技术。集水下地形模型、倾斜实景模型、三维地形模型、数值计算模型、BIM 模型等于一体，构建一体化三维场景，解决了多源异构数据的无缝融合和可视化展示。

（2）历史水文大数据挖掘技术。通过大数据分析，充分挖掘历史水文数据价值。

（3）高精度洪水预报模型。解决常规洪水预报预见期偏短和精度有限问题，采用人工智能方法与人类经验相结合，提高预报精度。

（4）各地差异化预报技术。集成并优化数值模型和经验修正两种传统预报方式，构建各地异化预报体系，提升预报精度。

（5）云计算技术。利用政务云计算资源、大数据分析平台，高效解决数据层、模型层和应用层大规模计算问题，提高洪水预报、洪水调度等模型的计算速度和稳定性。

第二节　干　旱　防　御

一、业务范围

干旱防御业务主要包括旱情信息采集、综合分析评估、旱情预测与调度及公共服务等。旱情信息采集的要点是代表性、及时性、可靠性，重点是基于空地监测（土壤含水量、江河来水、水源地蓄水、农情等）数据同化的旱情综合监测；综合分析评估的要点是实时掌握"哪里旱""旱多重""旱多久""旱多少"等情况，重点是旱情指标筛选与校核；旱情预测与调度的要点是趋势性科学研判，重点是中长期降水预测、水源地来水径流预测、需水分析和水量调度等；公共服务的要点是向社会公众及时准确地发布旱情预警。关于干旱防御业务的智能应用有很多，在这里介绍一种干旱预警应用。

二、旱情综合监测评估应用

（一）建设目的

在所有自然灾害中，受干旱影响的人口最多。干旱既带来经济损失，又影响社会稳定，同时也加剧了环境恶化和环境污染，干旱条件下的地区过度开发会加剧沙漠化的进程。因此对干旱进行预警后可以启动抗旱措施，并适时进行水量调配或人工增雨作业，实现防灾减灾，从而促进国民经济和社会可持续发展。

（二）应用介绍

旱情综合监测评估应用充分利用气象、水文、墒情、遥感等数据，使用人工智能、大数据、多源数据融合技术，提出了面向农业、林地、草地、生态、人畜饮水困难的旱情综合监测评估方法，研发了旱情监测预警综合平台软件，能够进行实时旱情监测、分析及研判，绘制旱情综合监测评估"一张图"并为防旱抗旱工作决策提供技术支撑，能够反映哪里旱、有多旱、旱多久等问题，无需管理和技术人员再人为研判旱情。根据应用需求分析，应用的总体功能应包括基础数据管理、数据处理与融合和旱情评估、抗旱水量调度部分，应用逻辑结构框架设计见图6-2。

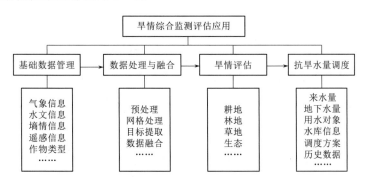

图6-2　旱情综合监测评估应用逻辑结构框架

1.基础数据管理部分

基础数据管理模块主要实现与旱情相关的历史和实时数据的采集与管理。该功能模块可从相关部门数据库中提取旱情监测所需的气象、水文、墒情、遥感、土地类型、作物类型、地理信息等数据，为旱情评估提供数据基础，且对已完成的旱情综合评估数据进行管理。

2.数据处理与融合部分

在数据处理中，为进一步消除由于几何纠正和云带来的干扰，采用标准格网和数据合成的方法。数据处理流程包括了对数据进行预处理、将各类数据做标准格网处理、各类关注目标提取、植被含水量反演等步骤。使用多源数据融合技术对多种格式数据进行融合，为旱情综合评估提供输入数据。

3.旱情评估部分

在旱情评估中，以网格为单位，采用多项指标，实现对耕地、林地、草地、生态等不同对象的旱情监测评估，同时考虑各地区的易旱阶段、不同作物对干旱的响应程度、灌溉对干旱的减轻作用等因素，采取自适应的旱情监测评估模型或方法。之后，借助于基础地理数据，进行时空分析，形成旱情空间分布结果，进行实时旱情监测、分析及研判，提供旱情综合监测评估"一张图"。

（三）创新技术

（1）采用多源数据融合技术。利用气象、水文、农业、遥感等多源数据，集成土地利用、土壤类型、作物分布、作物生育期、灌溉情况等下垫面信息，进行综合旱情评估。

（2）面向不同对象。构建了面向不同区域、不同对象（农、林、草、生态）、不同时期（季节、生育阶段）、不同耕作管理（灌溉、非灌溉）的旱情监测评估模型。

（3）完整技术体系。研发了一套规范化旱情综合监测评估技术体系，实现数据融合、分析评估、应用展示的全过程。从 4 大类 50 余个指标中遴选出针对百余种不同下垫面条件的干旱指标集，并逐一构建旱情评估规则，实现灌溉农业、非灌溉农业、林地、草地、生态湿地等的旱情综合评估。

（4）抗旱水量调度部分。在对抗旱水源分布情况及可调度水量等信息进行分析的基础上，采用先进的模型技术建立抗旱水量调度模拟模型，进行水量调度和分配模拟分析，为抗旱方案制订、实施和水量调配提供依据，根据供水对象不同的优先级进行水量分配，做好公众服务，保障国民经济发展以及城乡人民生产、生活的稳定。

第三节　水利工程安全运行

一、业务范围

水利工程安全运行业务主要包括水利工程运行管理、督查考核、体制改革等。运行管理的重点是工程状况调度运用和安全监测；督查考核的重点是规范工程运行管理和发现安全隐患；管理体制改革的重点是落实管护主体、人员、经费。此处介绍水利工程运行管理应用。

二、水利工程运行管理应用

（一）建设目的

使用网络信息化的手段来取代传统人工管理方法，转变水利工程日常管理模式，做到视频可控、巡查留痕、工程上图、数据入库，实现水利工程运行全过程管理，提升水利工程专业化、精细化和标准化管理水平，保障水利工程安全、规范、专业运行。

（二）应用介绍

水利工程运行管理平台是实现水利工程标准化管理的基础和保障，它可以对水利工程调度运行、工程检查、维修养护等工作进行有效监管。水利工程运行管理应用包括综合地图、监测监控、工程检查、维修养护、调度运行、应急管理、台账管理等功能模块，基本涵盖水利工程管理的各个方面，应用功能框架设计见图 6-3。

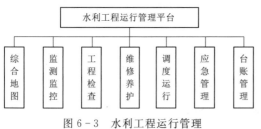

图 6-3　水利工程运行管理平台应用功能框架

1. 综合地图

使用 GIS＋BIM 技术在地图上叠加各类工程以及工程相关监控监测设施的分布，提供详细信息的查询展示；实现工程巡查轨迹的在线回放。

2. 监测监控

监测监控模块实现对各类工程的工情、视频、水雨情、安全监测等内容信息的实时数据接入，使用人工智能等新一代科技手段对监控内容进行自动解析，实现查询统计分析。可以根据用户管理的工程类型配置具体的监测内容，例如潮位仅涉及海塘工程。

3. 工程检查

工程检查模块实现对各类工程日常巡查、汛前检查、年度检查、特别检查、临时检查等各类安全检查进行管理，对周期性的检查工作系统设置自动提醒功能，同时提供对巡查检查工作的任务下达功能。各工程的各类巡查检查工作在移动巡查管护端进行巡查记录上报，当存在隐患时，系统会根据设置好的隐患处理流程自动逐级上报处理。平台上能够对检查记录进行分类统计，同时提供巡查的轨迹在线查看功能。

4. 维修养护

维修养护模块实现对各类工程的日常维修养护、年度维修养护、维修养护计划、维修养护资金（资金筹措、资金落实）的管理。维修养护工作的具体落实在移动巡查管护端进行维修养护记录的上报。维修养护计划的审批和维修养护资金的筹措落实情况均能在系统上实现管理。

5. 调度运行

调度运行模块实现对各类工程的调度运行的管理。因各类工程的调度运行事项和处理流程存在差异，系统采用工程类型绑定调度运行事项的方式进行灵活配置。如大中型水库的调度运行包括调度令下达、操作票下达及执行反馈等流程，操作票执行包括首次预警、开闸前检查、下游预警反馈、高配电操作、再次预警、开闸后检查等步骤。各类工程的调度运行均配合移动端进行操作。

6. 应急管理

应急管理模块实现各类工程应急预案、历史险情处置情况查询，对防汛物资进行出入库的在线管理。

7. 台账管理

台账管理模块实现对各类工程纸质档案借阅、记录等的管理；提供各类工程的工程检查、维修养护和调度运行等各个事项的电子台账统计功能。

（三）创新技术

（1）采用地理信息技术、BIM和虚拟仿真技术，构建水利工程运行管理的三维、二维可视化仿真管理环境。真实展现实现水工、设施、设备等管理对象的实时变化和三维场景。

（2）使用人工智能等新一代科技手段对各类工程的工情、视频、水雨情、安全监测等内容的关键信息进行自动解译，实现对部分工情和险情的自动预警。

（3）基于移动网和智能化设备，支持手机端数据采集、上传和发布，实现水利工程实时运行信息、统计管理信息、工情和险情预警信息在线显示、查询，工程检查、维修养护以及抢险指挥信息、抢险过程信息在线显示。

第四节 水利工程建设

一、业务范围

水利工程建设业务主要包括项目建设管理、市场监管等。项目建设管理的重点是强化监管手段，提升水利工程建设项目安全、进度、投资、质量及建设市场的监管能力；市场监管的重点是及时、全面掌握水利工程项目基本信息，进一步提高市场监管工作的动态性、精准性和科学性。

二、水利工程全生命周期智慧化管控平台

（一）建设目的

传统施工现场存在诸多难题，如：①劳务用工管理混乱；②大型设备监管困难，安全事故频发；③材料控制缺乏有效手段监控；④结构安全监测困难，安全事故频发；⑤工地污染严重，监测手段落后等。建设水利工程全生命周期智慧化管控平台，能够有效地解决施工工地存在的这些难题。构建成智能监控防范体系，有效地弥补了传统方法和技术在监管中的缺陷，实现对人员、机械、材料、环境的全方位实时监控，变被动"监督"为主动"监控"；真正做到事前预警、事中常态检测、事后规范管理，实现更安全、更高效、更精益的工地施工管理。

（二）应用介绍

水利工程全生命周期智慧化管控平台基于 BIM＋GIS、物联网、云计算、无人机、智能感知等前沿科技手段，引领前沿科学技术在水利工程项目管理上的深度融合与应用。水利工程全生命周期智慧化管控平台共包括基于 BIM＋GIS 工程项目管理、基于 BIM 的三维可视化技术交底和全景视频监控与智能识别三大部分，该平台框架设计见图 6-4。

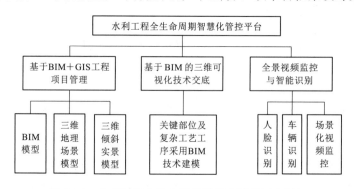

图 6-4　水利工程全生命周期智慧化管控平台框架

1. 基于 BIM＋GIS 工程项目管理部分

为保证项目的整体管理水平，提高施工阶段管理效率，发挥地理信息和 BIM 技术在工程施工管理中的技术优势，开发了水利建设工程 BIM＋GIS 工程管理系统，该系统集成 BIM 模型、三维地理场景模型、三维倾斜实景模型等多项技术，能够使项目信息共享、协同合作、成本控制、虚拟情境可视化、数据交付信息化、能源合理利用和能耗分析方面更加便捷，实现项目进度、质量、安全、投资等实时监控和预警，让项目的每个参与者都能够第一时间掌握项目的动态，为项目的顺利实施提供决策支持与保障，提高人力、物料、设备的使用效率，图 6-5 为某水利项目利用 BIM 技术对施工现场的布置和施工进行可视化模拟。

2. 基于 BIM 的三维可视化技术交底部分

传统的技术交底通常以文字描述或口头讲授为主，尤其对于一些抽象的技术术语，工

图 6-5　某水利项目利用 BIM 技术的可视化模拟

人容易理解错误，造成返工，影响施工质量和进度。针对关键部位及复杂工艺工序采用 BIM 技术建模，进行反复模拟找出最优方案，利用三维可视化模拟对工人进行技术交底。

3. 全景视频监控与智能识别部分

全景视频监控系统包括人脸识别、车辆识别和场景化视频监控三部分。

（1）人脸识别系统对进出施工场地的人员自动识别记录，将信息化手段融入劳务管理中，为劳务成本核算提供真实可靠的数据分析，既可以避免无关人员进入施工场地，又可以进行考核和安全管理。

（2）车辆识别系统可以对车辆进行自动识别，保存车辆进出记录，为材料管理、环保管理、弃土运输管理等工作提供有效数据。

（3）场景化视频监控系统采用高清球形摄像头，从高空全景监测，使现场作业、形象进度一目了然。

（三）创新技术

（1）利用 BIM 技术进行施工期模型深化设计、分层分块统计工程量、施工场地布置、施工方案模拟和三维可视化技术交底，提高了施工效率和管理效率。

（2）基于 BIM 模型和数据库技术，结合施工方案划分模型和添加信息，融合了质量、安全、进度、成本等信息，使用户能便捷地获取某一施工区的各项信息，使进度、质量、成本等信息一目了然。

（3）运用 GIS 的倾斜摄影实景 3D 模型的方式计算土方开挖与回填工程量，在直观有效地开展土方的挖运分析与运算基础上，实现土方平衡计算的精确化与精细化。

（4）基于 BIM＋GIS 技术进行施工进度模拟，将施工过程按照时间进展进行可视化模拟，通过动态施工模拟可减少施工冲突，优化施工方案，有效进行进度管控。

第五节　水资源开发利用

一、业务范围

水资源开发利用业务主要包括水文水资源信息采集、水资源开发利用各环节业务协同、水资源开发利用监管、水资源调配决策。水文水资源信息采集的重点是完善；水资源开发利用各环节业务协同的重点是强化；水资源开发利用监管的重点是提高时效性和精细化程度；水资源调配决策的重点是增强科学性和智能化程度。

二、水文在线监测数据智能识别应用

(一) 建设目的

充分应用计算机技术、互联网、智能系统等信息技术，改进传统水文数据整编成果的生产模式，解决以往离线模式下整编存在的效率低下、数据不一致、质量难把控、信息难共享、服务时效低等问题，打通水文自动采集、人工测验、数据规整、智能识别、实时整编的在线数据链路，形成一套符合行业测验与整编规范的水文智能在线测验与实时整编方法及软件系统，为全面提升水文数据整编成果的生产效率和服务质量提供保障。

(二) 应用介绍

系统将水文监测数据生产及管理分解为数据收集模块、在线监测模块、智能实时识别整编模块、数据应用模块，四大模块协同工作。以数据收集模块为核心，将各个应用中涉及的数据、业务工作流程联通，从而实现各个业务模块之间的数据共享和逻辑联系。该平台框架设计见图 6-6。

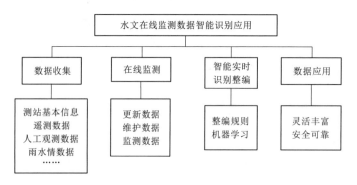

图 6-6 水文在线监测数据智能识别应用框架

1. 数据收集模块

该模块获取测站基本信息数据、遥测数据、人工观测数据、雨水情数据等，将水文对象化组织，建立水文数据间的关联关系，建立机构人员与各项业务操作间的关系，实现业务工作的统一管理，业务操作直接与数据发生联系，并维持数据在全系统中的一致性和完整性。

2. 在线监测模块

水文监测的工作性质和特点决定水文监测数据的采集工作是分散的，因此要实现监测数据集中存储，数据必须实时在线，摆脱空间、时间的约束，实时对监测数据进行更新、维护。

3. 智能实时识别整编模块

水文整编业务计算量庞大，流程复杂，各站整编方法难以共通，需要投入极大的人工工作量，构建了整编计算模型库，支持用户灵活配置整编规则，利用机器学习等技术，实现整编数据的智能识别。

4. 数据应用模块

各项水利事业、社会公众需要水文数据作为决策依据，针对多变、多样的社会需求，系统提供了灵活丰富、安全可靠的数据应用接口服务，在线支持不同形式的数据应用。

（三）创新技术

（1）异构水文数据组织。为实现异构水文数据的统一管理，以测站为核心，进行水文对象化组织，打通多类水文数据之间的壁垒，建立异构水文数据间的关联关系。

（2）在线监测。利用卫星通信、移动互联网（5G通信）等技术，实时对监测数据进行更新、维护，实现监测数据集中存储，解决自记数据和人工观测数据的实时通信、计算、入库等问题。

（3）智能实时识别整编。利用机器学习等技术，实现整编数据的智能识别，根据整编规则自动实时完成整编，同时提供灵活丰富的数据审查工具辅助干预，综合效率超越了"日清月结"的水文行业整编要求。

第六节 城 乡 供 水

一、业务范围

城乡供水业务主要包括城镇供水、农村供水和信息公开等。城镇供水的重点是城镇供水安全，突发水源问题处理效率高；农村供水的重点是农村饮水，实现农村饮水安全脱贫攻坚和基本解决饮水型氟超标；信息公开的重点是能有效提高对城乡供水的安全监督。

二、基于城乡供水业务的集中管控平台

（一）建设目的

针对水利管理中普遍存在水利信息化管理相对滞后，各软件业务独立、模型单一，无法实现数据交互的问题。开发基于城乡供水业务的智慧水利集中管控平台，将水利数据互通共享，打破数据壁垒，建立高效的数据通道，有效提升了应急处理的响应时效；将各类业务应用集成至平台统一管理，应用功能模块基本覆盖水利生产、管理、运行的各个环节，大幅提升工作效率；建立标准化的管理流程和规范体系，每项工作都能够做到有据可查、有据可依，从源头上实现企业管理的正规化，工作质量得到有效提升，进而实现水利信息智慧化。通过信息化手段对水生产、水收费、水司管理进行全面监管，能够实现数据共享、数据统一化管理，提高生产管理效率及经济生产效益，避免资源浪费。

（二）应用介绍

按照城乡供水控制调度模式，基于城乡供水业务的集中管控平台由供水物联模块、运营管理模块、监控调度模块和智慧服务模块四大部分构成，见图6-7。

1. 供水物联模块

随着物联网时代和供水精细化对实时信息采集的要求日益提高，基于无线接入方式（蓝牙、ZigBee、5G及光纤技术），通过无线射频智能水表、水位采集器、水质传感器、电磁流量计、视频图像等在线传感设备，实时感知获取管网、供水建筑物、闸门泵站等控

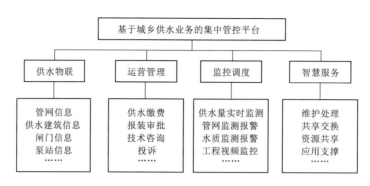

图6-7　基于城乡供水业务的集中管控平台框架

制设施的运行信息，形成智慧城乡供水物联网，实现供水信息实时采集、智能化识别、定位、监控和管理，更精细和动态管理用水消耗，达到"智慧"状态，增强资源利用效率。

2. 运营管理模块

提供供水缴费、报装、审批、工程管理、技术咨询、投诉等一系列无接触式、高透明度的供水便民服务，发布供水水质、水量、压力等服务信息，将缴费、报装审批、不良用水记录审查、供水方案审批、查表预立户、施工设计审批、工程审批、立户查表缴费、稽察回访等水利业务集中在一个网络、一个窗口、一个平台实现，进一步对所有业务数据进行多角度、多层次的记录、比较、分析，实现对供水企业资源配置优化和管理决策的支持。

3. 监控调度模块

监控调度平台主要配备工作机、大屏幕显示设施，在大屏幕上展现水厂供水量实时监测、管网监测报警、水质监测报警、工程视频监控信息，并利用神经网络技术结合供水运营状态进行供水计划调度、供水决策分析、供水管网管理、供水事故管理，及时作出控制调度决策。为了保障供水工程安全可靠运行，视频监控、应急管理信息在云端部署，本地平台备份存储。

4. 智慧服务模块

为降低管理成本，使各业务部门专注智慧水利精细化、智能化目标，专注业务需求设计、业务流程创新、科学决策，建立统一的智慧服务平台，创建全新的服务模式和管理机制，提供统一技术构架的基础设施、数据资源中心、智慧水利服务和智慧水利应用。新技术构架强调专业化服务，提供数据维护处理、共享交换、资源共享、应用支撑服务。统一为各供水企业提供水量、水质、管网、工况监测信息，支持各供水企业业务特征的业务应用，为水利局、设计部门提供审批、规划、设计业务服务。

（三）创新技术

该平台将传统的水利软件进行了全面的重构，不仅是从软件工程和业务的角度进行重构，而是通过技术颠覆了传统水利软件的思想。

（1）支持高并发的物联网数据平台。通过Netty框架的引入，对底层的PLC采集器、RTU等设备协议实现无缝连接，同时高并发承载量无限地扩大了系统的接入性能。

（2）大数据技术。大数据技术对水利行业是颠覆性的扩充，以往水利数据可分析性不够充足，通过建立数据中心，通过大数据技术将营收数据、生产数据进行分析计算，可以充分了解到各地区的生产用水占比，并且可以高效地计算出每天、每月的漏损率，快速查缺补漏，以防资源浪费，并且对于营收数据的统计计算，可以按县级、市级、片区乃至于省级数据分析，从而得出地区水费收缴情况，并且与实际用水用户对比，从而确保了数据的准确性，防止误报漏报。

（3）神经网络模型的应用。神经网络模型的应用是真正将水利智慧化的关键，通过生产数据的整理，作为样本数据对神经网络模型训练，在防洪度汛、水质监测、管网监测方面，都存在非常实际的应用价值，一个训练完成的预测模型，能够在一定程度上拟合实际情况发生的概率，通过此概率，管理者便可提前作出相应的处理决策，发挥预测模型的预测作用。

（4）云部署。云部署从实际成本角度解决了各水行政主管部门的成本问题，并且提高了管理的安全性和统一性，是一种集中化管理手段。

第七节　节　　水

一、业务范围

水信息化管理的重点主要是国家节水行动方案实施、用水总量强度"双控"、计划用水管理、重点用水单位监测、县域节水型社会达标建设、节水政策标准管理、节水推广引导等。国家节水行动方案实施、用水总量强度"双控"主要是节水目标任务的统计、分析和考核；计划用水管理主要是网上办理计划用水管理业务和统计用水单位水量水效数据；重点用水单位监测主要是用水量在线实时监测预警；县域节水型社会达标建设主要是网上办理县域节水型社会达标评审业务和统计县域各行业用水信息；节水政策标准管理主要是节水政策、法规、规划、定额统计查询；节水推广引导主要是节水技术、水效、载体等信息发布和宣传教育。

二、智能节水灌溉平台

（一）建设目的

智能节水灌溉平台的研究意义。我国是一个贫水国家，人均淡水资源是全球人均水资源最贫乏的国家之一，分布极不均衡，20世纪末，全国600多座城市中有400多座存在供水不足的问题，多数城市地下水受到点状和面状的污染，并且有逐年加重的趋势，水污染不仅降低水体的使用功能，更重要的是影响人民群众的健康，在水资源紧缺的状况下，应用节水灌溉技术不仅可以节约大量水资源，并且有利于提高农业的生产质量，促进农业现代化的发展，在农田水利工程中推广和应用节水灌溉技术具有非常重要的意义。下面介绍一种智能节水灌溉平台。

（二）应用介绍

我国农业用水量是最大的，利用率却是最低的，这成为制约我国农业可持续发展的一个重要因素。在农业水利灌溉上，农户更多的是凭借个人经验对农作物进行浇水，这种经

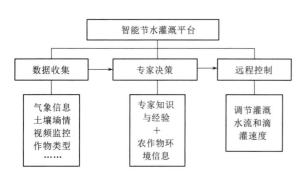

图 6-8　智能节水灌溉平台框架

验是模糊的、不确定的，缺乏理论依据，会造成农作物灌水量过多或过少，使农作物产量减少、水资源浪费。智能节水灌溉平台包括数据收集模块、专家决策模块和远程控制模块，该平台框架见图 6-8。

1. 数据收集模块

数据收集模块对将田间气象监测站、物联网感知系统、远程监控系统发送的信息进行接收并分析处理。田间气象监测站可对空气温度、空气湿度、照度、风向、风速、雨量、光合总辐射、大气压等气象环境要素进行全天候现场精确测量；物联网感知系统，可进行分区土壤墒情长时间连续监测，系统采用三合一传感器进行信息监测，可实施测量土壤温度、土壤湿度及土壤电导率信息，无线局域网络将所有数据传输到数据收集模块；远程监控系统可进行全天候连续监控，实时动态观察作物生长状况及设备的运行状况，既对大田、设备起到防盗的作用，又可以通过摄像头获取作物叶片上的病虫害发生情况，无线局域网络将利用相关人工智能算法识别的关键视频数据传输到数据收集模块。

2. 专家决策模块

在专家系统中会将收集的数据用作推理的依据，其中包括用户信息表和农作物环境信息表。专家系统还存在知识库用来存放农业领域专家的知识和经验，包括作物在不同生长时期的需水量、灌溉量和灌溉周期，综合考虑分析各种环境因素，设置在不同土壤种类下土壤含水量上、下阈值，通过对作物专业理论知识的掌握，建立专家系统决策模型，对作物进行定时、定量灌溉。

3. 远程控制模块

远程控制模块实时将相应的数据通过专家分析模块计算分析处理，并将已经设定好农作物的最佳生长条件传输到网络控制点，控制点接收信号就会调节灌溉水流和滴灌速度。当环境条件未达到农作物的最佳生长条件时，滴灌系统会实行事先利用软件编制的灌溉程序；当灌溉使环境条件达到农作物的最佳生长条件时，滴灌结束，实现自动节水灌溉。

（三）创新功能

（1）使用人工智能技术对视频关键内容进行自动解析。视频自动解析的内容包括作物生长状况及设备的运行状况，运行时是否存在跑、冒、滴、漏等现象，既对大田、设备起到检查防盗的作用，又可以通过摄像头获取作物叶片上的病虫害发生情况。

（2）使用构建专家系统。将农业领域专家的知识和经验作为知识库的规则，根据已获得的信息来匹配知识库中的规则，反复推理实现对问题的求解。结合实际情况采用双向推理方式，正向推理是从一些已知的事实，通过与知识库中的规则进行匹配，证明结论的成立，当规则库中的知识不充分时，就需要使用双向推理；反向推理和正向推理恰恰是相反的，其是以结论作为依据，从知识库中寻找证据，验证结论的正确性。

（3）多种无线通信技术助力远程控制模块。远程控制模块利用 GSM/GPRS/CDMA

网络、5G网络、Internet网络技术、ZigBee无线通信技术实现监测数据、控制指令、系统运行情况等信息的传输，并在发生事故时进行报警。

第八节　江河湖泊管理

一、业务范围

江河湖泊管理业务主要包括河湖信息采集、全面推行河长制工作、水域岸线管理、河道采砂管理等。河湖信息采集的重点是及时准确获取河湖信息，全面推行河长制工作的重点是督促各地落实河长制任务，水域岸线管理的重点是实施水域岸线空间管控，河道采砂管理的重点是严格对重点河段和敏感水域的采砂监管。

二、智慧河长平台

（一）建设目的

智慧河长平台是服务各级河长、河长办、社会公众三类对象的应用平台，采用自动化、智能化、现代化监测技术以及通信技术、软件集成技术等手段，建立河长制长效机制，以"保护水资源、防治水污染、改善水环境、修复水生态、管理保护水域岸线、强化执法监管"为主要任务，建设全面提升河湖健康监控管理能力、面向河长及社会公众提供服务、打造具有特色的河湖管理机制的智慧河长平台，实现河湖综治化、管理精细化、巡查标准化、考核指标化，为维护河湖健康生命、实现河湖功能永续利用提供制度保障。

（二）应用介绍

智慧河长平台运用互联网思维，按照云部署、统一平台、共享服务等理念，打造了集公众服务、河长服务、监督管理等功能于一体的互联网＋河长制信息工作平台，使各级河长巡河和社会公众监督治水的智慧管理全覆盖。借助各种即时通信、通知公告和消息推送，打造高效沟通、扁平化管理、协同运作的河长制组织体系，构建掌上治水圈，促进各级河长科学高效履职，积极拓宽社会监督渠道。通过对河长制业务开展需要及服务需求分析，智慧河长平台主要包括数据中心、公众服务、协同办公、监督管理四个功能模块，是直接面向用户的展示平台和数据交互窗口，可根据用户的业务需求提供服务，该平台框架见图6-9。

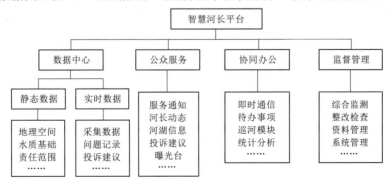

图6-9　智慧河长平台框架

1. 数据中心模块

河长制数据信息主要包括静态数据和动态数据。静态数据包括地理空间、水质基础、河长制责任范围（即依据职责划分的河段数据）等数据，以及"一河一档"和"一河一策"。根据河长制分级、分段管理河道的要求，编制全省河段统一编码规则，完善水系、流域、河长管理关系，补充跨界水质断面基础信息等。按照河长制分级管理原则整理和录入河段信息，基于国土部门提供的"一张图"进行河流矢量标绘，并建设统一的数据库表，将数据整合入库。既保证河长能够精确掌控河流信息，又可以建立公众、河流、河长之间的精准连接。动态数据也是实时数据，包括水质监测实时及日常巡河的人工采集数据、问题记录、投诉建议操作数据、投诉问题及巡河问题处理日志数据、巡河问题流转操作日志数据、附近河流消息推送数据等。

2. 公众服务模块

公众服务模块宣传全面推行河长制工作最新资讯，向社会公众主动推送附近河湖信息，开通建议投诉渠道，引导社会公众参与监督管理。模块主要功能包括：推送附近河流、服务通知、河长动态、河湖信息、投诉建议、河长反馈、曝光台等。

3. 协同办公模块

协同办公模块为全省各级河长、河长办工作人员、职能部门人员提供信息服务与任务处理的移动办公平台，辅助河长制相关人员科学高效履职。模块主要功能包括即时通信、待办事项、巡河模块、统计分析、热点关注、河长手册、河湖信息等。

4. 监督管理模块

监督管理模块是为满足河长办工作人员日常办公、信息化建设成果展示、后台管理服务而开发建设的 PC 端监督管理应用。主要功能包括扫码登录、首页看板、综合监测、协同处理、统计分析、整改检查、资料管理、系统管理等。

（三）创新技术

（1）主动推送附近河流，提升问题上报效率。以河流为主线串联起河长制相关信息，采用基于位置的河流推送服务，主动告知附近河流信息，提升问题上报的准确率和有效率。同时利用统一各地市投诉建议服务入口，做到公众上报问题件件有着落、事事有回音。

（2）智能分发派造任务，高效流转闭环办理。河长制业务协同涉及非常多的部门，设计了一套关联方案。将公众投诉、巡河问题、领导交办、检查督导等抽象为事件进行发布，各地市、县河长办和成员单位可将事件及处理过程数据赋予标签，并将事件及处理过程进行流转，将事件自动分派给对应河湖的管辖部门，由其进行任务受理和指派。任务完成后及时将处理情况通过微信通知、公众号、小程序等渠道反馈，并邀请公众进行满意度评价，提高了任务流转效率和社会效应。

（3）一键受理自动预警，提升任务办理效率。规范设计组织架构并及时更新，避免问题错误分派，并对流程进行改造，责任人收到任务提醒后可一键受理，核查详情并呈交办理结果。对于重复、错误上报等情形，填写无效说明并反馈；对于超时限未办理的，自动推送预警通知。

（4）采用消息队列的技术，既降低了系统间的耦合，也提升了系统的并发量。智慧河长平台将指派信息发送到消息队列中，各有关对接系统订阅该消息，进入对接系统的内部流程，并将内部重要节点进度反馈到消息队列中，由平台更新该事件的进度。通过河长制业务流程设计，按照属地管理原则，实现问题与任务自动派发，同时借助消息队列技术构建新的数据共享交换模式，改变传统"层级式"，构建"扁平化式"的信息传递方式，减少信息流转环节，提高河道问题处理的工作效率。

（5）开放共享，统一标准协同应用。按照"一个平台、一套认证、一路通行"的原则，统一用户体系，统一河湖编码，统一服务门户，平台发布统一的数据接口服务，与其他各级政府和外部系统共享数据。

第九节 水 土 保 持

一、业务范围

水土保持业务主要包括水土保持监测管理、生产建设活动监督管理、水土流失综合治理等。水土保持监测管理的重点是及时准确；生产建设活动监督管理重点是全面覆盖；水土流失综合治理重点是全面有效。

二、智慧水土保持平台

（一）建设目的

水土保持的根本目的是保护环境，维护生态平衡，最终目的是保持经济社会的可持续发展。水土保持是河道治理的根本，是水资源利用和保护的源头和基础，是与水资源管理互为促进、紧密结合的有机整体。智慧型水土保持方案，是促进水土保持科学化、系统化发展的重要举措。智慧水土保持平台是一种集自动化检测、自动化管理和自动化处理于一身的数字管理平台。它的主要目标和服务功能是面向综合决策，以新兴的物联网、云计算、人工智能等技术为支撑。在应用方面，它通过对开发建设项目现场的数据进行收集和分析，实现了对水土保持方案实施效果的实时反馈，为保护项目区自然环境和生态健康提供了有力的支持。

（二）应用介绍

智慧水土保持着力于实现对山地自然灾害风险的智能预防和控制，直接参与相关决策制定，构建智慧化的水土保持发展模式，打破了层级界限，实现水土保持基础数据的高效共享和充分利用。智慧水土保持平台是获取各种水土保持监测设备的监测数据，再借助物联网、云计算、大数据挖掘等新技术，对水土保持监测要素实现数据智能识别，对监测数据即时传输和系统存储，对海量数据智能挖掘和模拟仿真，以更加精细、及时、动态、开放的方式实现水土流失预防监督和水土流失综合治理方式的决策。智慧水土保持平台包括数据模块、运算模块和应用模块，见图6-10。

1. 数据模块

通过获取到的数据在数据模块进行系统存储，数据模块为智慧水土保持提供即时有效的数据来源，全面支撑智慧水土保持的各项应用，数据模块主要通过水土保持信息化建

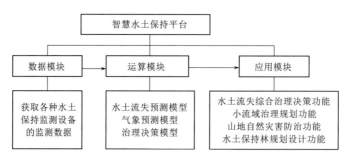

图 6-10　智慧水土保持平台

设，建成水土保持基础数据库、业务数据库和元数据库。

2. 运算模块

运算模块是智慧水土保持的核心模块，主要运用云计算、大数据挖掘、系统仿真模拟、人工智能的技术手段对收集到的基础数据进行信息加工、海量数据处理业务流程规范、数表模型分析、智能决策预测分析等，主要包括水土保持、数据云计算、水土流失模型模拟、小流域治理智能规划和专家决策系统等，最终使水土保持实现科学化、集约化和智能化。对水土流失预测及治理决策模型构建，集合大量的水土流失预测模型和气象预测模型，结合基础数据库，进行大数据挖掘和模拟，通过人工智能决策和系统虚拟仿真，预测不同条件下的水土流失强度，对水土流失的防治及山地自然灾害的防控进行智能规划和模拟，最终选择最优方案。

3. 应用模块

应用模块是智慧水土保持平台建设与运营的输出，主要进行信息集成共享资源交换业务协同等，为智慧水土保持的运营发展提供直接的服务，主要服务对象包括水土流失监测网站、数字土壤侵蚀数据网站、水利环境部门网站、智慧水土保持决策平台等，主要建设功能有水土流失综合治理决策功能、小流域治理规划功能、山地自然灾害防治功能、水土保持林规划设计功能等。

（三）创新技术

（1）云计算。云计算是分布式计算、并行计算、效用计算、网络存储、虚拟化负载、均衡热备份、冗余等传统计算机和网络技术发展融合的产物。云计算作为新型计算模式，可以应用到智慧水土保持决策服务方面，通过构建高效可靠智慧水土保持云计算平台，为水土保持综合治理规划智能决策提供计算和存储能力。

（2）大数据分析。大数据分析是指在合理时间内对规模巨大的数据进行分析的过程。大数据可以概括为 4 个"V"，数据量大（volume）、速度快（velocity）、类型多（variety）、真实性（veracity）。随着信息技术在水土保持行业的应用及水土保持管理服务的不断加强，大数据技术在水土保持领域的应用也是不可或缺的。

（3）高速移动互联网技术。高速移动互联网技术主要指 Wi-Fi 网络建设、5G 高速移动互联网建设、光纤高速互联网、IPv6 协议等下一代互联网建设。随着无线技术和视频压缩技术的成熟，基于无线技术的网络视频监控系统，为水土保持数据接收提供了有力的技术保障。基于 4G/5G 技术的网络监控系统需具备多级管理体系，整个系统基于网络构建，能够通过多级级联的方式构建一张可全网监控、全网管理的视频监控网，提供及时优质的维护服务，保障系统正常运转。

第十节　水　利　监　督

一、业务范围

水利监督业务主要包括信息预处理、行业监督检查、安全生产监管、工程质量监督、项目稽察和监督决策支持。信息预处理的重点是及时自动发现问题；行业监督检查的重点是准确认定问题；安全生产监管的重点是安全评估；工程质量监督的重点是准确判定工程质量情况；项目稽察的重点是准确认定项目问题；监督决策支持的重点是行业风险评估。

二、河湖智慧监管平台

（一）建设目的

由于部分商家、游客环保意识不强，向河内乱扔垃圾、乱倒污水等破坏水环境的不文明行为时有发生、屡禁不止。由于垃圾丢弃、倾倒污水时间短暂、地点具有随机性，日常人工巡查无法保证长时间、不间断监管，很难及时取证；而传统视频监控由于视频画面太多，依靠人工全覆盖、全时段监管识别需要消耗大量人力和时间，同样存在难度大、监控难到位问题。现有以人工巡查为主、在线管理为辅的传统方式无法满足河湖空间管理精细化及科学化的要求，需要建立起覆盖流域重要的、省际边界的、重要生态敏感的河湖等全覆盖的全面实时感知体系，开发基于河湖的智慧监管平台，监控违法违规行为，通过抓拍系统智能识别和实时推送，实现了对商家、个人违法违规行为的监管取证，并进行上门执法和宣传，具有震慑力、影响力，从而进一步减少垃圾、污水入河的数量，提升水环境面貌。

（二）应用介绍

在河湖智慧监管平台中建设了高清视频监控系统，利用人工智能图像识别和云计算技术，对商家、游客、住户、租户等违法违规、不文明行为进行智能识别和监控，并把机器告警结果自动推送给城管部门进行相应的教育和执法，旨在通过警示和震慑作用有效遏制破坏水环境的不文明行为。河湖智慧监管平台主要包括异常行为监测模块、通知警示模块、处办反馈模块三部分，见图6-11。

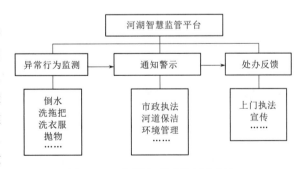

图6-11　河湖智慧监管平台框架

1. 异常行为监测模块

利用人工智能技术在河道管理上的应用，抓拍到大量不文明行为，如倒水、洗拖把、洗衣服、抛物等进行自动识别和识别出违法行为后记录取证。运用人工智能技术对视频进行全自动的智能识别，能够显著提升视频监管工作效率，有效支撑河道监管业务需求，使得该平台成为河道智能监管的利器。

2. 通知警示模块

识别出违法行为后记录取证，并实现实时预警和信息自动推送。后台系统将发生违法行为的前后过程视频和截图派发至相关工作人员终端上，实现市政执法、通过业务流程创新，打破了传统行业管理的局限，实现市政执法、河道保洁、环境管理等多部门信息共享与协同，发挥信息化管理系统优势。同时，平台将发生违法行为的地点直接发送给河道保洁人员，保洁人员可以及时前去打捞，保持河道的清洁。

3. 处办反馈模块

由工作人员携带违法行为的前后过程视频和截图信息上门执法和宣传，具有震慑力、影响力，从而进一步减少垃圾、污水入河的数量，并对清洁结果进行检查，完成后通过系统上报处理结果。

（三）创新技术

河湖智慧监管平台中的最大创新之处是人工智能 AI 的技术突破，主要源于深度学习技术，通过对视频图像进行特征分类学习、识别和分析，实现对河道的精细化监测，逐步实现河湖管护的现代化与智能化，从而提升工作效率，减轻河长办人员、河湖保洁人员的工作强度，降低运行管理成本，促进河湖管理可持续发展。该技术已应用在河道视频抓拍系统中，对河道内侧丢弃垃圾、乱倒污水行为进行抓拍。算法既需要考虑不文明行为带来的水面变化，也要综合岸边人员的行为等多种因素进行判断。船只的频繁经过也会产生波浪和遮挡，需要设置规则进行误报排除。该平台的最大难点在于如何通过人工智能技术准确高效识别不文明行为，众多难点交织在一起，使得该平台实现效果难度极大。为了满足业务目标，需要同时兼顾准确率和漏检率，对河道内侧丢弃垃圾、乱倒污水行为进行抓拍，可推广到其他任何河湖中去。

第七章　多手段智能免疫

第一节　安全威胁及防护策略

与传统意义上的网络安全防护不同，水利智能体的安全防护是网络安全与其他工程学科相融合的产物。相比于单纯的数据、服务器、网络基础架构和信息安全，水利智能体安全的内涵更加丰富。水利智能体安全还需要包括对联网物理系统状态的监测和控制、对于硬件设备以及同硬件设备交互的物理安全和信息安全，即水利智能体安全不再仅仅局限于包括信息内容安全、网络安全、数据安全、加密技术等基本信息安全，还需要包括对现实世界中收发信息的实体资源和设备的物理安全保障。水利智能体的安全防护范围可包括智能感官、智能联接、智能中枢、智能应用四个部分，各个部分都需要安全防护。

一、智能感官安全

水利智能体安全的前提是智能感官获取信息的安全和隐私保护。智能感官的任务是智能感知外界信息，完成物理世界的信息采集、捕获和识别。智能感官的主要设备包括：各类传感器（如温度、湿度、红外、超声等）、图像捕捉装置（摄像头）、全球定位系统装置、激光扫描仪等。这些设备收集的信息通常具有明确的应用目的，例如：在河道旁的摄像头捕捉的图像信息直接用于河道监管；使用导航仪可以轻松了解使用者当前位置以及行进巡查路线。但是，各种智能感官在给水利行业的发展和管理带来便利的同时，也存在各种安全和隐私问题。无处不在的智能感官的数据量是巨大的，而用来获得数据的传感器等环境监测设备获得的、需处理的大量数据也是容易暴露的信息。例如，近年来，黑客通过控制网络摄像头窃取并泄露用户信息的事件偶有发生。

（一）智能感官的安全威胁

根据水利智能体智能感官的功能和应用特征，可以将智能感官面临的安全威胁概括如下。

1. 物理捕获

智能感知设备存在于户外，且被分散安装，因此容易遭到物理攻击，其信息易被篡改，进而导致安全性丢失。无线射频识别（RFID）标签、二维码等的嵌入，使接入水利智能体的设备不受控制地被扫描、追踪和定位，这极大可能会造成设备的信息泄露。RFID 技术是一种非接触式自动识别技术，它通过无线射频信号自动识别目标对象并获取相关数据，识别工作无须人工干预。由于 RFID 标签设计和应用的目标是降低成本和提高效率，大多采用"系统开放"的设计思想，安全措施不强，因此恶意用户（授权或未授权的）可以通过合法的阅读器读取 RFID 标签的数据，进而导致 RFID 标签的数据在被获取和传输的过程中面临严重的安全威胁。另外，RFID 标签的可重写性使标签中数据的安全性、有效性和完整性也可能得不到保证。

2. 拒绝服务

水利智能体智能感官节点为节省自身能量或防止被木马控制而拒绝提供转发数据包的服务，造成网络性能大幅下降。智能感官接入外在网络（如互联网等），难免会受到外在网络的攻击。最主要的攻击除非法访问外，主要是拒绝服务攻击。智能感官节点由于资源受限，计算和通信能力较低，因此对抗拒绝服务的能力比较弱，可能会造成智能感知网络瘫痪。

3. 木马病毒

由于安全防护措施的成本、使用便利性等因素的存在，某些智能感官节点可能不会采取安全防护措施或者很简单的信息安全防护措施，这可能会导致假冒和非授权服务访问等问题产生。例如，水利智能体智能感官节点的操作系统或者应用软件过时，系统漏洞无法及时修复，物体标识、识别、认证和控制就易出现问题。

4. 数据泄露

水利智能体通过大量智能感官收集的数据种类繁多、内容丰富，如果保护不当，将存在隐私泄露、数据冒用或被盗取等问题。如果智能感官节点所感知的信息不采取安全防护措施或者安全防护的强度不够，则这些信息可能会被第三方非法获取。这种信息泄露在某些时候可能会造成很大的危害。

（二）智能感官的安全保护策略

水利智能体智能感官的安全机制针对水利智能体智能感官面临的安全威胁，现有的智能感官安全保护策略主要有以下 5 种。

（1）物理安全策略。常用的 RFID 标签具有价格低、安全性差等特点。这种安全机制主要通过牺牲部分标签的功能来实现安全控制。物理安全机制是水利智能体智能感官有别于水利智能体其他部分的安全机制。

（2）认证授权策略。用于证实身份的合法性，以及被交换数据的有效性和真实性。主要包括内部节点间的认证授权管理和节点对用户的认证授权管理。

（3）访问控制策略。保护体现在用户对于节点自身信息的访问控制和对节点所采集数据信息的访问控制，以防止未授权的用户对感知层进行访问。常见的访问控制机制包括强制访问控制、自主访问控制、基于角色的访问控制和基于属性的访问控制。

（4）加密策略和密钥管理。这是所有安全策略的基础，是实现感知信息隐私保护的重要手段之一。密钥管理需要实现密钥的生成、分配以及更新和传播。

（5）安全路由策略。保证当水利智能体的网络受到攻击时，仍能正确地进行路由发现、构建，主要包括数据保密和鉴别机制、数据完整性和新鲜性校验机制、设备和身份鉴别机制及路由消息广播鉴别机制。

二、智能联接安全

水利智能体的智能联接需要支撑多样的业务和庞大的通信流量，需要各类有线、无线通信技术进行支撑。基于这些通信技术的传统网络层安全机制大部分依然适用于水利智能体的智能联接，包括网络安全域隔离、设备接入网络的认证、防火墙自动防御网络攻击、DDoS 攻击防护、业务应用和网页攻击防护、IPSec 安全传输等，但也需要考虑差异性。

水利智能体的智能联接主要通过各种网络接入设备与移动通信网和互联网、专用网络等网络相连，把智能感官收集到的信息快速地、可靠地、安全地传输到其他智能设备，如其他智能感官、智能中枢或智能应用，然后根据不同的应用需求进行信息处理、分类、聚合等，实现对水利世界的有效感知及有效控制。水利智能体的智能联接主要由网络基础设施、网络管理及处理系统组成，物联网的承载网络包括卫星通信系统、5G 通信系统、有线通信网络、WLAN、蓝牙等。

（一）智能联接的安全威胁

水利智能体的智能联接不仅面对移动通信网络和互联网所带来的传统网络安全问题，而且由于水利智能体是由大量的智能设备构成的，缺少人对设备的有效管控，并且智能感官和智能应用终端数量庞大，设备种类和应用场景复杂，这些因素都将对智能联接安全造成新的威胁。水利智能体的智能联接的安全威胁主要来自以下 3 个方面。

（1）水利智能体的终端自身安全。随着水利智能体的业务终端的日益智能化，水利智能体的应用更加丰富，同时也增加了终端感染病毒、木马或恶意代码入侵的渠道。同时，网络终端自身系统平台缺乏完整性保护和验证机制，平台软/硬件模块容易被攻击者窃取或篡改。一旦被窃取或篡改，其中存储的私密信息将面临泄露的风险。

（2）承载网络信息传输安全。水利智能体的承载网络是一个多网络叠加的开放性网络，随着网络融合的加速及网络结构的日益复杂，水利智能体基于无线和有线链路进行数据传输将面临更大的威胁。攻击者可随意窃取、篡改或删除链路上的数据，并伪装成网络实体截取业务数据及对网络流量进行主动与被动的分析。

（3）核心网络安全。未来全 IP 化的移动通信网络和互联网及下一代互联网将是水利智能体网络层的核心载体。对于一个全 IP 化开放性网络，将面临传统的 DoS 攻击、DDoS 攻击、假冒攻击等网络安全威胁，并且水利智能体中业务节点数量将非常巨大，在大量数据传输时将使承载网络堵塞，产生拒绝服务攻击。

（二）智能联接的安全防护策略

水利智能体智能联接的特殊安全问题，很大一部分是由于水利智能体在现在通信网络基础上集成了智能感知网络和智能应用平台带来的。水利智能体通过智能联接实现更加广泛的互联功能，其核心和基础仍然是互联网。水利智能体智能联接安全不仅兼有移动网络和互联网的网络层安全特点，而且由于水利智能体由大量的机器构成及无人值守、数量庞大等特点，有很多特殊的安全特点。因此，传统网络中大部分机制仍然可以适用于水利智能体智能联接，并能够提供一定的安全性。但还是需要根据水利智能体的特征对安全机制进行调整和补充。水利智能体的智能联接防护策略应包括以下几个方面的内容。

（1）构建水利智能体的智能联接与互联网、移动通信网络相融合的网络安全体系结构策略。重点对网络体系架构、网络与信息安全、加密机制、密钥管理体制、安全分级管理体制、节点间通信、网络入侵检测、路由寻址、组网及鉴权认证和安全管控等进行全面设计，保障对脆弱传输点或核心网络设备的非法攻击进行安全防护，保证物联网业务数据在承载网络传输过程中数据内容不被泄露、篡改及数据流量不被非法获取。

（2）构建水利智能体的智能联接与互联网、移动通信网络不同的网络安全和服务质量策略。水利智能体的智能联接是在移动通信网络和互联网基础上延伸和扩展的网络，但由于不同应用场景的智能联接具有不同的网络安全和服务质量要求，使得它无法完全复制互联网的安全。水利智能体智能终端的大规模部署，对网络安全管控体系、安全管控与应用服务统一部署、安全检测、应急联动、安全审计等方面提出了新的安全需求。针对智能联接不同应用场景的专用性，需客观地设定智能联接的网络安全机制，科学地设定网络安全技术研究和开发的目标和内容。

（3）构建智能终端及异构网络的鉴权认证策略。在智能联接中，为水利智能体终端提供轻量级鉴别认证和访问控制，实现对智能联接终端接入认证、异构网络互联的身份认证、鉴权管理等，实现异构网络下智能终端安全接入。

三、智能中枢安全

最为典型的水利智能中枢是水利云。随着超融合基础架构的出现，新生代的水利云通常集虚拟化、软件定义化、分布式架构于一身，实现运算、储存、网络三合一，可以使用标准化的、通用硬件构成的基本节点，建构出便于灵活扩展、完全依靠软件驱动的 IT 环境。超融合基础架构以虚拟化为基础，实现管理及水利业务的集中，对数据中心资源进行动态调整和分配，重点满足水行政主管部门的关键应用对于资源高性能、高可靠、安全性和高可适应性上的要求，同时提高基础架构的自动化管理水平，确保满足基础设施快速适应业务的诉求，支持水利智能应用的云化部署。水利云可整合优化系统硬件资源，提升水利数据中心的资源弹性、运行效率及便捷的扩展能力，并在此基础上实现十大水利业务应用的快速部署、密切监控和灵活的扩容调度，满足海量视频图像和遥感数据的管理、调度和分析的业务需求，为水利智能业务应用提供高效率、高性能、高可靠的资源基础平台。

（一）智能中枢的安全威胁

最为典型的水利智能中枢是水利云中心。随着水利云的快速增长，越来越多的企业进入到水利云领域，水利云计算产品及解决方案日趋丰富和成熟。但水利云计算数据资源具有规模化和集中化特征，一旦遭遇破坏和故障，其影响巨大。水利云计算安全和风险问题也逐渐受到各国的重视，云计算安全的很多方面都被高度重视。下面仅对共同关注最多的云环境中特有安全问题进行分析和总结。这主要表现在以下几个方面。

1. 虚拟化技术引发的安全问题

虚拟化是云计算提供不同层次服务的一种重要技术手段，但同时它也带来了其本身的安全问题以及虚拟机的安全和管理问题。典型的云计算平台，其资源是通过虚拟化方式租用给不同用户，不同用户的虚拟资源可能被绑定到相同的物理资源上，这样不同虚拟机就可能会访问相同的物理设备。如果虚拟化基础软件不能将两个虚拟机有效隔离，那么用户的敏感数据就会被其他用户嗅探甚至直接访问。因此，实现云计算安全首先要确保虚拟基础软件的安全，保证其上运行的不同用户的虚拟机严格隔离。只有这样，云服务商才有可能说服用户相信云计算是可靠的，自己的数据是安全的。

2. 云相关管理软件的安全问题

云相关管理软件包括云安全管理软件、计费管理软件、云管理器组件等，它们是云基础设施的重要组成部分，其安全性直接影响到云计算平台的安全性。对于云安全管理软件，它们提供了认证、授权、访问控制、审计等多种功能，从多个角度对用户的数据和隐私进行保护。为了充分发挥其安全保护功能，必须首先确保其本身的安全。显然，这不能依靠其他安全管理软件来实现，而应该以一种特殊的方式进行保护，如通过硬件保护或使其运行在特权环中等。对于计费管理软件、云管理器组件等的安全性同样也非常重要，不过它们的安全性可由安全管理软件来保证。总之，作为云基础设施的一部分，云相关管理软件面临着许多不安全因素，一旦其本身遭到攻击，云环境给用户提供的服务将不再可靠。

3. 硬件安全问题

云主机是通过虚拟化技术在物理机上实现的多个独立操作系统，物理机本身的问题都可能导致云主机异常，因此物理机安全是云主机安全的根本前提。首先物理机主要是托管在互联网数据中心机房，因此需要一个能够有效应对突发事件、高可用的托管环境。在托管环境不可抗力情况下外，物理机还需要在自身系统安全方面做足功夫。

4. 数据安全引发的问题

数据库是云计算资产中最具有战略性的资产，通常都保存着重要的信息，这些信息需要被保护起来，以防止竞争者和其他非法者获取。云计算的极速发展使数据库信息的价值及可访问性得到了提升，同时，也使数据库信息资产面临严峻的挑战。数据安全威胁主要包括两方面：①外部威胁，即外部黑客直接通过注入木马等方式窃取、篡改、破坏数据库中的数据；②内部威胁，云计算数据中心内部部分用户可能监守自盗，通过 Web、E - mail、FTP、IM 等多种方式向外发送机密信息，造成泄密。近年来，数据泄露等安全事故层出不穷。一旦发生数据泄露事件，云计算提供者不但要承担保密数据本身价值的损失，更严重的还会影响云计算服务者的声誉和公众形象，极大地打击了云计算使用者的信心。

5. 云计算安全监管体系的问题

科学技术是把双刃剑，云计算给用户带来巨大价值的同时，也给攻击者带来巨大便利。攻击者攻入一个云用户的主机后，可以将其作为向云服务商发起 DDoS 攻击的一颗棋子，从而使用户在不知情的情况下支付高昂的资源使用费用；攻击者也可以利用云计算的高动态性特点，在云中以低成本就能建立多个不健康或反动的网站，并以打游击的模式在网络上迁移，使得追踪起来非常艰难，或者即使被追踪到了，但由于不同地域、不同国家的法律制度可能存在冲突，处理起来也很难给出公允的裁决；此外，攻击者也能利用云计算的超大规模计算能力轻松地实现密码破译，严重威胁各类密码产品的安全。因此，加大云计算安全的监管力度已为众人所望，但是当前云环境中普遍缺乏一种有效的安全监管体系。

（二）智能中枢的安全防护策略

在云计算技术日益普及的今天，水利智能体的数据平台和服务中台系统一般也是虚拟化部署，构建在以通用服务器为核心的云化基础设施之上。为此，需要部署一些相应的安全措施,保障智能中枢。典型智能中枢的云平台安全策略包括虚拟化平台层安全、云相关管理软件安全、物理层安全、数据安全和安全基础支撑等。

1. 虚拟化平台层安全

面向虚拟机隔离失效、虚拟机逃逸、资源分配拒绝服务等风险,实施虚拟机的安全隔离及访问控制、虚拟交换机、虚拟防火墙、虚拟镜像文件的加密存储、存储空间的负载均衡、冗余保护、虚拟机的备份恢复等机制。

2. 云相关管理软件安全

面向操作系统本身和相关管理软件的缺陷带来的不安全因素,如访问控制、身份认证、系统漏洞、操作系统的安全配置问题、病毒对操作系统的威胁等方面的风险,采取身份认证、访问控制、主机安全审计、HIDS、主机防病毒系统等机制,全面发现主机系统和数据库在安全配置、安全管理、安全防护措施等方面的漏洞和安全隐患;定期查看维护终端的版本及安全补丁安装情况,检查账户及口令策略,防止出现使用系统默认账户或弱口令等情况的发生,应注意及时升级防病毒、防木马软件的病毒、木马库;定期查看日志,避免异常安全事件及违规操作的发生。

3. 物理层安全

物理层安全主要包括物理设备的安全、网络环境的安全等,以保护云计算系统免受各种自然及人为的破坏。主要安全措施为引入安防措施,如视频监控系统、辅助设施采用冗余设置、增加安保队伍等。

4. 数据安全

技术上的缺陷或漏洞是云计算应用中出现安全隐患的重要因素。因此,不断完善和发展云安全技术是保障云计算安全的重要手段。主要通过数据加密、可信访问控制、隐私保护、虚拟技术、权限控制、入侵检测和数据容灾等措施加强云系统和数据安全防护。运用强效加密技术,能够防止云服务商肆意挖掘、使用和出卖云用户的信息,防止恶意第三人通过攻击云系统窃取云数据信息。要加强密钥保管,建立独立的密钥备份系统,以防止密钥遗失。对云服务中的管理人员和用户终端进行分级管理,加强数据完整性验证,确保数据安全和服务有效性。

5. 安全基础支撑

采用统一的身份认证及访问控制机制,如建立统一 AAA 系统〔认证(Authentication)、授权(Authorization)、计费(Accounting)〕;应对密钥存储非法访问、密钥丢失、密钥管理不兼容等风险,对密钥存储访问控制机制,必须限制只有特定需要单独密钥的实体可以访问密钥存储。还需要相关策略来管理密钥存储,使用角色分离进行访问控制,给定密钥的使用实体不能是存储该密钥的实体;对安全事件进行集中管理,从而更好地检测、发现、评估安全事件,及时有效地对安全事件作出响应,预防类似的安全事件再次发生。

四、智能应用安全

水利智能体的智能应用在水利智能体智能感官与智能联接提供的海量节点、连接与数据等资源的基础上,提供信息处理、数据存储、挖掘与分析、可视化呈现等多种能力及调用接口，以此为基础实现水利智能体在众多行业的各种应用，是水利智能体发挥作用和价值得以体现的重要环节。因此，水利智能体智能联接安全是整个水利智能体安全的重要组成部分。

（一）智能应用的安全威胁

对于水利智能体的应用层安全来说，需要关注应用账号的身份和访问控制、数据安全、业务安全以及应用软件的安全加固等方面。

1. 应用账号的身份和访问控制引起的问题

通常，水利智能体每个应用系统会配置多个不同类别、不同权限等级的用户账号。若使用者的权限出现问题则可能出现非法访问、越权访问，或者访问不到自己应当访问的数据信息。另外，对用户账号和身份数据不正当的添加、修改、删除，也会引起用户的操作命令和功能菜单出现问题。

2. 智能应用中数据安全引起的问题

水利智能体的应用软件系统可能涉及行业数据和用户隐私数据的处理。当智能应用使用者的信息或处理的工作数据被非法用户获取，容易造成数据的泄露篡改；用户既需要证明自己合法使用某种业务，又不想让他人知道自己在使用某种业务。例如水利行业的突击检查工作；水利行业中存在一定的敏感数据，数据的泄露会使得用户人身财产受到威胁，甚至水利行业和国家财产受到威胁。很多情况下，智能应用的用户操作使用信息是必须进行保留的信息，如何对这些信息提供隐私保护，是一个具有挑战性的问题，但又是必须要解决的问题。

3. 业务安全引起的问题

对水利智能体的应用层安全来说，还有可能出现水利业务智能应用本身被恶意滥用。有些不法分子可能利用智能应用的某些功能骗取水费等诈骗行为和窃取国家财产等不法行为。

4. 应用软件缺陷漏洞引起的问题

有些黑客利用水利智能体智能终端或智能应用软件的漏洞进行蠕虫和病毒传播，其特点是传播快、范围广、危害大，泛滥时可以导致网络和应用的阻塞和瘫痪。

（二）智能应用的安全防护策略

在对水利智能体智能应用的安全威胁进行分析的基础上，对水利智能体智能应用安全的安全防护策略进行阐述。

通常每个应用系统会配置多个不同类别、不同权限等级的用户账号。尤其对水利智能体的一些应用来说，同时面向行业与广大社会公众提供服务，为了避免非法访问、越权访问，保障应用系统的安全，需要对应用系统实施严格的身份管理和访问控制，清晰地定义每个用户的角色（例如系统管理员、普通外部用户）、认证方式（例如双因素认证、生物特征认证）和访问权限，做到基于角色的访问控制（不同级别账号可用可见的操作命令和功能菜单不一样）。另外，在用户账号和身份数据的添加、修改、删除上，进行严格规范的管理，同时对账号的访问操作实施例行的监管和审计。

水利智能体的应用软件系统可能涉及行业数据和用户隐私数据的处理，为了确保数据不被泄露或篡改，保障行业和用户敏感数据的机密性、完整性和可用性，需要部署一些数据安全方面的措施，例如数据加密存储、数据匿名化处理、数据安全删除以及数据的定期备份等。

对水利智能体的智能应用安全来说，还需要防止业务本身被恶意滥用。这方面可以借鉴电信运营商和公安系统防范治理电信诈骗的一些思路，通过基于 AI、大数据等先进技术的行为分析、流量分析和过滤筛查等手段，监测防范利用水利智能体业务实施的各种诈骗、窃取等不法行为。

为了避免软件的缺陷漏洞被恶意利用，还需要通过应用软件系统定期的漏洞扫描和安全加固措施，保障水利智能体应用层的业务安全。

第二节　智能安全防护技术

水利智慧化的发展，已经渗透到人们涉水生活的各个领域，为公众带来了各种便利。随着水利智能体的发展，其安全防护问题也将越来越突出，安全防护问题的产生主要来源自身的缺陷和恶性的网络攻击，安全防护问题的产生使得水利行业管理者和相关用户的信息安全受到了严重的威胁，其中的病毒入侵、信息篡改、隐私泄露、服务中断等情况的发生，会给水利行业和用户造成巨大的损失。

传统安全防护是指网络系统的硬件、软件及其系统中的数据受到保护，不因意外或恶意原因而遭到篡改或泄露攻击，系统要保持正常运行，网络服务持续，业务正常使用。一般情况下，传统的安全防护技术会根据网络结构，部署相应的防火墙入侵检测与防护网络病毒监控等防御系统，相应的系统防护只能做系统本身的业务处理，防护只能做到各自为政，处理速度慢，不能从根本上防止网络安全问题的发生，存在一定的局限性。传统安全防护无法满足网络快速发展而带来的防御需要，必须对新的安全防护技术进行大力研究和开发。

在此基础上，智能安全防护技术应运而生，通过相应水利业务模块的数据获取，对水利智能体整体进行安全性量化分析和评估，对影响水利智能体安全的因素进行分析和预测，能够识别应用快速响应自动防御和高度集成化，实现对影响水利智能体安全的因素进行综合分析，为保障水利智能体安全提供重要的依据。

值得一提的是，水利智能体的安全防护中，智能安全防护技术不是为了取代传统安全防护技术，而是和传统安全防护技术合作，共同提高水利智能体的安全防护能力。本节主要介绍可用于水利智能体的智能安全防护技术，包括主动防御、人工智能方法、可信计算、区块链安全等技术手段。

一、主动防御

（一）主动防御与安全防护

随着应用系统和网络环境的日益复杂，安全威胁也逐渐增多，传统的各自为政的安全产品（系统）只能解决某些特定的安全问题，而且是以被动防护为主。基于被动防范建立的安全体系架构，也不足以应对当前复杂的网络攻击。因此，为了应对日益复杂的网络威胁，需要有针对性地将具备不同安全侧重点的安全技术有效地融合起来，形成一体化的安全整体解决方案，实现由被动防范到主动防御的转变。

主动防御技术是相对于被动防御技术而言的，主动防御技术在应用的过程中不需要了解入侵行为的方式与步骤，可以通过自己固有的防御模式去做好安全防御，有效抵挡未知入侵行为。主动防御技术拥有三大特点，即自主学习、实时监控和入侵预测，有效改善了传统防御系统的局限性与被动性，加强了网络安全防御系统。主动防御技术可以掌握网络行为、追踪异常流量、判断攻击行为、主动调整策略，形成一个防御闭环，这个防御过程与被动防御技术有很大不同，两者的对比情况见图7-1。

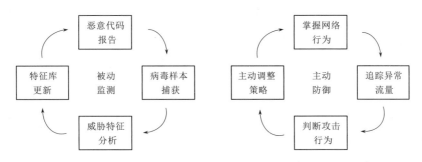

图7-1　被动监测与主动防御技术应用流程

主动防御是一项系统工程，不确定因素较多，众多的网络节点、复杂的网络分支结构和设备等都会产生大量的网络数据信息，必须在对网络信息、安全环境进行系统、全面地监测和分析基础上进行。因此，迫切需要研究整合各种安全防护产品和技术，基于主动防御的思想构建主动防御统一安全管理，去主动监测系统中的安全风险，自动进行安全漏洞查补，自动进行安全态势分析等，从而更好地实现通信网络安全的主动防护。

主动防御技术就是在增强和保证本地网络安全性的同时，及时发现正在进行的网络攻击，预测和识别未知攻击，并采取各种措施使攻击者不能达到其目的所使用的各种方法与技术。

主动防御是一种前慑性防御，由于一些防御措施的实施，使攻击者无法完成对目标的攻击，或者使系统能够在无需人为被动响应的情况下预防安全事件。主动防御将使网络安全防护进入一个全新的阶段，也被认为是未来网络安全防护技术的发展方向。

当前很多行业的网络安全体系架构都引入了主动防御的体系架构。例如，网络银行构建中，提出了基于主动防御技术构建安全保障，提供对内部攻击、内部误操作以及外部攻击的实时保护，将主动防御技术和防火墙技术相结合，构建一条网络安全的立体防线，以确保网络系统和个人用户的安全。在校园网络中，为了解决校园网络应用协议和软件存在固有的安全缺陷，应对越来越智能的入侵手段，以及校园网络管理模式简单的威胁现状，基于管理、策略和技术三个方面构建了网络安全主动防御模型。在智能电网网络中，结合电网网络安全需求的特点，综合利用主被动防御技术，构建多道防线，形成综合的、立体的网络安全技术防护体系，使得智能电网信息安全走向纵深防御阶段。在智能交通网络中，针对智能交通网络恶意入侵系统不断升级、手段层出不穷等安全问题和特点，使用一种基于双层动态蜜罐技术的智能交通系统主动防御方案。

从上述其他行业主动防御技术的应用现状可以看出，为了使水利智能体应对网络恶意入侵系统不断升级、手段层出不穷、更新周期不断缩短及传统防御手段对未知入侵或其变种无能为力的现状，必须改变以往的被动防护的方式为主动防御的方式，即基于主动防御技术构建水利智能体安全主动防御体系。

（二）主动防御关键技术

主动防御技术作为一种新的对抗网络攻击的技术，它采用了完全不同于传统防御手段的防御思想和技术，克服了传统被动防御的不足。主动防御技术的优势主要体现在：①主动防御可以预测未来的攻击形势，检测未知的攻击，从根本上改变了以往防御落后于攻击的不利局面；②具有自学习的功能，可以实现对网络安全防御系统进行动态的加固；③主动防御系统能够对网络进行监控，对检测到的网络攻击进行实时响应，这种响应包括牵制和转移黑客的攻击，对黑客入侵方法进行技术分析，对网络入侵进行取证，对入侵者进行跟踪甚至进行反击等。

主动防御不仅是一种技术，而是由多种能够实现网络安全主动防御功能的技术所组成的一个技术体系，并且通过合理运用这些技术，把它们有机地结合起来，相互协调，相互补充，最终实现完备的网络安全保护。主动防御是在保证和增强基本网络安全的基础之上实施的，是以传统网络安全保护为前提的，除了包含传统的防护技术和检测技术以外，还包括入侵预测技术和入侵响应技术等。从对主动防御体系和技术的研究情况结合水利智能体的特点，这里重点介绍蜜罐技术、入侵防御技术、漏洞扫描技术三个关键技术。

1. 蜜罐技术

蜜罐技术是一种具有主动性的入侵响应技术，它通过设置一个与应用系统类似的操作环境，诱骗攻击者，记录入侵过程，及时获取攻击信息，对攻击进行深入分析，提取入侵特征。它提供了一种动态识别未知攻击的方法，将捕获的未知攻击信息反馈给防护系统，实现防护能力的动态提升。蜜罐系统主要包括数据捕获、交互仿真以及安全防护三部分，见图7-2。

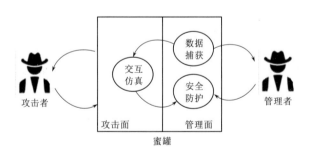

图7-2　蜜罐系统工作示意图

图7-2中，交互仿真面向攻击者，主要负责与攻击者进行交互，其通过模拟服务的方式暴露攻击面，诱导攻击者进行攻击；数据捕获面向管理者对攻击者不可见，通过监测网络流量、系统操作行为等，捕获记录攻击者的连接数据、攻击数据包以及恶意代码等高威胁高价值数据，便于后续的安全分析；安全防护面向管理者对攻击者不可见，通过采用操作权限分级、阻断、隔离等方式，防止攻击者攻陷蜜罐系统，引起恶意利用。

由一个或多个蜜罐组成的用来捕获黑客攻击信息，进行入侵行为分析的网络体系可以称为蜜网，它具有以下主要特点：①蜜网是一个网络系统，而并非单一主机，这一网络系统是隐藏在防火墙后面的，所有进出的数据都受到关注、捕获及控制，被捕获的数据用于分析入侵者使用的工具、方法及动机。在蜜网中，可以使用各种不同的设备、操作系统，以及平台服务程序，构建一个从外界看来真实可信的环境。通过系统平台的多样化，可以捕获更多的黑客入侵行为和重要特征，从而准确地揭示入侵者使用的工具、策略和动机。②蜜罐技术作为一种主动防御方式，在主动收集进攻者情报的基础上，事先做好预警和准备，把进攻者的攻击扼杀于萌芽状态，最少也可以降低攻击者进攻的有效性。这不同于被动防御技术，如防火墙、数据加密、数字签名和身份认证等，因为被动防御的机制是检测出失误，然后对失误进行修正，属于纯防御性、被动式技术范畴。③蜜罐技术除了主动防御黑客攻击外，也可以了解自身的安全状况。它在了解进攻者所具有的目的、方法和工具的同时，提供自身所存在的安全风险和薄弱环节的情报。此外，蜜罐技术能够帮助组织开发自己的事件响应能力，提升检测、回击、恢复，以及对被攻击系统进行分析的能力。④蜜罐技术是为了了解攻击者的信息而设计的。蜜罐技术就是置于互联网上的一个高度受控的交互仿真部分，它类似一个透明玻璃鱼缸，用户可以看到在这个网络中发生的所有事情，就像观察鱼缸中的鱼一样查看攻击者在自己构建的网络中的各种攻击行为。用户可以将任何自己所需的应用程序放入网络中，这样就构建了属于用户自己的蜜罐。捕获的行为使用户掌握了攻击组织。

蜜罐是一种安全资源，其价值在于被扫描和攻击，所有流入和流出蜜罐的网络流量都可以视为攻击，因此蜜罐的核心价值就在于对这些攻击活动进行监视、检测和分析。与传统的安全产品相比，蜜罐有几个独特的优势：①防御优势——蜜罐可作为一个陷阱，欺骗黑客对其攻击。②数据价值优势——由于蜜罐并不对外提供正常的服务，所以蜜罐所捕获的数据通常就是入侵攻击。相比防火墙和入侵检测系统巨大的数据量，蜜罐的数据量较小却极具价值，便于事后分析。③资源优势——与入侵检测系统相比，蜜罐对资源的要求不大，无需迅速的处理速度。所以，其硬件上的投入相对较小。

2. 入侵防御技术

在当今网络环境下，传统的入侵检测系统存在一个明显缺陷——事后报警，其是在威胁出现后报警，当看到报警信息时，入侵已发生甚至结束，只能在日志查找到病毒或侵犯的根源，对于检测出的威胁也无法及时进行处理。入侵防御系统是一种主动防御技术，其主动监视网络主机的各种活动，检测攻击行为，并在攻击发生时予以实时的阻断。

入侵防御系统是整合了防火墙和入侵检测后形成的一种新的入侵防御技术。它包括入侵防护、入侵检测、入侵预测、入侵响应全部过程，见图7-3。入侵反击也需要借助入侵防护的相关技术手段。

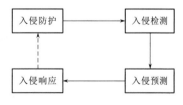

图7-3 入侵防御过程图

（1）入侵防护技术。防护技术是主动防御技术体系的基础，与传统防御基本相同，主要包括边界控制、身份认证、病毒网关和漏洞扫描等。最主要的防护措施是防火墙、VPN等。在主动防御体系中，防护技术通过与检测技术、预测技术和响应技术的协调配合，使系统防护始终处于一种动态的进化当中，实现对系统防护策略的自动配置，系统的防护水平会不断地得到加强。

（2）入侵检测技术。在主动防御中，检测是预测的基础，是响应的前提条件，是在系统防护基础上对网络攻击和入侵的后验感知，检测技术起着承前启后的作用。入侵检测技术主要包括两类：

1）基于异常的检测方法。这种检测方法是根据是否存在异常行为来达到检测目的的，所以它能有效地检测出未知的入侵行为，漏报率较低，但是由于难以准确地定义正常的操作特征，所以导致误报率很高。

2）基于误用的检测方法。这种检测方法的缺点是依赖于特征库，只能检测出已知的入侵行为，不能检测未知攻击，导致漏报率较高，但误报率较低。

（3）入侵预测技术。对网络入侵的预测功能是主动防御区别于传统防御的一个明显特征。入侵预测体现了主动防御的重要特点：在网络攻击发生前预测攻击信息，取得系统防护的主动权。这是一个新的网络安全研究领域，与后验的检测不同，入侵预测在攻击发生前预测将要发生的入侵和安全趋势，为信息系统的防护和响应提供线索，争取宝贵的响应时间。对于入侵预测主要有两种不同的方法：①基于安全事件的预测方法，根据入侵事件发生的历史规律性，预测将来一段时间的安全趋势，它能够对中长期的安全趋势和已知攻击进行预测；②基于流量检测的预测方法，它根据攻击的发生或发展对网络流量的统计特征的影响来预测攻击的发生和发展趋势，它能够对短期安全趋势和未知攻击进行预测。检测为动态响应提供了信息和依据，同时也辅助了安全策略的制定和执行，通过对网络的检测和监控，不仅能够发现网络攻击，同时也能发现本地网络存在的脆弱性漏洞，这样就可以通过循环反馈作出响应。

（4）入侵响应技术。响应就是对危及网络安全的事件和行为作出反应，阻止对信息系统的进一步破坏并使损失降到最低。响应的方式包括恢复和反击两种。恢复是指让信息系统能迅速恢复正常的运行。反击就是运用各种网络攻击手段对网络攻击者进行攻击，迫使其停止攻击。对网络入侵进行实时地响应是主动防御与传统防御的本质区别。入侵响应是主动防御技术在网络入侵防护中主动性的具体体现，用来对检测到的入侵事件进行处理，并将处理结果返回给系统，从而进一步提高系统的防护能力，或者对入侵行为实施主动的影响。主要的入侵响应技术有三种：入侵追踪、攻击吸收和转移、自动反击。

1）入侵追踪主要用于确定攻击源，可以在受保护网络中重建攻击者路径。攻击吸收和转移可以把攻击包吸收到诱骗系统中，可以在不切断攻击者链接的同时保护主机服务，并对入侵行为进行研究。

2）攻击吸收和转移经常与蜜罐技术相结合使用。

3）自动反击是主动防御技术中最具难度也是最有效的响应技术，可以对入侵行为进行自动还击。当前入侵行为库积累并不是很充分，而且反击对象具有不确定性，贸然使用自动反击存在误用的风险。因为技术实现本身的原因，自动反击多处于实验室原型阶段。

3．漏洞扫描技术

漏洞扫描是指基于漏洞数据库，通过扫描等手段对指定的远程或者本地计算机系统的安全脆弱性进行检测，发现可利用的漏洞的一种安全检测行为。漏洞扫描分为三个阶段：

第一阶段：发现目标主机或网络；

第二阶段：发现目标后搜集目标信息，包括操作系统类型、运行的服务以及服务软件的版本信息等；

第三阶段：根据搜集到的信息判断或者进一步测试系统是否存在安全漏洞。

漏洞扫描和防火墙、入侵检测系统互相配合，能够有效提高网络的安全性。通过扫描，网络管理员能了解网络的安全设置状态和运行的应用服务，及时发现安全漏洞，客观评价入侵防御过程，评估网络风险等级，做到防患于未然。

（三）主动防御在水利安全保障的应用

海河下游管理局网络通信系统为提升主动防御能力，还增加相应网络安全设备，其中包括入侵检测、漏洞扫描等系统。在防火墙与核心交换之间部署入侵检测系统，提高局域网内部检测能力；在局域网部署漏洞扫描系统组建网管区域，提高对网络设备、服务器、个人终端，以及操作系统、数据库、应用程序的全面监控。

一般而言，防火墙是一种主要的周边安全解决方案，在网络架构中起到核心防御作用，通常能够在网络提供访问控制，但防火墙的通信端口是开放的，是网络外部用户进入交换机的重要通道，黑客可以采用攻击手段穿过防火墙攻击服务器。入侵检测系统是防火墙的补充解决方案，主要通过对网络数据包的截取分析，查找具有攻击特性和不良企图的数据包。入侵检测被认为是防火墙之后的第二道安全闸门，在不影响网络性能的情况下能对网络进行监测，从而提供对内、外部攻击和误操作的实时保护。因此需要在通信网络核心节点部署入侵检测与管理系统引擎。其中，入侵检测与管理系统引擎主要功能为原始数据读取、数据分析、事件产生、策略匹配、事件处理、通信等。

漏洞扫描系统采用基于应用、主机、目标的漏洞和网络的检测技术。检测内容主要包括检查应用软件包的设置、操作系统内核、文件属性、操作系统补丁、系统被攻击崩溃的可能性等问题。网络通信系统采用标准的机架式独立硬件设计，漏洞扫描系统采用 B/S 设计架构，采用旁路方式接入网络。同时，漏洞扫描系统需要支持扩展无线安全模块，可实时发现所覆盖区域内的无线设备、终端和信号分布情况，协助管理员识别非法无线设备、终端，帮助涉密单位发现无线信号，并可以进一步发现对无线设备不安全配置所存在的无线安全隐患。

主动防御技术体系可有效应用到水利智能体的安全防护之中，可为确保网络的安全可靠运行、满足通信保障需求、准确分析通信故障安全事件的产生原因、制定并采取有效的解决和应对措施提供科学决策的依据，将有助于水利智能体的安全稳定运行，提高系统的可靠性。

二、人工智能方法

（一）人工智能方法与安全防护

如今，软件定义网络（SDN）、大数据、云计算等各种新颖的网络和计算技术推动了水利智能体的网络空间快速发展。与此同时，网络安全已经成为网络空间最重要的问题之一。传统的安全依赖于对部署在特殊边缘或节点上的安全设备的静态控制，如防火墙、入侵检测系统和入侵预防系统，对网络安全进行监控。随着网络威胁的普遍存在和持续发展，多样化的攻击入口点、高水平的入侵模式和系统化的攻击工具降低了水利智能体的网络威胁部署的成本。为了最大限度地提高水利智能体"核心系统资产"的安全水平，迫切需要开发创新的、智能的安全防御方法，以应对多样化和可持续的威胁。为了实施新的网络安全防御和保护，系统需要获取历史和当前的安全状态数据，作出能够提供自适应的安全管控的智能决策。

人工智能（AI）是计算机科学的一个快速发展的分支，研究并发展理论、方法、技术和应用系统，以模拟和扩展人类智能。近年来，由于超性能计算技术的发展和深度学习（DL）的出现，人工智能技术已经取得了很大的进步。特别是深度学习技术使人们能够从更多的数据中获益，获得更好的结果，开发更多的潜力。它极大地改变了人们的生活，重塑了传统的人工智能技术。

人工智能在网络安全领域也有许多突出的应用，如恶意软件监控和入侵检测。人工智能技术可增强网络安全人员应对威胁的能力，提升网络空间适应能力。传统的网络安全工具仅能抵抗已知的恶意代码，黑客只需要一小部分代码便可绕过防御，而基于人工智能的工具可通过训练检测更广泛的网络活动模式中的异常，从而提供更全面和动态的保障。人工智能已经被证明是最有效的网络安全检测技术，机器学习在检测未知威胁上表现格外出色。人工智能的进步催生了更智能和更自主的安全系统。通过机器学习，这些系统可以在无人工干预的情况下自行学习并自我改进。

在人工智能技术发展初期，机器学习（ML）技术在应对网络空间威胁中发挥了重要作用。尽管 ML 非常强大，但它过于依赖特征提取。这一缺陷在应用于网络安全领域时尤为突出。例如，为了使一个 ML 解决方案能够识别恶意软件，我们必须手工编译与恶意软件相关的各种特征，这无疑限制了威胁检测的效率和准确性。这是因为 ML 算法是根据预定义的特定特征工作的，这意味着没有预定义的特征将逃脱检测，无法被发现。大多数 ML 算法的性能取决于特征识别和提取的准确性。DL 可以直接用于训练原始数据不用提取其特征。DL 可以检测隐藏在数据中的非线性相关性，支持任何新的文件类型，并检测未知的攻击，这在网络安全防御中是一个有吸引力的优势。近年来，DL 在防范网络安全威胁，特别是 APT 攻击方面取得了很大进展。DNN 可以学习 APT 攻击的高级抽象特征，即使他们使用最先进的躲避技术。

将人工智能应用到网络安全管理领域可以帮助网络管理员提高工作效率，相较于传统的网络安全技术，不论是从速度、效率，以及可操作性，都显著提高，其具体的优势如下：

（1）具有处理模糊信息的能力。人工智能技术具有处理未知问题的能力。人工智能技术一般采用模糊逻辑的推理方式，不用非常准确的描述数据模型。网络中存在大量不确定也不可知的模糊信息，处理这些信息比较困难。在计算机网络安全管理中应用人工智能技术，可以提高处理信息的能力。

（2）具备学习能力和处理非线性能力。人工智能不同于传统的网络安全处理模式，它最大的特点是具有一定的学习能力，这一点优势在处理信息时表现得尤为明显，因为网络中的信息量往往是庞大的，但是许多信息都是简单的，极其容易理解，却可能有有效信息。想要从海量的信息中挖掘出有效的信息，首先要做的就是学习，推理这些简单的信息，人工智能的优势就在于这里。人工智能具有处理非线性能力。

（3）计算成本低。传统网络安全技术消耗的能源量惊人，人工智能在这一方面则有很大的改善，它对于能源消耗速率特别低。因为人工智能采用的是新的算法，即控制算法。这种算法可以利用最优解一次性完成计算任务，有效减少资源消耗力度，实现绿色节能。另外，使用这种方法可以保证网络技术的高速性。

（二）人工智能方法关键技术

1. 实际人工智能的方法

实现人工智能有很多方法。在早期阶段，人们使用知识库来形式化知识。然而，这种方法需要太多的手动操作来精确地描述具有复杂规则的世界。因此，科学家设计了一种模式，人工智能系统可以从原始数据中提取模型，这种能力被称为 ML。ML 算法包括统计机制，如贝叶斯算法、函数近似（线性回归）和决策树。所有这些算法都是强大的，可以用于许多需要简单分类的情况。然而，这些方法在准确性上存在一定的局限性，这可能导致在海量和复杂数据表示方面表现不佳。DL 的提出就是为了解决上述不足。DL 模拟人类神经元的过程，建立具有复杂相互连接的神经结构。DL 是当今学术界的研究热点，已被广泛应用于各种工业场景中。因此，这里将介绍最新模型的分类和在不同领域 DL 研究中的应用。深度学习的分类是基于其学习机制进行分类的。

2. 人工智能的学习机制

人工智能主要的学习机制有三种：监督学习、无监督学习和强化学习。

（1）监督学习的输入数据明显需要贴标签，通常被用作分类机制或回归机制。例如，恶意软件检测就是一个典型的二进制分类场景（正面或负面）。与分类相反，回归学习根据输入数据输出一个或多个连续值的预测值。

（2）与有监督学习相比，无监督学习的输入数据是无标记的。无监督学习通常用于数据聚类、降维或估计密度。例如，模糊深度简要网络（DBN）系统结合了模糊系统，可以提供一种自适应机制来调节 DBN 的深度，从而获得较高的聚类精度。

（3）强化学习是基于对智能主体行为的奖励。它可以看作是监督学习和非监督学习的融合。它适用于具有长期反馈的任务。将基本强化学习与深度神经网络进行结合，开发了深度 Q -网络，作为一种深度强化学习架构。

3. 对抗网络攻击的方案

下面将介绍对抗网络空间攻击的传统 ML 方案和各种 DL 方案。讨论了网络空间攻击的实施过程、实验结果和不同方案的效率。

针对安全防护的传统机器学习方案 ML。解决方案包括四个主要步骤：①特征提取功能；②选择合适的 ML 算法；③对模型进行训练，通过对不同算法的评估和参数的调整，选择出性能最好的模型；④使用训练模型对未知数据进行分类或预测。常用的 ML 解决方案有 k -近邻（k - NN）、支持向量机（SVM）、决策树、神经网络等。不同的算法解决不同类型的问题。有必要根据具体的水利应用场景选择合适的算法。

（1）k - NN 执行的前提是训练数据集的数据和标签是已知的。首先输入测试数据，然后比较测试数据的特点和相应的训练集的特征找到最相似的训练集，最后选择其中出现最多的一个类对应的测试数据，这就类似于现实生活中少数服从多数的思想。

如图 7-4 所示，有两类不同的网络行为样本数据，分别用小正方形和小三角形表示，而图正中间的那个圆点所标示的数据则是待分类的数据。根据 k-近邻的思想来给圆点进行分类。如果 $k=3$，圆点的最邻近的 3 个点是 2 个小三角形和 1 个小正方形，少数从属于多数，基于统计的方法，判定圆点的这个待分类点属于三角形一类。如果 $k=5$，圆点的最邻近的 5 个邻居是 2 个三角形和 3 个正方形，还是少数从属于多数，基于统计的方法，判定圆点的这个待分类点属于正方形一类。而在实际应用中，k-NN 算法的关键之一就是 k 值的选取。

（2）SVM 是一种性能优越的监督学习算法，包括支持向量分类和支持向量回归。支持向量机的核心思想是通过构造合适的分割平面对数据进行分离，确定了最优分割平面，分割的原则是间隔最大化，用于对受攻击/安全度量进行分类。

图 7-5 为一个使用 SVM 进行简单二维空间分割的例子，实心圆代表正常网络行为类，空心圆代表网络攻击行为类，样本是线性可分的，但是很显然，不只有这一条直线可以将样本分开，而是有无数条，我们所说的 SVM 就对应着能将数据正确划分并且间隔最大的直线，即图 7-5 中 $wx-b=0$ 所在直线。

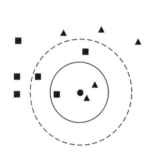

图 7-4　k-NN 应用示例

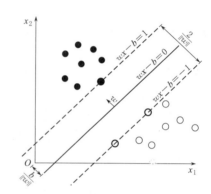

图 7-5　SVM 分割简单二维空间的示例

（3）决策树算法是一种近似离散函数值的方法。从本质上讲，决策树机制是通过一系列规则对数据进行分类的过程。基于决策树可以对恶意软件进行分类。决策结果是通过预定义的决策规则从特定的特征中得到的。使用决策树生成简单的决策规则，用于防御拒绝服务和命令注入的攻击。此种方法考虑了网络输入特性（如网络流量和磁盘数据）和物理输入特性（如速度、功耗和抖动）。不同的攻击对网络有不同的影响，包括网络和物理操作，而物理输入特征的加入可以帮助决策树提高检测的整体准确率，降低假阳性率。APT 攻击采用社会工程方法入侵各种系统，带来了巨大的社会问题。设计一种基于决策树的入侵检测系统，用于检测入侵系统后可能发生智力变化的 APT 攻击。直观的想法是通过决策树来分析行为信息。该系统还可以检测到初始入侵的可能性，并通过尽快对APT 攻击作出反应，将风险降至最低。图 7-6 展示了一个网络攻击行为检测的决策树示例，先将网络动作进行划分不同的行为，并将这些行为赋予不同的数值，根据不同的行为标签（即正常行为或攻击行为），得到预定义的决策规则，用于网络攻击行为检测。

（4）深度学习为安全防护提供了更多的解决方案。深度学习方法与 ML 方法非常相似。如前所述，DL 中的特征选择是自动的，而不是手动的，DL 试图从给定的数据中获得更深层次的特征。DL 程序包括深度信念网络（DBN）、递归神经网络（RNN）和卷积神经网络（CNN）。下面将介绍如何使用不同类型的深度神经网络来防御不同场景下的几种网络攻击。

基于深度信念网络的攻击防御。DBN 是由多个受限制的玻尔兹曼机组成的概率生成模型。针对入侵检测中存在的信息冗余、训练时间长、容易陷入局部最优等问题，提出了一种将 DBN 与概率神经网络（PNN）相结合的入侵检测方案。该方法将原始数据转换为低维数据，利用具有非线性学习能力的 DBN 从原始数据中提取基本特征，使用粒子群优化算法来优化每层隐藏层的节点数，然后使用 PNN 对低维数据进行分类。

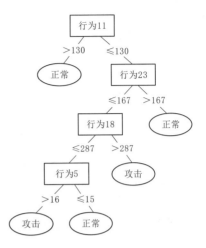

图 7 - 6　基于决策树的
网络攻击行为检测示例

基于递归神经网络的攻击检测。与传统的前馈神经网络（FNN）不同，RNN 引入了方向性循环，处理输入之间的上下文相关性，对序列数据进行处理。使用了长短期方法记忆递归神经网络（LSTM - RNN），因为 LSTM 可以通过权限序列的稀疏表示学习时间行为。

值得一提的是，可以将人工智能技术引入网络安全领域，构建智能模型，实现恶意软件分类、入侵检测和威胁智能感知。但是另一方面，人工智能模型将面临各种网络威胁，这将干扰他们的样本、学习和决策。因此，AI 模型需要特定的网络安全防御和保护技术来对抗对抗性的机器学习、保护机器学习中的隐私、保障安全的联邦学习等。在敌对环境中的攻击旨在破坏各种 AI 应用程序的完整性和可用性，并通过使用敌对样本误导神经网络，导致分类器推导出错误的分类。当然，对抗性的攻击也有相应的防御措施。这些防御措施主要集中在三个方面：①修改训练过程或输入样本；②修改网络本身，如增加层/子网络，改变丢失/激活功能；③在对未出现的样本进行分类时，使用一些外部模型作为网络插件。

（三）人工智能方法在水利安全保障中的应用

在水利网络安全管理过程中，有效的措施就是利用防火墙对病毒进行抵制，其中最具有技术含量的核心部分为入侵检测，及时对一切病毒及携带病毒进行识别。通过识别病毒的特点进行阻止与优化，防止病毒的入侵等。利用人工智能技术结合入侵检测系统为水利网络安全管理工作进行双重保险。此处主要介绍专家系统和人工神经网络系统两种应用广泛的人工智能方法。

1. 专家系统

水利网络安全领域运用得最为广泛的人工智能技术就是专家系统。专家系统，顾名思义就是以专家所拥有的经验性知识为基础而设立的入侵检测系统。专家系统可以根据病毒的入侵特点制定编码让系统进行自动检测。根据检测结果的显示，可以清晰地判断出系统的安全级别。同时，利用专家系统的检测优势为日后的检测工作带来高效率的工作质量。

2. 人工神经网络系统

在水利网络安全管理中，采用人工神经网络进行分辨，可以识别一些带有噪声或者暗藏畸变的入侵模式，无论是直接性的还是间接性的病毒都会在第一时间检测出来，这套系统的开发是模拟人脑学习技能而形成的，最终运用到网络安全管理中。除了有上述的优势，它还具备一定的学习能力和高适应能力，能够快速识别入侵行为。人工神经系统在网络安全中的运用，大大提高了面对入侵时管理员的应对速度，对保证网络安全的意义重大。

将人工智能运用在水利网络安全还是一个较为新颖的领域。事实上，可以用到水利网络安全中的人工智能技术并不止上述提及的几种，它还有待发展和探索。另外，对于各类新技术，并不只限于人工智能技术，都应该将其灵活运用到水利网络中来，保障水利网络的安全性，使水利网络更好地服务于水利管理者和用户。

三、可信计算

（一）可信计算与安全防护

如今，信息技术已经成为人们生活中不可分割的一部分，人们每天都通过计算机和互联网获取信息、进行各种活动。但计算机与网络空间并不总是安全的。为了使人们能够正常地通过计算机或手机在网络上进行各种水利活动，必须建立一套安全、可靠的防御体系来确保水利智能体能够按照预期稳定地提供水利服务。大部分网络安全系统主要由防火墙、入侵检测、病毒防范等组成。这种常规的安全手段只能在网络层、边界层设防，在外围对非法用户和越权访问进行封堵，以达到防止外部攻击的目的。由于这些安全手段缺少对访问者源端——客户机的控制，加之操作系统的不安全，导致应用系统的各种漏洞层出不穷，其防护效果越来越不理想。此外，封堵的办法是捕捉黑客攻击和病毒入侵的特征信息，而这些特征是已发生过的滞后信息，属于"事后防御"。随着恶意用户的攻击手段变化多端，防护者只能把防火墙越砌越高、入侵检测越做越复杂、恶意代码库越做越大，误报率也随之增多，使得安全的投入不断增加，维护与管理变得更加复杂且难以实施，信息系统的使用效率大大降低，而对新的攻击毫无防御能力。

近年来所出现的可信计算技术正是为了解决计算机和网络结构上的不安全，作为全新的安全解决方案，在访问控制、资源共享与交换、数字权益管理等方面，在无线移动网络和对等网络等领域得到了广泛的应用。可信计算正是从根本上提高安全性的技术方法，是从逻辑正确验证、计算体系结构和计算模式等方面的技术创新，以解决逻辑缺陷不被攻击者所利用的问题，形成攻防矛盾的统一体，确保完成计算任务的逻辑组合不被篡改和破坏，实现正确计算。

例如，对应用程序的可信是指白名单应用可以在某个环境下运行，非白名单应用无法在该环境中运行；同时，白名单应用受到监控，其运行行为一旦被发现异常，系统会根据异常行为的安全危害等级报警并采取相应措施。像这样对环境中运行的应用进行限制，可减少不安全的应用对水利智能体进行攻击的可能性，而对应用的监控可以及时发现攻击并作出响应，见图 7 - 7。

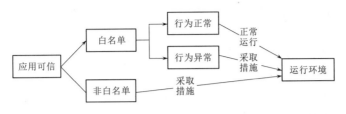

图 7-7　应用程序可信的流程

（二）可信计算关键技术

可信计算的定义是指计算运算的同时进行安全防护，使计算结果总是与预期一样，计算全程可测可控，不被干扰。可信计算是一种运算和防护并存的主动免疫的新计算模式，具有身份识别、状态度量、保密存储等功能，类似人体的免疫系统，及时识别"自己"和"非己"成分，从而破坏与排斥进入机体的有害物质。

我国沈昌祥院士（2014年）认为，可信计算系统是能够提供系统的可靠性、可用性、信息和行为安全性的计算机系统。系统的可靠性和安全性是现阶段可信计算最主要的两个属性。因此，可信可简单表述为"可信≈可靠＋安全"。所谓可信是指计算机系统所提供的服务是可靠的、可用的，在信息和行为上是安全的。相对应的可信计算平台是能够提供可信服务的计算机软硬件实体，它能够提供系统的可靠性、可用性、信息和行为的安全性。

一个可信计算系统由信任根、可信硬件平台、可信操作系统和可信应用系统组成，见图 7-8。在可信计算系统中，首先创建一个安全信任根，再建立从硬件平台、操作系统到应用系统的信任链，在这条信任链上从根开始一级测量认证一级，一级信任一级，以此实现信任的逐级扩展，从而构建一个安全可信的计算环境，其目标是提高计算平台的安全性。

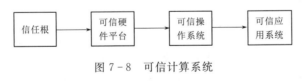

图 7-8　可信计算系统

信任的获得方法主要有直接和间接两种。设 A 和 B 以前有过交往，则 A 对 B 的可信度可以通常考察 B 以往的表现来确定，我们称这种通过直接交往得到的信任值为直接信任值。设 A 和 B 以前没有任何交往，但 A 信任 C，并且 C 信任 B，那么此时我们称 A 对 B 的信任为间接信任。有时还可能出现多级间接信任的情况，这时便产生了信任链。

可信计算的研究涵盖了硬件、软件以及网络等不同的技术层面，其中涉及的关键技术主要有以下几点：

（1）信任链传递技术。在可信计算机系统中，信任链被用于描述系统的可信性，整个系统信任链的传递从信任根［安全芯片和可度量的核心信任源（CRTM）］开始。从平台加电开始到基本输入输出系统（BIOS）的执行，再到操作系统加载程序的执行，到最终操作系统启动、应用程序的执行的一系列过程，信任链一直从信任根处层层传递上来，从而保证该终端的计算环境始终是可信的。

（2）安全芯片设计技术。安全芯片作为可信计算机系统物理信任根的一部分，在整个可信计算机中起着核心的控制作用。该芯片具有密码运算能力、存储能力，能够提供密钥生成和公钥签名等功能；其内部带有非易失性存储器，能够永久保存用户身份信息或秘密信息。

（3）可信 BIOS 技术。BIOS 直接对计算机系统中的输入、输出设备进行硬件级的控制，是连接软件程序和硬件设备之间的枢纽。其主要负责机器加电后各种硬件设备的检测初始化、操作系统装载引导、中断服务提供及系统参数设置的操作。在高可信计算机中，BIOS 和安全芯片共同构成了系统的物理信任根。

（4）可信计算软件栈（TSS）设计实现技术。可信计算软件栈是可信计算平台的支撑软件，用来向其他软件提供使用安全芯片的接口，并通过实现安全机制来增强操作系统和应用程序的安全性。可信计算软件栈通过构造层次结构的安全可信协议栈创建信任，其可以提供基本数据的私密性保护、平台识别和认证等功能。

（5）可信网络链接技术。可信网络链接技术主要解决网络环境中终端主机的可信接入问题，在主机接入网络之前，必须检查其是否符合该网络的接入策略（如是否安装有特定的安全芯片、防病毒软件等），可疑或有问题的主机将被隔离或限制网络接入范围，直到它经过修改或采取了相应的安全措施为止。

（三）可信计算技术在水利安全保障中的应用

1. 可信计算技术的不足

水利网络与信息安全体系建设进展迅速，在物理、网络安全等各方面都得到一定加强，在保障水利信息系统安全运行上已发挥较大的成效，但仍然存在许多不足和需要完善的地方，具体如下：

（1）采取的安全措施主要集中于物理和网络安全，对系统、应用、数据安全的投入很少。

（2）安全防范基本采用防火墙、杀毒软件、入侵检测等"老三样"防御技术，它们只能堵漏洞、筑高墙，以防外部入侵为重点，这与当今信息安全的主要威胁源自内部的实际情况不相符合。其结果只能是防火墙越砌越高，入侵检测越做越复杂，病毒库也越扩越庞大，却依然无法应对层出不穷的恶意攻击和病毒，尤其是无法禁止已经在电脑硬盘中驻存的一些恶意程序向网络上肆意传播。

（3）对用户身份鉴别手段单一、权限控制不严格，对来自内部的非法访问控制不足。水利信息网利用数字证书技术对用户的身份进行认证，但对其使用终端的安全状态却不进行考量，同时对用户"进门"后的操作缺乏审计、监控等深层次的防护，这都为安全事故的发生埋下了隐患。

2. 可信计算技术的应用

可信计算是针对如何为分布式网络应用系统提供可信保障，构建新一代适应信息发展需求的可信环境提出的一种技术手段，近年来成为备受工业界和学术界关注的焦点。因此，可以将可信计算的思想引入水利网络与信息安全保障系统的构建过程中，弥补现有信息安全技术存在的不足，提升安全保障系统的实用性和有效性。下面主要介绍可信认证和可信度量在水利信息系统的应用。

（1）可信认证。一个平台要达到可信的目标，最基本的原则就是必须真实报告系统的状态。在可信计算中，可信平台利用"信任根"搜集平台的身份和状态配置信息，再通过各自的远程证明方法向外界证明自己是可以被信任的实体。水利信息系统的用户认证环节可以借鉴可信认证的思想，在用户登录时，不仅鉴别其身份，还需认证其使用终端的状态配置信息（如：是否使用正版操作系统并及时打补丁、是否安装杀毒软件等），如此可较大程度地避免用户以"合法"身份将病毒、木马带入系统。

（2）可信度量。可信平台通过可信平台模块（TPM）采集终端上的各种完整性信息（如系统重要文件、补丁程序、病毒库、安全插件等的度量值），以此完成对终端的可信度量，其根本目的是在相应的安全模型下获得用户的可信度，并实现基于可信度的访问控制。而在用户访问服务器时，他的可信度不仅取决于使用终端的安全状态，还应与所访问服务器提供的服务类型、等级及服务器安全需求等相关，并且用户的可信度随终端的安全状态和所访问的服务对象的变化而变化（如此服务器端可对用户的访问权限作出相应调整）。

水利信息系统中对用户的访问控制相对简单，用户"进门"后的访问权限过大，且对用户的访问控制策略是静态不变的，这极易导致某些重要信息的泄露和资源的不合理分配。因此，可以借鉴可信度量的思想，通过对用户可信度的评估，对其访问权限进行实时调整，以此保证访问的安全性和合理性。因此，对内部用户的终端状态进行详细认证，对其访问权限进行严格、合理地控制，是提高信息安全水平的有效途径。

四、区块链安全

（一）区块链与安全防护

水利智能体有机会从水资源自然环境、水利工程和用户那里获得各种各样的信息。如果这些信息不慎被不法分子盗取，就会给水利行业和用户带来无尽的困扰和损失。如今，由于水利智能体的存在，联网的摄像头或其他传感器设备都可以被远程控制，相关的设备也能够随时被访问和检查。如果在使用的过程中，这些摄像头和设备没有得到安全方面的保障，那么攻击者就可以通过扫描来对其进行控制。一些非常简单的密码正在被广泛使用，如"用户""管理员"及纯数字等。因为这些密码很容易被破解，所以攻击者就有了可乘之机，最终导致攻击行为不断增多。另外，随着时代的发展，智能感官设备已经成为水利行业的首要选择。也正是因为这样，水利智能体遭受的网络攻击开始走向多样化，攻击者甚至可以通过窃听路由器来控制大量的联网设备。

水利智能体中的智能感官和相关数据是分布在不同空间和不同时间的 IP 地址完成的，跨时间和空间的分布式数据处理增加了被非法截取、攻击、修改或删除导致信息被篡改的风险，即使用户可以将数据存储到云中，但是用户每次使用数据时，通常需要反复地下载或传输数据，这不仅给水利云服务造成了很大负载，也给数据的安全性埋下了隐患。此外，在智能感官中，采用射频识别系统对设备进行跟踪，或将设备信息传输到远程服务器等，都面临安全威胁，一旦受到攻击，数据极易被攻击者窃取。

区块链被认为是新时代催生出来的技术，可以有效地提升水利智能体的安全性。区块链技术将现有的计算机技术（如共识机制、点对点传输、加密算法、分布式存储等）进行融合后开展了新的应用模式,尤其是其中的共识机制,可以保证各个节点上数据的高度一致性,且一旦数据被记录将永远无法修改和删除。

区块链技术与传统的网络空间安全技术相比,具有三个显著的优势:

(1)区块链采用分布自治的数据管理结构,网络中的每个节点都天生具有安全防护能力,节点以自治的方式独立按照规则执行合约,对于恶意危害行为"步步为营、步步设防",因此区块链可以运行在非安全的网络环境中,而且可以同时阻止外部黑客和内部用户的侵害。

(2)区块链采用共识安全机制,利用网络的总体力量积极抵御个别的恶意侵害行为,通过多数诚实节点达成的共识对抗少数恶意节点的攻击,网络规模越大反而安全性越高。恶意行为即使能够"单点突破",也会在强大的网络共识机制作用下无形消融。

(3)区块链的安全机制具有扩展性,可以与其他安全技术有机结合,形成适合各个行业特点的、更灵活的安全机制。由于这些优势,区块链可以在开放式互联网上成功和安全地运行,为网络空间安全提供基础支撑。

(二)区块链关键技术

区块链是一种以密码学算法为基础的点对点分布式账本技术,是一种互联网共享数据库。从本质上讲,区块链是一个不依赖第三方,通过自身分布式节点进行数据存储、验证、传递和交流的网络技术方案。换句话说,区块链就是一个分布式记账本,任何人在任何时候都可以采用相同的技术标准生成信息、进行延伸。

1. 区块链的特性

区块链首次从技术上解决了基于信任的中心化模型带来的安全问题,它基于密码学算法保证数据与价值的安全转移,基于哈希链及时间戳机制保证数据的可追溯和不可篡改的特性,基于共识算法保证节点间区块数据的一致性。2014 年后,越来越多的领域开始尝试与区块链相结合,催生了广阔的应用前景。区块链是由包含交易信息的区块从后向前有序链接起来的数据结构。每个区块头都包含它的父区块哈希值,这样把每个区块链接到各自父区块的哈希值序列就创建了一条一直可以追溯到第 1 个区块(创世区块)的链条。随着链上新区块的产生,该区块链的本地副本会不断地更新维护这个链,并通过共识算法和其他同步机制来保证每个区块链副本的最终一致性。区块链网络是一个分布式的点对点网络,其中每个完整节点都存储了所有交易数据,而不需要第三方或中心化的节点来控制交易数据。这种分布式的数据管理架构赋予了区块链应用去中心化、匿名性和信息不可篡改性等优势。

(1)去中心化。在区块链技术中不采用节点中心化的管理模式,而是利用大量的节点来构成一个无中心的网络,在这个去中心化的网络中,每个节点都能够依靠自身来维护网络安全。在不同的节点之间相互对等,没有相互管理的机制,且每个节点都存储了数据库的完整信息。通过对区块链去中心化特点的利用,可以对传统的数据中心化管理方式进行改进,减少对中心节点的依赖程度,避免由于单个节点受损而造成全网瘫痪的现象发生。

(2)匿名性。区块链中保证数据安全性的重要措施之一是对数据进行加密。与传统的数据加密方式不同,区块链加密基于非对称性加密技术,不同的节点之间能够达成共识,进而使得参与交换数据的各个节点之间是匿名的。这种匿名的性质可以保护交换中的隐私数据。此外，在互联网上开展网络交易时，网络上传输的数据还需进行数字签名，这可以对交易人的身份进一步进行认证，进而提高传输数据的安全性。

（3）信息不可篡改性。当用户将数据存储到区块链系统中后，系统会根据数据的安全级别设定相应的操作权限，只有具备相应操作权限的用户才可对数据进行修改，而为了获得该权限，用户需要利用区块链中的协议来征得其他节点的授权。此外，在区块链系统中每一次数据的修改或交易的进行，都有相应的时间戳对其进行记录，这给数据添加了时间的维度，使得数据的修改或交易记录具备时序性，既可以保证数据的原始性，还加强了数据的不可篡改性。

2. 区块链的架构设计

虽然区块链与基础语言或平台相比还有明显的差距，但它也有自己的架构设计。区块链的架构设计并不复杂，可以分为协议层、扩展层、应用层。

（1）协议层。通俗地讲，协议层与我们平常使用的电脑操作系统非常类似，也具有维护网络节点的作用。一般情况下，协议层会向用户提供基本的客户端，这个客户端具有钱包一样的功能，但是比较简单，只可以支持建立地址、验证签名、转账支付、查看余额等。协议层是整个区块链的基础，如果这一层已经构建好网络环境，搭建好交易通道，其他层就不能再参与。这也是区块链具有难以篡改特征的一个重要原因。协议层中用到了很多技术，包括网络编程、分布式算法、密钥加密、数据存储等。在这些技术中，网络编程是用到最多的一个，也是最基础的一个。分布式算法把一个比较大的计算任务分解成很多个小的计算任务，然后放到多个机器上计算，最后进行汇总。密钥加密技术可以保证信息数据的安全，该技术可以分为对称密钥和非对称密钥。如果是海量数据，就需要运用数据存储技术对其进行整理、归类，然后存储起来。该技术可以有效避免无效数据、过期数据占用存储空间的现象。

（2）扩展层。扩展层的主要作用是让区块链产品更加实用。这一层可以分为两类。一类是交易市场，"虚拟货币"通过这个交易市场可以实现加密，其优点是操作起来比较简单，而且收益高、成本低。当然，交易市场也存在一定的缺点，那就是风险比较大。另一类是针对某个方向的区块链，如智能合约。智能合约之所以智能，是因为如果合约达到一定的条件，就可以自动执行，而不需要人为操作。扩展层使用的技术也比较多，包括分布式存储、VR、物联网、大数据等。扩展层和协议层是相互独立的两个层，除了在交易时会产生交互以外，其他时候完全不受彼此的影响。

（3）应用层。应用层包括了运行在区块链上的去中心化应用程序，以及一些接口调用。应用层封装了各种应用和案例，每个人都可以接触到区块链的应用层，现在这一层的应用非常广泛，最具代表性的就是各类支付客户端。

（三）区块链技术在水利安全保障中的应用

由上述可知，区块链的诸多特性为水利网络和水利数据的安全提供了保障，下面分别从保障水利网络数据完整性、保障水利通信安全和水利网络资产安全管理三个方面详细分析区块链的应用策略。

1. 在保障水利网络数据完整性方面

水利网络数据安全几乎是保证水利网络系统正常运行的基础。在传统的水利网络数据完整性保护方面，通常采用的方式是利用边界防护系统对数据进行保护，结合对数据进行加密和选择信任对象来实现安全防护。但是这种方式仍然存在一定的漏洞。与传统方式不同，将区块链技术应用到水利网络安全防护时，不依赖于加密技术和选取的信任对象，而是基于反向链接数据和共识机制来确保水利网络数据安全。此外，区块链技术不采用构建边界防护系统来对数据进行安全防护，而是对系统内或水利网络内的所有数据都进行监视，删除其中的虚假数据，进而确保数据的安全。可以尝试区块链采用带有时间戳的链式区块结构存储数据，增加数据记录的时间维度，使其具有可验证性和可追溯性。当改变其中一个区块中的任何一个信息，都会导致从该区块往后所有区块数据的内容修改，从而极大地增加数据篡改的难度。

2. 在保障水利通信安全方面

将区块链技术应用到水利通信网络中，可以让水利通信过程更为可靠。利用区块链技术可以迅速将数据发送到分布在多个位置的不同节点上，从而保证水利数据信息传播的高效性和高安全性，同时，区块链系统的去中心化特性，使得水利智能体中任意单个节点或多个节点受到攻击或水利网络通信出现故障都不会影响系统的正常运行，水利智能体中的其他节点仍可以对水利数据进行传输。此外，当区块链系统受到病毒的攻击时，还可以采用协议的方式保证合法水利数据被及时传播。因此，通过对区块链技术的有效利用，可以充分保证水利通信的安全性。可以探索用区块链共识机制代替中心认证机制，取代传统网络的用户认证采用中央认证中心（CA）方式，而在区块链节点共识机制下，无需第三方信任平台，写入的数据需要水利网络大部分节点的认可才可以被记录，这样攻击者需要至少控制水利全网络一般以上的节点才能够伪造或者篡改数据，这将大大增加攻击的成本和难度。

3. 在水利网络资产安全管理方面

水利网络资产可分为有形资产和无形资产两种，通过对区块链技术中的不可任意更改特性的利用，可以加强对上述两种资产的监督和管理。利用区块链技术记录水利资产的每次转移，可以在必要时候追溯水利资产的来源和转移记录，从而为水利行业提供产品的流动状态。

第三篇

实践案例

随着信息化、智能化的快速发展，各地涌现了大量的智慧水利建设的优秀案例。本篇介绍智慧大兴水利枢纽、环洱海智慧生态廊道、黄花滩智慧灌区、南水北调东线江苏段智慧调度工程等案例。每个案例实质上都是一个水利智能体，只不过它们应用的业务领域和服务的对象不同。本篇将每个案例从水利智能体的角度进行解读，按照智能感官、智能联接、智能中枢、智能应用和智能免疫这五个方面，基于相关设计、招投标和公开论文等文献，介绍不同智慧水利项目的建设思路和关注重点，以期通过分享这些智慧水利项目的成功经验，进而为不同业务项目的智慧水利建设提供经验借鉴。

第八章　智慧大兴水利枢纽

大兴水利枢纽工程位于贵州省铜仁市碧江区和松桃县境内，首部枢纽位于松桃县境内的大梁河中游，工程主要任务为城乡生活、工业和灌溉供水，兼顾发电，是铜仁市重要的水源工程。水库总库容 4672 万 m^3，为 33.2 万人提供生活用水，为 1.02 万亩（680 hm^2）耕地提供农业灌溉用水，同时为正大农产品加工园区和大兴科技工业园区提供工业用水，并补充铜仁新区缺水量。

大兴水利枢纽工程作为贵州省新建水利工程，其工程建设内容基本满足工程运行管理的需要。随着科学技术的发展、国家政策的指引、行业信息化发展的需要，工程运行管理单位对运行管理水平和效率提升的期望等内外部环境的变化以及大兴水利枢纽工程自身具备的条件，使得大兴水利枢纽工程信息化运行管理系统的优化提升势在必行。

（1）在科学技术层面。随着新兴信息技术的飞速发展，物联网、大数据、人工智能等技术的日趋成熟，人类逐渐从数字化进入智能化时代，为智慧大兴水利枢纽建设提供了技术支撑。

（2）在国家政策层面。习近平总书记在十九大报告中提出建设网络强国、数字中国、智慧社会，中央对实施网络强国战略作出了全方位部署，2017 年中央农村工作会议和2018 年中央一号文件明确要求实施智慧农业林业水利工程，为智慧大兴水利枢纽工程建设指明了方向。

（3）在行业发展层面。2018 年 6 月水利部部长鄂竟平指出，水利网信工作既要有现状，也要有历史情况和未来预测；既要有监测数据，又要有对数据的分析评价结果，更要有分析评价结果可能出现问题的有效应对措施和建议，为智慧水利建设提出了实质性要求。2018 年 11 月大兴水利枢纽已经通过下闸蓄水验收，工程建设接近尾声，是实施智慧水利建设的有利时机，既可以开展运行管理系统优化设计提升工作，也不会影响大兴水利枢纽工程主体建设及验收。

智慧大兴水利枢纽可以看作是一个水利智能体，简称智慧大兴水利智能体。该水利智能体，从层级上看，它是省级水利智能体的一个子水利智能体；从业务上看，它是主要专注于水利工程安全运行业务的单一业务水利智能体。在这个智能体中，智能感官包括水情自动测报系统、水质自动监测系统、计算机监控系统、视频建设系统、视频会议系统、广播预警系统、火灾自动报警系统、电子围栏系统等。智能联接包括通信网络、生产调度与管理程控交换和综合布线等内容。智能中枢包括数据资源管理平台和统一的应用支撑平台。智能应用则包括综合监测监控系统、水资源综合调度管理系统、水量计量与水费运营系统、综合办公自动化系统和应急预案管理系统等。智能免疫为应对数据安全、网络接入、网络资源访问、网络入侵和网络安全事件等现象建立了一套可靠的网络安全防护体系。

整个水利智能体实现对水情自动测报、工程安全监测、基于人工定期采集取样、基于仪器监测分析的水质监测，在一级泵站集控中心实现对首部枢纽、水电站、一级泵站、二级泵站及三级泵站主要设备集中的计算机监控（输水主管线电动阀门采用移动供电，现地手动控制操作），在一级泵站视频控制中心实现对大坝枢纽工程进行图像监控、视频监控以及一级泵站和二级泵站的火灾自动报警（水电站、三级泵站没有设置）等。同时，水利智能体还在工程日常管理工作的诸多方面为工作人员提供便利，包括对水库安全运行监控信息的查询分析应用、防洪调度作业、日常办公等，方便工作人员管理，提升其工作效率。

第一节　智　能　感　官

智能感官是智慧大兴水利智能体的感知器官，对大兴水利枢纽中的水情、工情和水利管理活动进行全面智能监控，包括水情自动测报感官、工程安全监测感官、水质自动监测感官、计算机监控感官、视频监控感官、门禁感官、电子围栏感官等。

一、水情自动测报感官

水情自动测报感官主要为水雨情、流量等内容的信息采集，形成全面、及时、准确的实时水情监控数据体系，为水资源调度和工程安全运行提供基础服务。

（一）布设原则

布设水情自动测报系统应遵循以下原则：

（1）满足水情预报和洪水调度要求。

（2）尽量利用现有测站，原则上不变动测站站址，以保持原有观测资料的连续性和一致性。

（3）测站分布大致均匀，具有一定的代表性，基本能控制暴雨在本地区的分布情况。

（4）测站尽可能布设在交通、生活便利的地方，便于建设和维护管理。

（5）考虑通信传输的可能性。

（二）站网布设

大兴水利枢纽测报区域面积不大，主要支流只有一条，依据站网布设的基本原则，考虑到流域的产汇流特性及水情预报的具体要求，以站网规划为基础，对雨量站进行设置。

大兴水利枢纽坝址以上流域内现只有 1 个盘信雨量站，除此之外再无任何测站。根据站网规划、现场查勘和电路测试，确定中心站 1 个、雨量站 4 个、水位雨量站 1 个、水位站 1 个，站网布设见表 8-1。

表 8-1　大兴水利枢纽水文自动测报系统站网布设

类别	数量/个	站　　名
中心站	1	中心站
雨量站	4	新寨、团寨、盘信、长坪
水位雨量站	1	大兴枢纽坝上
水位站	1	大兴枢纽坝下

（三）技术要求

1．通信设计

大兴水利枢纽水情遥测系统采用公共信息网络通信方式。利用公共信息网络通信，将遥测站的水雨情数据信息经过通信基站转发至水利枢纽设置的中心站。通过通信实现了遥测站与中心站的双向通信，遥测站的参数也可通过中心站进行远程修改。

2．遥测站系统

遥测站由通信终端、天馈线、数据采集器、蓄电池、太阳能电池及传感器组成。遥测站整体设备采用一体化及防雷性能卓越的筒式结构。其中通信终端、数据采集器和蓄电池等设备集成在全密封筒形机箱内，筒形机箱置于高强度防锈铝合金站房。供电系统采用太阳能电池浮充免维护蓄电池供电方式。

（1）通信终端设备。主要业务包括电话和传真等；补充业务包括回声消除、呼叫前转、电话簿、多方会议、呼叫限制、固定拨叫号码、呼叫等待、呼叫识别、计费信息等。

（2）数据采集处理器。当被测参数值发生变化（如雨量增加 1mm、水位变化 1cm）或达到设定时间间隔时，自动采集、存储和发送数据，雨量发送累积值或时段值，水位发送实时值；具有发送超时的强迫掉电功能；具有站址及前导时间任意设定功能；当中心站召测时，按照指令要求，向中心站发送数据。

（3）翻斗式雨量传感器。雨量传感器通常为一组或多组接点通断信号输出。雨量传感器配有防堵、防虫、防尘设施；雨量传感器及输出信号传输线配有防雷电和抗干扰设施等。

3．中心站系统

中心站计算机网络采用基于局域网的分布式多机系统。网络采用自适应的快速以太网技术，网络互联采用工业标准 TCP/IP 协议。中心站计算机网络设备配置 GSM 移动通信设备、通信服务器、数据库服务器、Web 服务器、计算机工作站、交换机、路由器、激光打印机、UPS 电源及后备蓄电池组、传真机等。

中心站主要安装以下应用软件：水情数据采集与处理软件、数据库管理软件、数据查询及检索软件、报表显示与打印软件、系统报警软件、水利自动计算软件、洪水预报与防洪调度软件和信息发布软件。

二、工程安全监测感官

（一）监测感官结构

在大坝、有压隧洞、电站、一级泵站、二级泵站、三级泵站设置安全监测项目，安全监测所有监测设施就近接入附近监测站，采用自动化观测，其中调压井监测站采用无线方式接入自动化，其他采用光纤方式接入自动化，监测中心站设置在一级泵站机房内。

（二）安全监测设备布置

1．拦河坝

拦河坝为混凝土重力坝，对拦河坝的监测包括：①变形监测，包括表面变形监测、内部变形监测、接缝和裂缝变化等；②渗流监测，包括渗流量监测，扬压力监测和绕坝渗流监测等；③应力、应变监测，是在坝段中墩两侧弧门支铰扇形筋位置分别布设钢筋计，监测弧门支铰处应力；④上下游水位、气温、降水量监测。

2. 一级、二级、三级泵站

在每个泵房上、下游侧排架柱上设置垂直位移标点（墙标），在分缝段左右侧各设一个，观测其垂直位移。同时在每个泵房厂区附近地势稳定处各布置1组水准基点，作为垂直位移监测的基点，采用数字水准仪进行水准测量。在每个泵站基础选择两个观测断面，布设两排渗压计，监测基础渗流情况。

（三）安全监测智能感官

1. 基本原则

大兴水利枢纽工程监测自动化依照当前安全监测技术发展水平，选择适用于本工程的监测仪器和设备，满足监测方法可靠、监测手段先进，监测资料准确及时，并符合工程现代化运营管理的需求。工程监测系统考虑到施工期数据与运行期自动化监测协调统一，能够实现对测量控制单元（MCU）的访问与控制，读取相关监测仪器数据。

2. 智能监测感官设计

为有效实现工程监控，大兴水利枢纽工程选择有线及无线通信相结合的方式建立安全监测自动化网络。智能监测感官主要由一级泵站监测中心站和各部位建筑物监测站组成。监测中心站主要设有计算机、服务器、交换机、打印机等外部设备，用于安全监测数据的采集，包括运行期监测管理站自动化观测数据的采集管理以及施工期安装的监测档案资料的管理；监测中心站计算机可向各建筑物监测站发布指令，实现监测数据的管控并能够接入上一级管理单位。

各建筑物监测站主要包括MCU、通信模块等设备，监测站具有良好的防雷接地装置。各监测站位置主要依据监测仪器电缆敷设长度进行选取。各测站测控单元通过本工程通信网络链接传输至一级泵站的监测中心站。

3. 智能监测感官设备及功能

（1）监测设备。监测仪器为振弦式监测仪器，采用分布式网络测量采集设备。分布式网络测量系统主要基于Windows系列工作平台，包括用户管理、测量管理、数据管理、通信管理等功能；测量控制模块实现对传感器的激励采集、信号转换等功能；每台MCU具备以太网或主机RS232等通信及网络服务接口。

监测软件由监测系统软件、监控计算机、分布式网络测控单元、监测传感器、环境量监测等专项监测系统组成，实现对各种监测仪器的自动测量、数据处理、图表制作、文档输出以及监测报警等工作。

（2）监测系统通信方式与供电。大兴水利枢纽工程监测系统主要采用有线结合无线通信方式，监测站测控单元连接至大坝、电站、调压井和泵站等通信网络接口，经主干网络上传到监测中心站。监测站具备220V交流电源，用于系统运行正常供电。通信及电源线敷设采用镀锌钢管或PE管保护。对不具备永久供电部位的调压井监测站通过太阳能板和蓄电池供电。

（3）监测系统软件功能。监测感官的系统软件包括数据采集功能和监测管理功能。

1）数据采集功能。实现观测数据的组织、存储和管理，可对用户和测控单元进行配置，具有采集设定、数据浏览、数值判断、图表汇总、数据输出、图表打印等功能；此外，大兴水利枢纽工程数据采集系统能够实现对环境量监测、外观变形监测、强震监测等专项监测系统的兼容，将观测数据纳入到统一的监测数据库中。

2）监测管理功能。根据大兴水利枢纽工程特点以及监管要求，软件具备工程管理、数据管理、监测文档资料（包括设计、施工期、运行期的文件、图纸和报告）管理、图形及报表制作、远程数据浏览及下载等功能。根据建管要求，为上一级管理单位提供监测数据及文档的上传，实现主要监测界面功能的浏览与访问。

三、水质自动监测感官

（一）监测感官结构

根据贵州省水功能区划对于工程所在河段大梁河的水功能要求，按照《地表水环境质量标准》（GB 3838—2002）中的Ⅲ类标准进行控制。

考虑到智慧大兴水利智能体同时承担城市、乡村供水及灌溉的任务，其水质保护尤其重要，在划定大兴水源地后，一级、二级保护区水域均按照Ⅱ类水质进行管理和监控。

根据水利部国家水资源监控能力建设项目办公室于2017年5月颁布的《国家水资源监控能力建设项目——地表水饮用水水源地水质在线监测技术指南》要求，湖库型饮用水源地如有可能，应设置在入湖、库断面汇入口处；如无设置条件，则应设置于接近水厂取水口位置。

根据《国家水资源监控能力建设项目——地表水饮用水水源地水质在线监测技术指南》要求，河道型水源地水质在线监测需要监测常规水质5参数（水温、pH值、溶解氧、电导率、浊度）加高锰酸盐指数（COD_{Mn}）、氨氮等参数。湖库型水源地需要监测除上述7项外，还应加对湖库富营养化有重要指示作用的水质参数总磷和总氮2项的监测，共计9项监测参数。

因此，智慧大兴水利智能体水质自动监测感官主要监测以上9项水质参数。根据水源地水质特点可在集中供水期加密监测。水质监测站考虑后期可能增加监测模块，预留空间。

水质自动监测感官由取水单元、配水单元、分析单元、控制单元、通信单元、辅助单元、监测中心管理系统等组成。水质监测处理流程示意图见图8-1。

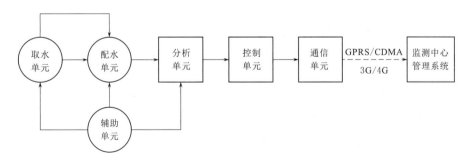

图 8-1 水质监测处理流程示意图

（1）取水单元。负责完成水样采集和输送的功能，分别有浮船式、滑杆式、悬臂式等。包括水泵、管路、供电及安装结构部分。采水管路从站房出来后沿墙体入地面，挖沟槽埋地敷设。管路留有预留，考虑水位变化影响。

（2）配水单元。负责完成水样的一级、二级预处理和将水或气导入到相应的管路，以达到水样输送和清洗的目的。包括水样预处理装置、自动清洗装置及辅助部分。配水单元直接向监测仪器供水，具有在线除泥沙和在线过滤，手动和自动管道反冲洗和除藻装置；其水质、水压和水量应满足自动监测仪器的需要。

（3）分析单元。分析单元由监测分析仪表组成，完成系统水样监测分析任务。大兴水利枢纽工程自动监测系统的主要分析因子包括水温、pH 值、溶解氧、电导率、浊度、氨氮、高锰酸盐指数、总磷、总氮等。考虑运营后可能增加水质分析指标的情况，可在设备购买及合同中补充增加水质分析模块的内容和要求。分析单元还包括水位计、流量/流速/流向计及自动采样器等。

（4）控制单元。负责完成水质自动监测系统的控制、数据采集、存储、处理等工作。包括系统控制机柜和系统控制软件；数据采集、处理与存储及基站各单元的控制和状态的监控；有线通信（ADSL）和无线通信（GSM、GPRS 和 CDMA）设备。

（5）通信单元。负责完成监测数据从各水质自动监测站到监测中心的通信传输工作。

（6）辅助单元。辅助单元是保证水质自动监测站正常稳定运行所不可或缺的重要组成部分。主要包括清洗装置、除藻装置、空气压缩设备、停电保护及稳压设备、防雷设备、超标留样装置、纯水制备、废水收集处理等。

（7）监测中心管理系统。监测中心管理系统作为水质自动监测系统的中心站，是一个集远程数据采集、数据汇总、分析以及远程控制等功能组成的系统。包括服务器、监测管理软件、组态软件以及通信模块等。监测管理软件具有在线水质监测、查询、评价等功能。

（二）监测感官功能

水质自动监测感官包括水质监测功能、数据采集功能、在线分析功能、数据查询功能和实时报警功能等。

1. 水质监测功能

连续、实时监测 pH 值、浊度、电导率、溶解氧、总氮、总磷、氨氮、高锰酸盐指数、温度等多项水质参数。

2. 数据采集功能

可将水质监测系统集成化，采集水质监测数据。

3. 在线分析功能

通过物联网进行数据传输，将在线数据、设备运行情况远程传输至监控集控中心并能将异常事件的短信发送，并能进行事件的 GPS 地图定位查看。

4. 数据查询功能

支持本地、远程端数据实时查询、数据保存、历史曲线记录、数据导出和打印等约定功能。

5. 实时报警功能

实时监测水质各项参数，若水质参数异常情况，第一时间报警和提醒主管人员采取措施，避免因水质污染造成大面积的公众事件。

（三）监测感官组成

监测感官采用浮动式平台。浮动式平台可使用太阳能发电系统供电，通过数据采集监控及传输系统实现各项监测参数采集和传输。平台上可以搭载多参数水质监测仪器、光谱传感器等监测设备。浮动式平台包括浮台模块、太阳能供电模块、数据采集传输模块、无线通信模块、软件模块。浮动式平台见图8-2。

图8-2　浮动式平台

1. 浮台模块

浮标体是整个感官的平台，承载所有仪器设备并具保护功能，采用高分子量高密度合成材料HMWHDPE（高分子聚乙烯）生产的新型环保材料；整个浮筒一次成型，无缝、无渗水、无存水的问题，并可回收再生利用，该产品已广泛地在国内外应用。浮台系统由浮筒拼接而成。浮台表面铺设防腐木板，以方便搭载监测仪器和相关支撑设备。水上浮筒样式见图8-3。

图8-3　水上浮筒

2. 太阳能供电模块

该智能感官采用太阳能控制器，控制器采用PWM方式控制太阳能电池对蓄电池进行限流限压充电，即在蓄电池电量较低时，采用限流充电。

控制部分根据日照强度及负载的变化，不断对蓄电池组的工作状态进行切换和调节，一方面把调整后的电能直接送往直流负载；另一方面把多余的电能送往蓄电池组存储。发电量不能满足负载需要时，控制器把蓄电池的电能送往负载，保证了整个系统工作的连续性和稳定性。

3. 数据采集传输模块

采用标准化配置，数据采集、转换模块灵活、稳定和可靠；可存储一年以上监测数据；具备数据自动补发功能。数据采用GPRS或4G/5G等方式传输至用户指定服务器。

4. 无线通信模块

无线通信系统基于ARM平台、嵌入式操作系统，内置工业级GPRS无线模块；提供标准RS232/485数据接口。

无线通信模块可以快速与 RTU、PLC、工控机等设备相连，通过 GPRS 网络将相连的用户设备数据传输到 Internet 上的一台主机上，实现数据远程透明传输。

5. 软件模块

监测装置设置有外网固定 IP 服务器及数据传输用 SIM 卡，可通过 4G 网络与 Internet 网络并用方式，将数据传输到指定的服务器。

软件模块功能：利用数据中心，实现单个项目模块化、扩展式的并网数据监测，即每新增加一个项目都可以与数据中心连接，实现该项目在数据中心的并网数据监测；监测数据网路发布，可多用户同时通过互联网实时访问项目运行情况。

（四）日常维护与管理

1. 远程实时监视水站监测数据

远程实时监视的内容包括：根据仪器的分析数据判断仪器的运行情况；根据管路压力数据判断水泵的运行情况；根据电源电压、站房温湿度数据判断内部情况；根据查询的数据情况，判断通信线路、基站电脑的工作情况。

2. 运行维护人员定期现场维护

主要维护内容包括：定期为系统更换监测试剂；检查站房设备是否齐备，温湿度传感器是否正常；查看各台分析仪器及辅助设备的运行状态和主要技术参数；检查供电系统、通信系统是否正常；检查系统各个单元的工作情况。

3. 异常数据处理

如果发现监测数据有持续异常值出现或通信存在障碍，应尽快前往监测点位进行调查，查明原因，必要时采集实际水样进行人工分析。如确定数据异常为仪器设备或线路故障引起的，应及时进行排除，自己不能处理的要及时联系相关的设备（服务）供应商解决。如确定数据异常为环境突发事故引起的，应将常规运行模式调整为应急运行模式，加大自动监测频次，并将详细情况及时上报。在数据恢复正常后，将应急运行模式调回常规运行模式。应对每次异常数据情况做详细记录并归档。

四、计算机监控感官

计算机监控感官作为智慧大兴水利智能体基础感知体系中的一个重要组成部分，运用数据采集及传感测量技术、通信网络技术、数据库技术等现代技术，分别把首部枢纽、电站、输水线路上的泵站及电动阀等监控站点连成一个整体，实现工程的安全运行监视、自动化监控和优化调度，以保证输水管线及输水沿线各泵站和重要阀门的安全、稳定、可靠及经济运行，提高工程的自动化运行管理水平。

智慧大兴水利智能体是按照"无人值班（少人值守）"的原则进行计算机监控系统的总体设计和系统配置。根据工程布置及管理运行方案确定在一级泵站设置调度管理中心，在一级泵站中控室完成整个工程的集中监控功能。通过智慧大兴水利智能体建设，将工程信息中心也设置在一级泵站，定在一级泵站原会议室设置工程信息中心，信息中心可实现工程监视工程，并可对工程统一进行安全运行监视、运行维护管理、综合展示及工程优化调度。

（一）监控感官主要任务

计算机监控感官是智慧大兴水利智能体的智能应用中实现优化调度、提高运行和管理自动化水平的基础。计算机监控感官主要任务是实现各泵站、电站、重要水闸的实时数据采集和传输；实现对各泵站、电站、首部枢纽闸门及主管线电动阀门的运行状态及输水情况进行实时监视，实现对泵站机组、辅机、电站励磁及变电站的控制和保护，对输水主管线电动阀门的控制和调节。

（二）监控感官结构及功能

智慧大兴水利智能体计算机监控感官采用分层分布开放式系统结构，分集控中心级、站控级和现地控制单元级。采用通信光纤以太网连接集控中心级与站控级设备，采用工业以太网结构连接站控级和现地控制单元级，传输协议符合 TCP/IP。

1. 集控中心级

集控中心通过主机及调度员工作站可实现对工程范围内主要机电设备的集中控制和监视及输水量的调度运行，集控中心及各站间通信将利用通信系统设置的通传输通道。集控中心级主要功能如下：

（1）数据采集和存储。采集全线主要机电设备和水力量测仪表的模拟量、开关量、脉冲量等数据，对其运行情况进行全面监视，并对数据进行分类存储。

（2）控制和调节。对主要机电设备的运行进行控制和调节，包括各水泵电机/发电机的开/停机操作，变速机组的转速调节，各断路器、隔离开关的跳/合操作，调流阀的开/关操作和流量调节等。

（3）状态显示与报警。在各人机界面（显示器）上显示各设备当前的状态，实时显示全线关键的水位及流量，当某设备出现异常时将显示报警信息给运行人员。

（4）语音报警。当出现故障和事故时，发出语音报警，同时自动寻呼功能将自动通知维护人员。对于任何确认的误报警，运行人员可以退出该报警点。

（5）水量和流量平衡控制。计算机监控感官根据信息中心下达的输水量，在维持整个输水线路的输水量和前池水位基本平衡的情况下，并考虑沿线水工建筑物的水位等相关限制条件，确定各泵站开/停机的台数以及机组的转速。

（6）培训功能。用于培训运行操作人员和系统维护人员。

2. 站控级

站控级在中控室通过操作员工作站可实现对泵（电）站主要设备的集中控制和监视，并接受集控中心级的监控。主要功能如下：

（1）数据采集和存储。采集主要机电设备和水力量测仪表的模拟量、开关量、脉冲量等数据，对其运行情况进行全面监视，并对数据进行分类存储。

（2）控制和调节。对主要机电设备的运行进行控制和调节，包括各水泵电机的开/停机操作，变速机组的转速调节，各断路器、隔离开关的跳/合操作，阀门的操作和调节等。

（3）状态显示与报警。在各人机界面（显示器）上显示各设备当前的状态，实时显示主要量测数值，当某设备出现异常时将显示报警信息给运行人员。

（4）语音报警。当出现故障和事故时，发出语音报警，同时自动寻呼功能，将自动通知维护人员。对于任何确认的误报警，运行人员可以退出该报警点。

3. 现地控制单元级

(1) 数据采集与处理。自动采集各现场设备的实时信息。①对采集的数据进行必要的处理计算，用于画面显示与刷新、控制与调节、操作等；②完成数据的互锁逻辑运算、越线检查和报警信息生成等；③事件数据的记录与处理；④完成泵组开停机必需的逻辑条件处理，电量、供排水量、泵组流量、功率、运行时数、开停机次数等数据的计算和累加。

(2) 控制和调节。对泵组进行控制与调节。①完成泵组的开机与停机的手动、自动控制；②电站励磁系统的自动投退与调节；③完成人工命令及事故紧急停机控制；④实现变频泵组的起动和调节控制；⑤在站控级或远程集控级控制运行模式下，接受上一级运行控制或程序控制命令。

(3) 监视与报警。对泵（机）组及辅助设备进行监视与报警。①实现对泵（机）组及辅助设备的实时监视；②实现对泵（机）组及辅助设备的起停（投退）过程监视与顺序记录，当发生故障时自动报警；③完成故障信号、参数越线等信号的画面报警与数据记录，故障时自动发出报警信号。

（三）监控对象

1. 集控中心级监控对象

集控中心级监控对象包括：一级、二级、三级泵站水泵电动机组，电站水轮发电机组，中低压开关设备，各站公用及辅助设备，大坝闸门，输水主管线电动阀门及量测设备等。通过调度员工作站可实现对工程范围内主要设备的集中控制和监视及输水量的调度，集控中心级设备兼做一级泵站站控级功能。

2. 站控级监控对象

站控级主要监控对象如下：

(1) 一级、二级、三级泵站站控级包括水泵电动机组、中低压开关设备、公用及辅助设备、输水主管线电动阀门及量测设备等。

(2) 电站站控级包括电站水轮发电机组、中低压开关设备、电站公用及辅助设备、大坝闸门。

由于集控中心级设备兼具一级泵站站控级功能，所以一级泵站无独立站控级设备。

3. 现地控制单元级监控对象及主要设备配置

现地控制单元级设备主要考虑泵站、电站、大坝及首部枢纽设备。

(1) 泵站。对应的电机、水泵等主机厂家配套的压力、温度、振动、摆度等传感器均需要接入监控系统进行实时监控。泵组需要接入的测量参数主要包括：水泵流量、工作阀门后压力、水泵进口压力、水泵净扬程、水泵出口压力、水泵轴承温度、电机轴承温度、电机定子绕组温度、技术供水进水水温、技术供水出水水温、泵壳振动、水泵轴摆度、电动机机座振动、电机轴摆度、键相等。另外电机进线断路器及继电保护设备也需要进行实时监控。

(2) 电站。对应的发电机、水轮机等主机厂家配套的压力、温度、振动、摆度等传感器均需要接入监控系统进行实时监控。机组需要接入的参数主要包括：蜗壳进口压力、尾水管出口压力、前盖压力、尾水管压力脉动、蜗壳差压测流、冷却水进口压力、冷却水出口压力、冷却水进水温度、冷却水出水温度、前轴承导瓦温度、前轴承推力瓦温度、后轴承导瓦温度、发电机温度、定子温度、发电机基坑温度、径向推力轴承振动摆度、水轮机前盖振动摆度等。

（3）大坝。主要监控对象包括库区水位计、输水管线放空阀、输水工程进水闸门启闭机、发电引水闸门启闭机、溢流弧形工作闸门液压启闭机、大坝排水设备、大坝生态基流管路电动阀、大坝放空阀、大坝 UPS 电源柜等。

（4）首部枢纽设备。主要监控对象包括线路保护装置、站变保护装置、直流屏、电站排水系统、供水设备、主副厂房通风设备、高低压开关柜、生态基流流量计、库区水位等。

五、视频监控感官

（一）概述

视频监控感官可以确保运行（值守）人员及时了解枢纽工程范围内各重要场所的情况，提高运行水平。可对视频信息进行数字化处理，从而方便地查找及重视事故当时情况，是基础感知体系中一个重要的基础支撑。

根据智慧大兴水利智能体实现"无人值守，关门运行"的控制运行方式，视频监控感官应与计算机监控感官等感官有机地结合起来，实现相关联动动作，通过在某些重要部位和人员到达困难的部位设置摄像机并随时将摄取到的图像信息传输到工程信息中心，以达到减少巡视人员劳动强度的目的，并实现各场所安全监视、首部枢纽和各泵站等部位的远方监视、部分现地设备的运行情况监视等。

（二）视频监控感观主要内容

设置工程视频监控感官，实现三个泵站、电站、首部枢纽范围内各重要场所的情况，实现视频信息的集中监控与管理，监控中心设置在一级泵站，并完成系统数据至信息中心数据资源管理平台的数据接入。

（三）视频监控感官布设方案

根据工程管理的需要，考虑经济实用的原则，视频监控系统设置一个视频监控中心，监控中心布置在一级泵站中控室内，设置三个视频监控分中心，分别布置在二级泵站控制室、三级泵站控制室及电站中控室内。各泵（电）站内共布置视频监控点，视频信息经计算机网络上送至监控分中心及监控中心。监控中心为整个视频监控系统管理中心，为视频监控的主控中心，负责大兴水利枢纽范围内所有安全监视，负责各种安全事件的处理。

监控感官前端采用高清摄像机，通过光纤或网络线缆将视频信号和控制信号传输到视频控制中心。在设备间通过网络交换机传输监控数字图像信号，在视频监控中心通过电视墙工作站输出图像信号给中心电视墙显示。采用网络视频集中存储系统进行通用录像、报警录像及指定录像。所需的网络视频存储系统集中放置在中控室主机房，视频存储服务器通过电缆接入到网络汇聚交换机。

（四）视频监控感官功能

1. 镜头实时控制功能

（1）支持对云台和镜头的远程实时控制。客户端在全屏显示状态下，也可以通过键盘进行云镜控制。

（2）支持控制权限分级。通过客户端软件实时查看有权限的监控点的实时视频浏览。

（3）支持设定控制权限的优先级，对级别高的用户请求应保证优先响应，提供对前端设备进行独占性控制的锁定及解锁功能，锁定和解锁方式可设定。

2. 告警联动

系统支持报警的设置，报警的接受与分发，报警事件联动，联动策略设置，报警事件的记录、查询、备份等功能。可对需要关注的告警进行个性化订阅，还可通过设置告警联动策略，通过声光告警、视频弹出等方式将告警信息及时告知给相关人员，保障告警上报和处理的及时性。

3. 录像功能

系统录像功能主要包含客户端本地录像和平台录像两种。平台录像分为事件录像和定时录像两种录像业务。

（1）客户端本地录像。用户在客户端启动实时浏览后，可以进行本地录像操作，将录像文件保存在本地 PC 机上。

（2）平台录像。

1）平台事件录像。平台事件录像属于告警联动的一种联动方式。当发生告警事件时，系统根据联动策略启动发生告警的前端设备或其他设备的录像任务，并将录像文件保存到的存储设备上，录像时长可由用户自行配置，录像时长结束后便停止事件录像。

2）平台定时录像。用户可以在监控系统中配置任一摄像机录像计划（包括录像开始和结束时间、录像天数），系统根据这些录像计划在指定时间进行平台录像。定时录像功能便于用户进行全天连续录像以及连续在特定时间段内录像。

4. 视频流数据的传输与存储

在中心站设置视频存储设备用于图像存储，各监控点将图像通过通信网络分别传至中心站的存储服务器上，由服务器将图像保持在存储设备上。

5. 电子地图功能

监控软件具有电子地图功能，可以通过电子地图对管辖区域的摄像机进行快速调度，可以在地图上查询监控点和告警源的分布，当发生告警时，可以在电子地图上定位其所在的位置，便于选取合适的监控点，及时调取视频实况。

6. 大屏显示功能

在视频监控中心通过电视墙工作站输出图像信号给 DLP 大屏幕显示实时图像。

（五）主要设备配置

监控中心设置部署视频存储服务器、主控工作站、电视墙工作站、图形拼接处理器、DLP 大屏幕等，二级、三级泵站监控分中心分别部署一台主控工作站。

六、门禁感官

（一）感官结构

门禁感官由人脸识别仪、电控锁、门禁电源控制器、人脸识别管理软件和网络共同组成整套门禁感官，详见图 8-4。

（1）人脸识别仪。存储人脸模板和刷脸记录，负责与计算机通信和其他数据存储器协调，配合管理软件的智能处理中心，是门禁系统的核心和灵魂部分。识别仪到交换机之间建议使用超五类屏蔽网线。

（2）电控锁。电动执行机构。

（3）门禁电源控制器。负责控制门禁电源，采用统一供电原则，带开门延时调节功能，常开常闭调节。

（4）开门按钮。出门按钮开门。

（5）闭门器。明装闭门器，钢化铝材，可两端调速。

（6）人脸识别管理软件。通过电脑可以对所有的人脸模板进行网络管理，实现出入控制和考勤管理。

（7）网络。使用企业内部局域网络来管理和控制管理系统。

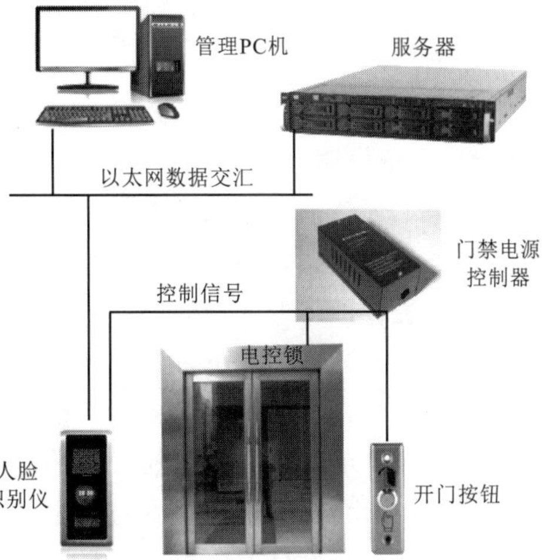

图 8-4 智慧大兴水利智能体门禁感官系统架构

（二）门禁布置

分别在拦河坝、电站、一级泵站、二级泵站、三级泵站中各机房的出入口设立门禁控制系统，门禁网络架构见图 8-5。

（三）感官功能

感官功能包括彩屏显示、触摸键盘、人脸识别、U盘功能、TCP/IP 网络通信、高级门禁功能、姓名输入、语音提示、刷卡和火灾联动等功能。

（1）彩屏显示。支持彩屏显示功能。

（2）触摸键盘。支持电容触控键盘。

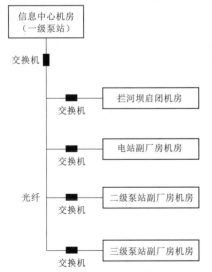

图 8-5 智慧大兴水利智能体门禁网络架构

（3）人脸识别。支持人脸识别算法，识别精准，光线适应性强，支持模板更新功能，支持多种产品模板互导。

（4）U盘功能。可通过 U 盘导入工号姓名列表、用户或管理员；可通过 U 盘导出用户、管理员和识别记录。

（5）TCP/IP 网络通信。通过 TCP/IP 协议进行网络通信，管理设备及上传、下载信息。

（6）高级门禁功能。支持标准韦根输入、韦根输出功能支持继电器开关信号；支持出门开关、门磁检测、消防报警、防拆报警等。

（7）姓名输入。支持拼音输入法，直接输入中文姓名；语音合成报中文姓名。

（8）语音提示。支持中文语音使用提示。

（9）刷卡。支持 ID 卡功能。

（10）火灾联动。与火灾报警系统进行联动，发生火灾时，门禁系统自动关闭。

七、电子围栏感官

（一）系统说明

为了满足智慧大兴水利智能体实现"无人值守，关门运行"的目标，需要在泵站及电站各设置电子围栏感官。电子围栏感官是一种主动入侵式防越围栏，对入侵企图做出反击，击退入侵者，延迟入侵时间，并且不威胁人的性命，并把入侵信号发送到安全部门监控设备上，以保证管理人员及时了解情况。

电子围栏感官作为周界防盗报警模块。电子围栏的阻挡作用首先体现在威慑功能上，金属线上悬挂警示牌，一看到便产生心理压力，且触碰围栏时会有触电的感觉，足以令入侵者望而却步；其次电子围栏本身又是有形的屏障，安装适当的高度和角度，很难攀越，如果强行突破，主机会发出报警信号。

电子围栏感官由电子围栏主机和前端探测围栏组成。电子围栏主机是产生和接收高压脉冲信号，并在前端探测围栏处于触网、短路、断路状态时能产生报警信号，并把入侵信号发送到安全报警中心；前端探测围栏由杆及金属导线等构件组成的有形周界。通过控制键盘或控制软件，可实现多级联网。

（二）系统功能特点

（1）具有完整、明确分界的脉冲电子围栏，具有强大的阻挡作用和威慑作用。

（2）具有误报率极低的智能报警功能。

（3）备有报警接口，能与其他的安防系统联动，提高系统的安全防范等级。

（4）电子围栏具有"防御为主，报警为辅"的显著特点。

第二节　智　能　联　接

智能联接将智慧大兴水利智能体中的智能感官、智能中枢和智能应用联接在一起。在该项目中，智能联接主要包括通信网络、生产调度与管理程控交换等。

一、通信网络

（一）业务需求

根据业务需求进行分析，通信网络系统需要传输的信息主要有三种：数据、语音和图像，主要包括以下信息：

（1）水（雨）情、水质、工程安全等自动监测信息。

（2）泵（电）站视频图像监视信息。

（3）泵（电）站计算机运行监控系统的数据采集及控制信息。

（4）视频会议视频图像信息。

（5）门禁、广播预警、电子围栏及火灾自动报警信息。

（6）行政管理及调度语音信息。

（二）系统目的

为满足智慧大兴水利智能体智能联接的需求与发展，并保证在 20～25 年内整个网络的整体高性能、高吞吐能力，保证各种信息（数据、语音、图像）的高质量传输，利用先进成熟的光纤网络技术和设备，建立涵盖大兴水利枢纽工程的可靠、高效、先进的 IP 通信网络。智能联接的建设要保证通信畅通，使调度控制命令能迅速下达，重要信息（如数据、语音、图像等信息）能可靠地传递；为今后增加新的通信手段、拓展新的业务种类、提高通信质量、扩大服务范围留有余地；满足智慧大兴水利智能体提升数据、语音、图像信息传输的需要。

（三）系统任务

通信系统主要任务是连接大兴水利枢纽工程首部枢纽、电站、输水干线上的各泵站、管线控制设备等部门，工程至电网调度系统的通信，满足大兴水利枢纽工程全线的计算机网络系统、调度运行计算机监控与视频监视系统、水（雨）情水质采集监测、工程安全监测及智能应用系统的数据、语音、图像等信息传输及生产调度和行政管理通信的需要。

通信系统的范围主要包括主干通信网、接入通信网及系统通信网络的设计。主干通信网是连接一级泵站（信息中心）、二级泵站、三级泵站、电站间的通信传输网络。管理网主干网络速率为 1000Mbit/s，到客户桌面端网络连接速率为 1000Mbit/s。控制网主干网络速率为 100Mbit/s，接入通信网主要是输水管线控制设备与主干通信网的接入通信，通信网络主要是电站与电网调度系统的通信。

（四）系统设计原则

（1）通信网络系统必须安全可靠、技术先进、投资合理，保证各类信息传输畅通无阻、准确无误。

（2）全线统一采用数字通信制式，话路统一管理、合理分配。

（3）通道容量除应满足近期各系统信息传输要求，还考虑了后期扩展。

（4）以光通信为主体，多种通信方式并存的原则。

（5）以满足工程需要为第一考虑因素，按照智慧大兴水利智能体管理模式、输水建筑物地理位置及管理调度的要求进行通信组网。

（五）通信组网

1. 系统方案

根据业务需求和各应用系统对通信网络的要求，结合大兴水利枢纽工程各输水建筑物的地理位置情况，采用自建光纤通路为主的方案。

该方案根据本工程的需要建立先进的、宽带的高速信息网络，根据大兴水利枢纽工程的管理特点灵活组织通道和网络。按照智慧大兴水利智能体的运行管理模式和业务需求，采用自建光纤通路并结合租用公网光纤（芯）的方式建设方案。该方案是从一级泵站（信息中心）、二级泵站、三级泵站、电站、首部枢纽全程均自建冗余光纤通路，配置相应的光通信设备。可满足智慧大兴水利智能体对基础感知系统、通信网络及各种智能应用对各类信息迅速、可靠传输的需要。

2. 组网模型

（1）网络划分。结合电力二次系统安全防护的"安全分区、网络专用、横向隔离、纵向认证"的总体原则以及水利工程的特点，智慧大兴水利智能体建设的通信网络采用横向分区的结构。系统横向分为控制区、管理信息区及外网区。

控制区与管理信息区信息分别组网，组成控制网与管理网，为保证核心控制区的生产业务安全，控制网与管理网的连接仅在信息中心核心交换机层，两个网络间物理隔离，通过单向网闸进行数据交换。在有传输设备的主站上，每个传输设备上采用独立的以太网端口与每个站点的控制区以太网交换机相连接。控制区根据业务划分在不同的以太网端口上面，给整个控制区的交换机网络根据业务不同，划分成多个 VLAN，做相互的逻辑隔离。外网主要提供互联网接入业务，用于日常下载文件、网上信息查询等。纵向各级用户通过提供的 Internet 三层交换机访问互联网，信息中心就近接入外网。

（2）网络模型搭建。为满足智慧大兴水利智能体对通信网络业务的需求，采用适合水利水电工业环境、技术成熟的高性能、高可靠性的 IP 工业级以太网交换与传输系统实现组网。管理网设备选型分别基于高性能的工业冗余以太网，将建立一套三层局域网络（核心层、汇聚网络层、现场网络层），能够为智慧大兴水利智能体的办公、管理、调度提供一个先进、可靠、基于标准的多业务网络平台，可以实现宽带接入等功能。

1）在网络设备的选择方面，要采用比较先进、成熟的网络设备。系统除满足现有使用外，应留有扩充余地，以满足日后系统扩展的需要。

2）中心管理和汇聚层交换机要满足冗余设计，汇聚交换机与现场层交换采用 1000M/100M 连接。现场层网络应采用 1000M/100M 的冗余环网。

3）维护终端和服务器之间有足够的带宽；系统有足够的隔离和安全机制。

4）交换机采用冗余配置，满足 MRP 工业高可靠性冗余环网设计，并具备自动热备切换功能。

5）为便于网络管理员的日常维护和对网络资源的合理分配、利用，增加相应的网络管理设备，可以为用户提供具有不同服务质量等级的服务保证，使骨干网真正成为同时承载数据、语音和视频业务的综合网络。

3．网络结构规划方案

（1）网络核心层设备。根据工程地理位置可将某一特定地点网络中核心层与汇聚层合二为一，可以大大提高各站点网络间通信的效率和整体网络的数据交换性能。具体来讲，在网络结构上，信息中心分别设置生产网及管理网工业核心三层交换机。核心交换机与各台汇聚层交换机构建 1000M 单模光纤骨干环网。

（2）现场层设备。各个现场层工业交换机在不同区域就地通过冗余环网协议 MRP 构建多个高可靠性冗余环网，建议根据负荷均衡原则按照地域长度构建光纤冗余环。各处现场层冗余环网通过两路 1000Mbit/s 单模光纤连接本区域汇聚层交换机。

（3）网络管理。为保证整个网络的高效、稳定和便于网络管理员的日常配置、维护和对网络资源的合理分配、利用，配置相应的网络管理系统。满足快速采集交换机的状态、故障、端口实时流量、相关配置、在线网络拓扑监控并生成报表等功能；满足软件构架为 B/S 架构，方便远程访问；满足支持远程交换机软件平台升级功能。

（4）路由器设备。配置路由器以便与 Internet 互联，该路由器上还需具有防火墙和 VPN 网管的功能。

（六）光缆敷设方式

根据智慧大兴水利智能体建设要求，结合大兴水利枢纽工程信息中心、泵（电）站的分布情况及传输系统组网对光缆线路的要求，按照通信网"完整性、统一性、先进性和经济、高效、安全"的基本原则，结合业务需求、可用产品和技术、今后扩容需求等因素综合考虑，进行光缆建设，光缆考虑双通道敷设，具体敷设方式如下：

一级泵站至二级泵站、二级泵站至三级泵站、一级泵站至电站间的光缆通道跟随电力架空线路敷设。电站至首部枢纽处、三级泵站至大兴科技园阀室处采用地埋光缆敷设。

为了满足"无人值守、关门运行"对通信通道的要求，提高信息传输可靠性，同时考虑满足输水主管线电动阀门远程自动控制的要求，根据主管线电动阀门布置位置，沿主管线由一级泵站至二级泵站、二级泵站至三级泵站、三级泵站至6号检修阀井敷设光缆，实现了沿线主管线电动阀门及支线进口阀门的远程信息传输。另外由一级泵站至电站、电站至首部枢纽间考虑以架空形式敷设光缆，实现整个工程通信通道双冗余配置。

二、生产调度与管理程控交换系统

（一）系统概述

智慧大兴水利智能体配置1套生产调度与管理程控交换系统，采用1套数字程控调度交换机为工程内部的调度通信、管理通信提供必要的通信手段。交换机用于枢纽内部生产的调度指挥和运行管理联系，在发生事故时，为及时处理和分析事故提供必要的通信手段，实现枢纽与电网相关部门的通信，实现枢纽与公共电话网的通信连接。

（二）网络结构、中继方式

信息中心、各级泵（电）站通过IP网关连接中继电路，电路由通信骨干网提供。智慧大兴水利智能体调度交换机有4路4线E&M中继接口、4路二线环路中继接口、1个2M数字中继接口用于连接电力通信网相关部门电话交换机，同时预留4路二线环路中继接口、1个2M数字中继接口用于连接当地公用电话网。

（三）系统功能及主要设备配置

系统具有调度交换机功能、网络汇接交换功能，以及行政、调度合一的交换功能，为用户系统扩容、满足通信行业飞速发展的需求提供了一个先进开放式的平台。

生产调度与管理程控交换系统拓扑图见图8-6。

信息中心配置触摸屏调度台、数字录音系统、计费系统、话务台、以太网交换机等。

（1）调度台采用触摸式液晶显示终端，调度员通过调度软件实现调度功能：点呼、组呼、来话接听、来话转接、允许或禁止成员发言、拆线等功能。调度台可根据需要设置调度级别，调度台对调度用户在级别允许的情况下，可进行强插或拆线。

（2）数字录音系统可对通话进行实时录音，以便记录查询。在一级泵站（集控中心）、二级泵站、三级泵站及电站安装普通模拟话机。所有电话通过2M数字中继出局呼叫市话或长途。

（3）话务台（含耳机）用于转接内外来话呼叫。

（4）以太网交换机用于连接IP网关、调度服务器、录音系统、维护终端、话务台等使用。

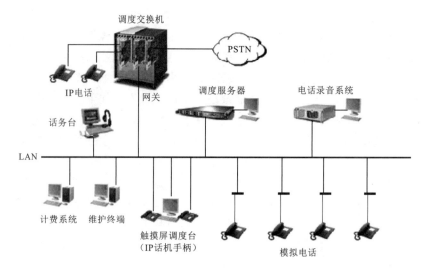

图 8-6　生产调度与管理程控交换系统拓扑图

第三节　智　能　中　枢

智慧大兴水利智能体的智能中枢将智能感官的感知数据进行存储、融合，通过对数据的计算，可以输出各种服务决策信息。智能中枢包括数据资源管理平台和统一的应用支撑平台。

一、数据资源管理平台

数据作为智慧大兴水利智能体日常工作、供水、调度管理的信息资源，是各种信息化系统以及科学调度决策正常运作的基础，因此需要采用数据库技术、数据管理技术等搭建智慧大兴水利智能体数据资源管理平台，对下汇集数据，对上支撑应用，实现智慧化管理。

平台以"一数一源"为目标，以"共享、服务"为宗旨，搭建无缝连接、高度融合的数据仓库。通过将基础数据库、业务数据库、管理数据库、多媒体数据库、元数据库、BIM＋GIS数据库等的整合、移植和补充，实现数据的有序共享、应用高效、可靠安全，建成集基础性、全局性的工程信息资源存储管理、共享交换等功能为一体的工程数据库。数据资源管理平台结构见图 8-7。

（一）数据库建设

数据库建设使用 My-SQL、MongoDB 等数据库，根据智慧大兴水利智能体各智能应用系统的需求，将数据库分为基础数据库、业务数据库、管理数据库、多媒体数据库、元数据库、BIM＋GIS 数据库等六类。

1. 基础数据库

基础数据库主要是工程的一些基本信息，主要是描述智慧大兴水利智能体有关的各种特征值、图纸、报告、照片和文字说明。其内容包括：工程的基本信息、大兴水利枢纽流域信息、水库信息、电站与泵站信息、气象信息、防洪信息、管理部门信息、安全负责人

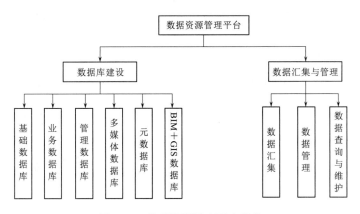

图 8-7　数据资源管理平台结构

信息、防洪预案、防汛抢险人员、防汛物资信息、社会经济信息、规章制度及标准规范等。

2.业务数据库

业务数据库主要存储智慧大兴水利智能体工程运行与管理过程中的生产类实时与历史数据，主要分以下几类。

（1）水库调度信息数据，主要包括水库调度计划、调度指令、调度过程等数据信息。

（2）水文信息数据，主要包括水文站网基本信息、降水、蒸发、泥沙、河道观测等。

（3）防汛信息数据，主要包括实时雨水情、实时工情、灾情、防汛物资、防汛预案、历史大洪水、雨水情预报等。

（4）水质信息数据，主要包括水质的物理、化学、生物的变量参数，即通过水质监测站自动采集获得的 pH 值、浊度、电导率、溶解氧、总氮、总磷、氨氮、高锰酸盐指数、温度等参数。

（5）工程监控信息数据，主要包括大坝闸门的开度信息、水电站各设备运行监控信息、泵站的运行监控信息等。

（6）工程安全信息数据，主要包括大坝、隧洞、边坡、泵站等建筑物的变形、渗流、应力应变及温度、环境量以及巡视检查等内容。

3.管理数据库

主要存储智慧大兴水利智能体工程日常业务管理系统的输入、中间成果、输出等数据。数据形式有标准表的结构化数据，也有文本、图片、曲线、图形等非结构化数据。

4.多媒体数据库

多媒体数据库包括影像数据、音频数据、视频数据等。影像数据有监测现场照片、航空照片、遥感照片等；音频数据包括会议记录音频、领导及专家学者报告讲座记录音频等；视频数据包括工程调度会商视频记录、新闻媒体视频记录等。

多媒体数据均以文件形式存储于磁盘，在数据库中建立索引表，需要建立的索引表包括影像数据文件索引表、音频数据文件索引表、视频数据文件索引表。

5.元数据库

元数据通常被称为"关于数据的数据"，目的是使数据能够被正确理解和解释。更确切地说，元数据是数据的内容、质量、所处语境等特征的基础定义或结构化描述。依据元数据标准，元数据内容包括 8 个不重复使用的主要子集和 4 个可重复使用的次要子集，用于全面描述数据集、数据集系列、要素和属性。

8 个主要子集：①标识信息；②数据质量信息；③数据日志信息；④数据组织信息；⑤参照系统信息；⑥实体属性信息；⑦发行信息；⑧元数据参考信息。

4 个次要子集：①引用信息；②时间范围；③联系信息；④地址信息。

6. BIM＋GIS 数据库

BIM＋GIS 数据库主要包括倾斜摄影数据、全景图及正射影像数据、BIM 模型数据和属性信息。

（1）倾斜摄影数据。基于倾斜摄影技术，对大兴水利枢纽库区、电站、一级泵站、二级泵站、三级泵站等区域建立实景模型。

倾斜摄影测量是通过获取研究区域各摄站点含垂直、前视、后视、左视、右视 5 个方向的影像，生成三维实景模型来研究被摄区域地物的平面位置、大小、性质、形状、侧面、立面、纵横断面、地形起伏及场景模拟等特征的高新技术方法。

（2）全景图及正射影像拍摄。利用无人机拍摄智慧大兴水利智能体区域范围内首部枢纽及电站、一级泵站、二级泵站、三级泵站、大兴供水处、正大供水处及输水线路等重要区域空中全景图，获取重要的现场实时图景，使用户可以在网页端看到工程现场实景，辅助日常管理及指挥决策情境下掌握现场真实的场景。

对智慧大兴水利智能体整个区域进行正射影像及全景图拍摄，正射影像及全景图拍摄范围见表 8-2。

表 8-2　　　　　　　　　　　　　正射影像及全景图拍摄范围

序号	采集项目	数量	备　　注
1	低空遥感正射影像采集	30km	大坝、库区、电站、泵站输水线路等重要工程
2	空中全景摄影	30 处	大坝、库区、电站、泵站、输水线路等重要节点位置等工程

（3）BIM 模型数据。对大兴水利枢纽工程建立高精度三维仿真数字模型及其周边区域的地理景观数字模型。包括建立并存储大兴水利工程全貌及相应配套工程（含景观、道路、办公楼等）的各单位、分部、分项、单元工程、辅助工程、周边地貌、河床等三维仿真数字模型，供整个三维仿真系统运行时调用。模型以三维设计数字模型为基础，反映工程完工后的真实场景面貌。具体范围包括但不限于以下类别：①大坝整体及相关设备三维数字模型；②电站及相关设备布置三维数字模型；③一级泵站及相关设备布置三维数字模型；④二级泵站及相关设备布置三维数字模型；⑤三级泵站及相关设备布置三维数字模型；⑥辅助道路三维数字模型；⑦枢纽区上、下游河道三维模型；⑧上、下游水面三维模型（水面的覆盖范围应与河道一致）；⑨地形三维模型：大兴水利工程所处的地形三维数字模型，地形的范围包括水库、电站、泵站范围。

（4）属性信息。属性信息包括大兴水利枢纽工程、地貌、河床等三维模型的基本信息。数据内容包括主体工程各单元工程和辅助工程的名称、构造材料、尺寸、定位信息以及相应的 CAD 图等数据。

（二）数据汇集与管理

1. 数据汇集

数据汇集是基于应用支撑平台的运行环境进行构建，全面实现对水雨情、工情、安全监测、机组运行监测等信息进行统一汇集、整编入库、统一管理、更新与维护等，避免各数据库建立独立的数据接收与入库接口等，提高了系统的运行稳定性和系统的可扩展性。

（1）站点数据汇集入库。根据统一的数据接口标准，可汇集并共享包括基础信息、实时监测数据、业务数据、管理数据、多媒体数据、BIM＋GIS数据等在内的多类数据，对非标准的数据根据标准进行转换。同时保障数据的更新，实现数据汇集与共享管理。

（2）互联网采集数据入库。互联网采集数据入库包括从各大网站采集云图、日本卫星数据，各权威气象部门发布的雷达图数据。

（3）数据收集整编与入库。数据收集整编与入库需要协同工程管理单位，收集、获取相关数据资料，实现数据整编入库。

1）需要整编工程数据：①历史水雨情数据，包括历史雨量数据和水库水位、流量数据等；②历史调度数据，包括工程调度情况；③历史洪水数据，包括工程范围内历史洪水情况下受灾情况、当时水雨情、当时调度情况等；④工程成果数据，包括工程基本信息、工程照片、工程的文档资料、工程的获奖信息等。

2）数据整理要求：①汇总各工程数据收集整编单位的水利数据收集整编表，并进行分门别类整理；②对水利数据收集整编表中的数据进行整理，形成能够批量录入的格式；③对收集到的工程图纸、档案文档、音像资料文档进行整理，并建立对照表，形成能够批量录入的格式；④对收集到的空间资料进行分类整理；⑤形成智慧大兴水利数据收集整理录入成果。

2. 数据管理

（1）数据库管理：

1）数据源管理，实现统一的数据源管理，支持多种数据库，包括 MySQL、MangoDB 等。

2）数据字典初始化，一键数据字典初始化工作，快速生成数据字典。

（2）数据字典：

1）数据库表结构查询，通过 Web 查看数据库的库表结构及相关描述信息。

2）SQL 语句配置，可视化操作生产复杂的 SQL 语句。

3. 数据查询与维护

（1）数据查询，实现统一的数据查询通道，避免为了查询多个数据库而搭建不必要的客户端环境。

（2）数据维护，实现数据字典的维护。

二、统一应用支撑平台

统一应用支撑平台包括统一用户管理、统一数据服务、数据仓库和统一通用工具。统一应用支撑平台架构见图 8-8。

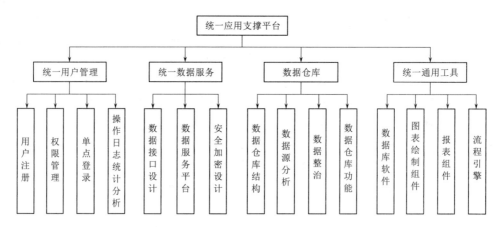

图 8-8 统一应用支撑平台架构

(一) 统一用户管理

以身份认证体系为基础,遵照相关的用户管理标准规范 (组织机构代码、人员属性编码等),建立用户管理目录体系,包括工程管理单位各级维护人员的基本属性、社会属性、角色信息,并实现各级之间、内网与互联网之间、PC 端与移动端之间用户身份信息的统一性、唯一性。用户管理内容除用户名、密码、姓名、所属机构等基本信息外,还应实现应用与数据资源等访问授权信息。

1. 用户注册

用户注册时,需要填写用户名、密码、真实姓名、联系电话、E-mail、单位、部门、管辖范围等信息。注册时,选择开通角色及开通权限,新注册用户的上一级管理人员 "审核通过" 方可开通新账号,新用户的模块查看权限不得超越上一级管理人员可分配权限。用户名是用户在系统中的唯一标识。为确保安全,注册成功后,每个用户可以自行设定密码。

2. 权限管理

系统通过设置用户角色,严格控制单条数据、单个数据表、单条数据资源、单个系统功能的访问权限,系统的每个用户都有一个或多个用户角色。

3. 单点登录

根据用户名和密码实现登录智慧大兴水利智能体业务平台的功能。使用单点登录技术,实现对所有接入业务平台的应用系统的访问。

单点登录就是为解决多系统统一认证问题而产生的技术,方便用户访问多个系统的技术,用户只需在登录时进行一次注册,就可以在多个系统间自由穿梭,不必重复输入用户名和密码来确定身份。

4. 操作日志统计分析

统计分析可随时掌握用户访问情况,主要包括:在线用户分析 (在线用户停留时间长短及正在访问内容)、流量分析 (分析用户按时间段的访问频率)、客户端 (用户的操作系统、浏览器、访问者等)、各用户访问频度 (各用户访问系统次数)、页面浏览次数分析 (每个网页被浏览的次数) 等。

（二）统一数据服务

统一数据服务建立的目的，是为了解决当前各应用系统、直属单位可直接操作数据库的问题。

1. 数据接口设计

数据接口的主要内容：①基础数据接口，获取基础数据的接口；②业务数据接口，获取特定业务数据的接口；③差异数据接口，获得特定数据标定数据及相关的差异数据的接口；④汇总数据接口，获取特定时间序列、特定空间区划下的汇总数据的接口；⑤原始数据接口，获取特定原始数据的接口；⑥反向交互同步接口，可将综合数据库特定数据反向导入原业务系统数据库的接口。

2. 数据服务平台

数据服务平台功能主要包括新增服务、申请服务、删除服务、修改服务、审核服务、密钥管理和服务调用等。

（1）新增服务。新增接口服务，包括服务名称、业务类型、服务提供系统、服务数据库、服务地址、服务描述、服务操作类型、执行类型。

（2）申请服务。各个用户可以登录系统，到"服务列表"中查看所有的服务信息，如果发现有自己需要的服务，可以对该服务进行申请，而不需要自己再添加服务。

（3）删除服务。删除用户自己添加的服务，并且该服务没有被其他用户所使用。

（4）修改服务。修改用户自己添加的服务，并且该服务没有被其他用户所使用。

（5）审核服务。管理员进入"服务注册平台——审批列表"页面，可点击查看服务的详情，对服务进行审核，只有审核通过的服务才可进行调用。

（6）密钥管理。查看系统分配给各个用户的密钥，生成用户密钥及重置密钥。

（7）服务调用。每个用户针对自己已经提交审核且通过审核的服务才可进行调用，调用时可先查看服务详情，完整地址应该为：服务地址＋参数＋用户密钥。

3. 安全加密设计

采用 Hash-based Message Authentication Code（或者简称为 HMAC）来解决用户身份认证问题。HMAC 是基于散列的消息认证码，使用一个密钥和一个消息作为输入，生成它们的消息摘要。该密钥只有客户端和服务端知道，其他第三方是不知道的。访问时使用该消息摘要进行传播，服务端然后对该消息摘要进行验证。而如果只传递用户名＋密码的消息摘要，一旦被别人捕获可能会重复使用该摘要进行认证。

HMAC 的认证流程如下：

（1）由客户端向服务器发出一个验证请求。

（2）服务器接到此请求后生成一个随机数并通过网络传输给客户端。

（3）客户端收到的随机数，通过用户密钥进行 HMAC-MD5 运算并得到一个结果作为认证证据传给服务器。

（4）与此同时，服务器也使用该随机数与存储在服务器数据库中的该客户密钥进行 HMAC-MD5 运算，如果服务器的运算结果与客户端传回的响应结果相同，则认为客户端是一个合法用户。

（三）数据仓库

数据仓库主要包括数据仓库结构、数据源分析、数据整治和数据仓库功能等。

1. 数据仓库结构

数据仓库结构可分为 STAGE 层、ODS 层、MDS 层、ADS 层、DIM 层、ETL 调度和元数据管理等模块，见图 8-9。

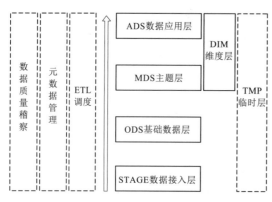

图 8-9 数据仓库结构

（1）STAGE 层。业务系统的数据接入到数据仓库时，首先将业务数据储存到 STAGE 层中，STAGE 层作为一个临时缓冲区，并屏蔽对业务系统的干扰。

STAGE 层中的表结构和数据定义一般与业务系统保持一致。其中的数据可以每次全量接入也可以每次增量接入，一般都会有数据老化的机制，不用长期保存，也不会对外开放。

（2）ODS 层。ODS 层是数据仓库格式规整的基础数据，为上层服务，其数据是定义统一的、可以体现历史的、被长期保存的数据，数据粒度与 STAGE 层数据粒度是一致的。STAGE 层中的数据是完全形式的源数据，需要进行清洗才能进入 ODS 层。

（3）MDS 层。MDS 层是数据仓库中间层，数据是以主题域划分的，并根据业务进行数据关联形成宽表，但是不对数据进行聚合处理，MDS 层数据为数据仓库的上层进行统计、分析、挖掘和应用提供直接支持。

（4）ADS 层。ADS 层是数据仓库的应用层，一般以业务线或者部门划分库。这一层可以为各个业务线创建一个数据库。ADS 层的数据是基于 MDS 层数据生成的业务报表数据，可以直接作为数据仓库的输出导出到外部的操作型系统中（MySQL、MSSQL 等）。

（5）DIM 层。DIM 层是数据仓库数据中，各层公用的维度数据。

（6）ETL 调度。对接入数据仓库的数据进行清洗、数据仓库各层间数据流转都需要大量的程序任务来操作，这些任务一般都是定时的，并且前后之间都是有依赖关系的，为了能保证任务的有序执行，就需要一个 ETL 调度来管理。

（7）元数据管理。描述数据的数据叫作元数据，元数据信息一般包括表名、表描述信息、所在数据库、表结构、存储位置等基本信息，另外还有表之间的血缘关系信息、每天的增量信息、表结构修改记录信息等。

数据仓库中有大量的表，元数据管理系统就是用来收集、存储、查询数据仓库中元数据的工具，这个系统为数据使用方提供了极大的便利。

2. 数据源分析

数据源，指为数据仓库提供最低层数据的运作数据库系统及外部数据，是数据仓库系统的一个重要环节。

（1）数据库类型的数据源。智慧大兴水利智能体智能应用系统涉及基础数据库、业务数据库、管理数据库、多媒体数据库、元数据库、BIM＋GIS 数据库等。数据大多数分散保存在功能复杂程度不等的系统中，包含了基础水利工程数据、水利空间数据、实时水雨情数据、社会经济数据、历史大洪水数据、气象信息数据等，而且数据存储方式各有不同，历史数据保存的起始时间各有不同。在这些数据源中，所有用户感兴趣的数据都必须通过数据抽取软件，进行统一与综合，把它们抽取到数据仓库中。

（2）非数据库类型的数据源。智慧大兴水利枢纽工程智能应用系统涉及的非数据库类型的数据主要有 Excel 报表、文本数据报文、HTML 数据、云图数据等数据，该类数据以广泛分布的形式进行存放，各类数据格式复杂，存储方式比较零散无规律。在对该类数据源进行数据抽取时，要进行合理的设计和综合考虑，最后统一抽取到数据仓库中。

3. 数据整治

数据整治主要包括数据抽取、数据转换和数据加载等步骤。

（1）数据抽取。数据抽取是指将工程业务数据从 ODS 层的数据库中或者备份在磁带/光盘上的大量历史数据、文件、外部数据等数据中抽取到系统数据库的过程。数据的抽取是由业务驱动的，当业务人员完成某项任务后，业务流程中心向应用数据库发出数据抽取的命令，并将指定的业务数据抽取并存储到数据库。由于数据来源是各水利应用系统数据，包括关系型数据、非关系型的文档资料及相关的影音图像资料等数据，抽取成目标数据时有可能是数据库或者文件。

因此在选择抽取工具的时候，抽取工具应满足项目的需求，并且具有可扩展性。

在工程信息数据抽取过程中，对于不同数据平台、源数据形式、性能要求的业务系统以及不同数据量的源数据，须采用不同的接口方式，为保证抽取效率和保障生产系统数据库的安全，在具体实施过程中采取与生产系统数据库间接连接的方式。

（2）数据转换。数据转换是指对抽取的源数据根据数据仓库系统模型的要求，进行数据的转换、清洗、拆分、汇总等，保证不同来源的数据和信息模型具有一致性和完整性，并按要求装入数据仓库。数据转换的方式涉及析取、条件、合并、剔除、关系识别、扩展、校验、更新等过程，在技术上主要有互联、复制、增量、转换、调度和监控等方面。

在数据仓库建设中，很大一部分工作量在数据的清洗、转换上。从源数据库系统抽取的数据驻留在数据准备区。数据准备区可以是数据仓库中单独的数据库或表。在将数据装入数据仓库之前，需要按照统一的数据格式和交换标准进行大量的数据清理、编码格式化、标准统一化等处理，针对相关信息数据库中每张数据表、每个数据字段，需要从原来的数据源中寻找对应的数据，设计转换的算法，建立对照关系，最后装载到数据仓库中。

在清理和转换阶段要消除数据中的错误和不一致，数据的清理试图填充空缺的值，识别孤立点，消除噪声并纠正数据中的不一致。

（3）数据加载。数据加载是将转换后的数据加载到数据仓库中，通常涉及从源数据库系统、数据准备区数据库传送大量的数据到目标数据仓库。清理数据并将其转换成与数据仓库要求一致的数据后，就准备数据的加载。

加载时可以采用数据加载工具，也可以采用 API 编程进行数据加载。数据加载策略包括加载周期和数据追加策略，数据加载周期要综合考虑业务需求和系统加载的代价，对不同业务系统的数据采用不同的加载周期，但必须保持同一时间业务数据的完整性和一致性。

ETL 集中反映在数据仓库的数据处理流程中，见图 8-10。

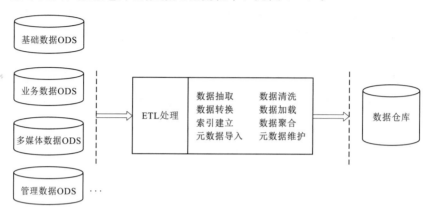

图 8-10　数据仓库的数据处理流程

4. 数据仓库功能

数据仓库包括报表和图表展示、数据仓库支持多维分析等功能，同时也是数据挖掘技术的关键和基础。

(1) 报表和图表展示功能。数据仓库内的数据来源于数据资源管理平台中的数据库，其展示的数据是整个工程的数据集成，数据仓库的作用就是利用这些最宝贵的数据为工程管理人员提供辅助决策。

(2) 数据仓库支持多维分析。多维分析通过把一个实体的属性定义成维度，使用户能方便地从多个角度汇总、计算数据，增强了数据的分析处理能力，通过对不同维度数据的比较和分析，增强了信息处理能力。多维分析是数据仓库系统在决策分析过程中非常有用的一个功能。

(3) 数据挖掘技术的关键和基础。数据挖掘技术是在已有数据的基础上，帮助用户理解现有的信息，并且在当前信息的基础上，对将来的工程运行状况作出预测，在数据仓库的基础上进行数据挖掘，可以针对整个智慧大兴水利智能体的运行状况和前景作出较为完整、合理、准确的分析和预测。

(四) 统一通用工具

1. 数据库软件

本次数据库管理软件根据项目实际建设需要采购市场上通用数据库，如 MySQL、MangoDB 等。

2. 图表绘制组件

过程线、饼图、柱状图、样式报表等，是信息化常见的展现形式，在多数应用系统中图表的展现样式都是固定不可变的，通过制定通用的图表绘制组件，实现对指定数据源进行多种图表展现方式的灵活切换，对水资源调度过程中的信息展示分析意义重大。

3. 报表组件

报表管理组件是一个完整的基于服务器后台的组件，它可以建立、管理、发布传统的基于纸张的报表或者交互的、基于 Web 的报表，实现日常业务报表服务以及决策分析报表的生成。

4. 流程引擎

流程引擎是办公自动化系统的核心部分，引擎是驱动流程流动的主要部件，它负责解释工作流定义，创建并初始化流程实例，控制流程流动的路径，记录流程运行状态，挂起或唤醒流程，终止正在运行的流程，与其他引擎之间通信等工作。

第四节 智 能 应 用

智能应用是智慧大兴水利智能体的决策输出，包括综合监测监控系统、水资源综合调度管理系统、水量计量与水费运营系统、视频会议系统、综合办公自动化系统和应急预案管理系统等。

一、综合监测监控系统

综合监测监控系统实现与监控系统中的闸门、泵站、电站相关数据的接入，同时接收管理区调度指令以及进行过程信息的交互，突出信息与数据的时效快速性、控制逻辑合理性、流程可追溯性等控制理论及流程化特点。

该系统通过在各类现地自动化通信服务资源、自动化监测数据源、定制监控监测视图的支撑下，以简洁明了的图表方式显示各类监控信息和结果。以图、文、声、像等形式，通过现地通信服务直接与自动化资源交互，面向不同层次的需求，提供实时工程安全监测、闸阀泵监测、电站运行监测、水雨情监测、水质监测、气象信息服务、视频监控系统、火灾自动报警系统、广播预警系统等一体化监控。

（一）工程安全监测

工程安全监测信息服务包括工程安全监测系统数据接入、工程安全监测报表统计、工程安全监测信息查询、工程安全评估信息查询、格式化文档等主要功能。

工程安全监测系统功能结构见图 8-11。

1. 工程安全监测系统数据接入

数据接入模块用以接收工程安全监测系统采集到的数据。

2. 工程安全监测报表统计

工程安全监测报表数据是整编过的数据。该模块可以按照单位、时间、类型等方式查询，包括经整编后的日报、月报、年报、特报、年鉴等信息。并能够利用应用支撑平台提供的过程线组件绘制多个测点数据的过程线。

3. 工程安全监测信息查询

工程安全监测信息查询模块主要包括工程监测技术文档信息和测点分布情况查询。能够以图形方式查询和展现各种监测项目中埋设（或安装）的监测设施分布情况，以及测点属性信息，如测点算法、报警极限值设置

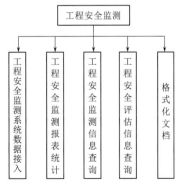

图 8-11 工程安全监测系统功能结构

等信息。该模块提供采集命令向导来引导用户配置要发送的命令，使用上更加人性化。

4．工程安全评估信息查询

工程安全评估信息查询的内容主要包括离线及在线综合评价结论、温度等值线、渗流等势线、物理量分布图、物理量相关图、综合过程线等。同时利用应用支撑平台实现画面组态功能，用于制作系统运行的画面，如布置图、过程线图、分布图、相关性图、模块状态图、数据查询表格等。画面支持多图层、多视图显示，画面可在编辑态和运行态之间自由切换。

5．格式化文档

日常工作中有一些周期性且格式比较固定的文档需要制作输出，如月报资料、年度资料等，格式化文档结合 Word 自动提取报表数据和图形，自动输出预定义好的文档。

（二）闸阀泵监测

泵站监控模块应能迅速可靠、准确有效地完成对各阀、泵的安全监视和控制以及对整个系统的运行管理，包括历史数据存档、检索，运行报表生成与打印，对外通信管理，同时提供画面、报表等组态模块，方便运行维护专员根据现场运行实际需求在授权的情况下定制与修改等。具体包括实时监控、状态报警、报表输出等功能。

（1）实时监控。实时显示泵站的电量监测、流量监测、液位监测、压力监测、温度监测、振动与摆度监测、开度监测、设备状态和继电保护信息等，输水主管线上各电动阀门、供电设备状态、首部枢纽闸门的开度、流量等信息。

（2）状态报警。能够对闸门的超警戒水位、设计最大下泄流量等预警指标的预警值进行设置；超限报警后，结合电子地图，能够以声音、图像、文本等形式显示报警原因、报警信息、报警等级。

（3）报表输出。对闸门、泵站的运行情况能够以自定或既定报表格式输出为 Excel 等文件，具备报表打印功能。

（三）电站运行监测

系统接入计算机监控系统的监测信息，以图表结合、图文并茂为表现形式，实现实时和历史水电站运行工况监测信息查询、分析、预警、地图标注等。

具体实现功能主要有：

（1）实时监控。实时展示电站的机组发电流量、出力等发电信息，并在地图上标注当前运行状态。

（2）状态报警。能够对水电站设备监测量的预警指标的预警值进行设置；超限报警后，结合电子地图，能够以声音、图像、文本等形式显示报警原因、报警信息、报警等级。

（3）报表输出。对水电站的运行情况能够以自定或既定报表格式输出为 Excel 等文件，具备报表打印功能。

（四）水雨情监测

以水雨情遥测网络为基础，整合遥测的雨情、水情信息资源，利用 WebGIS 平台以更加形象、直观、开放的形式显示工程流域相关水雨情信息，并提供相关信息的查询、分析、统计和预警等功能，为工程管理工作提供实时、准确的水雨情信息服务。具体实现功能如下：

（1）水信息查询。结合电子地图，实时定位、标注水位站监测的水位信息；绘制自定义时段各水位站的水位过程线，包括实时水位、警戒水位、保证水位等信息，配以图表进行数据展示。

（2）雨情信息查询。结合电子地图，实时定位、标注各雨量站的雨量监测信息；绘制自定义时段各站点的降雨量柱状图，包括时段量、日雨量等信息，配以图表进行数据展示。

（3）降雨等值线/面分析。绘制大兴水利工程流域范围的降雨等值线、等值面；能够进行设置等值线/面的间隔、颜色等信息；能够制作、输出等值线/面专题图。

（4）水雨情报警。能够对每个水位、雨量监测点的预警值进行分析并设置；雨量超限后，采用图像、声音等多重方式进行雨量报警；水位超限后，采用图像、声音等多重方式进行水位报警。

（五）水质监测

1．水质信息综合查询

水质信息综合查询系统采用文字、图形、图像和视频等多媒体提供直观的水质信息，实现空间和属性数据的互动查询。主要包括基本地理空间信息、监测站网信息、监测成果信息、分析评价信息和其他相关信息的查询显示。

水质信息综合查询系统应提供包含对象选择、条件选择、内容选择的查询组件，根据用户需求进行全局范围的基本信息、评价结果、监测数据的查询工作，具备多种查询方法（普通查询、分类查询、全文查询等）。能以列表或 GIS 专题图的方式展示各类水环境基础信息查询结果。在系统中需预留接口，可从环保、水利等相应系统接入业务数据，包括排污口信息、污染企业信息等、面源（生活污水的排放）、敏感目标等信息。

2．数据超标预警

对实时水质监测数据进行评判，对超标的因素进行实时报警，并对接近预警值的因素实时提醒。报警方式包括：人机界面报警、短信报警、后台报警等。系统提供操作界面，完成对报警参数的定义和设置，当发生数据越限时，在 GIS 监视图、区域监视图等地图上通过闪烁、变色、弹出窗口等方式显示超警的要素指标和报警级别。并可通过短信设备、短信服务网关系统发送报警，同时可接收用户短信查询。方便管理人员及时掌握水质状态信息。

（六）气象信息服务

通过接口服务调用气象局相关数据，以文本、图片、表格以及在电子地图上标识等方式显示，为业务管理人员提供天气预报、卫星云图、雷达回波图、重要和极端天气预警等气象实时信息。具体可实现如下功能：

（1）天气预报。整合气象实况和气象预报，提供短期、中期、长期天气预报等重要气象信息的实时查询。

（2）卫星云图。卫星云图图类包括红外云图、可见光图、三维云图、水汽云图，该模块实现了气象图片全面整合，每张图片都按照统一标准处理成多种尺寸，并以相册化的友好方式提供浏览功能。

（3）雷达回波图。该模块提供西南地区的降雨雷达回波图的显示及查询功能，并能进行动画形式播放。

（七）视频监控系统

视频监控是安全防护系统中最有效的手段之一。智慧大兴水利智能体范围内安装了80多个摄像头，单凭少量显示屏和几个值班人员难以兼顾，往往无法在第一时间对视频画面中的安全事件作出响应。

为实现有效监控，本方案通过人工智能技术对视频图像加以识别、分析而自动捕获到可疑目标，及时对可能发生的安全事件进行预警，降低监控人员工作强度。智能视频分析利用智能神经网络技术，对视频图像进行分层处理，分离出对系统有用的人或物体。

1. 系统结构

监控智能视频系统由前端设备、传输网络、监控中心和智能分析服务器等组成。智能视频监控系统架构见图8-12。

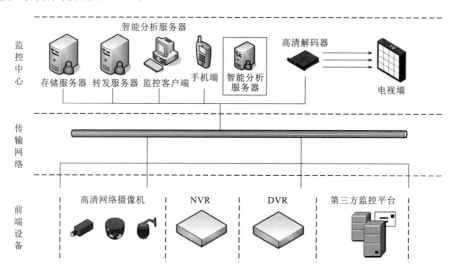

图8-12 智能视频监控系统架构

2. 系统功能

（1）区域入侵检测。在机组设备重要区域等设置虚拟绊线，当有报警触发时，深度学习服务器进行分析、过滤目标。当识别的目标与所设定的规则一致时，系统才会报警，并将分类识别结果用不同的框线展示。可设置时间段检测人员，在设置时间段以外不检测。

（2）虚拟围墙检测。在围墙上设置虚拟区域，当有人试图翻越围墙时自动报警，提示值班人员查看并作出预案处理。

（3）视频诊断功能。视频诊断功能判断摄像机是否出现视频盲区。若摄像机被人遮挡或移动，则会出现视频盲区，由于摄像机安装数量极多，被人移位后，由于视频显示正常，监控执勤人员很难发现视频被人移动，监控体系中就会呈现一个长时刻的盲区，许多风险举动就会在"灯下黑"的区域内发作，给安全管理埋下很大风险。经过视频诊断算法可以精确检测出摄像机的反常，如被人遮挡、摄像头移位、无视频输入等，当发生报警时提示工作人员处理。

3．关键技术

视频智能分析系统采用传统算法配合深度学习服务器的方式进行，可有效过滤诸多误报。深度学习处理流程见图 8-13。前端 IPC 或 NVR 中的视频流先经过传统算法检测，检测完成后传统算法将检测后的 Metadata 图片交予深度学习服务器进行统一分类处理。分类完成后，将处理结果推回转发服务器，最后由转发服务器判断该报警是否过滤。

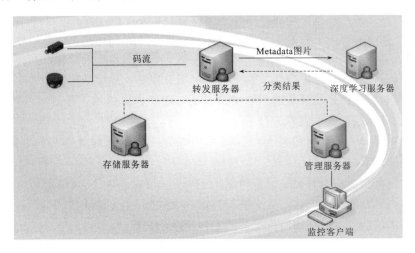

图 8-13　深度学习处理流程

通过深度学习算法与传统算法的结合，能有效识别报警场景中的人车物等信息。首先，将目标进行分类；然后，将有效目标进行报警，将无效目标过滤。这样做的好处是可提高报警准确率，且降低了误报率。

（八）火灾自动报警系统

1．系统说明

为了满足智慧大兴水利智能体提升全面透彻感知系统的需求，防止因火灾引起的事故扩大化，工程泵站及电站内分别设置一套火灾自动报警系统，各站火灾报警系统分别设置有火灾专用网络传输设备，经各泵（电）站间通信网络传输，可在信息中心（一级泵站）通过系统网络显示器实现整个工程的火灾报警远程监视功能。

各站火灾自动报警系统由火灾自动报警主机柜、火灾自动报警探测器、输入模块、输出模块、短路隔离器、手动报警按钮、火灾声光报警器、火灾部位显示器、网络传输设备等组成。

各站火灾自动报警系统主要对主厂房、副厂房、电缆沟等重要场所的火情状况进行不间断监视并自动报警。采用二总线制模拟量火灾自动报警系统，配置智能型报警控制器，针对不同的探测区域选配不同类型和数量的火灾探测器，并在适当的位置设置手动报警按钮、声光报警器和火灾部位显示器等。对于主、副厂房电缆通道采用感温电缆类型火灾探测器件；主厂房采用激光线型烟感探测器。其他部位采用常规感温、感烟火灾探测器。

报警系统以控制中心报警方式工作，主控机布置在各站控制室内。一旦发生火情，火灾自动报警控制主机接到火警信号，各站控制室值班人员应能在火灾自动报警主控机的监视器（LCD）上确定失火位置，同时火灾自动报警控制主机上发出警报。另外信息中心运行人员也可通过网络显示器确定失火位置并可接收警报信息。火灾自动报警主控机上的打印机应能自动打印报警时间、具体地点等，以备事后事故分析时使用。

2.系统功能

（1）基本功能。各站火灾自动报警系统可实现火灾自动探测及报警、人工手动报警、集中显示火灾报警部位信号等功能。火灾自动报警系统采用智能式可编址集中报警系统，采用箱式结构，可支持各种编址型火灾探测器和各种输入、输出模块的正常工作，具有对火灾探测器和输入、输出模块自动检测的功能，以便与火灾部位显示器和厂内通信服务器实现实时通信。该系统应可使用便携式笔记本电脑在现场对系统进行修改和编程，并可输出打印和存盘编程报告，以便存档。且主机具有双处理器及热切换功能，要求具有很高的可靠性。火灾系统与视频监控系统相联动，可实时定位火灾区域，并显示该区域摄像头。系统基本功能具体包括以下内容。

1）报警功能。一旦有火情发生，立即发出报警，能精确到具体房间，并在 BIM＋GIS 平台显示出来。

2）自动记录功能。即时记录异常情况。

3）资料档案功能。能储存历史火警资料，为做好防火工作提供依据。

4）状态指示功能。对一切消防设备的工作状态进行显示。

5）疏散指示功能。一旦发生火情，能按照设定的疏散方案及时显示于 BIM＋GIS 平台上，协助指挥员分析火情，指导疏散。

6）灭火准备功能。一旦发生火情，能自动启动消防水泵投入运行，为消防栓的灭火提供充足水源。

7）与门禁联动。火情发生，门禁自动关闭。

8）与视频联动。火情发生，可即时显示附近摄像头信息。

（2）消防联动功能。火灾自动报警系统可通过多线模块、现地的输入、输出模块实现消防联动控制，包括与通风系统和与门禁联动功能。消防设备的动作及动作反馈信号均可在火灾自动报警系统主机柜上进行相应显示，火灾报警系统能记录相应按钮的动作以便事后分析。

1）与通风系统联动功能。各泵（电）站设置有专门的通风控制箱，控制对象包括风机、防烟防火调节阀。火灾发生时火灾自动报警控制柜探测到火情，应关闭相应的送风机，使火灾现场停止送风，启动排烟阀和相应排烟风机工作，排掉现场的烟气。安装在送风管路的防烟防火阀依靠熔断记忆合金，使防烟防火阀自动关闭，关闭后产生的动作信号联动关闭相应的风机。

2）与门禁联动功能。通过与消防报警系统联网，在出现火警时，门禁系统可以自动打开所有电子锁让里面的人随时逃生。

（九）广播预警系统

1.系统概述

根据智慧大兴水利智能体情况，为了满足泄洪闸开启时以及电站发电前，对下游河道发出警报信息，建设一套广播预警系统。本套广播预警系统充分利用现代最新技术，充分考虑可扩展性，选用了先进的无线广播预警系统。无线广播预警系统中心平台设于工程信息中心，采用 GSM、GPRS、调频等无线通信方式传送广播信号和控制信号，实现无线预警广播信号的全覆盖。远端广播站设备采用太阳能供电，中心平台能实时监控系统各设备状态，在泄洪前有计划地发布泄洪预警信息。

2. 系统方案

负责人通过本地麦克风及电话等方式向广播预警主站发布预警信息，主站通过 GPRS/无线调频方式将预警信号向外发送，沿河从站设备接收到主站设备的广播信号后，通过高音喇叭进行广播。此外，为了满足扩展的需要，在广播主站的调频信号覆盖范围内建立另一台主站设备，用于接收上一级主站设备广播信号，实现中继功能，最终可以多级中继方式实现下游流域的统一预警。广播预警系统通信示意见图 8-14。

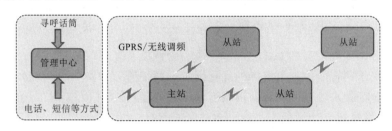

图 8-14　广播预警系统通信示意图

（1）广播预警系统通信。预警广播通过 GPRS+调频广播，以无线调频为主，GPRS 为辅；远程控制和设备状态监测通过 GPRS 网络传输。

（2）泄洪预警。水库实施开闸泄洪放水前，组织开展水库泄洪预警工作。一般情况下提前 2h，紧急情况下提前 1h 实施预警。在闸门开启前 30min 拉响坝顶警报并广播，这样滞留在河道沿岸的群众在听到警报后就有充足的时间迅速安全撤离。

采用普通话和地方方言进行广播。遇超标准洪水放水预警，增加警报次数，延长警报时间。水库泄洪结束后及时解除预警。

（3）主要功能。支持远程 GPRS 数据告警；支持本地对讲机/麦克风告警；支持预置信息告警（远程和本地）；支持音频线路输入告警；与其他系统连接，实现联动告警；可远程控制，状态采集和自动上传。

（4）系统布置。广播预警系统主控室设在电站控制室内，当水库实施开闸泄洪放水前，组织开展水库泄洪预警工作。同时在工程信息中心设置一套系统平台。电站至信息中心通信可采用公网传输方式实现。

（5）终端布点。为方便广播，在溢洪道工作闸安装无线预警广播一体站，当蓄水水位到达泄洪水位前，后续需要开启闸门泄洪时，提前发出警报信息。电站初始运行发电时，也可下游河道发出报警信息。无线预警广播一体站沿河道岸布置，一体站供电采用太阳能供电方案，站点布置示意图见图 8-15。

3. 系统功能

广播预警系统可根据水库蓄水位等情况随时启动，具备如下功能。

（1）定时播放功能。系统可以按照编好的程序进行定时播放，可自动播放，不需要人工值守。

（2）广播方式。可独立播放，也可集体播放；可手动播放，也可自动播放。

（3）消防联动。当有紧急事故发生时，可强行把正在工作的任务切换掉，进行报警。

（4）节能管理功能。本项目采用了节能环保设备，所有广播功放采用了 1min 内无信号时自动关闭，有信号输出时自动开启功能。

图 8-15　站点布置示意图

二、水资源综合调度管理系统

在工程运行调度方案基础上，建设水资源综合调度管理系统，通过大量的调度模拟计算实现智慧大兴水利智能体的水资源的优化配置、精细管理和安全管理。水库按不同时期不同调度任务分为供水发电调度和防洪调度两大功能模块。

（一）供水发电调度

大兴水利枢纽的工程主要任务为城乡生活、工业和灌溉供水，担负着周边城市以及缺水地区供水任务，同时兼顾发电等综合利用。由于各用水部门在国民经济和社会发展中的地位与重要性不同，其各自的供水保证率也不同，智慧大兴水利智能体首先保证生活、工业保证率高的用水，然后再供农业灌溉保证率较低的用水，利用弃水和生态基流发电，可以更加合理地利用水能资源进行发电。

1. 系统架构

供水发电优化调度子系统主要用于开展水库的供水发电联合优化调度计算，编制不同时间尺度的供水计划和发电计划，并实现与水库供水、发电相关的数据资源整合、管理和可视化呈现，为水库的城乡生活供水、工业供水、农业灌溉供水和发电等综合利用需求提供决策支撑。系统主要包括数据服务层、模型服务层、功能应用层、用户层等 4 层，总体架构见图 8-16。

（1）数据服务层。数据服务层主要包括水库基础资料信息、水库水情信息、长中短期水文预报成果信息、水电站发电机组运行工况及出力信息、抽水水泵运行工况及输水流量信息、水库供水信息、园区工业用水信息、城乡生活用水信息、农业灌溉供水信息等基础信息以及相关的水库特征参数、模型边界参数、供水计划、发电计划等业务应用信息。

（2）模型服务层。实例化模型，主要包括多时间尺度综合利用交互模拟模型、多时间尺度供水发电联合优化模型、多时间尺度供水发电常规调度模型、水库调度规则模型、受水区用水需求预测模型等。

（3）功能应用层。提供全面支撑供水发电优化调度业务的软件功能，主要包括多时间尺度调度计划编制、历史数据查询分析、实时运行监视预警、供水发电计划跟踪等。

（4）用户层。面向不同的系统用户，根据其不同角色划分不同的功能访问权限，实现多类型用户的细粒度权限控制。

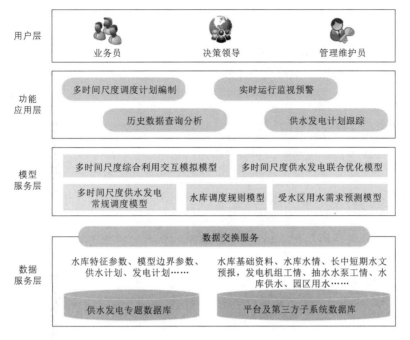

图 8-16　供水发电优化调度子系统架构

2. 系统功能

（1）多时间尺度调度计划编制。

1）多时间尺度调度计划编制主要具备以下功能：

a. 调度计算所依赖的水库、电站及水泵基础资料信息可查询展示，包括水库特征水位、水库特征流量、水库水位库容曲线、水库下游水位流量关系曲线、水电站装机容量、水电站机组 NHQ 曲线、水电站综合出力系数 K 值、水电机组满发电流量、水泵最大抽水流量等。

b. 调度时段（长期调度为旬、月，中期调度为日，短期调度为 15min、30min、1h 等）类型可进行选择，调度期的起始时间和结束时间可进行设置。

2）根据不同时期的调度需求，调度目标和模型可选择：

a. 调度边界参数可人工干预，能方便地修改电站的约束条件及计算参数。

b. 支持多种来水方式提取功能，并可对提取结果进行人工干预，包括长、中、短期调来水，预报结果自动提取，历史长序列资料提取，水库特征流量提取等。

c. 考虑发电机组和水泵机组检修后的可利用台数，可人工对台数进行干预，以适应临时检修需求。

d. 水库调度结果可通过图表进行展示，重点包括水库水位过程、供水流量过程、发电出力过程、发电流量过程和出库流量过程。

e. 调度结果的图表信息可进行选择输出，具有记忆功能。

f. 调度计算方案的所有输入输出可保存至数据库。

（2）实时调度方案生成。

1）基础信息管理。基础信息管理子系统为水量调度与方案编制提供数据支撑和依据。方案制定人或调度管理者，通过本模块，了解当前水利枢纽工程来水、蓄水情况，来水预测信息，各灌区及铜仁供水实时情况，掌握大兴水利枢纽工程水量变化趋势。基础信息管理子系统主要包括各水库工程信息（水库特征值、水位-库容曲线）、实时水情、主管流量、分水口流量、灌溉区域、供水处、水质情况等。

2）调度方案自动生成。通过收集工程范围内气象情况、降雨量信息、各主要水情站点的实时水情、水库等工程状况、沿线各泵站输水情况、供水情况、水质数据情况等，生成模型计算边界信息，包括调度的开始时间和结束时间。

根据实时水雨情及其发展趋势的预测预报数据，结合历史同期影响情况以及决策者以往调水的经验，自动优选调度目标和模型，并建立水库、泵站及各分水口联合调度方案。

在生成调度方案并进行方案数据准备的前提下，启动优选调度模型，进行调度计算，输出调度方案，方案编制人员可以采用手动调整、自动滚动方式不断优化调整方案，形成最后方案。

（3）调度仿真分析。

1）方案仿真计算。方案仿真是对手动计划的二次调度，其在优化的基础之上，针对方案结果信息，可手动修改相关结果数据，进行供水发电平衡计算，使计算结果与实际情况更加匹配。

2）模拟仿真计算。建立调度方案模拟仿真平台与调度方案模拟仿真模型的数据接口，可以把不同调度方案（包括现状调度计划和历次调度计划）在该平台上进行模拟，实时模拟或历史再现不同调度方案。

3）模拟结果展示。将调度方案模拟结果与流域概化图有机结合起来，在流域概化图中提供闸、阀放水过程统计信息、管线流量过程统计信息等联合调度信息。同时实现在流域概化图上根据当前预报成果动态显示调度过程水位水量变化情况。

在动态模拟的水资源调度过程中，在流域概化图中通过鼠标选择泵站、管线等要素，可查询更具体的水资源调度信息。

（4）调度方案管理。调度方案管理子系统是对生成的调度方案进行管理。调度模型与方案编制系统使用者能方便、快捷地查询方案、管理方案，并对编制的方案进行评价、分析，推荐出最佳方案，供调度决策分析使用。

调度方案管理子系统主要包括方案查询、方案比较、方案管理、推荐调度方案4个子模块。调度功能结构见图8-17。

1）调度方案查询。由调度计划编制和实时调度子系统生成的方案，存储到调度方案库中。调度方案查询子模块中，可以根据方案指标（方案编号、方案名称、开始时间、结束时间等）进行方案查询。

2）调度方案比较。由调度方案编制子系统生成多个调度方案，目的是找到最优方案，进行调度决策。

调度方案比较主要完成多种方案的工程运用情况、运用效果（调度方案仿真结果）、方案可行性等比较，以供决策者选择。

3）调度方案管理。由调度方案编制子系统生成的方案，在调度方案管理模块中进行

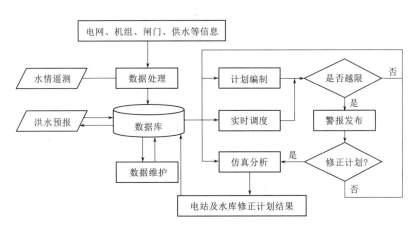

图 8-17 调度功能结构

编辑、删除管理。

4）推荐调度方案。多种方案的工程运用情况、运用效果（调度方案仿真结果）、方案可行性等方面比较分析后，可由决策者选择形成推荐方案。

（二）防洪调度

防洪调度是已知水库的入流过程和综合利用要求，根据水库的调度规则，在确保大坝自身及上下游防洪对象安全的前提下，运用水库的防洪库容，采用水量平衡调度等算法和调度规程模型、水位控制模型等物理调度模型，调用水雨情数据、实时监测数据、各类计划数据、闸门启闭数据，基于各类防洪参数、约束条件、负荷调整规则、闸门操作规则，借助于电子计算机快速处理能力寻求洪水调度合理方案，为水利枢纽发挥防洪、发电等综合作用提供理论依据。

大兴水库下游无防护对象，水库的防洪调度只考虑大坝本身的安全。因此，大兴水利枢纽不承担下游防洪任务，泄流能力为闸门控制溢流堰，坝前不同水位导致不同最大泄流能力。退水期入库流量小于水库泄流能力，水库又转入控泄阶段，避免对下游造成人造洪峰。

根据大兴水库规模和坝型，确定设计洪水标准为 $P=2\%$（50 年一遇），校核洪水标准为 $P=0.2\%$（500 年一遇）。

1. 系统架构

根据防洪、发电调度风格一体化设计原则，并结合高级应用防洪调度相关需求，防洪调度模块系统架构与发电调度类似，见图 8-18。

2. 系统功能

防洪调度主要包含方案制作、方案管理及方案比较三大功能模块，各功能模块主要功能如下。

（1）方案制作。在防洪调度方案制作中，主要包括以下功能：

1）调度期。可灵活设置调度起止时间。

2）调度时段。可根据需要选择合适的调度时段类型。

3）调度模型。可根据不同控制目标选用不同的调度模型。

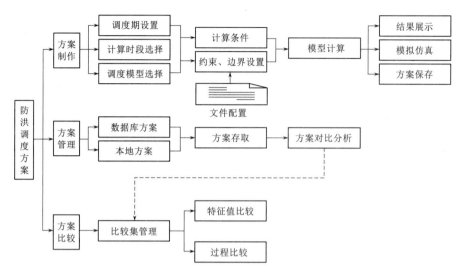

图 8-18　防洪调度模块系统架构

4）计算条件。计算条件主要包括流量预报、计划出力和供水计划的自动提取，相应点号从配置文件或数据库中获取。

5）约束条件。约束条件包括过程值和单点值，过程值主要包括水位、流量、出力等不同时段的上下限约束，单点值主要指各类边界参数。

6）边界信息。边界信息主要指可用机组、机组信息、闸门信息等。可用机组表示各时段各类型机组可用台数；机组信息列出当前各机组的运行状态，并可设定机组的开停顺序；闸门信息列出当前各闸门的运行状态，并可设定各闸门的启闭顺序。

7）结果展示。可通过图形和表格显示，并支持图、表的导出和打印等功能。

8）模拟仿真。方案计算完成后，可修改各时段的出力、末水位、出库流量等指标，然后进行模拟仿真计算。

9）方案存储。方案计算完成后可保存至数据库或本地，并自动加载到方案管理功能区。

（2）方案管理。方案管理用于对本地和数据库的方案进行管理，主要有以下功能：

1）方案查询。可根据条件进行方案的查询及展示。

2）导入方案。将本地保存的方案导入方案集中。

3）导出方案。将方案集中的方案导出到本地保存。

4）移除方案。将选定方案从方案集中移除。

5）删除方案。删除选定的数据库方案。

6）对比分析。将选定的多个方案组成方案比较集，并加载到方案比较集中，便于多方案对比。

（3）方案比较。用于开展多方案对比分析（主要来源于方案管理中的显示方案），主要功能如下：

1）导入方案比较集。将本地方案比较集导入。

2）导出方案比较集。将方案比较集导出到本地存储。

3）移除方案比较集。将方案比较集删除。

4）特征值比较。比较集中各方案的特征值对比，包括方案起止时间、调度期初/末水位、最高水位、最大入库流量、最大出库流量、入库水量、出库水量等。

5）过程比较。对比较集中各电站各方案的详细过程值进行图、表对比分析；可与历史数据进行比较。

三、水量计量与水费运营系统

水量计量与水费运营模块的开发从工程实用的角度出发，对水源地出水量、工程总供水量、各分水口供水量、各分水口水费缴纳情况进行统计分析，使运行管理人员对工程水量漏损、受水单位水费收缴率进行把控，以便于水费价格的制定及工程运行考核。水量计量与水费运营主要包含以下内容。

（一）水量平衡计算

一个调度周期结束后，根据实际供水量建立水量对比分析列表，根据各分水口的实际过水量，按照水量平衡的方式计算沿线水量计算等，从而判断供水工程沿线是否发生了严重的水量渗漏。系统应提供人机交互，可对错误数据进行修改。

（二）水资源利用效率和效益分析

对水资源按利用目的进行分类管理，对发电、供水、灌溉用水量进行计算，并结合各类水价进行效益计算，对工程弃水、管道和泵站输水效率进行估算，总体把握工程水资源利用情况。

（三）水价管理和水费计算

水价管理和水费计算实现对水费定价和优惠的管理。水价管理应按照不同收费方式进行费率定制，定价管理应支持优惠和超计划用水管理。水费计算应包括水量信息采集和水价计算两部分。可以根据分类水价和用水户用水量情况自动进行水费计算，自动进行出账及产生水费统计报表。所有信息应有完整的历史记录，保证计费过程的可跟踪性。

（四）水费统计报表生成及通知

水费统计报表生成及通知应包括累账和出账功能。系统应实现对用水户缴费记录的结果进行累计，形成完整的历史账目，并提供查询、打印等功能。统计方式可按照各种用户、财务等方式进行。系统应具备欠费规则管理、催缴信息生成、呆账处理和坏账处理等功能，系统还应支持短信通知等多种通知形式。

四、视频会议系统

利用智能联接，建立大兴水利枢纽工程信息中心（一级泵站），二级、三级泵站及电站间的一个标准化、系统化、多功能远程视频会议系统。系统在信息中心配置视频会议MCU，连接各分中心的高清视频会议终端，以支持信息中心与泵（电）站分中心的视频会议，包括远程培训等功能的远程视频会议系统。

（一）系统功能

系统具备同时召集1个主会场及3个分会场参加双向高清视频会议的能力。视频系统支持同时召开至少 4 个高清分屏视频会议。主会场设置在信息中心，3 个分会场分别设置在二级、三级泵站及电站。

系统实现录制点播功能，录播系统能够对重要会议进行录制、存储，可同时录制 4 个不同的高清会议。即使主会场不参加会议，下属单位也可使用录播服务器录制会议。所有会场可通过终端呼叫录播服务器点播观看已录制的会议视频资料；用户可通过登录录播服务器观看会议直播或点播已录制完成的视频资料。系统实现用户利用平板电脑、智能手机终端、笔记本终端在工程局域网外接入公司内部视频会议。

系统提供会议管理功能，包括核心控制单元（MCU）、终端、录播服务器；所有系统的控制全部可在会议管理系统中实现，控制界面统一，无需通过多个界面控制；简化会议操作，规范会议流程，方便运行维护管理，实现快捷组会、设备状态显示、故障告警等功能。

（二）系统特点

1. 先进性

为符合高清视频会议系统自身发展的特点及控制技术的发展趋势，本系统在设备选择、系统结构设计、设备配置、管理方式等方面采用国际上先进的同时又是成熟、实用的技术。

2. 可靠性

为满足重要系统 $7\times24h$ 的连续运行，系统设计时选用主流的、高可靠性设备，系统设计能有效避免单点故障。

3. 规范性

系统设计所采用的技术和设备符合国际标准、国家标准和行业标准，为系统的扩展升级、与其他系统的互联提供良好的基础。

4. 易管理性

支持图形化管理，支持中文界面，充分考虑到系统设备的安装、配置、操作方便等特点，又有较强的网络管理手段，合理配置和调整系统负载、监视系统状态、控制系统运行。整个系统的设备易于管理、维护、学习、使用，在设备、安全性、性能等方面可以很好地监视、控制、远程管理和故障诊断。

5. 经济性

以满足现行需求为基础，系统建设追求最合理的配置和尽可能高的性能价格比，充分保障系统可获得及时有效的长期技术服务。

6. 可扩充和扩展

所有系统设备不但满足当前需要，并在扩充模块后满足可预见将来需求，如设备容量的扩展，会议范围的扩展等，保证建设完成后的系统在向新的技术升级时，能保护现有的投资。

7. 开放性和标准化

系统控制技术和设备符合行业的国际标准，方案设计及设备选型相关接口、协议、架构满足开放性和标准化原则，满足国内外音视频相关标准要求，可方便与满足同样标准的不同厂商设备进行对接。

（三）系统方案

1. 系统规模

根据视频会议系统建设规模要求，大兴水利枢纽工程共包括 4 套高清视频会议终端，分别安装在会议室或办公室。系统 4 套高清视频会议终端，通过编解码器将视频信号变成为数字视频信号，由通信网络进行传输，MCU 设在信息中心。

系统内的会议终端，通过系统通信网络与核心控制单元 MCU 建立连接，采用双向传输方式，召开一个大型会议。也可实现多个或任意几个会议室的小会议，会议的设置方式灵活，召开时无须各会议室操作，各会议室也可按需自行管理会议。

2. 视频会议中心系统

信息中心会场是视频会议系统中枢，对整个视频会议网络起到控制和管理的作用。视频会议中心设置有 MCU、高清视频会议终端及视频会议辅助系统等设备。

3. 视频核心控制单元

MCU 是视频会议的必备设备，相当于一个交换机的作用。MCU 主要完成召开 4 个以上高清视频会议终端会议的任务。MCU 将来自各会议场电的音视频信息流，经过同步分离后，抽取出音频、视频、数据等信息和信令，再将各会议场点的信息和信令，送入同一种处理模块，完成相应的音频、视频的混合和切换。最后将各会议室场点所需的各种信息重新组合起来，送往各视频会议终端设备。

4. 高清视频会议终端

根据智慧大兴水利智能体对视频会议的实际需求，视频会议终端可以实现如下功能。

（1）视频功能。可将本地会场的画面、本地不同视频源的视频信号等录像资料传送至其他会场；可根据需要录制会场视频等功能。

（2）音频功能。可实现自适应全双工回声抑制、自动背景噪声抑制，提高音频质量；可实现声音的全方位采集，随时调节音量。

（3）控制功能。可实现点对点双向会场摄像机远端控制；可切换视频源，监测系统工作状态；系统诊断功能可对系统进行诊断，同时可连接外围辅助系统。

五、综合办公自动化系统

（一）系统架构

面向大兴水利枢工程管理单位各科室和下属单位，对接上级管理单位的综合办公自动化系统，通过对工程管理单位各办公要素和工作流、信息流和知识流的梳理和整合，扩展一套科学先进的信息化办公应用系统，实现协同化、无纸化的办公以及办公环节高效率流转，见图 8-19。

（二）系统功能

1. 公文管理

（1）收文管理。该模块实现对收文登记、拟办、批办、传阅、承办和归档等全过程管理，实现收文记录的检索、修改、收文办理和收文记录汇总与报表统计、打印等功能。实现收文登记工作的方便有效进行，保证收文登记信息的规范性，提高收文登记效率。

对收文过程进行严格控制，拥有相关权限的用户，才可以进行处理、查阅、打印等相

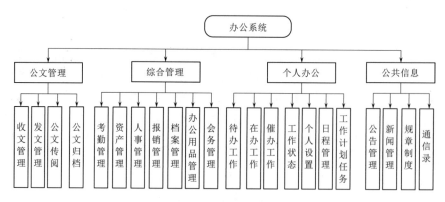

图 8-19 日常办公系统建设架构

关操作,确保公文安全。

实现对收文情况进行分类统计及统计结果打印导出功能。

(2)发文管理。按发文的办理过程,处理和管理来文转发和内部制发的公文,实现拟稿、审核、会签、核稿、签发和成文、编号、校对、印刷、分发、督办及归档的全过程管理,实现发文的检索和查询、发文记录的修改、发文办理和发文记录汇总与报表统计及打印等功能。

1)在发文办理过程中,实现发文登记信息自动生成发文办理单,办理人员可以查阅、打印发文办理单。

2)实现发文运转可按预先定义的流程实现自动传递,也可进行按照实际的特殊情况,用户在自己的职能范围内及时干预和调整流向。

3)具备自动提醒和催办功能,系统日志能自动记录公文的运转情况和出错信息。

4)对发文过程进行严格控制,拥有相关权限的用户,才可以进行处理、查阅、打印等相关操作,确保公文安全。

5)具备发文的条件查询和全文检索功能,并提供统计汇总和发文打印等辅助功能。

(3)公文传阅。该模块实现支持任意附件格式公文的在线查阅。对传阅权限进行控制,确保公文传阅过程信息安全。以直观的方式显示传阅的公文信息,对未传阅信息进行标识显示,起到提醒作用。

传阅的文件来源包括:主管单位下达的文件、内部文件、行业资料等。传阅文件的数据类型包括:日常数据类型,表格、文本(Word、PDF 等)、图像、压缩文件等。

(4)公文归档。公文处理完成后,系统根据发文和收文两大类自动完成归档工作,提供公文查阅、归档等主要功能,并可以按照实际需要完成纸质归档工作。

2.综合管理

综合办公平台为日常工作中的各项办公事务提供了丰富的管理功能。系统提供的基础模块是考勤管理、值班管理、资产管理、人事管理、车辆管理、办公用品管理、会务管理等模块,外加自定义平台自定义一些管理模块;能通过一个自定义的平台由管理员再定义出新的模块,实现按自己的需要自定义模块,并按自己的需求调整这些模块。

(1)考勤管理。考勤签到功能根据需要可以设置为每日 1 次考勤记录或每日 2 次考勤记录。根据选定的考勤方式可以设置具体的工作时间；补签登记可以帮助忘记考勤登记的人员补签考勤；外出登记可记录外出及返回的时间，并记录外出原因；请假登记和出差登记可以将请假和出差的日期、内容登记备案。所有登记均可在对应查询中查到，在考勤查看中能够查到全部考勤记录及登记记录。

1）请假申请。该模块实现请假申请的功能，实现对日常请假的登记审批功能，对待办的请假流程，该模块实现系统自动提醒相关人员进行及时处理。

2）请假查询。该模块实现请假查询的功能，能够查到全部请假记录及登记记录。

3）外出申请。该模块实现外出申请的功能，实现对日常外出的登记审批功能，对待办的外出流程，该模块实现系统自动提醒相关人员进行及时处理。在外出申请工作中体现车辆申请内容，方便工作人员在外出时对车辆的申请，系统要求提供车辆申请单的导出打印功能。

4）外出查询。该模块实现外出查询的功能，能够查到全部外出记录及登记记录。

5）出差申请。该模块实现出差申请的功能，实现对出差的登记审批功能，对待办的出差流程，该模块实现系统自动提醒相关人员进行及时处理。实现在出差申请工作中体现车辆申请内容，方便工作人员在出差时对车辆的申请，系统要求提供车辆申请单的导出打印功能。

6）出差查询。该模块实现出差查询的功能，能够查到全部出差记录及登记记录。

（2）资产管理。资产管理实现对工程管理单位内部资产设备的管理，具体包括资产申购、资产申领、资产归还、资产转移、资产报废及库存管理。

1）资产申购。通过资产申购模块，系统实现资产申购申请、审批、通过等全过程管理，方便管理单位内部对特殊资产的申购。

2）资产申领。用户通过该模块申领需要的固定资产以及办公用品等。

3）资产归还。实现用户通过该模块进行资产的归还操作，由资产管理员确认归还。

4）资产转移。实现用户通过该模块实现资产的转移操作，由资产管理员确认转移。

5）资产报废。实现用户通过该模块实现资产的报废登记审批管理工作，实现资产报废情况可跟踪。

6）库存管理。通过该模块，实现物资仓库信息的录入、查询、展现、统计等功能，方便对物资仓库的统一管理。

（3）人事管理。建设人事管理模块，实现人事管理信息化建设。具体包括人员档案管理、人事变更管理、工资发放管理、机构信息管理、职位信息管理等功能。

1）人员档案管理。实现人员档案管理的功能，实现所有人事档案文稿存档，并可自定义建立，方便地调用。实现对工程管理单位人员档案信息的录入、修改、删除、查看等功能，清晰记录并跟踪人员所有信息，包括基本档案、岗位信息、照片、工作经历等。实现对人员档案信息的灵活检索功能，方便管理人员进行信息调用查看。

2）人事变更管理。实现人事变更管理的功能，实现增加新的人事变更记录、编辑人员人事变更记录、删除指定人事变更记录等功能。实现对人事变更记录信息的灵活查询，方便管理人员进行信息调用查看。

3）工资发放管理。实现工资发放管理的功能，实现人员工资发放情况的在线集中管理和在线审批工作。工资发放与人员职位信息进行关联，方便财务人员对工资情况进行计算统计。系统提供对人事及工资管理情况进行多角度查询。对工资发放情况，要求系统提供灵活统计功能，拥有相关权限的人员可对工资发放中的具体信息进行查询展示。单位人员可对自身工资构成、应发工资合计等项目进行查阅。

4）机构信息管理。实现机构信息管理的功能，系统可实现对工程管理单位机构职能信息的查看，相关权限人员可根据实际情况对机构信息进行调整修改。

5）职位信息管理。实现职位信息管理的功能，职位管理是以单个职位为管理对象，通过职位分析来明确不同职位在组织中的角色和职责以及相应的任职资格。系统实现相关权限人员对职位信息的增删改查，并实现职位信息和人员档案信息、工资发放信息的关联展示。

（4）报销管理。实现工程管理单位内部日常财务报销流程在线管理，通过模块建设，实现领导无需查看纸质版的报销凭证原件，仅通过办公自动化系统便能审批和查看报销流程的目的，节约领导宝贵的时间，提高日常报销工作效率。

1）财务报销登记。实现工程管理单位内部日常财务报销登记的功能，报销人员可直接通过系统在线登记报销信息。

2）财务报销审批。实现工程管理单位内部日常财务报销审批的功能，具有相关权限的审批人员可以对报销项目进行审批。报销流程完成时会自动通知报销人报销通过。对未审核通过的报销，系统提供提醒功能。

3）财务报销查询。实现工程管理单位内部日常财务报销查询的功能，报销人员可查看个人具体报销信息及报销流程情况。报销结果要求反馈领导审批意见以及具体报销金额，方便用户核对。

（5）档案管理。建设档案管理模块，实现档案资料数字化、档案收集整编、档案管理、档案在线信息服务。

1）案卷管理。该模块实现案卷管理的功能，具体要求如下：

a. 案卷录入，实现档案原本、图纸、文字材料和凭证扫描录入功能。

b. 档案组卷，系统按照档案管理的要求实现自动组卷功能。

c. 案卷查询，要求实现案卷分类查找的功能。

2）日常业务。该模块实现档案日常业务管理的功能，主要分为档案的签阅和借阅管理，具体要求如下：

a. 档案签阅，允许授权的用户直接在计算机上签阅档案，签阅后由管理员组织归档。

b. 借阅管理，主要包括借阅许可、借阅归还和催还管理。识别用户合法身份，办理借阅预约、借阅登记等手续，同时自动计算归还时间，如到期未归还，系统可打印催还通知单。

3）档案检索。该模块实现档案检索的功能，主要分为以下几类检索：

a. 目录级检索，根据分类号由上往下检索。

b. 案卷级检索，对已组卷的档案进行查找，可按如下方式进行检索：①按案卷标题；②按关键词；③按保管期限；④按库柜号；⑤按案卷的存放地点；⑥任意组合（模糊查找）。

c. 文件级检索，系统提供九种文件级检索：①按案卷特征；②按文件标题；③按文件字号；④按文件日期；⑤按责任者；⑥按保管期限；⑦按文件密级；⑧按主题词；⑨按主办部门。

（6）办公用品管理。办公用品管理实现办公用品的录入、查询、管理等功能。该模块对办公用品的库存及领用情况进行查询统计，可按照领用时间、领用人等信息进行查询，并及时更新办公用品的库存数量。

（7）会务管理。会务管理提供与会议相关的资源与信息管理，实现会议通知、会议室及相关设备预订等一体化管理，具体包括会议计划、会议通知、会议室预定、预定流程审批、会议提醒等功能。

1）会议计划。不同科室能够根据需要制定本部门的会议计划。

2）会议通知。确定需要召开会议，能够通过短信方式或者系统弹框提醒方式通知参与人员会议时间、会议地点和会议主题。

3）会议室预定。确定需要召开会议，能够直接在线预定会议室。

4）预定流程审批。申请完会议室提交到相应的部门进行申请，如若有冲突，再由审批人员进行协调。

5）会议提醒。临近会议召开之前，能够通过系统或者短信通知与会人员准时召开会议。

3. 个人办公

将个人的日常办公实现电子化管理，通过该模块管理自己的个人工作、个人信息，能够进行个性化设置，有效提高日常办公效率。

（1）待办工作。系统将用户的所有待办工作分为"待办"和"待阅"两大类显示。

（2）在办工作。系统将所有在办工作按照是否自己发起分为"在办文件"和"我的在办文件"两大类显示。

（3）催办工作。用户可以在"在办文件"中对所有在办文件进行跟踪监控，在线发起催办信息，提醒当前办理人及时办理。系统会以短信、催办消息等方式提醒当前办理人。

（4）工作状态。每个用户可以设置自己的工作状态，如请假、调休、外出、公差等。

（5）个人设置。提供个人的基础设置功能，包括修改密码、个人信息设定、常用办公用语的设定、工作流程外出代理的设置、自定义群组及自定义提醒声音、系统皮肤设定、个人工作状态设定等。

（6）日程管理。管理个人工作日程安排，可共享日程安排，日程安排提供日、周、月、列表多种表现视图，在事件显示方式上有当天内分时段事件、全天事件、跨天事件、循环事件等，均以不同方式显示多种表现形式。

（7）工作计划任务。支持用户工作目标（任务）的创建，支持对下属工作目标（任务）的创建。

4. 公共信息

能够查看公司内部相关的公共信息，实现内部人员的即时通信、重大新闻和信息的弹窗提醒。

（1）公告管理。公告管理提供了通知通告的发布和管理的平台，通知公告需经审核后方能发布，系统自动记录公告的阅读情况。

（2）新闻管理。发布与管理新闻信息，新闻信息的发布无需审核，但需有权限才能发布。

（3）规章制度。实现政策法规、人事制度、行政制度、财务制度、管理制度等各种制度文件的在线存放、查阅，可以方便地进行管理。可以对文档进行按权限的全文检索。

（4）通信录。此通信录集成了个人通信录、公共通信录、单位内部通信录等部分。既可独立使用，又可被电子邮件等模块调用。工作人员可根据自己的需要对相应的通信录进行添加、修改等功能。同时，可支持通信录按姓名、移动电话等不同关键字进行搜索及通信录的导出功能。

六、应急预案管理系统

针对大兴水利枢纽可能发生的突发性水污染、设备故障或输水管线结构破坏、建筑物结构破坏、地震、暴雨洪水等涉及应急调度的事件类型，基于突发事件应急控制评价技术、多源数据、多种模型软件集成技术，实现了大兴水利枢纽应急调控方案。

（一）系统架构

应急管理从流程上主要有突发事件管理、应急情况研判、突发事件分析评估、应急会商、应急管理等大的功能模块。水库应急预案管理系统架构见图 8 - 20。

（二）系统功能

1. 突发事件管理

大兴水利枢纽可能发生的且可能涉及应急调度的事件有以下类型。

（1）超标准洪水。参照设计标准，大兴水利枢纽超过 500 年一遇的洪水即为超标准洪水。当入库流量远大于出库流量，洪水不能及时下泄，库水位急剧升高，最终导致坝体失稳。

（2）地震灾害。大兴水利枢纽工程区地震动峰值加速度超过设防值时，水库枢纽工程可能发生的险情有：①大坝出现裂缝、失稳等险情；②闸门或启闭机发生变形，导致闸门启闭不灵等险情。

（3）水质污染突发事件。主要为库区水源地发生污染源渗入渠道污染水源，有毒有害化学品车辆坠渠造成水质污染，人为恶意投毒导致水质污染等。

（4）工程安全及设备故障突发事件。主要为工程结构发生破坏，如堰塞、输水管线爆管等，机电、金属结构、供电系统、自动化调度系统设备故障等。

（5）火灾事故。指工程管理范围内各类生产及生活设施、设备发生的火灾事故。

（6）其他事故。建筑物、电源、通信等设施易遭受雷击破坏，直接或间接危及工程安全。

2. 应急情况研判

应急预案研判功能根据灾情成果，与应急预案条款进行自动判别对比，然后推荐启动对应等级的数字化预案，按计划进行抢险救灾。主要功能包括应急预案管理（查询、增、删、改）、信息监视、信息预警、应急预案判别、应急预案启动等。

系统将传统基于文本的纸质预案经过数字化抽象，解决传统纸质预案的存储、管理、

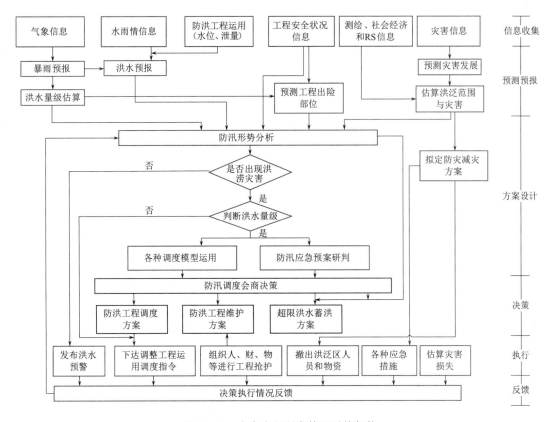

图 8-20　水库应急预案管理系统架构

升级和使用不便等问题,构建一个包括所有已编及未编的应急预案相关信息的预案库,实现预案的查找、统计和汇总。

依据已经制定的应急预案的规定,在灾情满足各种应急响应条件时,立即自动提示报警,并给出相应的应急预案响应等级与响应措施,当给予相关需求条件时,能自动从预案库中组合出辅助决策、调度参考提示以及对应的推荐处置方案。

3. 突发事件分析评估

(1) 水质污染事件分析评估。水质污染事件分析评估是根据监测位点水质参数的实时监测数据及历史数据资料,完成水环境安全的分析评价,主要有如下三个子功能:水质达标/类别评价、富营养化评价、水功能区达标评价。

1) 水质达标/类别评价。采用单因子评价方法,对水环境质量进行定性和定量评价,判定水质类别和达标情况,并计算主要污染物的超标倍数。在水质评价结果基础上,生成各类水质 GIS 专题图,多层次、多方位直观地显示水质评价相关信息。专题图样式可定制。

2) 富营养化评价。根据监测位点水质参数的实时监测数据及历史数据资料,采用综合营养状态指数法,计算站点的营养状态指数,判定营养状态,并按权重得到库区的整体营养状态指数和营养状态,生成 GIS 专题图。专题图样式可定制。

3) 水功能区达标评价。计算得到辖区内各水功能区在一段时间内的水质类别、主要

195

超标物和倍数、达标情况。

（2）安全度汛分析评估。安全度汛分析评估指在每年的汛期（5—10月），对库区的降雨预报进行分析统计，形成短、中期的分析评估报告，为科学合理的调配防汛调度资源提供支撑与保障。

采取各种有力措施，确保各类型水利建筑的安全。安全度汛要求对度汛预案中设计的各级各类责任人和应急处置措施进行统一管理。在暴雨发生时，系统可根据实时监测的雨量值或水位值结合设定的触发条件，自动触发度汛预案，通知相关责任人及时处理。

预警发布模块中具有预警信息和状态显示、内部预警、外部预警、预警反馈、预警记录查询、预警指标、响应部门和人员设置等功能。

1）预警信息和状态显示。预警信息和状态以预警地图和预警列表形式显示。

根据预警分析结果，在地图上以不同颜色闪烁的方式展示流域范围内的预警级别等信息。在预警地图上应提供进行当前预警状态的下一步操作。

以列表方式显示预警信息，包括发生位置、预警级别、预警时间、预警内容、预警状态等信息，并提供影响范围分析结果。

2）内部预警。根据预警级别的不同，将符合预警条件的信息自动指向相关负责人，人工发布短信；能够提供发送短消息的时间、发送的范围。

3）外部预警。经过上级指挥部门确认后的预警信息，可发送短信到各级相关防汛责任人，并可发布突发预警信息。发送对象通过预先定义好的规则自动获取。

4）预警反馈。显示未关闭预警的所有短信记录，包括姓名、单位、电话、预警级别、发送时间、信息内容、回复情况等信息，如果收信人未回复，则在短信回复时间一栏显示"未回复"，否则给出反馈时间。

5）预警记录查询。显示最新的预警信息发布情况，包括反馈信息。

6）预警指标。提供预警指标的查询功能，并能分别设置水位、雨量临界指标，其中雨量指标的时段长也可以实现用户自定义。

7）响应部门和人员设置。能对部门进行管理；能对部门响应标准进行设置；能设置部门领导人；能对人员-部门关系进行管理，从而确定预警产生时，预警信息的发送对象和范围。

4. 应急会商决策

会商系统紧密依托电子地图，结合水情、水质、雨情、工情、险情、灾情、应急资源等各方面，按照会商流程，集成各类信息、情况汇报、现场资料以及结构化文档管理功能，为技术专家和决策者进行会商和决策提供辅助支持。

会商系统在地理信息系统和网络的支持下，以实时图像、成果表以及相关文字等为表现内容，向决策专家、指挥领导全面反映灾情、调度方案、物资调运、抢险队伍集合组织等信息，并同时生成会商纪要、调度请示、调度命令等。系统由厂内会商、对外会商、信息查询、调令执行和会商支持管理构成。

5. 应急管理

实现应急预案管理、超限报警、防汛物资管理和设备备用电源管理。

（1）应急预案管理。实现各类预案的管理，能够对预案进行录入、报批和查询。在汛期时，通过该系统可以迅速按相关预案开展工作，协调相关部门，并调度相应物资，保证防汛工作的有序进行。

（2）超限报警。实现超限报警，需要用户预先设定水位、各设备的报警参数，当水位或设备参数超限时向相关人员发出警报，在线统计实时数据的超限情况，在线提供超限的开始时间、结束时间、最大值时间、累计时间等，并将数据保存到数据库中，见图 8-21。

图 8-21　超限报警管理示例

（3）防汛物资管理。对防汛抢险物资进行登记和管理，将物资按照归属、类型分开统计。可查看物资详细信息，包括名称、数量、负责人、存储地点等。对不同归属的物资可以执行一键迁移、合并，在物资换位时简化用户对系统的操作，见图 8-22。

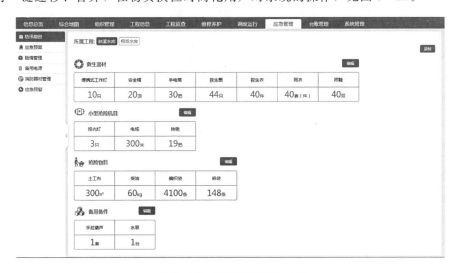

图 8-22　防汛物资管理示例

（4）设备备用电源管理。实现对备用电源的管理，展示备用电源的名称、责任人、生产厂家、存放地点、规格型号等信息。在紧急情况时，能够通过该模块快速找到对应的备用电源位置，解决问题。同时该模块还包括了备用电源试运行的记录和电源维养保护的历史数据，通过试运行和电源维养保护来保证该备用电源是正常可用的，是能够在紧急情况下解决燃眉之急的设备备用电源。备用电源管理示例见图8-23。

图8-23　备用电源管理示例

第五节　智　能　免　疫

大兴水利枢纽水利智能体主要承载了监测信息、监视信息、监控信息及综合应用业务等重要信息，确保监控数据的完整性以及保密性是系统运行的基础。因此，需要建立一套可靠的智能免疫体系，以便实现以下功能。

（1）为网络数据传输提供完整性、保密性保护。

（2）对网络接入、设备接入进行严格控制。

（3）对网络资源的访问进行严格控制。

（4）对网络的入侵行为进行检测，及时发现并进行处理。

（5）对网络安全事件进行集中审计，使信息安全管理员能及时发现各种安全事件，进行及时的处理。

智慧大兴水利智能体网络与信息系统安全总体架构见图8-24。整个系统的安全架构分为技术和管理两个层面，由安全管理平台（SOC）有机结合。

技术层面包括：物理安全、网络安全、系统安全和应用安全。

管理层面包括：安全组织管理、安全策略管理和安全运作管理。

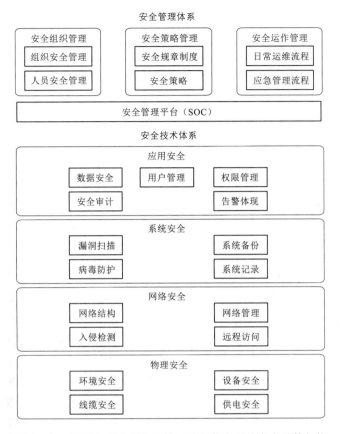

图 8 - 24 智慧大兴水利智能体网络与信息系统安全总体架构

一、技术层面

(一) 物理安全

1. 环境安全

环境安全一般是指机房（包括调度控制室）安全，广义上可包括机房的周边建筑环境安全。

（1）机房安全。机房建设应按照《数据中心设计规范》（GB 50174—2017）、《电子计算机场地通用规范》（GB/T 2887—2000）、《建筑物电子信息系统防雷技术规范》（GB 50343—2004）等相关国家标准进行。机房墙壁应具有较好的防静电、吸音和屏蔽效果，地面应采用防静电活动地板。机房应具有防尘、防雷接地措施，其照明、高度、温度、湿度、防火、防水、防虫等条件都应满足相关标准要求。各级管理机构的机房应根据实际情况实行准入制度，设置统一的门禁系统，或由专人保管机房门锁。智慧大兴水利智能体已设置相应的入侵检测报警系统及视频监视系统，对重要区域进行检测报警以及 24h 视频监视。

（2）机房的周边环境安全。应考虑火灾、水灾以及爆炸或其他形式的自然、人为灾害对系统的影响，也应将与各种安全相关的规定和标准考虑在内。主电路发生故障时应提供应急照明，建筑物内应采用照明保护设备。

2. 设备安全

高可靠性硬件设备对于庞大复杂的调度运行管理系统及其重要。重要设备重要板卡冗余配置，一用一备，关键设备则采用双机热备设计。该系统数据采集工作主要依靠现场设备的正常运行，但是某些野外裸露的设备往往容易受到意外或者人为损坏，加强这些设备的管理保护尤其重要；泵（闸）站监测设备虽然部分在室内，同样要求巡查维护人员密切注意设备的安全。

3. 线缆安全

通信光缆是智慧大兴水利智能体的网络基础，承载着语音、监控、调度及各种应用数据的传输，在设计中应考虑对线路防护方面进行有效的保护，建设光缆线路自动监测系统和光纤资源管理预警系统相结合的运行维护体制进行线路的维护和故障的应急抢修，有效保障光缆网的安全。

光缆应根据敷设方式与环境变化采用不同的防护措施，必要时应沿线设置警示标识。为保障线路的安全，光缆网应组成环形结构（自愈环保护方式）。相邻的两个光缆环之间应有两个相交节点，相交节点之间应有两条物理链路。

4. 供电安全

供电安全是该系统的安全基础，为了保证管理系统的可靠运行，供电系统必须稳定、可靠，不能中断对设备的供电，同时满足设备对供电质量的要求。

重要设备采用双路供电方式，消除单点瓶颈，提高可靠性。为保证通信畅通，通信交流电源应尽可能就近采用经双回路取自厂用电的不同母线段的交流电源，对采用交流供电的通信设备同时配置 UPS 供电装置。直流供电的通信设备选用由通信高频开关电源（包括直流配电单元和交流配电单元）和两组免维护蓄电池组成的电源系统对通信设备浮充供电。开关电源和蓄电池容量满足各种通信的供电需要。在紧急出口处或设备间安装紧急电力开关，以便在紧急情况下迅速切断电源。

（二）网络安全

智慧大兴水利智能体计算机网络结构复杂性中等，网上信息类型繁多，既有涉密信息，又有普通信息。因此制定统一的安全策略、加强安全管理是非常必要的。生产控制区、管理信息区及外网区间的网络安全防护措施见图 8-25。

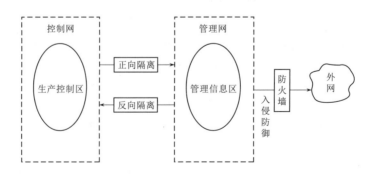

图 8-25　网络安全防护部署示意图

为保证核心控制区的生产业务安全，生产控制区信息与管理信息区信息分别组网，组成控制网与管理网，采用网闸的方式对这两个网络进行有效隔离。两个网络间物理隔离，控制网与管理网的联接仅在信息中心核心交换机层，通过单向网闸进行数据交换。

信息外网主要提供互联网接入业务，用于日常下载文件、网上信息查询等。在管理信息网与外网之间部署防火墙，特殊用户通过 VPN 方式访问管理调度网。纵向各级用户通过提供的 Internet 三层交换机访问互联网，主体工程信息中心已经在一级泵站处就近接入 Internet 网。

（三）系统安全

1. 漏洞扫描

漏洞扫描能够主动发现系统安全隐患，以便能够及时采取补救措施以避免遭受攻击和破坏。利用漏洞扫描设备扫描系统中的重要计算机、服务器，发现系统在安全配置策略上的漏洞，并提供全面的报表与查询功能。此外，可以在漏洞扫描的基础上，配置补丁发放服务器，自动对重要计算机、服务器进行安全加固，高效率地消除系统的安全漏洞。

2. 系统备份

在系统设计中应充分考虑系统备份和恢复措施，在各数据中心执行严格的本地备份策略，对重要计算机、服务器和数据库数据进行完全或增量备份，保证系统的安全性。

3. 病毒防护

系统配置整体的病毒防护体系，要求防病毒软件能够适应网络多级分布式的应用环境，进行全网防护。防病毒管理服务器具有报表和策略配置功能，能详细列出网络内所有计算机的安全状况，并针对不同计算机设置不同的防病毒策略。

4. 系统记录

对重要计算机、服务器应设置详细的操作记录，主要包括系统启动运行、管理员登录、系统配置更改（如注册表、配置文件等）、文件共享、重要文件访问/拷贝/打印、连接外网、软件安装，以及启动或关闭系统服务、进程等操作。定期检查操作系统安全日志、系统内部事件记录情况。

（四）应用安全

应用安全是保障系统中各应用程序使用过程和结果的安全。针对各管理子系统应用程序在使用过程中都可能出现的安全问题，通过各种策略与工具来消除隐患。应用安全是该调度运行管理系统的业务支撑，对多种应用系统、用户、设备、服务器和数据库进行统一集中的认证、授权和审计，为该系统的多种应用提供统一的安全基础。

1. 数据安全

选用技术先进成熟的数据交换和应用集成中间件，建立系统各管理子系统之间信息双向交流的通道，保证数据组织、数据通信、文件处理、数据传输、数据格式转换等主要功能的安全。

2. 用户管理

系统统一并集中管理各子系统的单位、部门、用户等信息，并提供用户身份认证服务。其中，用户的群组管理，确定用户在系统中所属的部门、所在的位置；用户角色管理，确定用户在系统中所承担的职责；单点登录，用户登录系统后，在各管理子系统中跳转不需要重新登录。

3. 权限管理

系统具有以下权限管理功能：分级委托授权管理、可信授权、细粒度的授权、兼容底层 PKI、用户权限在线更新、用户权限测试。

4. 安全审计

智慧大兴水智能体具有详细的日志审计功能。

（1）对重要计算机、服务器上的应用服务软件，包括重要应用平台软件、Web Server、Mail Server、中间件等的运行状况（响应时间等）的审计。

（2）对系统内数据库（包括数据库进程运行情况、数据库违规访问行为、数据库配置更改、数据库备份、重要数据的访问和更改操作等）的审计。

（3）对各管理子系统（包括业务流程运转情况、用户新建/中止流程、用户授权变更、数据提交/处理/访问/发布、业务流程内容）的审计。

（五）告警体现

智慧大兴水利智能体管理系统包含了多项业务管理子系统，其功能庞大复杂。若管理人员工作中出现误操作，可能会影响系统运行，甚至直接影响各级调度中心和泵、闸站的正常工作。所以各项业务管理子系统在设计时必须全方位考虑每一步操作的告警提示功能，将误操作产生的可能性降至最低乃至杜绝。

二、管理层面

（一）安全管理平台

1. 目标定位

安全管理平台是一种管理概念与形式，而非常规安全产品，其介于安全系统和管理者之间，融合了管理与技术两个层面，将整个调度系统内部署的安全产品与策略结合成为一个整体，使得安全管理工作可量化、可考核。

2. 功能要求

通过安全管理平台进行综合的网络管理，将众多安全设备融入到一个统一的管理界面，统一对所有的安全告警信息进行集中处理，并依据唯一有效的标识进行信息的高级处理。

安全管理平台可以对安全基础设施和各种安全系统进行集成，可以实现以下功能：资产管理、状态信息采集和集中、安全事件管理、安全策略执行、安全状态监控、实时安全控制、安全配置管理、安全综合分析、分级预警、安全状态报表生成、安全事故应急响应、流程管理、知识库系统、关联分析、口令集中管理、安全审计等。

（二）安全管理体系建设

系统安全除了通过技术手段来实现以外，还要通过完善的组织、策略及运作来实现。

1. 安全组织管理

（1）组织安全管理。建立合理有效的管理架构，在系统范围内开展信息安全的管理体系建设。建立有领导层参加的信息安全会议制度，以更好地发布信息安全规章制度、实施信息安全策略、分配安全责任，并协调系统范围内的安全策略实施情况。在系统的长期使用过程中，应建立相关专家提出信息安全建议的渠道，保持与业界的发展相适应。

（2）人员安全管理。对于在系统范围内工作的相关信息人员，都应明确自己的安全责任，并在工作期间接受监督与检查。所有参与该系统管理工作的人员必须经过系统培训，熟悉日常运行维护流程与应急流程，将可能出现的误操作风险降到最低。所有工作人员应定期学习相关安全规章制度与安全策略。

2. 安全策略管理

（1）安全规章制度。在系统使用过程中，应制定机房准入制度、软硬件定期检测制度、移动设备使用制度、系统相关操作制度等一系列规章制度。

（2）安全策略。应制定以下策略：用户注册、权限管理、用户口令管理、用户访问权限检查、远程诊断端口的保护、节点远程配置、网络连接控制、网络路由控制、网络服务安全等。

3. 安全运作管理

（1）日常运行维护流程。建立所有信息处理设备的管理方案，明确操作流程，制定适当的操作指令，降低无意造成的系统风险。执行统一设置的备份策略，备份多个数据副本，练习恢复数据、记录事件等操作。

（2）应急管理流程。分析发生灾难、设备故障以及操作失误的影响，定期模拟各种情况，记录并制定应急计划，确保能够在要求的时间内恢复系统功能。所有人员都应了解报告安全事故的方法和步骤，应尽快将可疑事件或事故事件报告给事先指定的联系人，减少响应时间，妥善处理好安全事故。

第九章 环洱海智慧生态廊道

　　环洱海智慧生态廊道管理系统面向政府、社会大众提供服务，其主要功能是为政府提供生态廊道监管考核技术手段，服务生态廊道管理，为社会大众提供趣味性的环保科普知识和康养休闲功能，并与生态廊道进行交互、增强大众体验感，实现对洱海生态廊道生态指标的监测，辅助洱海保护管理，兼顾公众康养休闲需求，最终实现对洱海生态廊道运行管理的数字化、信息化、智慧化。

　　环洱海智慧生态廊道管理系统可以看作是一个水利智能体，简称为智慧廊道水利智能体，从层级上看，它是州级（市级）水利智能体的一个子水利智能体；从业务上看，它是服务于水资源开发利用、江河湖泊、水利监督等业务的综合业务水利智能体。按水利智能体的架构可以分为覆盖基础感知体系的智能感知、实现通信网络的智能联接、以"大理云"平台和本地服务互为备份的智能中枢、多业务协同的智能应用、全方位保护的智能免疫等内容。

　　智能感知包括水质监测、水量监测及视频监控等内容，主要通过对洱海缓冲带重要入湖沟渠水体的水质、水量监测，实时监测沟渠湿地进、出水指标，监测农田排水水量以及调蓄带建成后溢流水水量。

　　智能联接是涵盖智慧廊道水利智能体软、硬件设备的可靠、高效、先进、冗余的 IP 通信网络，保障该智能体信息传输的稳定性。

　　智能中枢部署于大理云及洱海保护展览馆（中心站），且设置十几处陆域管理用房作为云边缘节点（分中心），用于支撑智慧管理系统的正常运行。

　　智能应用系统包括综合监测监控、移动巡检、监管系统、监管考核、监管执法、客户端 AR、智慧跑道、智慧服务等内容，为政府和社会大众提供智能化服务。

　　智能免疫是为了应对越来越严重的网络安全态势，对内网区域、外网区域、网管区、业务服务器区域、业务主机区域等进行安全防护。

第一节 智　能　感　官

　　智能感官包括水质监测、流量监测及视频监控等内容，主要通过对洱海缓冲带重要入湖沟渠水体的水质、流量监测，实时监测沟渠湿地进、出水指标，监测农田排水水量以及调蓄带建成后溢流水水量。

一、水质监测感官

　　根据《洱海主要入湖河流和重要沟渠水质目标考核办法》相关要求，重要沟渠入湖处水质需达地表Ⅳ类水标准（湖库）。因此，智慧廊道水利智能体在重要的入湖沟渠进行水质监测，以监测其水质是否达到要求，为管理者提供相应的数据依据。

（一）水质监测现状

大理市已建成多处水质自动监测站，覆盖了 31 条入湖河道，见表 9-1，数据每 4h 上传到智能中枢。除罗时江、弥苴河、永安江在洱源县与大理市交界处外，其余河道水质监测站均建立于入湖口，本次新建水质监测系统主要为生态监测的补充。

表 9-1　　　　　　　　　　大理市 31 条入湖河道

序号	河流名称	序号	河流名称
1	葶溟溪	17	万花溪
2	莫残溪	18	霞移溪
3	清碧溪	19	综树河
4	黑龙溪	20	凤尾菁
5	阳南溪	21	玉龙河
6	中和溪	22	下和箐
7	桃溪	23	白塔河
8	梅溪	24	金星河
9	隐仙溪	25	金星后河
10	双鸳溪	26	罗时江
11	白石溪	27	弥苴河
12	锦溪	28	永安江
13	永宁沟	29	白鹤溪
14	芒涌溪	30	灵泉溪
15	阳溪	31	波罗江
16	和乐沟		

（二）水质监测站点布设

环洱海智慧生态廊道拟建设 10 个沟渠湿地，对主要入湖沟渠水体进行净化，构建低污染水的净化和有序排放，达到削减洱海入湖污染负荷、有效控制洱海蓝藻繁殖、切实保护洱海的目的。智慧管理系统水质监测系统主要布置于 10 条入湖沟渠汇水口及出水口。

（三）水质自动监测方案

水质自动监测设备采用在线化学分析仪与现有水质自动监测站的设备保持一致。在线化学分析仪的技术原理是将水质有机物综合指标的实验室常规化学分析流程自动化，采用了电磁阀、滴定泵、电加热器、自动比色计、电磁搅拌器等自动化设备来代替人工分析设备，经由嵌入式计算机系统整合整个分析流程，实现在线分析。因此，此类仪表具有相当于实验室化学分析法的分析精度（通常为 5%），按照国家标准实施分析流程的可信度，并因排除了人工分析时的多余动作而提高分析速度。

（四）监测感官组成

水质自动监测感官由采样头、采水装置、取水口等部分组成。

采样头在水面下浮动，并与水体底部有足够的距离，以保证不受水体底部泥沙的影响。采水装置由水泵、管路、供电流速调节装置、调节阀、保护管及相应的检测、控制、驱动电气电路组成。采水泵选用质量优良的潜水泵、自吸泵或潜污泵，可有效防止堵塞；室外采水管路过长时，采水泵电缆应选用比泵线线径大一倍的电缆，以避免压降。采水系统应保证在水渠不断流或蓄水池水深较小的情况下，能够正常采水。取水泵通过水位传感器进行控制取水，双管路取水交叉进行，确保正常取水。在其中一台水泵停止工作后，会通过自检系统上报故障，维护人员即可前往更换、维修。

取水口设有过滤网，防止管道堵塞。

（五）监测感官功能

监测感官具有水质监测、数据采集、在线分析、数据查询、实时报警等功能。

水质监测功能连续、实时监测 COD、总氮、总磷、氨氮等多项水质参数。数据采集功能可将水质监测系统集成化，采集水质监测数据。在线分析功能通过物联网进行数据传输，将在线数据、设备运行情况远程传输至监控集控中心，将异常事件以短信发送，并能进行事件的 GPS 地图定位查看。数据查询功能支持本地、远程端数据实时查询、数据保存、历史曲线记录、数据导出和打印等约定功能。实时报警功能可实时监测水质各项参数，在水质参数异常的情况，第一时间进行报警和提醒主管人员采取措施，避免因水质污染导致大面积扩散的公众事件。

二、流量监测感官

（一）方案介绍

流量监测站点主要布设在沟渠湿地的入口处，主要监测沟渠湿地入水量，设备选型尽量选取施工安装对周边生态扰动较小的方案。从精确可靠、经济实用、易于管理等方面考虑，根据沟渠湿地的规模配置相应的流量监测设施，在 10 条重要入湖沟渠进口各布置一套流量监测站。其进水口采用 V-ADCP 全自动流量监测仪监测入湖水量。

鉴于流量监测点布局分散，流量监测设施采集到的数据信息采用通信网络传输到各云边缘节点进行数据存储及处理，最终将合理数据传送并存储到智能中枢的数据库中，为应用系统所使用。

（二）V-ADCP 工作原理

V-ADCP 是一种利用声学多普勒原理测验水流速度剖面的仪器，实时接收声学多普勒传感器多点流速、信号强度、可信度信息。V-ADCP 探头结构见图 9-1。V-ADCP 配备三个换能器，换能器与 ADCP 成一定的夹角，每个换能器既是发射器又是接收器。换能器发射某一固定频率的声波，然后聆听被水体中颗粒物散射回来的声波。假定颗粒物的运动速度与水体流速相同，当颗粒物的运动方向接近换能器时，换能器聆听到的回波频率比发射波频率高；当颗粒物的运动方向是背离换能器

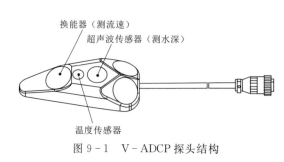

换能器（测流速）
超声波传感器（测水深）
温度传感器
图 9-1 V-ADCP 探头结构

时，换能器接收到的回波频率比发射波的频率低。

V－ADCP 全自动流量监测仪具有如下模块功能：

（1）实时接收模块。实时接收其他水位数据（包括浮子及其他 4～40mA 型水位计），通过河道断面计算河道流量。

（2）现场显示接口。仪表配备大屏幕点阵图形显示屏（320mm×240mm）、中文菜单，配合图形显示，方便操作及流态分析；直观显示瞬时流量、累计流量、秒流量、平均流速、水位及仪表电压等数据；仪表在测试状态下可实时显示流速曲线、图形，便于水流流态分析研究。

（3）存储模块。存储管理流量、流速、水位数据，存储容量为 2MB。

（4）通信模块。带 RS232 或 RS485 通信端口。

三、视频监控感官

视频监控感官在满足生态廊道管理、湖滨岸线监控、智慧运动需要和公安局使用的基础上，实时监测有哪些人进来，去了哪里，什么时候离开，是否进入了湖滨岸线，同时兼顾其他部门对于视频监控的要求。

视频监控感官可以确保管理人员及时地了解环洱海生态修复工程范围内各场所的情况，提高管理水平。可对视频信息进行数字化处理，实现重点设备的移动报警功能，实现监测范围内人脸识别管理，提升工程范围内的监管能力。

（一）布置原则

视频监控感官在环洱海生态廊道的布置原则如下：

（1）在外围交通与生态廊道交接口，设置客流统计枪机摄像头。

（2）跑道摄像头采用人脸识别智能球机摄像头。

（3）湖滨岸线采用广角智能球机摄像头，凸岸布置。

（4）结合公安监控、洱海管理的需求对重要节点进行加密。

（5）生态廊道影响导致掉线的摄像头，在原址或就近恢复。

（6）在人员聚集处设置报警柱。

（二）监控感官功能

1. 图像实时控制功能

实时监控以视图和轮巡的维度对监控点进行实时画面浏览，实时获得监视区域内清晰的监控图像，实现 24h 不间断监视。支持以下功能：

（1）支持镜头调节功能，变焦镜头支持近焦、远焦、自动聚焦；可见光镜头支持光圈调节、焦距调节、变倍调节控制。

（2）支持画面抓图、云台、设备对讲、多屏预览、录像、电子放大、3D 放大、云台控制、视频增强、音频播放、对讲，抓图时支持上传暂存。

（3）支持即时回放功能，即时回放过程中支持控制回放时间及画面，支持针对即时回放画面进行抓图、回放、视频增强、音频播放、对讲、播放控制、单帧倒退及单帧前进。

（4）支持多画面保存为预案，支持多画面同时抓图、同时录像、全部关闭、批量收藏等功能。

2. 人脸识别

支持提供人脸识别功能，基于环洱海生态廊道内摄像头集群联动，实时识别生态廊道内人员身份和行为，为生态廊道内的人员管理提供便利，同时也可用于生态廊道内旅游管理和各类体育赛事提供支撑。

视频监控支持人群监测、全局及区域人数统计、人群密度阈值报警联动监视功能，为人群全局监测、焦点监测提供强有力的措施。

3. 安防管理

支持重点区域内的区域（ROI）编码、区域入侵、绊线入侵、场景变更、音频异常侦测、外部报警等功能，可实现重点设备（如智能垃圾桶）的移动或盗窃识别；实现重点区域内人员入侵识别等功能。

4. 告警联动

用户可对需要关注的告警进行个性化订阅，还可通过设置告警联动策略，通过声光告警、视频弹出等方式将告警信息及时告知给相关人员，保障告警上报和处理的及时性。支持报警的设置、报警的接受与分发、报警事件联动、联动策略设置、报警事件的记录、查询、备份等功能。

5. 录像功能

系统录像功能主要包含客户端本地录像和平台录像两种。平台录像分为事件录像和定时录像两种录像业务。

（1）客户端本地录像。用户在客户端启动实时浏览后，可以进行本地录像操作，将录像文件保存在本地 PC 机上。

（2）平台事件录像。该业务属于告警联动的一种联动方式。当发生告警事件时，系统根据联动策略启动发生告警的前端设备或其他设备的录像任务，并将录像文件保存到存储设备上，录像时长可由用户自行配置，录像时长结束后便停止事件录像。

（3）平台定时录像。用户可以在监控系统中配置任一摄像机录像计划（包括录像开始和结束时间、录像天数），系统根据这些录像计划在指定时间进行平台录像。定时录像功能便于用户进行全天连续录像以及连续在特定时间段内录像。

6. 传输与存储

在云边缘节点设置视频存储设备用于图像存储，各监控点将图像通过通信网络分别传至云边缘节点的存储服务器上，由服务器将图像保持在存储设备上。云中心可调阅云边缘节点的视频数据。

7. 电子地图功能

监控软件具有电子地图功能，可以通过电子地图对管辖区域的摄像机进行快速调度，可以在地图上查询监控点和告警源的分布，当发生告警时，可以在电子地图上定位其所在的位置，便于选取合适的监控点，及时调取视频实况。

8. 大屏显示功能

在视频监控中心通过电视墙工作站输出图像信号给 DLP 大屏幕显示实时图像。

（三）主要技术指标

视频监控感官主要技术指标见表 9-2。

表 9 - 2　　　　　　　　　　视频监控感官主要技术指标

序号	名称	监视主要部位	主要技术参数
1	跑道人脸识别智能球机	慢行绿道沿线布设，用于人脸识别判断运动情况	内置神经网络处理器，支持 AI 智能化功能，有效提升检测准确率。 支持人脸检测、人脸属性提取和人脸识别，支持多种人脸抠图方案设置，包括人脸、单寸照、半身、全身。 支持目标检测，包括人脸、人体的检测及抓拍，支持人体属性提取。 支持视频结构化功能：支持非机动车抓拍、非机动车属性提取，支持人体抓拍、人体属性提取，支持人脸抓拍、人脸属性提取，支持人脸识别。 支持绊线入侵、区域入侵、穿越围栏、徘徊检测、物品遗留、物品搬移、快速移动、停车检测、人员聚集等多种行为检测。 枪球一体化设计，兼顾全景与细节，达到单个产品既能看全也能看清的优势。 超星光级低照设计。 支持集中布控功能。 支持软件集成的开放式 API。 细节相机支持 5 倍光学变倍、16 倍数字变倍。 支持超星光级超低照度。 支持 H.265 编码，实现超低码流传输。 全景相机内置白光灯补光，采用暖色调和柔化处理，有效降低炫目程度；细节相机内置红外灯补光，采用倍率与红外灯功率匹配算法，补光效果更均匀等
2	湖滨岸线监控智能球机	湖滨岸线布设，用于监控湖滨岸线周边情况	30 倍光学变倍，16 倍数字变倍。 支持 H.265 编码，实现超低码流传输。 支持隐私遮挡，最多 24 块区域，同时最多有 8 块区域在同一个画面。 宽动态效果，加上图像降噪功能，完美的白天/夜晚图像展现。 内置红外灯补光，采用倍率与红外灯功率匹配的算法，补光效果更均匀。 室外球达到 IP67 防护等级，8000V 防雷、防浪涌和防突波保护。支持软件集成的开放式 API。 支持三码流技术。 支持预置点跟踪类型；支持手动跟踪和报警跟踪两种跟踪方式；支持穿越围栏、绊线入侵、区域入侵、物品遗留、快速移动、停车检测、人员聚集、物品搬移、徘徊检测等多种行为检测；支持多种触发规则联动动作；支持目标过滤。 支持人脸检测。 支持人数统计，支持热度图。 水平方向 360°连续旋转，垂直方向 -20°～90°自动翻转 180°后连续监视，无监视盲区

序号	名称	监视主要部位	主要技术参数
3	道桥监控智能球机	入湖河道桥梁监控，用于监控入湖河道水流情况	内置神经网络处理器，支持 AI 智能化功能。 单场景下范围达到 60m，配置多场景巡航，最大可以将检测范围扩大至相机前后 150m。 支持完整的证据链抓拍机及图片合成、OSD 信息叠加。 支持单场景、多场景巡航类型；多场景下支持场景优先、检测优先、巡航优先三种巡航模式；40 倍光学变倍，16 倍数字变倍。 支持 H.265 编码，实现超低码流传输。 支持隐私遮挡，最多 24 块区域，同时最多有 8 块区域在同一个画面。 宽动态效果，加上图像降噪功能，完美的白天/夜晚图像展现。 光学透雾，透视雾霾，清晰还原。 内置红外灯补光，采用倍率与红外灯功率匹配算法，补光效果更均匀。 室外球达到 IP67 防护等级，8000V 防雷、防浪涌和防突波保护。 支持三码流技术。 水平方向 360°连续旋转，垂直方向 $-30°\sim90°$ 自动翻转 180°后连续监视，无监视盲区
4	客流人数统计枪机	外围交通与生态廊道交接口布置，用于监控出入人流情况	传感器类型 1/1.8 英寸 CMOS。 最大分辨率 2688dpi×1520dpi。 电动变焦；音频输入 1 路（RCA 头）。 音频输出 1 路（RCA 头）。 支持 H.265 编码。 支持星光。 防护等级为 IP67
5	报警柱	在村庄段人员聚集区布置	嵌入式 LINUX 操作系统。 支持数字降噪，强光抑制。 全双工、双向可视对讲。 内置全指向麦克风，拾音距离 5m。 内置 20W 优质喇叭，支持 3.5mm 音频插口外接有源音箱。 支持回声抑制和数字降噪。 2 路，开关量；2 路，干接点；1 路。 1 个警灯，可控制夜间常亮，支持报警闪烁

第二节　智　能　联　接

　　智慧廊道水利智能体设"大理云"及洱海保护展览馆为主中心和包括海西线、海北线、海东线在内的 17 个边缘节点。

　　智能联接应满足智慧廊道水利智能体的自动监控、通信的要求，实现智能感官和与智能中枢间的数据通信、智能中枢的主中心与边缘节点的数据传输。

一、光纤连接

（1）主中心与边缘节点的连接。主中心与边缘节点的通信组网方式采用工业以太网交换机加自建光缆的方式组件主干通信网络，主干网采用环网结构，通过跳线的方式形成环网。

（2）智能感官与智能中枢的连接。布设在生态廊道的视频监控感官、智慧跑道设备等通过单模光缆连接到中心站及边缘节点。边缘节点从其左右侧各引出 1 根单模光缆，分别向左右沿生态廊道道路敷设（具体光缆长度以各分中心用房间隔实际距离为准），形成边缘节点左侧支线光缆和边缘节点右侧支线光缆。干线及支线光缆从边缘节点引出后均敷设于沿生态廊道道路预留的梅花管内，支线光缆从生态廊道沿线距离监控布点最近的手孔井引出后，穿管敷设。

二、无线连接

布设在其他位置的智能感官，如水质监测感官、流量监测感官等，通过 4G 等无线网络传输到中心站及边缘节点。

第三节　智　能　中　枢

综合考虑系统的建设成本和系统稳定性、时效性，智慧廊道水利智能体的智能中枢采用"大理云"平台和本地服务两种形式，两者互为备份。"大理云"承载系统整体的大部分数据服务和应用服务，系统数据库和应用服务均部署到"大理云"；本地服务主要包括前端计算、分析等时效性较强的功能。

一、智能中枢平台

智慧廊道水利智能体的智能中枢平台由"大理云"、主中心和边缘节点组成，系统逻辑关系见图 9-2。

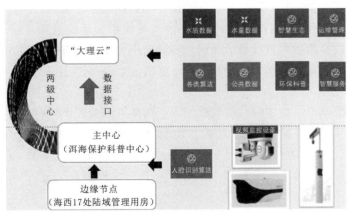

图 9-2　系统逻辑关系

（一）"大理云"

大理市智慧城市建设工作在大理市委、市政府的统一领导下自 2013 年 10 月正式启动，自大理市成功申报为第三批"国家智慧城市试点"和第二批"国家信息消费城市试点"后，大理市开始建设统一的云计算中心，使得服务器、存储等 IT 资源真正走向共享，实现资源的集约化使用，各业务部门由购买设备走向购买服务，按需申请资源。大理市通过云计算中心，形成"基础设施云、应用软件云、信息资源云和技术服务云"等云计算服务平台，通过统一部署数据交换、音视频等共享应用系统，大大减少重复投资，为政府各部门和企事业单位提供信息服务。

"大理云"承载智慧廊道水利智能体的大部分数据服务和应用服务，系统数据库和应用服务均部署到"大理云"。"大理云"租用大理白族自治州移动公司 $100m^2$ 标准 IDC 机房，已建成云计算中心并逐年进行扩建增容。

（二）本地主中心和边缘节点

智慧廊道水利智能体的智能中枢还包括 1 处本地主中心，17 处边缘节点（分中心），主中心设置在洱海保护科普中心，主要放置显示大屏、控制台、本地服务器等。边缘节点设在海西 17 处陆域管理用房，放置工作电脑及本地服务器等。本地服务器主要集成视频监控、调度指挥、前端计算分析等功能，涉及相关设备信号先接入分中心再由边缘节点传入主中心。

二、数据平台和服务平台

智慧廊道水利智能体中智能应用的各个子系统都有自己的可执行程序（包括前台的图形界面程序和后台服务程序），并部署在各个应用系统的主机上运行。如此松散部署的多个软件，在智能中枢的作用下，对外体现为一个整体。

（一）数据平台

智慧廊道水利智能体的数据流转以数据平台为中心，以安全与控制授权为保证，实现数据获取、数据加工处理、业务工作流程的规范化。在数据平台中进行数据集成，通过统一的标准，可以从一个数据源将数据移植到另外一个数据源来完成数据集成。使不同的应用程序能够对共享数据进行访问，还允许数据在不同的数据存储区之间移动，并且不要求对现有应用程序的源代码进行修改。数据平台与其他相关系统数据连接采用微服务的方式。具体实现方式是构建数据服务的注册中心，使用"发布—订阅"的方式进行。其中数据的主要来源包括实景模型数据，自动化监测数据、业务应用数据、外部数据、接口数据。

（1）洱海实景模型。施工阶段实景模型测区为环洱海黄线区域内。生态廊道项目施工完成以后，实景模型测区新增湖面至苍山脚下。洱海实景模型平面坐标系统采用 CGCS2000 坐系，单位为 m；高程系统采用 1985 国家高程基准，单位为 m。实景三维模型精度为测区倾斜影像下视分辨率 0.02m，实景三维模型以 3D Tiles 格式保存。实景三维制作流程见图 9-3。

（2）自动化监测数据。信息系统中将自动化实时监测数据进行抽取、存储至统一数据平台，供相应的业务应用系统进行业务展现和统计分析。

（3）业务应用数据。业务应用数据是信息系统中日常运行中产生的业务数据，包括业务数据流程产生的数据，表单上报、审批，计划下发等相关的业务数据。

（4）外部数据。外部数据是包括水情、雨情、气象信息的数据接口。在系统设计时，同时考虑为用户预留相应接口数据信息的手动录入功能。

（5）接口数据。接口数据是预留和大理洱海流域生态环境智慧监管系统等的相应接口数据。

（二）服务平台

智慧廊道水利智能体的服务平台可以分为表现层、服务层和应用接口层三部分。

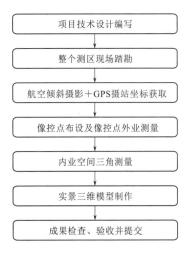

图 9-3　实景三维制作流程

1. 表现层

表现层包括统一界面风格、统一权限认证服务和统一配置信息管理服务等内容。

（1）统一界面风格。界面风格包括界面的基本色调、所使用的基础窗口控件、软件的基本命名规范等。所有图形界面都遵守统一的界面风格来设计与开发，以体现各个系统软件之间的整体效果。该部分由总集成承担单位制定相关标准，各系统按标准实施，此外，系统 B/S 统一入口界面由业务监控系统负责实现。

（2）统一权限认证服务。提供一个统一权限认证服务，每个应用系统的程序界面启动时，首先必须调用该服务。用户在输入了登录信息之后，系统可以根据该用户的权限信息确定哪些功能软件可以进入，哪些禁止操作。统一权限认证服务可以简化系统中的用户维护工作。同一个用户可以在不同的功能系统中进行角色的切换，也方便了用户的使用。统一权限认证服务的实现基础是对平台中各个系统的所有用户进行集中管理。因此需要对平台中各个系统的所有操作用户分类、相应的权限设定进行分析。

（3）统一配置信息管理服务。通过门户集成手段，提供一个综合的业务系统门户。门户通过一个高度集成的简单界面，集成内部业务相关的分系统的 B/S 部分，将信息呈现到一个集中的门户 Web 页面上，内部操作人员可以基于业务系统门户直接查阅、操作有关信息。同时能对各个系统的配置信息进行统一管理与维护，该部分由用户服务分系统负责实施。

2. 服务层

根据业务的具体要求，划分出基础功能服务组件，搭建服务组件的一体化管理环境，包括服务组件的注册、管理、执行、校验等，服务平台具体可以分为提供服务注册、管理和安全访问等服务的控制中心和提供检索、申请、审批等服务的交易中心。

3. 应用接口层

应用接口层是一种高级形式的集成，它允许一个应用程序使用其他应用程序中的某些功能。这是通过应用程序提供的应用编程接口来实现的。通常，某种形式的中间件与传送请求和结果有关，例如面向消息的中间件、远程过程调用、服务请求代理等。

应用接口层可以将各子系统的业务功能组件封装起来，实现各个子系统之间的互通互联。智慧廊道水利智能体接口范围主要包括通用接口和核心业务系统间的接口。具体接口的开发由各个应用系统负责。各系统外部接口中的控制信息可以保证各系统之间相关业务功能能够得到有效监控和调度，因此需要确定系统的接口规范，详细描述为了完成某个业务，各个子系统之间传递的控制信息的类型，并详细确定每一类控制信息的数据项（包括其类型、值域范围等）。

第四节　智　能　应　用

智能应用系统包括综合监测监控系统、生态廊道监管系统、水质模拟和污染源溯源分析系统、生态廊道监管考核系统、监管执法系统、智慧科普系统、智慧跑道系统、智慧综合服务系统等内容，为政府和社会大众提供智能化服务。

一、综合监测监控系统

综合监测监控系统是面向管理者的可视化决策及运维管理平台。其决策功能主要将智能应用的各种系统进行集成展示，包括视频监控系统、水质监测系统、流量监测系统、设备运行数据接入、外部系统数据接入等，打破业务系统壁垒，提升决策效率，提高运营能力。其运维管理功能主要将从网络中获取视频信号、水质监测信号、流量监测信号，利用诊断服务器对设备状态进行诊断分析、存储诊断结果和系统配置。诊断服务器将诊断结果通过运维服务器发送给用户，并在数据库服务器中记录有关信息。用户可以通过服务器页面监控系统状态，进行信息查询、统计，设置诊断预案，维护设备信息，进行系统管理等各种操作。

（一）视频监控系统

视频监控是安防系统中最有效的手段之一。洱海生态廊道范围内安装了480多个摄像头，单凭少量显示屏和几个值班人员难以兼顾，往往无法在第一时间对视频画面中的安全事件作出响应。

为实现有效监控，通过人工智能技术对视频图像加以识别、分析而自动捕获到可疑目标，及时对可能发生的安全事件进行预警，降低监控人员工作强度。

（二）水质监测系统

在水质在线监测系统数据接入的基础上，可以对水质信息综合查询。

水质信息综合查询系统应采用文字、图形、图像和视频等多媒体手段提供直观的水质信息，实现空间和属性数据的互动查询。主要包括基本地理空间信息、监测站网信息、监测成果信息、分析评价信息和其他相关信息的查询显示。

水质信息综合查询系统应提供包含对象选择、条件选择、内容选择的查询组件，根据用户需求进行全局范围的基本信息、评价结果、监测数据的查询工作，具备多种查询方法（普通查询、分类查询、全文查询等）。能以列表或GIS专题图的方式展示各类水环境基础信息查询结果。在系统中需预留接口，可从环保、水利等相应系统接入业务数据、敏感目标等信息。

（三）流量监测系统

在流量信息接入的基础上，可对流量信息查询与展示。

（四）设备运行数据接入

泵站等设备运行状态及切换井内液位计数据接入。

（五）外部系统数据接入

通过接口服务调用气象局相关数据，以文本、图片、表格以及在电子地图上标识等方式显示，为业务管理人员提供生态廊道内的日照强度、温湿度、雨情信息、天气短期预报、重要和极端天气预警等气象实时信息。

二、生态廊道监管系统

通过对水质、流量等监测因子进行实时监控，并及时将监测结果返回到平台中，以便生态廊道相关业务人员能够及时在系统中了解生态廊道环境，使生态廊道环保业务实现由传统的被动管理向主动监管转变。

生态廊道监管平台包括监测点位管理、实时监控、查询分析、客流统计分析等功能。

（一）监测点位管理

通过数据平台的关联操作将对各个监测点位名称和经纬度的详细信息汇总后展现在页面上，为相关业务人员进行查看以及管理时提供强有力的数据支撑。

（二）实时监控

实时监控模块包括对水质站和流量站的单站详情、实时数据进行监控。

1. 水质、流量单站详情

用户可以在单站详情页面中，查看某个站点当前监测信息以及历史的监测数据。

页面分为站点列表和监测数据两部分内容。选择站点后，监测数据显示界面将显示该站点的监测数据。用户选中一个监测因子时，就可以查看该因子最近15d的小时曲线。

单站监控页面中，用户还可以查看监控、视频、历史数据、站点信息等内容。

2. 水质、流量实时数据

用户在选择进入实时数据页面后，可以查看各个监测站点的实时监控的数据信息。系统支持用户根据区域或者因子进行监测数据的过滤筛选。用户可以只查看单个站点或者单个区域、控制级别的所有站点的实时监测数据，也可以查看所有站点某个相同因子的实时监测数据。

实时监测数据具体包括水质、流量等。当某个监测因子超标时，则该因子的实时数据以红色显示，系统支持数据 Excel 导出。

（三）查询分析

查询分析模块包括对水质和流量的历史数据统计、单站报表、超标统计、月报表统计、达标率统计和数据查询等功能。

1. 历史数据统计

历史数据统计对某个站点某时间段内的 10min、1h、日、月、年的历史数据进行分析，并以曲线形式展示，同时还可以将一个站点不同时间段的数据以双曲线的形式进行对比展示。

在查询区域中，用户在选择好查询时间类型（10min、1h、日、月、年）、开始时间、结束时间、站点后，点击查询按钮，右侧区域将显示查询到的历史数据；点击曲线按钮，则可以以曲线的形式展示出来。用户通过点击导出按钮，可以将数据导出到 Excel 表中。

2. 单站报表

用户在完成选择时间类型、时间以及某个站点后，点击查询，右侧则显示该站点查询到的数据，点击导出按钮，可将查询到的数据导出到 Excel 表中。报表的内容主要包括某站点日、月、年、时段的数据。

日报表：统计一天内每个小时水质、流量以及每种监测因子的平均值、最大值、最小值、达标率等。

月报表：统计某一月内每天水质、流量以及每种监测因子的平均值、最大值、最小值、达标率等。

年报表：统计某一年内每个月水质、流量以及每种监测因子的平均值、最大值、最小值、达标率等。

时段报表：统计某时间段内水质、流量以及每种监测因子的平均值、最大值、最小值、达标率等。

3. 超标统计

超标统计功能统计了某个区域、某个监测因子的月、季、年和时段的超标情况。

在查询选择区中，选择不同时段类型，选择区域、监测因子，填写超标天数，点击查询按钮，右侧显示超标统计报表信息，点击导出按钮可将查询到的信息导出到 Excel 表中。

4. 月报表统计

水污染源月报表统计了某个站点上一个月的数据情况。

在此用户可以进行原始数据和存档数据的查询，输入查询条件后，页面中将集中展示查询条件范围内的水质、流量月报表的列表。选中某一条报表，点击存档，可以将原始数据变成存档数据，点击导出按钮，可将查询到的数据导出到 Excel 表中。

5. 达标率统计

达标率统计可以根据日、月、年时间段统计区域内的监测站点的达标率和超标率百分比，并可以导出对应报表。

用户完成统计周期（日、月或者年）、起止时间、区域的选择后，点击查询按钮进行监测站点达标率及超标的查询，点击导出按钮可以将查询的内容导出到 Excel 表中。

6. 数据查询

在查询区域中，选择时间类型（日、月、年、时段）、区域、监测因子、时间后，点击查询按钮，右侧显示区域显示查询到的数据，点击导出按钮，则可将查询数据导出到 Excel 表中。

（四）客流统计分析

为了提升生态廊道的管理力度和科技化管理水平，建设客流统计分析系统，通过在外围交通与生态廊道交接口设置客流统计摄像头的方式实现客流精确的统计分析。

系统通过进出人数的检测及统计，进行综合判断，相关数据则通过数据库进行实时保存以便日后进行更大范围、更长周期内的分析比较，并为大数据挖掘提供基础数据。

通过统计景区各门所有人员通道的进出情况，计算出客流数据，数据传送到管理平台，由管理平台的软件进行分析，统一发出相应的 LED 屏提示信息，如到达警戒值或低于警戒值，也统一由平台发起上锁及解锁指令。同时平台可生成各类报表数据，实现数据的多样化呈现。

当生态廊道游客人数超过预设阈值，则系统通过 LED 显示屏提示廊道内客流已满，推荐前往下一目的地，同时可配合语音广播系统进行温馨提示。当廊道内游客减少，系统可通过 LED 屏和广播系统再次提示游客。

三、水质模拟和污染源溯源分析系统

（一）分析目标

对 10 条主要入湖沟渠湿地监测点位的贡献进行计算，结合洱海沿线主要入湖河道水质，评估各入湖河流和直排污染源的贡献比例；根据 10 条重要沟渠湿地和直排污染源的污水量和污染负荷，模拟 10 条重要沟渠湿地主要污染物化学需氧量、总磷、总氮和氨氮4 项指标的水质浓度变化；根据 10 条沟渠湿地水质浓度及空间变化，对沟渠湿地入湖污染源进行溯源分析，推算导致考核点位超标的主要河流或污染源。

（二）分析范围

分析范围为对 10 条主要入湖沟渠湿地的污染源进行有效的溯源分析。

（三）主要实现功能

1. 重要沟渠湿地入湖水质分析模块

收集洱海主要河流和湖体水质数据，结合 10 条沟渠湿地的水质监测数据，对洱海 10 条重要沟渠湿地的水质达标情况进行评估，对沟渠湿地水质变化趋势进行分析。

2. 重要沟渠湿地入湖负荷分析模块

收集洱海主要河流和直排污染源水量和水质数据，结合 10 条沟渠湿地的水质监测数据，对洱海主要河流和直排污染源的达标情况进行评估，对入湖负荷结构进行分析，识别主要的污染源。对 10 条沟渠湿地的污染源变化趋势进行分析，对沟渠湿地和污染负荷变化趋势分析，识别污染源负荷可能发生异常变化的污染源，在溯源分析中对污染负荷呈增长趋势的主要沟渠湿地和污染源进行重点分析。

3. 重要沟渠湿地及污染源分析模块

对洱海西岸主要河流和污染源所形成的浓度场进行计算。采用响应场方法，快速建立入湖河流和直排污染源负荷与水质的响应有关系。为快速溯源分析提供数据基础条件。结合污染源常规监测结果，10 条重要沟渠湿地和直排污染源在线监测结果，以及水质模型模拟结果，采用综合分析的方法，根据主要监测点位水质浓度响应，对 10 条沟渠湿地和污染源进行溯源分析，为确定重点管控的沟渠湿地和直排污染源提供指导。

四、生态廊道监管考核系统

建设生态廊道监管考核系统，结合全套监管的机制，加强对生态廊道的动态监管，确保发挥效益。系统分析管理中存在的薄弱环节和主要问题，为有针对性地进行工作改进和

进行科学决策提供依据。

（一）日常业务监管

日常业务监管包括实时在线监管、业务综合办理和综合统计分析等模块。

1．实时在线监管

结合前端监测采集信息、视频监控信息、人工举报信息，实现对生态廊道日常业务监管。

2．业务综合办理

针对前端发现的问题情况，进行业务办理，包括问题上报、交办、处理、处理结果反馈，形成闭环式的管理。

3．综合统计分析

进行综合统计分析，包括问题类型统计、问题处置情况统计、问题发生区域等。

（二）综合考核管理

综合考核管理包括考核指标设置、控制指标管理、考核分数计算、考核结果展示和考核结果应用等功能。

1．考核指标设置

根据相关考核办法，对相应考核指标进行设置。系统实现对考核指标的管理，包括考核指标的添加、修改、删除、生效、失效、赋分等。

2．控制指标管理

用户可以对监测点位需要监测的事项进行报警范围的提前设定，并且在后端远程监控查看实时状况数据，及时通知相应的管理人员处理报警事件，将事情造成的影响降到最低。

3．考核分数计算

系统提供考核分数计算功能，包括系统自动计算和用户主观评价两部分。针对问题处理及时率等客观事项，通过相关算法，实现分数自动计算；同时具有相关权限的用户可对考核情况进行主观评价编辑，包括工作人员进行自评填报管理、上级领导对下级工作人员进行评价管理，实现分项打分。对最终打分结果，系统实现自动统计和展示。

4．考核结果展示

考核结果展示是对已经考核完成的结果进行查看、统计和对比分析。

5．考核结果应用

结合考核结果，进行考核结果应用，包括人员绩效评优、工资发放等，对考核结果应用信息进行记录与管理。

五、监管执法系统

建设监管执法系统，以电脑端及手机端实现，监管执法系统手机端见图 9-4，为洱海保护执法管理提供依据，主要内容包括标准文书、典型案例、法律规定、执行程序、涉案物品管理、人员定位、远程派单及系统管理等内容。

（一）标准文书

系统为用户提供标准的文书模板，用户仅需按要求填报相关内容，系统自动生成标准文书。

1. 文书模板管理

系统提供统一的文书模板管理工具，使用该工具可以定义各类文书模板；文书模板管理工具可调整法律文书边距、字体、划线等总体样式，可定义执法人员电子签名和办案单位电子印章具体位置，可预设文号、时间等传入参数变量。

2. 文书可视化制作组件

以文书模板为基础，研发文书可视化制作组件，支持对案件案情、违法人员、法律条款、采取措施等法律文书关键信息的引用和录入，实现所见即所得方式的法律文书可视化制作。

3. 文书预览打印组件

实现手机端通用法律文书预览和电脑端打印功能。

（二）典型案例

1. 历史案件基本信息登记

历史案件基本信息登记主要包括案件名称、案件类别、案件来源、简要案情、发案时间、发案地地区、发案地详址、地域类型、办案单位、承办人等内容。

图 9-4　监管执法系统手机端

2. 历史涉案人员基本信息登记

历史涉案人员基本信息登记主要包括姓名、性别、出生日期、身份证号、国籍、民族、证件种类、证件号码、户籍地、户籍地详址、实际居住地、实际居住地详址、文化程度、职业类别、职业、服务处所、联系方式等内容。

3. 历史涉案单位基本信息登记

历史涉案单位基本信息登记主要包括单位名称、单位性质、外文名称、企业代码、工商注册号、营业执照号、税务登记号、发照日期、经营期限起日期、经营期限止日期、开业日期、终止日期、注册登记地、注册登记地详址、经营地详址、注册资金、主管部门、是否年审、法人姓名、法人性别、法人身份证号、法人证件类别、法人证件号码、联系方式等内容。

4. 案件信息查询

依照执法管理实际需求，对本平台所有案件信息提供相应的查询功能。

案件信息查询的查询条件：案件编号、案件名称、简要案情、发案地址、当事人、办案单位、办案人、录入单位、录入人、案件类别、案件状态、录入时间。其中案件名称、简要案情、发案地址、当事人、办案人、录入人等支持模糊查询。

案件信息查询的查询结果可以通过 Excel 表格方式导出。

5. 涉案人员信息查询

依照执法管理实际需求，对本平台所有涉案人员信息提供相应的查询功能。

涉案人员类别包含：当事人、证人、第三人。

涉案人员信息查询的查询条件：案件编号、案件名称、涉案人员类别、简要案情、姓名、身份证号、办案单位、录入单位、录入人、录入时间。其中案件名称、简要案情、姓名、录入人等支持模糊查询。

涉案人员信息查询的查询结果可以通过 Excel 表格方式导出。

6. 涉案单位信息查询

依照执法管理实际需求，对本平台所有涉案单位信息提供相应的查询功能。

涉案单位信息查询的查询条件：案件编号、案件名称、单位名称、法人、办案单位、录入单位、录入人、录入时间。其中案件名称、单位名称、法人、录入人等支持模糊查询。

涉案单位信息查询的查询结果可以通过 Excel 表格方式导出。

（三）简易程序案件执行程序

1. 简易程序案件管理业务流程

简易程序案件管理业务流程见图 9-5。

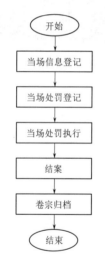

图 9-5　简易程序案件
管理业务流程

（1）当场信息登记：填写违法事实、违法嫌疑人、涉案物品、涉案单位、现场检查记录、询问笔录。

（2）当场处罚登记：填写行政处罚告知书、现场处罚决定书。

（3）当场处罚执行：填写当场处罚执行情况。逾期不申请行政复议或者不向人民法院起诉又不履行处罚决定的，依法强制执行或者申请人民法院强制执行。

（4）结案：填写结案报告，报批结案。

（5）卷宗归档：扫描法律文书、证据材料、结案材料，并上传、归档。

2. 简易程序案件管理功能结构

简易程序案件管理功能结构见图 9-6。

3. 案件相关信息登记

案件相关信息登记包括案件基本信息、违法嫌疑人基本信息、涉案物品基本信息、违法单位基本信息等信息登记。

（1）案件基本信息登记。一般程序案件基本登记主要包括案件名称、案件类别、案件来源、简要案情、发案时间、发案地地区、发案地详址、地域类型、办案单位、承办人等内容。

（2）违法嫌疑人基本信息登记。违法嫌疑人基本登记主要包括姓名、性别、出生日期、身份证号、国籍、民族、证件种类、证件号码、户籍地、户籍地详址、实际居住地、实际居住地详址、文化程度、职业类别、职业、服务处所、联系方式等。

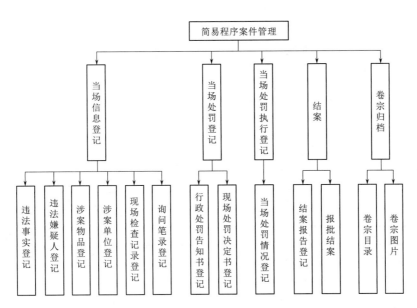

图 9-6 简易程序案件管理功能结构

（3）涉案物品基本信息登记。涉案物品基本信息登记主要包括物品名称、物品数量、数量单位、物品特征、物品照片、持有人、备注等内容。

（4）违法单位基本信息登记。违法单位基本登记主要包括单位名称、单位性质、外文名称、企业代码、工商注册号、营业执照号、税务登记号、发照日期、经营期限起日期、经营期限止日期、开业日期、终止日期、注册登记地、注册登记地详址、经营地详址、注册资金、主管部门、是否年审、法人姓名、法人性别、法人身份证号、法人证件类别、法人证件号码、联系方式等内容。

4. 现场处罚信息登记

（1）当场处罚告知书制作。登记当场处罚告知书信息，并在线制作包含电子签名、电子印章的《当场处罚告知书》，进行打印预览。

（2）当场处罚决定书制作。登记当场处罚决定书信息，并在线制作包含电子签名、电子印章的《当场处罚决定书》，进行打印预览。

（四）一般程序案件执行程序

1. 一般程序案件办理业务流程

一般程序案件办理业务流程见图 9-7。

2. 一般程序案件办理功能结构

一般程序案件办理功能结构见图 9-8。

3. 案件相关信息登记

（1）案件基本信息登记。简易程序案件基本登记主要包括案件名称、案件类别、简要案情、案件来源、发案地域类型、接报时间、接报地点、移送人、移送联系电话、移送单位、发案时间、发案地详址、发现时间、发案单位、涉案单位类型、立案意见、立案单位、立案审批人、立案时间、建议移送单位、其他情况说明等。

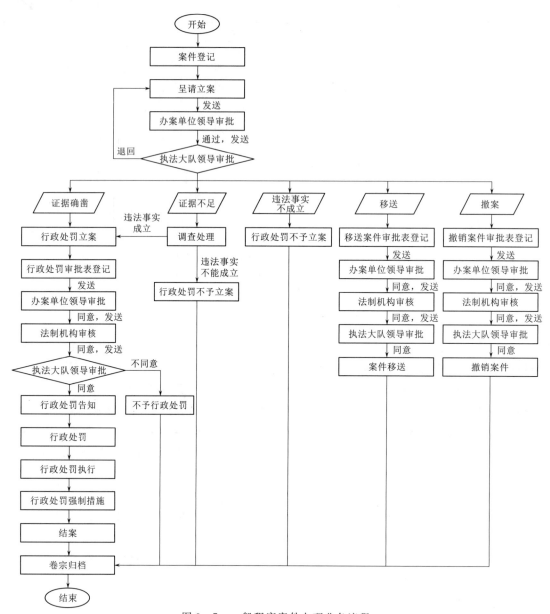

图 9-7 一般程序案件办理业务流程

（2）违法嫌疑人基本信息登记。违法嫌疑人基本信息登记主要包括姓名、性别、出生日期、身份证号、国籍、民族、证件种类、证件号码、户籍地、户籍地详址、实际居住地、实际居住地详址、文化程度、职业类别、职业、服务处所、联系方式等内容。

（3）涉案物品基本信息登记。涉案物品基本信息登记主要包括物品名称、物品数量、数量单位、物品特征、物品照片、持有人、备注等内容。

（4）违法单位基本信息登记。违法单位基本信息登记主要包括单位名称、单位性质、外文名称、企业代码、工商注册号、营业执照号、税务登记号、发照日期、经营期限起日期、经营期限止日期、开业日期、终止日期、注册登记地、注册登记地详址、经营地详

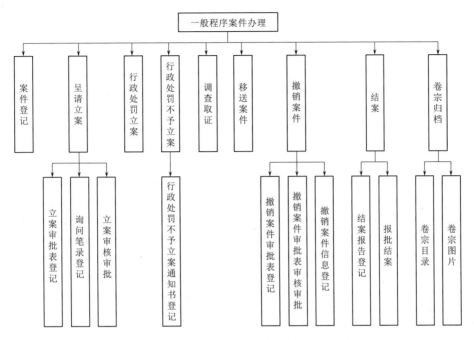

图 9-8　一般程序案件办理功能结构

址、注册资金、主管部门、是否年审、法人姓名、法人性别、法人身份证号、法人证件类别、法人证件号码、联系方式等内容。

4. 立案

（1）立案审批表登记。使用法律文书可视化制作方式登记立案审批表，登记立案审批表时可引用案件基本信息、违法人基本信息。

（2）立案审批。使用执法业务流程配置工具配置案件立案审批流程，办案人员制作立案审批表后可启动此审批流程，案件根据流程走向自动在审核、审批角色之间进行流转，各角色人员通过待办任务查看待审核、审批事项，并登记案件立案审核、审批意见。立案审批流程见图 9-9。

（3）立案审批表制作。立案审批流程结束后，办案人员通过待办事项进入立案审批表制作环节，系统自动引用立案审批流程中各角色人员的审核、审批意见及其相应的电子签名和电子印章，生成标准规范的立案审批表。

（4）立案审批表打印和归档。办案人员可预览打印立案审批表，系统在打印的同时自动归档。

5. 调查取证

（1）证据先行登记保存决定书制作。使用法律文书可视化制作方式登记证据先行登记保存决定书，生成文书及打印时使用相应的电子签名和电子印章。

（2）证据先行登记保存物品清单制作。使用法律文书可视化制作方式登记证据先行登记保存物品清单，制作过程中，系统可引用涉案物品基本信息，生成文书及打印时使用相应的电子签名和电子印章。

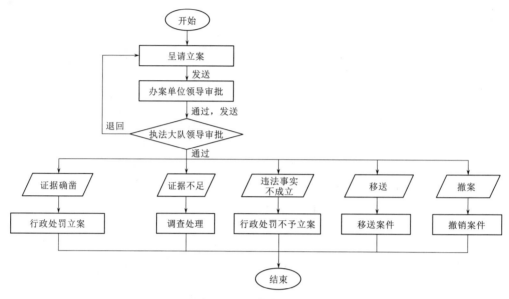

图 9-9　立案审批流程

6. 责令期限改正（整改）

（1）责令期限改正（整改）审批表登记。使用法律文书可视化制作方式登记责令期限改正（整改）审批表，登记责令期限改正（整改）审批表时可引用案件基本信息、违法人基本信息，责令期限改正（整改）审批表使用通用审批表样式。

（2）责令期限改正（整改）审核审批。使用执法业务流程配置工具配置责令期限改正（整改）审批流程，办案人员制作责令期限改正（整改）审批表后可启动此审批流程，案件根据流程走向自动在审核、审批角色之间进行流转，各角色人员通过待办任务查看待审核、审批事项，并登记责令期限改正（整改）审核、审批意见。责令期限改正（整改）审核审批流程见图 9-10。

（3）责令期限改正（整改）审批表制作。责令期限改正（整改）审批流程结束后，办案人员通过待办事项进入责令期限改正（整改）审批表制作环节，系统自动引用责令期限改正（整改）审批流程中各角色人员的审核、审批意见及其相应的电子签名和电子印章，生成标准规范的责令期限改正（整改）审批表，办案人员预览打印后自动归档。

（4）责令期限改正（整改）通知书制作。责令期限改正（整改）审批流程结束后，办案人员通过待办事项进入责令期限改正（整改）通知书制作环节，系统自动引用责令期限改正（整改）审批表相关信息，加盖电子签名和电子印章。

7. 行政处罚

（1）行政处罚事先告知书制作。使用法律文书可视

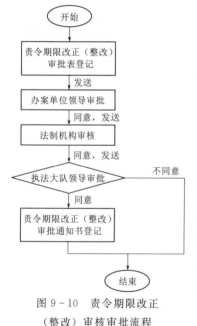

图 9-10　责令期限改正
（整改）审核审批流程

化制作方式登记行政处罚事先告知书，登记行政处罚审批表时可引用案件基本信息，生成文书及打印时使用相应的电子签名和电子印章。

（2）行政处罚审批表登记。使用法律文书可视化制作方式登记行政处罚审批表，登记行政处罚审批表时可引用案件基本信息、违法人基本信息。

（3）行政处罚审批。使用执法业务流程配置工具配置行政处罚审批流程，办案人员制作行政处罚审批表后可启动此审批流程，案件根据流程走向自动在审核、审批角色之间进行流转，各角色人员通过待办任务查看待审核、审批事项，并登记行政处罚审核、审批意见。行政处罚审批流程见图9-11。

（4）行政处罚审批表制作。行政处罚审批流程结束后，办案人员通过待办事项进入行政处罚审批表制作环节，系统自动引用行政处罚审批流程中各角色人员的审核、审批意见及其相应的电子签名和电子印章，生成标准规范的行政处罚审批表。

（5）行政处罚审批表打印和归档。办案人员可预览打印行政处罚审批表，系统在打印的同时自动归档。

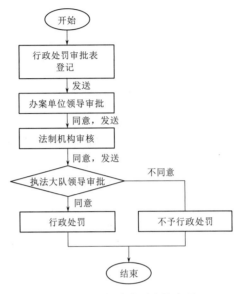

图9-11　行政处罚审批流程

（6）行政处罚决定书制作。行政处罚审批流程结束后，领导审批为同意的，办案人员可通过待办任务进入行政处罚决定书制作功能，该功能使用法律文书可视化制作方式首先登记行政处罚决定书相关信息，登记信息时可引用行政处罚审批表上有关内容，登记完成后可在线生成包含电子印章的行政处罚决定书，并进行预览和打印。

（7）送达回执文书制作。使用法律文书可视化制作方式登记送达回执，登记送达回执时可引用案件基本信息和当事人基本信息，生成文书及打印时使用相应的电子签名和电子印章。

8. 移送案件

（1）移送案件审批表登记。使用法律文书可视化制作方式登记移送案件审批表，登记移送案件审批表时可引用案件基本信息、违法人基本信息，移送案件审批表使用通用审批表样式。

（2）移送案件审核审批。使用执法业务流程配置工具配置移送案件审批流程，办案人员制作移送案件审批表后可启动此审批流程，案件根据流程走向自动在审核、审批角色之间进行流转，各角色人员通过待办任务查看待审核、审批事项，并登记移送案件审核、审批意见。移送案件审核审批流程见图9-12。

（3）移送函制作。移送案件审批结束后，领导审批结果为同意移送的，办案人员可在线可视化制作打印移送函。

9. 结案

（1）结案报告登记。使用法律文书可视化制作方式登记结案报告，登记结案报告时可引用案件基本信息、违法人基本信息。

（2）结案报告审批。使用执法业务流程配置工具配置结案审批流程，办案人员制作结案报告后可启动此审批流程，案件根据流程走向自动在审核、审批角色之间进行流转，各角色人员通过待办任务查看待审核、审批事项，并登记结案审核、审批意见。结案报告审批流程见图9-13。

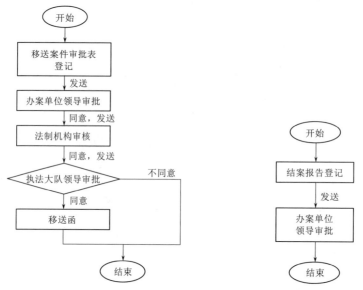

图9-12 移送案件审核审批流程　　　　图9-13 结案报告审批流程

（3）设置案件状态。审批结束后，系统引用结案报告相关信息自动设置结案日期和案件状态。

（五）涉案物品管理

1. 涉案物品基本信息登记

涉案物品基本信息登记主要包括物品名称、物品数量、数量单位、物品特征、物品照片、物品持有人、备注等内容。

2. 涉案物品补充信息登记

根据不同类别的涉案物品的特殊信息项，进一步补充说明。船舶、渔具、违法工具等涉案物品分别具有不同要求的信息项，对这部分信息进行补充完整。

3. 采取措施

对涉案物品采取的措施分为扣押、查封两种。对应的文书有《大理市洱海管理局查封（扣押）财产清单》《大理市洱海保护管理局查封（扣押）财产笔录》。

4. 涉案物品接收及处理管理

涉案物品在系统中采取扣押等措施之后，在系统中显示出当前采取措施的物品和当前责任人信息、处理信息等。

如果将物品移交给其他保管员，则保管员进入系统，点击"接收"选择需要保管的物品并接收。

如果对物品进行处理，在系统中对涉案物品执行处理登记，对物品进行最终的执行处理操作，操作完成后，物品状态变为"已处理"。

5. 涉案物品台账

依照执法管理实际需求，提供涉案物品台账管理功能。涉案物品台账管理分为：涉案物品台账登记、涉案物品台账查询、涉案物品台账导出及打印功能。

涉案物品台账详细记录涉案物品的名称、特征、数量、单位、持有人、采取的措施、接收时间、保管人、处理情况等明细信息。

涉案物品台账的查询结果以 Excel 表格方式导出。

6. 涉案物品统计分析

涉案物品数量的统计分析，可以根据办案单位、时间等维度进行自定义统计分析，统计分析结果以表格和可视化图表方式进行展示。

涉案物品采取措施、接收情况、处理情况的统计分析，可以根据办案单位、时间等维度进行自定义统计分析，统计分析结果以表格和可视化图表方式进行展示。

（六）人员定位

系统管理人员及有相关权限的工作人员可以通过电脑及手机端实时查看相关执法人员所在地点，为洱海的监管执法提供帮助。

（七）远程派单

用户可以通过电脑端向事发地就近派送工作人员，相应工作人员可以在手机端实时查看待办任务及相关推送消息。

1. 待办任务

依照各执法岗位工作职责，定义不同的待办任务，例如案件审核待办任务、案件审批待办任务、法律文书制作待办任务等，所有待办任务可直接导航至具体的操作界面，开展相应的业务办理。

2. 系统消息

提供案件办案时限到期提醒、业务逻辑校验异常提醒等相关系统消息；条件允许的情况下，可将系统消息转换为手机消息推送至用户手机。

（八）系统管理

1. 电子签名管理

提供执法机构所有执法相关人员电子签名的维护管理。

2. 电子印章管理

提供执法机构所有执法相关部门电子印章的维护管理，主要包含将印章采集到系统中，标注印章为可用状态和期限。

3. 组织机构管理

对平台内的组织机构进行统一管理，建立多级组织机构体系。建立统一的组织机构管理表结构。组织机构注册信息：机构分类、上级机构、机构代码、机构名称、机构简称、机构拼音、管辖行政区划、建立日期、标准地址 ID、机构联系电话、负责人姓名、负责人联系电话、机构性质、单位级别、备注。机构注册时，机构名称及代码唯一。机构注册成功后，由管理员审核，只有审核通过的机构，才能被查询到。

4. 系统用户管理

对平台内的用户以及通过统一用户认证的外部系统用户进行统一管理。建立统一的用户管理表结构。用户注册信息：姓名、身份证号、性别、出生日期、民族、文化程度、血型、健康状况、婚姻状况、办公电话、政治面貌、参加工作日期、备注、照片、任职机构、职务、职级、任职日期。

5. 系统角色管理

通过基于角色的访问控制模型（RBAC）来实现授权管理，同时预留接口与公安部PKI/PMI进行对接，建立用户的权限管理体系。

6. 用户权限管理

在权限管理方面，平台提供多种控制权限，可以针对各用户的不同需要进行相关的权限明细分配。根据用户的级别、业务种类、不同的区域对操作员分配不同的权限，对不同的资源有不同的监控级别。系统管理员可以将用户及权限自由组合成各种"角色"（即权限组），以方便对用户的管理，避免非授权用户进行非法操作，严格按角色进行权限分配，确保平台数据的安全。

六、智慧科普系统

智慧廊道水利智能体利用先进的 AR 增强现实技术、先进的人工智能技术、通过高速的移动互联网向公众呈现洱海项目区全貌，展示洱海周边的历史人文、介绍洱海自然生态环境，宣传环保理念与洱海环保成绩。

AR 增强现实技术能以极强的视觉冲击力、融合性和沉浸式交互体验，迅速烘托气氛，聚拢人气，让游客留下深刻印象。并可融入项目区特色定制内容，打造项目区独有项目体验。

（一）系统架构

智慧科普系统架构见图 9-14，系统从纵向方向划分为用户交互层、权限验证与业务逻辑层、数据接入层和数据存储层。

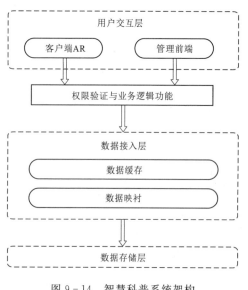

图 9-14 智慧科普系统架构

1. 用户交互层

（1）客户端 AR。客户端 AR 负责通过手机摄像设备获取视频帧并展示，同时将获取到的视频提交到 AR 云识别子系统（后文将述及）进行识别。在识别成功后，客户端 AR 进入对应的 AR 交互场景，实现与用户的交互。

（2）管理前端。系统管理员可以通过前端管理界面对智慧科普中的 AR 场景进行管理。包括添加、删除、修改、查询等基础CURD 功能。同时，管理前端提供对用户行为数据的基础分析功能的展示。

登录管理前端需要对管理员进行鉴权，只有合法的系统用户才可以访问管理前端。

2. 权限校验与业务逻辑层

权限校验与业务逻辑层以 RESTFul 接口

的形式对外提供服务。客户端和服务端使用 HTTPS 通道，保障二者之间的信息安全。权限校验与业务逻辑层包括识别图查询接口、登录接口、AR 场景 CURD 接口、用户行为提交接口和用户行为统计查询接口等。

（1）识别图查询接口。根据客户端提供的视频帧查找对应的识别图，并在查找成功后返回识别结果。

（2）登录接口。根据客户端提供的用户名密码校验用户角色与权限，并在校验成功后返回 Token，后续系统访问将根据 Token 进行鉴权。该系统使用 Token 的标准方法 JSONWebTokens（JWT）。

（3）AR 场景 CURD 接口。根据客户端请求，对 AR 场景进行添加、删除、修改、查询。

（4）用户行为提交接口。该接口负责接收保存用户端提交的用户行为数据。

（5）用户行为统计查询接口。该接口负责查询用户行为统计，如 PV、UV 等。

3. 数据接入层

数据接入层负责对内存中的数据实体和数据库存储的数据项进行相互映射和转换。同时，数据接入层提供数据缓存功能，缓存方式可以是本地缓存或者远程内存数据库缓存。

4. 数据存储层

数据存储层负责保存 AR 场景设置、用户行为数据、用户行为数据的分析结果。同时，数据存储层提供对 AR 场景设置数据的添加、删除、修改、查询功能。

三维数据模型、视频、语音等其他多媒体数据，将被存储在具有分发加速的分布式存储系统上。

（二）系统组成

对智慧科普系统进行的纵向分层设计见图 9-15。如果依据功能进行分解，智慧科普系统由客户端、AR 云识别、AR 场景内容管理和 AR 用户行为分析 4 个功能子系统组成。

1. 客户端

（1）客户端 AR。AR 通过手机摄像头采集视频信息，使用先进的视觉人工智能技术识别线下场景，并将对应的三维数据模型与数据叠加在现实场景中从而实现 AR 功能，为用户提供增强的沉浸式体验。

（2）管理前端。管理前端提供对 AR 场景的管理功能展示与交互、AR 用户行为的分析结果展示。

（3）AR 云识别。AR 云识别借助最新的人工智能视觉技术实现对场景的特

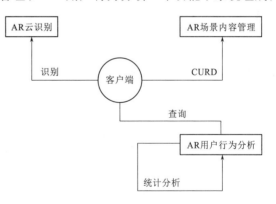

图 9-15　智慧科普子系统功能组成

征提取、匹配，从而实现对识别图进行分类与匹配。根据客户端提供的视频帧查找对应的识别图，并在查找成功后返回识别结果，匹配后即可确认识别成功。

2. AR 场景内容管理

AR 场景内容管理支持用户管理、管理员权限管理、AR 场景管理、三维数据模型及数据管理、多媒体数据管理。支持管理的 AR 场景，包括洱海保护建设前后对比、洱海治

理过程、环境保护宣传、动植物科普等。

3. AR 用户行为分析

AR 用户行为分析提供接口，用于接收客户端用户行为上报，并依据设定周期性对用户行为数据进行统计分析，以供管理员查询。

七、智慧跑道系统

智慧跑道是通过人脸识别技术、云计算、其他检测技术，整合应用于健身跑道中，实现不佩戴任何穿戴设备即可记录运动数据和能量消耗等数据的管理系统。

（一）系统特点

运动者在系统上进行注册后，在智能跑道上运动，摄像头识别运动者信息；统计运动时间、运动距离，分段配速；运动者提供身体物理数据时还可计算能量消耗。

（1）运动数据可以在线下终端设备上查看，还可在微信小程序端个人中心进行查看。

（2）采用人脸识别技术，不需要佩戴其他任何穿戴设备，只需要刷脸即可记录运动数据和能量消耗等数据。

（3）运动数据可视化，可以更加直观地看到自己的运动情况，方便制定计划和了解自己的身体状况。

（4）大屏幕会显示参与者的当前排名、运动速度排名、里程数等数据，让人们运动的同时，间接地通过"霸榜"使健身更有乐趣。系统大屏操作简单，易于上手，科技感十足，带给您全新的运动体验。

（二）系统流程图

洱海生态廊道管理系统流程见图 9-16。

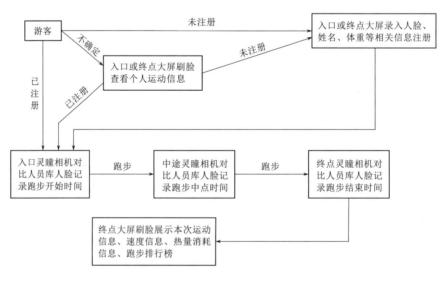

注：起点、终点均可进行人脸注册、运动数据查看。

图 9-16 洱海生态廊道管理系统流程

（三）系统功能

洱海生态廊道管理系统功能列表见表 9 - 3。

表 9 - 3　　　　　　　　　　洱海生态廊道管理系统功能列表

功　能	子　功　能	功　能　说　明
注册	人脸识别自动注册	
运动信息	人脸库比对	
	本次运动里程	
	本次运动时长	
	本次运动速度	本次运动速度，本次运动速度跑完马拉松需要多长时间
	本次运动消耗热量	
	速度的快慢程度	显示本次运动速度的快慢程度（百米冲刺、快跑、慢跑、快走、慢走）
	是否符合专业运动员的标准，超过或相差多少	
	是否符合业余运动员的标准，超过或相差多少	
	今日运动里程	
	今日运动时长	
	今日运动速度	今日运动速度，今日运动速度跑完马拉松需要多长时间
	今日运动消耗热量	今日运动消耗热量，并且显示消耗热量相当于对应食物量
	今日最慢速度	
	今日最快速度	
	今日平均配速	
	今日平均步频	
	今日平均步幅	
	今日步数	
	今日速度排行榜	
	步频	显示今日平均步频、最大步频，图形显示步频
	配速	显示今日平均配速、最大配速，图形显示分段配速
康养宣传	康养宣传信息	信息轮播显示

（四）系统模块结构

智慧跑道运动系统模块结构见图 9 - 17。

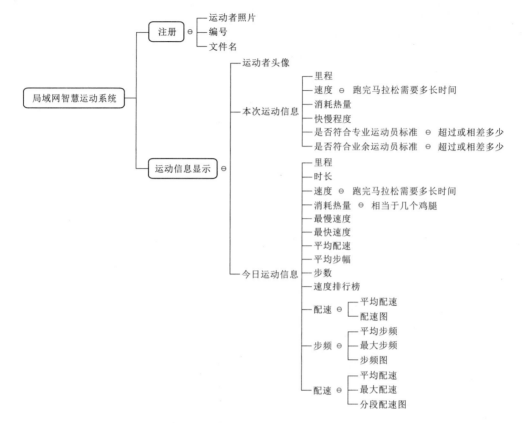

图 9-17 智慧跑道运动系统模块结构

八、智慧综合服务系统

（一）智慧导览

智慧导览主要采用 2D、2.5D、3D 地图面向社会大众提供多种不同类型的导航地图，并以此为依托，结合环保科普等内容，在生态廊道内提供导航导览等服务，通过深度部署小程序平台，联合移动端多种入口，面向社会大众，为公众提供"一机化、跨区域、全覆盖"的便捷服务。

1. 地理信息标记

通过手绘 2D、2.5D 彩图以及生态廊道建成以后的三维实景模型，对生态廊道内的驿站、主要植物分布情况、洱海绿道、老年步道等道路布置情况、各主要标识牌、监控点、水质、水量监测点，与 2D、2.5D 以及三维实景地图进行结合，嵌入三维导航电子地图，在三维电子地图中设置导航器，实现三维场景漫游、地图导航的功能。

2. 坐标采集

主要对生态廊道内驿站、主要植物、洱海绿道、老年步道等道路走向、各重要标识牌、监控点、水质、水量监测点等进行坐标采集，并标识于地图上。

3. 导航导览

（1）语音导播。智慧导览系统基于位置信息服务，当用户到达某区域后，系统自动进行语音导播。

（2）实时定位。自动调用手机定位功能，可在平面地图中定位自己位置，并准确指出当前朝向便于用户在廊道内自助导航，寻找目的地。

（3）线路推荐。根据用户游览时间限制或入口不同为条件，向用户提供不同的参观线路规划，便于用户合理便捷地欣赏洱海生态廊道。在每条参观线路上标注出景点、公共服务设置及消费类场所，以位置信息标注。

（4）地理信息展示。点击位置信息图标可查看详情介绍，展示页面支持图片、文字、语音播放和视频播放等功能。

（5）地图切换。系统支持 2D、2.5D、3D 地图随意切换，其中 2D、2.5D 为手绘地图，3D 地图为三维实景模型。

（二）智能停车场

智能停车系统通过 API 接口、自定义数据接口实现与智慧管理系统的数据交互与数据互通。智能停车系统包括车位预定功能、停车管理系统。

1. 车位预定功能

当用户使用预约车位功能时，则系统会显示可预约的车位数。如果剩余可预约的车位数大于等于 1，则系统弹出车牌号输入框及相应的车位号，用户可以点击该车位号，查看停车场地图中该车位的位置，可以使用地图导航，导航至该车位。

当有车位被预约时，位于该车位上的智能车位锁将自动升起，防止其他车辆进入占用。自动升起的步骤为：系统获取到预约车位信息后，通过云服务将车位锁升起的信号发送至指定车位锁。车位锁接收到升起的指令后，车位锁摇臂迅速升起。

当车主驾驶车辆行至预约车位后，位于车位附近的高清监测摄像头自动识别车主的车辆牌照信息。识别牌照信息后，将通过后台进行信息的匹配，匹配成功后服务器发送降锁指令，车位锁立即放倒，释放车位，车主即可顺利停车入位。

智能车位锁装有地磁感应模块，能够感应车位锁上方是否有车辆停入。一方面，防止车辆停放时车位锁的异常升起；另一方面，当车辆驶离时车位锁可以感应到上方没有车辆，从而自动升起摇臂。

相比传统蓝牙，智能车位锁拥有更多的通信技术，智能车位锁能够支持蓝牙、GPRS、NB-IoT、LoRa 四种通信方式。蓝牙仅支持短距离传输，而加载了 GPRS、NB-IoT、LoRa 三款模组的远程通信方式方可实现不限距离的远程通信和远程预约。智能车位锁直接与服务器进行通信连接，减少中间通信环节，提高车位锁响应的稳定性与反应速度。

智能车位锁外观设计新颖，使用蓄电池进行供电。采用低功耗设计，长期使用无需更换电池。蓄电池可拆卸，安装简单，维护便利。内置地磁感应器，可以实时查看车位的使用状态。IP67 高级别防水，工业级抗压设计能够承受 5t 的压力。180°防撞设计，碰撞不伤底盘。

2. 停车管理系统

（1）实时监控与电子地图的功能。能够进行车位的实时监控，能够通过电子地图进行系统化管理，并将电子地图与实时监控进行有机地整合，实现电子地图对设备状态的监控、对车位状态的监控。

（2）车位情况显示功能。该功能能够分区域查看相关的空闲车位、占用车位、预约车位、故障车位。车位的空闲与占用的数据来源为车位监测摄像头识别返回数据。车位预约的数据来源为用户提交的系统预约信息。故障车位的数据来源则为非法占用、设备异常等系统信息。系统根据停车及预约情况自动计算剩余车位数量。还可以显示总车位数以及车位的利用率。

（3）非法占用警报功能。停车地图与监控摄像头进行数据互通，当相关车位被非法占用时，系统能够自动报警，主动为管理人员进行消息推送。同时，电子地图上相关车位上标记报警，管理人员可点击该车位查看该车位上的高清车位监测摄像头的实时图像视频或历史录像。

（4）设备状态管理功能。能够在后台查询智能车位锁的电量、信号强度、在线/离线、空闲/占用状态。同时停车电子地图中反馈对车位监控设备、智能车位锁的状态。支持设备的添加、编辑、删除，以及相关的运行参数。

（5）车位预约数据统计功能。通过系统预约数据、智能车位的升级数据以及车位监测摄像头数据整合，统计出车位预约的日均次数、增长趋势，预约车位的使用记录，预约车位的车型统计等。

（三）智慧公厕

依托物联网、智能传感、互联网与云计算、大数据技术，通过智能前端设备、传感器和控制器的安装运行，利用云平台和 PC 前端及 App，实现实时掌控公厕厕位情况、环境情况、漏水情况、人流数量，实时展示公厕整体情况，及时通知清扫人员处理异常情况等功能。

智慧公厕的管理，涉及 5G、AI、互联网、物联网、云计算、边缘计算等新技术的运用，以创新手段来优化公共厕所管理和服务，包括厕所使用引导、厕所环境监测、厕所设备管理、厕所能耗管理、综合管理等技术手段。使现代的厕所具备即时感知、准确判断和精确执行的能力，实现了对公共厕所的精细化管理，为游客提供优质、高端、舒适的服务。智慧公厕系统示意见图 9-18。

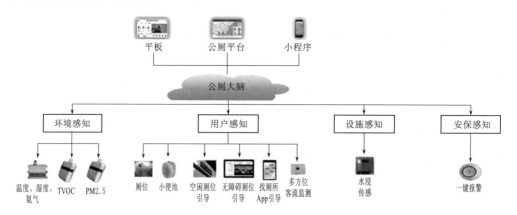

图 9-18　智慧公厕系统示意图

1. 公厕感知体系

（1）环境感知。使用环境感知设备，如氨气、温度、湿度传感器，PM2.5、TVOC 传感器等，实现对环境质量的实时感知与监测，并通过 LoRaWAN 等无线网络实时上报检测数据。系统支持按照国标或自定义阈值检测空气环境。

（2）用户感知。坑位使用监测终端智能感知用户使用厕位情况，客流监测终端实现男女客流的实时统计管理，厕位引导屏与 LED 显示屏为用户提供厕内实时厕位引导服务。大数据分析用户如厕行为形成人群画像，辅助如厕文明建设。

（3）设施感知。水浸实现漏水监测，狭小空间人员监测终端对厕位在用情况实现智能感知。

（4）安保感知。厕位内设置一键报警按钮，智能感知用户紧急求助需求。

2. 通信手段

生态廊道智慧公厕基于无线通信技术、AIoT 技术，通过 LoRaWAN 智能网关、无线透传中继设备，将厕所环境、资源、设施、用户、卫生健康等数据实时上报至云平台，实现对公厕数据的全面监测和智能治理。

3. 智慧公厕应用

（1）面向工作人员的应用。平台监控向管理人员发出公厕环境异常报警通知后，由保洁人员到达现场进行清扫，促使公厕环境回归到正常状态，从而减少公厕环境异常的应急响应时间和提高处置效率。

（2）面向市民游客的应用。由 LED 指示牌、导厕小程序等组成跨域综合导厕系统，使之更好地服务广大市民游客，将民生工程落到实处。LED 显示屏为用户提供厕内实时厕位引导服务。找厕所小程序为用户提供找厕所与导航服务，为用户提供满意度评价的渠道，拓展社会监督机制。

第五节　智　能　免　疫

在面对现在越来越严重的网络安全态势下，智慧廊道水利智能体积极响应国家相关政策法规，积极开展信息安全等级保护建设。对指挥管理系统安全态势进行核查，同时进行等级保护建设，补齐等级保护短板，履行安全保护义务。将整个内网分为 5 个区域：外网区域、网管区域、业务服务器区域、业务工作站区域和陆域管理用房分机房，见图 9-19。各个区域之间的数据交互通过核心防火墙进行隔离。5 个区域进行安全防护的手段如下：

（1）外网区。外网区作为整个信息系统内外互联的大门，干路串行安全防护设备包括防火墙、入侵防御、防毒墙和上网行为管理。对于外网访问的管理员和运行维护人员通过 VPN 加密机对内网进行访问。

（2）网管区。网管区域承接了整个网络的安全运维管理工作，旁路部署数据库审计、网络审计、安全管理平台、漏洞扫描系统、网络准入、堡垒机和视频分析系统等。

（3）业务服务器区域。该区域包含对外服务业务，通过服务器杀毒软件，对恶意代码进行检查，对其中的恶意代码进行检测和清除。部署 Web 防火墙对 Syn flood、CC、慢速攻击等各种拒绝服务攻击进行防御。

（4）业务工作站区域。该区域部署主机杀毒，对恶意代码进行检查，对其中的恶意代码进行检测和清除。

（5）陆域管理用房分机房。该区域部署主机杀毒，对恶意代码进行检查，对其中的恶意代码进行检测和清除。

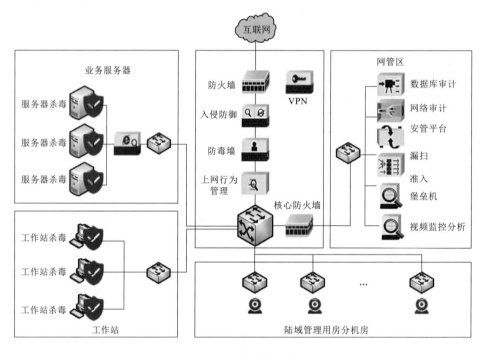

图 9 - 19　网络安全逻辑图

一、外网区域

外网区域的安全防护手段包括防火墙、入侵防御系统、防毒墙、上网行为管理、VPN 加密机和核心防火墙等。

（一）防火墙

区域边界部署防火墙，采用双机冗余结构，串行部署。从逻辑上隔离网络，通过将网络划分成不同的区域，制定出不同区域之间的访问控制策略来控制不同信任程度区域间传送的数据流。最终目标是根据最少特权原则，在不同水平的信任区域，通过连通安全政策的运行，提供受控制的连通性。

（二）入侵防御系统

区域边界部署入侵防御系统，采用双机冗余结构，透明串行部署。入侵防范类产品的审计记录包括入侵源 IP、攻击类型、攻击目的、攻击时间等相关内容，并具备告警功能，在发生严重入侵事件时提供报警。

（三）防毒墙

区域边界部署防毒墙，使用双机冗余结构，透明串行部署。对恶意代码进行检测和清除，并维护恶意代码防护机制的升级和更新。

（四）上网行为管理

区域边界部署上网行为管理，使用双机冗余结构，透明串行部署。保证跨越边界的访问和数据流通过边界设备提供的受控接口进行通信，并且对非授权设备私自连到内部网络的行为进行检查或限制。

（五）VPN 加密机

区域边界部署 VPN 加密机，旁路部署。对于通过互联网远程接入的人员设备，需要进行基于国密算法的 VPN 隧道加密。采用校验技术或密码技术保证通信过程中数据的完整性和保密性。

（六）核心防火墙

区域内部部署核心防火墙，使用双机冗余结构，串行部署。从逻辑上将网络划分成不同的区域，制定出不同区域之间的访问控制策略来控制不同信任程度区域间传送的数据流。

二、网管区

网管区的安全防护手段包括视频监控分析系统、数据库审计、网络审计、堡垒机、态势感知系统、安全管理平台、漏洞扫描系统、网络准入等模块。

（一）视频监控分析系统

部署视频监控分析系统，针对视频专网中的非法接入、视频设备漏洞、视频设备难以集中管控、异常行为难以及时发现等问题，视频专网安全监测分析系统从资产管理、运行监测、安全控制三个维度出发，集设备自动发现、漏洞自动探知、接入自动甄别、行为自动分析及违规自动阻断等多种安全功能于一身，从边界到行为再到核心数据逐步深入，形成立体监控，建立纵深防御。在加强安全运行管理的同时，将用户从繁重的日常事务中解放出来，轻松实现视频专网内资产一目了然、设备故障实时报警、安全风险实时掌控、非法入侵及时阻断等功能，全方位解决视频专网安全运行问题。

（二）数据库审计

部署数据库审计，能够实时记录网络上的数据库活动，对数据库操作进行细粒度审计的合规性管理，对数据库遭受到的风险行为进行告警，对攻击行为进行阻断。它通过对用户访问数据库行为的记录、分析和汇报，用来帮助用户事后生成合规报告、事故追根溯源，同时加强内外部数据库网络行为记录，提高数据资产安全。

（三）网络审计

部署网络审计，记录网络访问行为，识别违规网络操作行为。从发起者、访问时间、访问对象、访问方法、使用频率等各个角度，提供统计分析报告。

（四）堡垒机

部署堡垒机，通过防火墙、堡垒机等安全措施限制非审计管理员对网审设备、日志存储服务器等的访问，对审计记录进行保护；另外，应对审计记录定期备份，如当审计日志存储到硬盘指定阈值后，采用加密的方式外发到 FTP 或日志服务器中自动备份，避免记录受到未预期的删除、修改或覆盖等。

（五）态势感知系统

部署态势感知系统，对内网进行网络态势感知。系统通常收集所管理网络的资产、流量、日志、网站等相关的安全数据，经过存储、处理、分析后形成安全态势及告警，辅助用户了解所管辖网络安全态势，并能对告警进行协同处置。利用现有的安全系统、安全设备，逐步演进为"安全数据集中存储、态势感知场景丰富、动态建模分析及可视化综合展示"的高价值安全信息存储及分析系统，加快对安全威胁的认知及有效预警。

（六）安全管理平台

部署安全管理平台，能够实时不间断地采集来自不同厂商的安全设备、网络设备、主机、操作系统、数据库以及各类业务系统的包括日志、运行状态等各类海量安全信息数据，是针对 IT 设备与系统的综合监控与审计系统。

（七）漏洞扫描系统

部署漏洞扫描系统，定期进行漏洞扫描等方式，及时发现服务器、管理终端、数据库、应用系统、中间件、网络设备、安全设备等中可能存在的安全漏洞，并采用搭建测试环境等技术手段对发现的漏洞进行分析评估，并及时修补。

（八）网络准入模块

部署网络准入模块，记录网络接入行为，识别违规网络操作行为。保证跨越边界的访问和数据流通过边界设备提供的受控接口进行通信，对非授权设备私自连到内部网络的行为进行检查或限制。

三、服务器区域

（一）服务器杀毒

部署企业版服务器杀毒软件，以软件形式安装。服务器恶意代码进行检查，对其中的恶意代码进行检测和清除。

（二）Web 防火墙

在业务服务器前端部署 Web 防火墙，使用双机架构，串行透明部署。提供 OWASP Top10 的全面防御，同时，可以主动对业务系统建立正向模型，用于防御未知的威胁和 0day 攻击。有效缓解针对 Web 服务器的 Syn flood、CC、慢速攻击等各种拒绝服务攻击。

四、工作站区域

部署企业版主机杀毒软件，以软件形式安装。对工作站恶意代码进行检查，对其中的恶意代码进行检测和清除。

五、陆域管理用房分机房

部署企业版主机杀毒软件，以软件形式安装。对主机恶意代码进行检查，对其中的恶意代码进行检测和清除。

第十章 黄花滩智慧灌区

黄花滩灌区调蓄供水工程，按照全国大中型灌区续建配套与节水改造实施方案中对灌区信息化的实施要求以及现代化灌区建设目标，进行智慧化提升，实现了系统应用与灌区实际业务的有效衔接，能够有效提升运行管理水平，降低工作人员负荷，提升灌溉用水利用系数，实现问题可快速解决、人员可快速定位、工程相关信息可随时查看，调动灌区管理相关单位部门人员的主观积极性。

黄花滩灌区调蓄供水工程可看作一个水利智能体，简称智慧灌区水利智能体，从层级上看，它是县级水利智能体的一个子水利智能体；从业务上看，它是专注于节水业务的单一业务水利智能体。该智能体建设后，可满足灌区管理的业务需求，通过建立智能感知，全面提升灌区工程的感知能力，实现对工程的量水、安全、视频监控、计算机监控及电子围栏系统等的实时感知，保证管理人员对工程全方位、全时段的掌控。建立智能联接，实现工程的远程安全调控，工程感知体系与灌区运行管理部门、上级管理部门的网络覆盖与互联互通。建设智能中枢，补充拓展了数据中心，搭建了对上服务应用系统、对下服务数据中心的应用支撑平台体系。完善拓展了综合监视、工程全生命周期管理、移动端应用等系统，因地制宜地建设成集信息采集与传输、目标控制、监控调配、水费管理等为一体的智慧灌区水利智能体，提升了灌区管理水平。

第一节 智 能 感 官

智慧灌区水利智能体的智能感官主要包括工程安全监测感官、视频监控感官等自动化控制系统。

一、工程安全监测感官

建立安全监测信息化感官，分析管理软件实现监测数据管理、处理、图形分析、报表制作等功能，使所有的结果以直观的图表形式提供给有关人员作为分析决策参考。系统提供给有关人员的信息，除数据信息外，还包括相关分析结果，包括变形情况、渗流情况、警戒值等。

安全监测内容包括渗流监测、变形观测设备以及数据采集装置，使用 MCU 设备实现数据的自动化采集，MCU 布置在水池的管理房内，数据通过光纤预留接口传输至监控中心。

二、视频监控感官

视频监控系统可以确保运行（值守）人员及时了解调蓄水池等灌区工程范围内各重要场所的情况，提高运行水平。可对视频信息进行数字化处理，从而方便地查找及重视事故当时情况，是基础感知体系中一个重要的基础支撑。

根据黄花滩灌区调蓄供水工程"无人值班（少人值守）"的控制方式，视频监控系统应与灌区计算机监控系统等有机地结合起来，可接受灌区计算机监控系统的协议信号，实现相关联动动作，通过在某些重要部位和人员到达困难的部位设置摄像机，并随时将摄取到的图像信息传输到工程集控中心及管理中心，以达到减少巡视人员劳动强度的目的，并实现各场所安全监视、各泵站等部位的远方监视、部分现地设备的运行情况监视等。

1 号调蓄水池已建视频监控感官，在黄花滩灌区水利智能体中进行集成。

大靖（2 号）调蓄水池、渠首（3 号）调蓄水池、绿洲（4 号）调蓄水池以及绿洲分干渠 4 个主体工程项目范围内各重要场所的情况，实现视频信息的集中监控与管理，视频监控感官数据最终接入调度管理中心数据资源管理平台。

（一）1 号调蓄水池

视频监控感官由摄像前端设备，视频图像和控制信号传输，视频图像信号接收、存储、处理和显示三部分组成。配置 1 台监控主计算机和 2 台 21 英寸液晶监视器（含主控键盘，监视器分别布置在泵站控制室和管理楼监控室）、1 台 16 路视频录像机及其硬盘、1 台交换机、15 套摄像机（即 15 个视频监视点）。1 号调蓄水池视频点位布置见表 10-1。

表 10-1　　　　　　　　　　　　　1 号调蓄水池视频点位布置

序号	建设地点	数量	设备类型	传输方式	监视目的	备注
1	泵站主厂房内	1	高清网络彩色球型	网线、交换机、光纤	环境	室内
2	泵站副厂房中控室	1	高清网络彩色球型	网线、交换机、光纤	环境	室外
3	泵站配电室	1	高清网络彩色球型	网线、交换机、光纤	环境	室外
4	泵房大门口	1	高清网络彩色球型	网线、交换机、光纤	环境	室外
5	调蓄水池	1	高清网络彩色球型	网线、交换机、光纤	环境	室外
6	蓄水池周边	10	高清网络彩色球型	网线、交换机、光纤	环境	室外
合　计				15		

（二）大靖（2 号）调蓄水池视频监控感官

1. 监控感官结构和配置

视频监控感官由摄像前端设备，视频图像和控制信号传输，视频图像信号接收、存储、处理和显示三部分组成。配置 1 台监控主计算机和 1 台 21 英寸液晶监视器（含主控键盘，监视器布置在调蓄水池值班室）、1 台 16 路视频录像机及其硬盘、1 台交换机、13 套摄像机（即 13 个视频监视点）。

16 路实时嵌入式网络硬盘录像机和 5 块监控专用 4TB 硬盘（存储时长为 1 个月）用于视频信号的处理和存储，硬盘录像机和监控主机通过 TP-LIN 型 24 接口交换机组网。同时在管理楼增设交换机和显示器，方便管理人员在管理楼能实时监控水池运行情况。

电子围栏系统：系统主要由电子围栏主机、前端配件、后端控制系统三大部分组成。

2. 视频点布置

视频监视系统主要实时监视值班室、阀井等设备的运行状态及水池周边人畜安全，布设 13 个监视点，2 号调蓄水池视频点位布置见表 10-2。

表 10-2　　　　　　　　　　　　2 号调蓄水池视频点位布置

序号	建设地点	数量	设备类型	传输方式	监视目的	备注
1	监控室	1	高清网络彩色球型	网线、交换机、光纤	环境	室内
2	室外大门	1	高清网络彩色半球型（变焦，带云台）	网线、交换机、光纤	环境	室外
3	出水阀井外	1	高清网络彩色半球型（变焦，带云台）	网线、交换机、光纤	环境	室外
4	蓄水池周边	10	高清网络彩色半球型（变焦，带云台）	网线、交换机、光纤	环境	室外
合　　计		13				

（三）渠首调蓄水池（3 号）视频监控感官

1. 监控感官结构和配置

视频监控感官由摄像前端设备，视频图像和控制信号传输，视频图像信号接收、存储、处理和显示三部分组成。配置 1 台监控主计算机和 1 台 21 英寸液晶监视器（含主控键盘，监视器分别布置在泵站控制室和管理楼监控室）、1 台 16 路视频录像机及其硬盘、1 台交换机、15 套摄像机（即 15 个视频监视点）。

16 路实时嵌入式网络硬盘录像机和 5 块监控专用 4TB 硬盘（存储时长为 1 个月）用于视频信号的处理和存储，硬盘录像机和监控主机通过 TP-LIN 型 24 接口交换机组网。同时在管理楼增设交换机和显示器，方便管理人员在管理楼能实时监控泵站运行情况。

电子围栏系统：系统主要由电子围栏主机、前端配件、后端控制系统三大部分组成。

2. 视频点布置

视频监视系统主要实时监视泵房、中控室、蓄水池等周边设备的运行状态及水池周边人畜安全，布设 15 个监视点。3 号调蓄水池视频点位布置见表 10-3。

表 10-3　　　　　　　　　　　　3 号调蓄水池视频点位布置

序号	建设地点	数量	设备类型	传输方式	监视目的	备注
1	泵站副厂房主厂房	1	高清网络彩色球型	网线、交换机、光纤	环境	室内
2	泵站副厂房中控室	1	高清网络彩色球型	网线、交换机、光纤	环境	室内
3	泵站配电室	1	高清网络彩色球型	网线、交换机、光纤	环境	室内
4	泵房大门口	1	高清网络彩色球型	网线、交换机、光纤	环境	室外
5	调蓄水池	1	高清网络彩色球型	网线、交换机、光纤	环境	室外
6	蓄水池周边	10	高清网络彩色球型	网线、交换机、光纤	环境	室外
合　　计		15				

（四）绿洲调蓄水池（4号）视频监控感官

1. 监控感官结构和配置

视频监控感官由摄像前端设备，视频图像和控制信号传输，视频图像信号接收、存储、处理和显示三部分组成。配置1台监控主计算机和1台21英寸液晶监视器（含主控键盘，监视器分别布置在泵站控制室和管理楼监控室）、1台16路视频录像机及其硬盘、1台交换机、13套摄像机（即13个视频监视点）。

16路实时嵌入式网络硬盘录像机和5块监控专用硬盘（存储时长为1个月）用于视频信号的处理和存储，硬盘录像机和监控主机通过TP-LIN型24接口交换机组网。同时在管理楼增设交换机和显示器，方便管理人员在管理楼能实时监控泵站运行情况。

电子围栏系统：系统主要由电子围栏主机、前端配件、后端控制系统三大部分组成。

2. 视频点布置

视频监视系统主要实时监视泵房、中控室、蓄水池等周边设备的运行状态及水池周边人畜安全，布设13个监视点，4号调蓄水池视频点位布置见表10-4。

表10-4　　　　　　　　　　　　4号调蓄水池视频点位布置

序号	建设地点	数量	设备类型	传输方式	监视目的	备注
1	监控室	1	高清网络彩色球型	网线、交换机、光纤	环境	室内
2	室外大门	1	高清网络彩色半球型（变焦，带云台）	网线、交换机、光纤	环境	室外
3	出水阀井外	1	高清网络彩色半球型（变焦，带云台）	网线、交换机、光纤	环境	室外
4	蓄水池周边	10	高清网络彩色半球型（变焦，带云台）	网线、交换机、光纤	环境	室外
合　计			13			

（五）绿洲分干渠视频监控系统

阀井现地设摄像头1只，用于监测阀井周边环境。视频信号经光纤收发器传输至4号水池值班室交换机。

第二节　智　能　联　接

该智慧灌区水利智能体的智能联接通过光纤通信、无线通信、语音通信、计算机网络和互联网接入等手段，分别实现工程的远程安全调控，工程感知体系与灌区运行管理部门、上级管理部门的网络覆盖与互联互通。

一、光纤通信

黄花滩灌区调蓄供水工程采用光纤通信系统组建工程范围内的主干通信网络，采用环网形式光纤敷设，实现黄花滩灌区1号调蓄水池、2号调蓄水池、3号调蓄水池、4号调蓄水池、绿洲分干渠输水干线上的各泵站、主管线控制设备及黄花滩灌区调度管理中心等部门之间的数据通信。

二、无线通信

为满足部分监控智能感官通信的需求，采用3G/4G网络实现数据的传输。

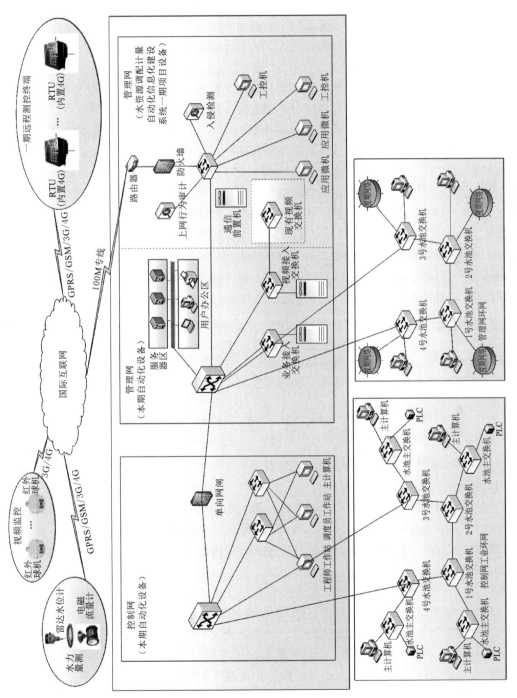

图 10-1　黄花滩灌区信息化系统计算机网络整体拓扑示意图

三、语音通信

部署 IP 电话及语音网关，实现 1 号调蓄水池、2 号调蓄水池、3 号调蓄水池、4 号调蓄水池与黄花滩灌区调度管理中心等部门之间的语音通信。

四、计算机网络

黄花滩灌区调蓄供水工程计算机网络划分为控制网和管理网，在调度中心和各水池泵站分别部署网络设备，两个网络在调度中心通过安全隔离设备实现数据交换。该工程新设管理网设备与调度中心现有管理网设备，通过物理连接及逻辑隔离，共同组成黄花滩灌区管理网。黄花滩灌区信息化系统计算机网络整体拓扑示意见图 10-1。

计算机网络中配置组网汇聚交换机和接入交换机。

组网汇聚交换机的主要功能包括物理编址、网络拓扑结构、错误校验、帧序列以及流控，是数据信息存储和转发的主要设备。支持命令行接口配置，支持系统日志，支持分级告警。

接入交换机通常将网络中直接面向用户连接或访问网络的部分称为接入层，将位于接入层和核心层之间的部分称为分布层或汇聚层。接入交换机基于 TCP/IP 的以太网，支持 DOS/DDOS 自动防御功能。

五、互联网接入

调度中心现有计算机网络已接入国际互联网。该工程管理网与调度中心现有计算机网络通过逻辑隔离实现数据通信及国际互联网的接入，见图 10-1。

第三节 智 能 中 枢

智慧灌区水利智能体的智能中枢主要是搭建了对上服务应用系统和对下服务数据中心的应用支撑平台。

应用支撑平台作为智慧灌区水利智能体应用技术架构的基础和支撑体系，是所有应用系统的载体。用户可以在这个载体上，根据智慧灌区的应用需求以及业务发展的需要，构造各种具体的应用。应用支撑平台的运行需要基础设施的支撑，通过标准接口与协议访问数据库中的数据。

在智慧灌区水利智能体建设前，黄花滩灌区信息化工程已配置 SQL Server 作为数据库管理软件；配置 2 台服务器，用作通信服务器和数据备份服务器；购置了数据接收、控制软件，部署于通信服务器，实现遥测站、阀控系统及视频系统的实时遥测信息的接收、译码、甄别、合理性检查、处理，并形成原始数据库；购置了数据组织、存储、管理软件，部署于通信服务器；购置了运行分析软件，对遥测数据接收系统接收来的数据进行分析，对数据接收的准确性、误码率、畅通率、迟报、误报、漏报进行分析；购置了 8 端口 KVM 切换器、42U 标准机柜。

为了方便地部署、运行和管理智慧灌区水利智能体，需要在已配置软硬件设备的基础上，以 JavaEE 技术路线的 Web 的底层技术为基础，规划一个整体的智能中枢，提供统一的技术架构和运行环境，为应用系统建设提供通用应用服务和集成服务，为资源整合和信息共享提供运行平台。

根据黄花滩灌区管理的扩展运行需求，配置数据库服务器、应用服务器、BIM＋GIS服务器、FCSAN 存储系统等硬件，购置或定制开发数据库管理软件系统、报表工具、消息中间件、工作流引擎、统一用户管理及认证子系统、告警服务等软件。

一、系统结构

该项目的应用支撑采用与国家防汛指挥系统、水利电子政务系统相同的框架，技术上遵循 SOA 体系，提供业务系统所需要的各类服务，各业务系统将开放的业务操作封装后提供服务，最终实现以 Web 服务交互的方式，更好地整合各业务系统，使得业务系统或应用程序能够更方便地互相通信和共享数据。

应用支撑层的结构见图 10－2。

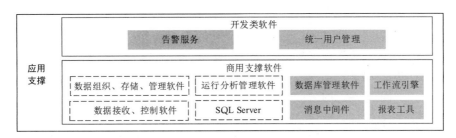

图 10－2　应用支撑层结构

二、应用支撑平台

（一）商用支撑软件

商用支撑软件主要包括工作流引擎（Workflow）、数据库管理软件、消息中间件、报表工具，提供信息系统构架软件支撑。

1. 数据库管理系统

数据库管理系统提供数据的基本管理、数据同步、数据备份和恢复等功能。

黄花滩灌区信息化已建工程因当时数据量较小，采用了价廉且易于开发的 SQL Server 作为数据库管理软件。随着智慧灌区水利智能体的建设及未来智慧灌区发展，数据量将持续增长，数据关系将更加复杂，为满足信息化管理对数据库管理提出的更高要求，智能中枢中选用大型分布式关系数据库系统实现灌区数据的管理。

2. 工作流引擎

工作流引擎为智慧灌区水利智能体提供业务流程定制功能及表单设计功能。工作流引擎支持如下功能：

（1）支持分支判断和循环，通过内部实现的公共 handler 支持 AND、OR、NOT 逻辑操作。

（2）允许在配置文件中自定义变量，并在程序中为指定变量赋值。

（3）允许用户在 handler 和 action 中定义及操作变量。

（4）只允许单入口（开始节点）、单出口（结束节点），整个流程一次执行完毕，不支持流程状态的持久化及恢复。

（5）支持串行。

（6）支持分支，支持二选一和多选一模式。

（7）支持并行（并发），并发节点支持"与会聚"和"或会聚"。

（8）支持自动节点，可以自动向下执行的节点。

（9）支持在串行的节点上、分支和并发节点上同步调用子流程。

（10）支持根据业务数据（包括 Web 表单与电子表单，Web 表单与电子表单参与路由的字段名称必须与工作流引擎中的相关变量完全一致）进行自动路由。

（11）支持根据组织机构的职级关系进行自动路由。

（12）支持普通任务节点的单步会签。

3. 消息中间件

消息中间件利用高效可靠的消息传递机制进行与平台无关的数据交流，并基于数据通信来进行分布式系统的集成。消息中间件支持如下功能：

（1）提供菜单式字符界面及命令行方式进行系统管理。

（2）提供日志文件系统，登记系统的日常运行信息、传输的数据包和文件信息、系统出错提示等，可用于对系统的运行状态进行监控，亦可用于对系统的运行情况进行审计、故障处理、系统开发调试、交易跟踪。

（3）提供动态配置节点之间的连接，调整节点数量，动态启动和终止节点的运行，动态修改节点的运行参数。

（4）提供远程管理代理机制，允许用户将某网络节点设置成管理机，在管理机上可以监控和配置网络中任一节点（包括中心和前端）。

（5）提供从底层到应用的多级别安全机制。

4. 报表工具

报表工具是通过图、表等形式将数据库中的数据进行展示，提供报表自定义功能，将业务系统中的业务逻辑、数据分析变成可操作的信息报表系统；提供报表展现、报表填报、数据汇总、统计分析、打印输出等功能，搭建出该系统的报表处理平台。报表工具支持如下功能：

（1）提供高效的报表设计方案、强大的报表展现能力、灵活的部署机制，并且具备强有力的填报功能。

（2）提出了非线性报表模型、强关联语义模型等先进技术，提供了灵活而强大的报表设计方式和分析功能。

（二）开发类支撑软件

开发类支撑软件是基于商用支撑软件，为各业务系统的共性需求提供统一的服务构件，主要包括统一用户管理及认证子系统、告警服务等。

1. 统一用户管理及认证子系统

统一的用户管理系统为系统间的协同提供统一的用户基础数据，通过存储用户的基本信息（例如用户名、密码、个人信息、组织结构信息等），建立一个完整的、统一的用户信息库，实现用户信息的统一管理。同时提供统一用户信息的接口，各业务应用系统可以获得统一的用户信息。

为避免用户使用不同业务系统时，需要重复登录，统一认证可为各业务系统提供开放式身份认证服务。身份认证通过后，反馈当前业务系统用户的身份信息，由业务系统进行相应的授权，以进行相应的业务操作。

2. 告警服务

根据应用系统的请求，触发告警事件，为用户提供告警信息，通过短信提醒、声音提示、图像提示等方式及时提醒业务人员关注危急信息。同时，对告警情况进行全过程的记录，生成系统日志。

三、主要硬件配置

根据智慧灌区水利智能体的运行需求，为黄花滩灌区管理局配置应用服务器 2 台、数据库服务器 2 台、FCSAN 存储系统 1 台、光纤交换机 1 台。同时，考虑机房服务器的统一管理、提高工作效率、增强安全性，配置 24 接口数字 KVM 集中控管系统 1 套。

第四节　智　能　应　用

黄花滩智慧灌区的智能中枢主要包括灌区"一张图"、BIM＋GIS 平台、综合监视、蓄水池和泵站自动化控制、工程管理、水量查询、水费征收管理、配水计划管理、移动应用和三维仿真模拟等系统应用。

一、灌区"一张图"

建立黄花滩灌区二维、三维多元信息"一张图"，实现二维、三维"一张"联动。黄花滩"一张图"是数字化地图、数字高程模型、数字正射影像、三维实景模型、BIM 模型等多源信息的集合，与灌区的整体调度方案相结合。实现信息的不同维度展示，提供信息的交互查询和相应的空间分析。

（一）地图制图的主要内容

黄花滩灌区"一张图"的地图制图部分工作内容主要包括基础底图要素与专题图要素的编制。

基础底图要素作为地图下垫面，用以标明专题要素空间位置与地理背景，一般采用淡雅的色系进行表示。黄花滩灌区的基础底图要素主要包括地貌、行政区划、水系、道路、居民地等。

专题图要素放在地图的第一层面，具有强烈的视觉冲击，突出地表示专题的内容，一般用相对浓艳的色系。黄花滩灌区的专题要素主要包括水资源分区、水源工程、灌区片、水利工程管理范围线、输配水线路、用水户、灌区的土地利用图、监测站点、机构的分布情况等。水源工程包括水库、蓄水池等；水利工程包括泵站、水闸、涵洞、堤防、穿堤建筑物等；监测站点包括雨量站、水文站、气象站、墒情站、视频站等；输配水线路包括干渠、分干渠、支渠、斗渠、农渠、毛渠等,还包括明渠和暗渠。

（二）主要功能

通过地图的制作,将灌区的各种数据集成到一张图上,能够更直观地了解灌区的整体情况,掌握灌区工程的分布情况,实现空间定位、查询、量算、分析、统计等功能。

(1) 定位功能。输入坐标或者兴趣点的名称,可以自动定位到该目标。

(2) 查询功能。该功能包括按点查询和开窗查询。按点查询,鼠标点中某一个要素,可以查询该要素的属性;开窗查询,输入任意的多边形,检索该多边形内有哪些数据。

(3) 量算功能。可以量算任意两点间的距离长度、量算任意多边形的面积等。

(4) 空间分析。该功能包括叠加分析、缓冲区分析、DEM 分析等。

1) 叠加分析。将两种不同的要素进行叠加,例如,将水利工程管理范围线与泵站要素进行叠加,经统计可以得到每个管理范围线内有多少泵站;将水利工程管理范围线与土地利用要素进行叠加,经统计可以得到每个管理范围线内每种土地类型的面积。

2) 缓冲区分析。可以确定某一要素的影像范围,例如,可以确定每个蓄水池半径为 1km 的范围。经叠加分析与统计可以得到半径 1km 的范围内输水管线有多长等。

3) DEM 分析。可以确定坡度、坡向等。

(5) 统计分析。可以实现基本的报表统计功能,例如,统计每个地块每天的灌溉水量、灌溉率;根据雨量站的信息统计灌区每个月的降雨量等。

二、BIM＋GIS 平台

为了最大化 BIM 与 GIS 技术的结合与价值,实现空间信息资源共享与应用,建立黄花滩灌区 BIM＋GIS 平台,把工程建筑信息模型微观数据与黄花滩灌区宏观地理信息环境共享,形成灌区水源工程、输配水工程的"数据枢纽",应用到三维 GIS 分析中,实现灌区宏观、微观智能化、可视化管理。

（一）BIM 模型建设

1. BIM 技术服务工作

该项目应用 BIM 技术服务范围包括但不限于:①BIM 建模,黄花滩灌区 4 座调蓄水池及配套设施、分干渠管道工程、阀井、阀室、交叉建筑物;②施工期 BIM 应用(基于 BIM 的进度和成本管理);③BIM 应用相关技术服务等。BIM 应用服务内容见表 10-5。

2. BIM 建模要求

(1) 在 BIM 模型建设过程中应提交详细的工作计划、BIM 模型建设方案、专业协作方式和模型质量管理办法等,按工作计划完成 BIM 模型成果原始文件,校审完成后连同质量管理过程文件一起提交给发包人。

(2) 应充分研究并借鉴国内外现行优秀的 BIM 系统管理和技术标准,结合水利工程建设特点,在国家及水利水电行业相关标准、规范框架下,对 BIM 模型建设和应用规则进行整体规划,保证工程 BIM 模型成果的统一性、完整性和准确性,对模型建立、模型传递、数据格式等进行规范化指导,并满足工程全生命周期管理对模型数据的要求。

表 10 - 5   BIM 应用服务内容

项　目	工作内容	备　注
BIM 建模	4 座调蓄水池及配套设施	模型精度符合国标 LOD3.0
	分干渠管道工程	
	阀井	
	阀室	
	交叉建筑物	
BIM5D 管理平台	BIM 轻量化平台	
	跨平台 BIM 模型轻量化导入	
	BIM 模型数据管理	
	BIM 模型操作	
	进度管理	
	成本管理	
BIM 应用相关技术服务	BIM 技术培训	
	BIM 实施指导	

（3）应采用主流的 BIM 建模平台进行建模，如 Bentley、AutoDesk、Catia 等。

（4）完成的各个阶段 BIM 模型深度等级参照国家标准并满足黄花滩灌区工程标准体系要求。

（5）BIM 模型对象必须进行编码，编码规则参照国家标准并满足黄花滩灌区工程标准体系要求。

（6）应根据工程变更、现场实际情况，对 BIM 模型进行维护和调整，使其与现场实际施工保持一致，并定期提交。

3. BIM 功能要求

（1）进度管理。建设进度管理模块，采集录入或抽取工程进度管理相关数据，集成在进度管理 BIM 模型上。对工程进度进行实时展示，让现场作业面貌直观展现在参建各方面前。同时，对于相应工作计划进行虚拟模拟，辅助现场进行施工计划的合理安排。进度管理包含以下内容：

1）进度计划管理。实现进度计划的线上编制、修改，以及相关施工资源的配置，同时支持 Project、P3/P6 等进度管理软件成果的直接导入。

2）实际进度管理。基于各级进度计划实现进度计划的线上填报、施工进度资料管理，根据实际进度情况可进行工期变更管理。

3）施工进度对比分析。基于计划进度和实际进度，进行施工进度对比分析，并进一步根据分析结果进行施工进度预警，按照不同的条件及时间节点发送给指定人员。

4）关键节点及关键线路进度跟踪。根据进度执行情况，对项目关键节点和关键线路进行重点监控，分析关键施工节点的滞后风险，对于可能发生的进度滞后问题提前预判并进行预警。

（2）成本管理。

1）成本控制。基于 BIM 模型提供该项目的工程量清单，并根据工程变更、签证等现场实际情况，对 BIM 模型进行维护和调整，使其与现场实际施工保持一致，并定期提交。

2）计量支付和 BIM 进度模型挂钩。通过 BIM 模型，对已完工的合格工程量进行计量。施工单位可随时录入当月的计量签证单和现场计量单，支持在线审批流程，可按照需求设置施工单位、监理、业主等的审批权限，支持会签功能。审批完成的工程计量可直接进入费用管理的合同进度结算支付流程，进行结算支付审批。遇到设计变更，根据变更指令修改工程量清单，作为工程计价依据，提交结算支付审批。

3）工程进度款结算的流程化管理。实现自动统计应付项目、退还项目、扣款项目、变更项目、索赔项目等结算内容，明确结算内容和条目。

4）工程项目的变更与索赔的流程化管理。将变更与索赔同项目结算相关联，实现资金的精准匹配，并根据变更与索赔记录形成台账，统计各项目标段的变更与索赔频次及费用等，为项目管理决策提供依据。

5）实现资金使用计划的流程化管理。设定月度、季度、年度资金计划，并具备资金计划的调整和偏差分析等功能。

（二）GIS 场景建设

以大范围古浪县影像、局部黄花滩高分辨率卫星为三维数字场景，以重点施工区域调蓄水池与线路为支撑，制作黄花滩智慧灌区三维信息管理数据库，为灌区管理人员提供直观、便捷的信息查询与控制工具。

平台数据支撑方面的主要工作包括：大场景数据制作、黄花滩灌区数据制作、重点施工区 DOM 制作与调蓄水池实景三维模型制作四个方面。具体实施步骤如下：

1. 大场景数据制作

利用卫星影像与 DEM 数据制作古浪县三维数字场景，将地形数据分层切片，生成不同级别的 .terrain 格式的规则格网的地形文件，根据影像的精度，将影像切片生成不同级别的大小固定的 .png 瓦片，将场景文件加载到三维全景场景界面中，为整个灌区工程提供基础三维底图。

2. 黄花滩灌区数据制作

利用分辨率不低于 0.5m 的卫星影像与 1∶10000 精度 DEM 叠加制作黄花滩灌区范围高精度三维数字场景。卫星影像处理过程包括正射纠正、配准、融合、匀色、镶嵌等工作。

3. 重点施工区 DOM 制作

施工建设过程中和施工完成阶段，对重点施工区域进行监测。在项目施工期关键时间节点，采用航空摄影测量方式监测施工进度和完成情况，获取地面分辨率优于 0.2m 的数字正射影像，并将不同时相的 DOM 成果及时录入至黄花滩灌区三维数字平台中，便于管理人员实时掌握工程施工进度。

4. 调蓄水池实景三维模型制作

在项目施工期关键时间节点，采用五镜头倾斜摄影测量系统，获取本期 4 个调蓄水池（1 号黄花滩、2 号大靖、3 号渠首、4 号绿洲）的多镜头影像，并制作不同时相的实景三维模型。将实景三维模型与设计的 BIM 模型相对比，分析实际工程施工进度。

地形图测量总体技术路线见图 10-3。

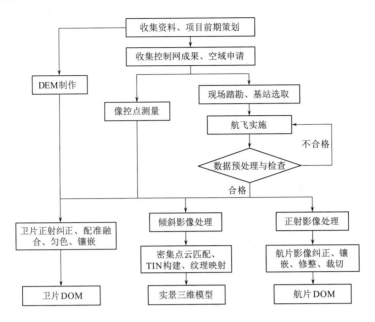

图 10-3　地形图测量总体技术路线

（三）BIM 与 GIS 的集成

根据集成模式的不同，可以将 BIM 与 GIS 的应用集成模式划分为三种类型，分别为 BIM 应用中集成 GIS 功能、GIS 应用中集成 BIM 功能以及 BIM 与 GIS 深度集成。由于黄花滩灌区控制灌溉面积大，输水线路长的特点，该项目采用 GIS 应用中集成 BIM 功能的方式。

将卫星遥感影像数据和各种矢量数据叠加到数字高程模型表面，产生逼真的地形地貌模型，与水利工程 BIM 模型进行无缝拼接，生成黄花滩灌区三维仿真场景，实现灌区从整体到局部、从水源区到下游的全方位立体式交互漫游、地图导航、GIS 分析等功能。

（四）基于 BIM＋GIS 的三维可视化平台

平台利用三维地理信息空间数据管理与发布功能，以数字正射影像、数字高程模型、无人机倾斜摄影、三维建模等技术生产的倾斜三维模型及水工建筑物三维模型为数据源，经脱密公众化处理后集成在三维可视化平台中，实现多尺度、多类型数据的统一浏览展示、信息查询和可视化表达。平台的总体结构设计为 B/S 结构，即浏览器/服务器结构，实现空间信息和属性信息的浏览和查询。BIM＋GIS 的三维可视化平台架构见图 10-4。

1. 数据层

数据层利用网络基础设施和硬件基础设施构成一个存储、访问和管理空间与非空间数据的关系数据库服务器，负责存储信息系统的三维场景数据、水工建筑物三维模型（倾斜摄影模型、水工建筑物三维模型）、河流水系及行政区划空间数据及属性数据等，并向中间服务层提供符合 LOD 和 OGC 标准的空间数据服务。保持了数据的一致性、完整性、统一性，同时高效地实现对二维、三维地理数据维护和更新，对数据进行统一存储，集中管理。

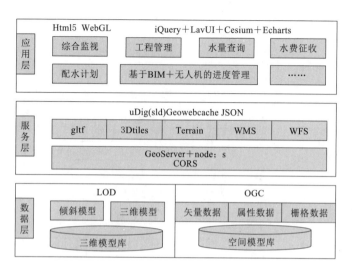

图 10-4 BIM+GIS 的三维可视化平台架构

2. 服务层

服务层包含基础平台和服务层。基础平台包括 GIS 服务平台、数据库平台；服务层包括数据获取服务、GIS 服务、属性信息服务以及其他服务等。

（1）GIS 平台采用可跨平台部署的 GeoServer 发布空间数据（栅格）及其缓存切片服务。

（2）三维空间可视化平台采用 Node.js 发布网络地理信息服务、三维场景发布服务、倾斜模型、三维模型，客户端采用基于 WebGL 的 Cesium 进行数据渲染展示等。

（3）采用 GeoJson 灵活存储矢量数据和属性数据，完成空间数据和非空间数据的统一存储和管理。

3. 应用层

应用层实现信息展示等人机交互功能，为用户提供美观、简洁和全新体验的操作界面。应用层通过客户端浏览器，建立与数据服务、支撑平台、网络三维服务的连接，基于 TCP/IP 网络连接和 Http 协议形成 B/S 工作模式，客户端可直接请求数据操作和地理数据服务，浏览器提出请求后，通过中间服务层的数据处理并进行相应的分析，将结果返回到浏览器端。实现对三维地形场景及水工建筑物模型、基础地理数据等的浏览查询、三维漫游、空间量测等功能，为综合监测、工程管理等应用提供数据及场景支撑。

三、综合监视系统

综合监视系统兼顾业务应用系统门户，提供水行政主管部门业务人员访问灌区应用系统的统一入口，通过单点登录，实现所有应用的入口统一，实现各信息资源、各业务应用的集成与整合，达到信息资源的全方位共享。

综合监视系统实现基于"一张图"的综合业务信息服务和统一认证的黄花滩灌区综合监视，系统通过统一的数据交换接口对灌区涉及的工情、视频、工程安全、闸控等各类设备上报的监测、监控数据进行接收、计算、存储、预警预报、人工校正和统计分析处理，为工程运行、工程安全预警等业务应用提供数据支持。

用户基于该工程三维一张图，可快速、全面掌握全灌区各类实时监测信息和业务信息，获取相关的数据、业务分析的结论。用户可在电脑上通过浏览器登录业务门户，也可在移动终端上进行业务门户的相关操作。

（一）量水监测

该项目对已建 14 个斗渠、215 条农渠水量监测信息进行集成，同时接入 1～4 号调蓄水池、绿洲分干渠的调蓄水池液位监测信息、泵站出水口流量监测信息及分干渠末端水量监测信息。系统以电子地图为基础，实现量水监测点位的空间分布展示，提供量水信息的查询展示及统计分析功能，为灌区输配水过程管理提供数据服务。

（二）安全监测

建立安全监测信息化系统，接入渗流安全监测信息，填报录入变形安全监测信息，提供调蓄水池安全监测信息的共享服务。对渗流、变形信息提供数据整编、查询展示、统计分析及图表制作等功能，为调蓄水池等工程安全评价提供数据支撑。

安全监测信息化系统主要有数据采集、管理、报警、图形、处理分析、报表等功能。

1. 数据采集功能

（1）实时采集、定时采集兼有，相互补充。定时采集可选择性地取回测量单元存储的部分或全部测量数据。自动上报可实时传送测量数据。

（2）自动采集、人工录入皆可，相互完善。

（3）系统提供快捷工具条，以便于操作。在测量及数据处理时，提供进程提示或文字提示。观测选择方便可靠，测量单元、仪器类型、单支仪器可选择任意组合。操作方便，界面清晰、直观。

（4）数据库的编辑、查询。

2. 数据管理功能

（1）对自动化观测数据提供实时显示、测值查询、测值维护及测值换算等功能。

（2）支持多种数据导入格式（如 Excel 及文本文件），可对导入的第三方数据进行处理。

（3）提供数据检验、误差处理及数据整编等功能，可按需提取和过滤数据。

（4）提供监测数据管理功能，提供对监测数据的浏览、增加、修改、删除、数据备份等操作，以及实时更新数据的过程线、表格查询。

3. 报警功能

可设置报警限值和超限时执行的任务，当某测点数据或测量装置出现异常时，软件能够给出声音提示、文本框提示、短信报警或其他报警信号的提示。

4. 图形功能

（1）可快速生成针对该工程预设格式的过程线、分布图等。

（2）可按用户要求生成各种过程线组合，如双轴过程线、多点/多测值过程线等。

（3）所有绘图参数均可修改；图形可无级缩放。

（4）所有图形可以联机打印、存为图形文件并对文件进行管理。

5. 数据处理分析功能

（1）提供在线监测分析图表。

（2）提供特征值统计，统计分析量在分析时段内的特征值。特征值有最大值、最小值、平均值、变幅等。

6. 报表功能

（1）可快速生成针对该工程预设格式的报表，如日报、月报、年报等。

（2）按需生成满足规范要求的通用报表，用户可方便设置报表字段和数据内容。

（3）可提供报表编辑器，用户可自定义任意格式的报表并可通过模板进行管理。

（4）所有报表可以联机打印、导出到 Excel 文件保存，并对文件进行管理。

7. 系统管理及资料管理功能

（1）系统配置及测点维护，系统运行管理。

（2）系统用户及权限管理。

（3）系统数据备份及恢复。

（4）提供文档管理器，可对各种格式的文件进行查询检索等管理。

（5）可对工程资料、仪器考证资料及安全信息资料进行管理。

（三）视频监视

该工程在原调度中心现有视频监控中心站的基础上进行系统扩容，以满足新增视频点位监视对视频存储及网络的需求。调度中心新增摄像控制主机 1 台、摄像控制软件（具备人脸识别工程）1 套、网络硬盘录像机（32 路）2 台、4T 硬盘 8 块、67 寸大屏 1 面。

通过整合视频管理软件，实现视频点图像信息与业务应用系统的集成。系统提供视频图像信息的在线多路展示，提供视频信息查询、浏览、实时监视功能，可实时监控 1～4 号调蓄水池、绿洲分干渠的安全运行情况，为业务人员实施安防保护管理提供视频图像信息。软件主要功能如下：

（1）网络预览。预览网络硬盘录像机的监控画面。

（2）客户端录像。将网络传送的数据以文件形式保存到客户端的主机上。

（3）云台控制。对网络硬盘录像机所连接的云台及镜头进行控制。

（4）远程回放服务器文件。通过网络回放硬盘录像机上已保存的文件。

（5）下载服务器文件。将硬盘录像机上已保存的文件下载到客户端的主机上。

（6）调整视频参数。调整预览的图像的亮度、对比度、饱和度、色度的值。

（7）布防/撤防。对最多 16 台服务器进行布防/撤防，当有报警信号时，客户端可以接收/不接收服务器的报警消息。

（8）自动预警。监视泵站设备运行情况是否正常；监视调蓄水池周边是否有人畜落水，并通过电子围栏后台报警系统向管理人员发出声光报警。

四、蓄水池和泵站自动化控制系统

该项目通过实现 1～4 号调蓄水池、泵站、绿洲分干渠自动化控制系统的远程控制。该项目对 1～4 号调蓄水池及绿洲分干渠在建闸门、阀门自动化控制系统进行网络设备配置和集成，实现在灌区监控调度中心的远程自动化控制调度。

（1）1 号蓄水池泵站采用"中央控制室集中控制"方式。计算机监控系统按"无人值班（少人值守）"的控制模式，由站级计算机、现地控制单元（LCU）等部分组成。1 号调蓄水池取水口节制闸及分水闸两处启闭闸门通过配置 PLC 设备,利用计算机监控技术与无线信号传输技术,实现闸门现地控制与管理中心的远程控制。闸门自动监控系统采用两级控制,第一级为现地控制级,在布置于闸门附近的控制箱上实现就地控制;第二级为远程控制级,在泵站中控室的计算机上实现远程控制。

(2)2 号蓄水池根据"无人值班(少人值守)"的设计原则,水库采用计算机监控系统,此次设计采用现地控制和后台控制相结合的运行方式。该系统由站级计算机、现地控制单元(LCU)组成。计算机监控系统采用分层分布式计算机监控系统结构进行设计。2 号调蓄水池在输水管道中设置调流调压阀,以消除管线富余水压,维持阀后压力在设计值范围内,同时在管道初次充水时进行小流量低流速控制。调流调压阀配置 PLC 控制箱,通过光缆与调度中心连接,可向调度中心上传阀门开关状态及阀位信号,并接受调度中心的指令信号。

(3)3 号蓄水池泵站采用"中央控制室集中控制"方式。计算机监控系统按"无人值班(少人值守)"的控制模式,由站级计算机、现地控制单元(LCU)等部分组成。3 号调蓄水池在输水管道中设置电动半球阀,配置 PLC 控制箱,通过光缆与调度中心连接,可向调度中心上传阀门开关状态及阀位信号,并接受调度中心的指令信号。

(4)4 号蓄水池根据"无人值班(少人值守)"的设计原则,水库采用计算机监控系统,此次设计采用现地控制和后台控制相结合的运行方式。该系统由站级计算机、现地控制单元(LCU)组成。计算机监控系统采用分层分布式计算机监控系统结构进行设计。4 号调蓄水池在输水管道中设置电动半球阀,配置 PLC 控制箱,通过光缆与调度中心连接,可向调度中心上传阀门开关状态及阀位信号,并接受调度中心的指令信号。

(5)绿洲分干渠输水管道中设置电动半球阀,配置 PLC 控制箱,通过光缆与调度中心连接,可向调度中心上传阀门开关状态及阀位信号,并接受调度中心的指令信号。

五、工程管理系统

工程管理系统实现智慧灌区水利智能体工程建设信息、工程台账信息、巡检养护信息的电子化管理,再配合移动智能终端设备的应用,使得灌区主管领导及时了解现场工况和突发事件,快速定位问题位置,第一时间给出处理意见。

(一)工程基础信息管理

针对灌区已有工程和 1~4 号调蓄水池、绿洲分干渠等,建设一工程一档案、一渠/管一档案。

(二)工程进度成本管理

进度管理模块提供编制项目总进度计划、年进度计划、季进度计划、月进度计划的功能,并以横道图等直观的方式,形象化地展示进度计划与实际完成工程进度,可以使项目管理者及时掌握工程建设完成的情况,实现工程进度的实时控制与管理。通过对施工重要的工程节点的严格控制,确保工程能够按照计划顺利完成。

1. 无人机监控

(1)进度监控。利用无人机技术定期对施工区进行拍摄,了解施工进度,判断是否满足施工计划,进行相应施工方案的调整。无人机航拍模型见图 10-5。

（2）模型对比。根据施工前后场区三维模型的对比，从三维场景模型进行对比，将BIM模型与施工三维模型进行对比，进行相互修正。工程BIM模型见图10-6。

（3）土方量计算。利用无人机航测技术和BIM模型建立精确的土石方调配模型，利用三维模型来进行土方量计算，监控施工进展。三维实景模型与BIM模型融合见图10-7。

图10-5　无人机航拍模型

图10-6　工程BIM模型

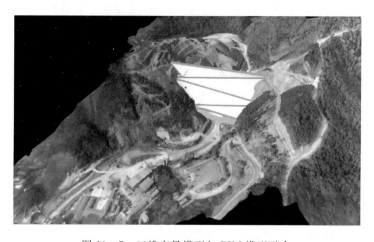

图10-7　三维实景模型与BIM模型融合

2. 进度管理

进度管理模块主要包括 5 个方面：进度计划编制、进度上报、进度计划执行情况监控、进度检查与纠偏、4D 进度模拟。进度管理模块的功能结构见图 10 - 8。

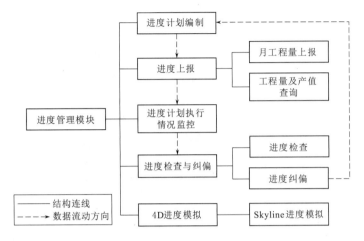

图 10 - 8　进度管理模块功能结构

（1）进度计划。

1）进度计划管理。进度计划管理子模块中可以添加新的进度计划或者对现有进度计划进行编辑、删除操作，进度计划管理表格内容主要包括项目类型、工程名称、进度计划所属合同、进度计划类型、进度计划名称、进度计划审批状态，除此之外还可以查询进度计划的详细信息，包括关键线路、里程碑等信息。将进度计划提交审批后，可以进行流程追踪。当进度计划数过多时，可以通过输入查询关键字、创建日期进行进度计划的快速查询。

2）P6 进度计划导入工程量。用于将合同工程量与 P6 软件编制的进度计划进行关联，以根据工程量上报情况进行进度分析。

（2）进度上报。

1）月工程量上报。用于录入通过监理核查的月工程量信息，为费用结算提供依据。

2）工程量及产值查询。用于统计工程各个标段工程量及产值完成情况。工程量及产值表格内容主要包括编号、工程/费用名称、实际开始时间、实际结束时间、计划工期、本期工程量、本期实际完成百分比、累计工程量、单价、累计产值等基本信息。通过在查询条件中选择项目类型、工程名称、合同名称、年度、季度、月份可以快速查询到指定的工程量及产值记录。

（3）进度计划执行情况监控。平台实现工程进度自动统计分析，能够统计分析进度计划与实际进度对比情况，同时对相对应的情况设置工程进度容许偏差值，超过容许偏差值进行主动预警及提醒，特别是对于工期滞后进行自动预警分析。

（4）进度检查与纠偏。

1）进度计划检查。定期对施工情况进行检查，并录入系统，形成进度检查报告。

2）进度计划纠偏。当进度检查结果表明进度计划中某些任务滞后或超前原有进度计划时，需进行进度纠偏措施的编制与审批。若有必要，可在"进度计划软件"页面对进度计划进行修改。

（5）进度模拟。实现工程进度可视化、信息化、便捷化管控。

3. 成本管理

基于 BIM 的成本控制管理，主要是实现工程量的快速统计、提取、完成工程量的申报和审核，当图纸设计发生变化或发生设计变更时，修改调整 BIM 算量模型，按照算量原则自动调整工程量，相应地重新进行计价。

（三）工程监控管理

用户可进行工程二维、三维可视化浏览、查询与分析，系统通过调用调蓄水池、闸门、泵站等工程向调度中心发送采集的各种工程运行状态信息和事件信息，实现对工程运行的实时监控管理。

（四）工程巡检管理

工程巡检功能包括 Web 端和 App 端。具体功能包括巡检基础信息管理、巡检计划管理、巡检任务管理、巡检记录管理、巡检统计分析。

（1）巡检基础信息管理。对巡检路线、巡检项目、巡检内容、标准等进行定义。

（2）巡检计划管理。对每一次巡检定义巡检计划，包括巡检路线、巡检项目、巡检时间等。

（3）巡检任务管理。制定巡检任务。巡检任务是对每一次巡检计划的执行，任务内容包括巡检计划、巡检人员等。

（4）巡检记录管理。巡检人员利用智能终端设备，扫描工程 RFID 标签，并可用文字、图片、视频等多种方式记录巡检情况。

（5）巡检统计分析。根据巡检记录，自动统计巡检完成情况以及工程异常情况，为工程的维修养护提供依据。

（五）工程维修养护管理

工程维修养护针对巡检过程中存在的问题，按照工单进行工程维修养护，提供养护内容的在线记录、维修的在线申请和维修记录在线管理等功能。

（1）养护记录。针对每一次完成的养护，记录详细情况，包括养护时间、养护原因、养护人员、养护费用等。

（2）维修申请。针对工程出现大的损坏或问题时，工程的运行维护负责人提出维修申请，记录维修原因、预计维修时间、预计费用等。

（3）维修记录。针对每一次完成的维修，记录详细情况，包括实际维修时间、维修人员、实际费用、修后状态等。

（六）工程安全管理

建设工程安全监测管理系统，通过工程通信网络与监控中心连接，获取工程的安全监测数据，对自动化采集的海量监测数据实现查询、统计分析和评价；结合 BIM＋GIS 技术对工程区域的建筑物、埋设的仪器设备等实现三维场景展示，用户可以在三维场景中实时浏览和查询各建筑物监测仪器设备的各种安全监测信息。

六、水量查询系统

以黄花滩灌区已建水量信息查询系统为基础，完善水量计量测算功能。针对灌区已建、新增调蓄水池、泵站、管道工程设置的量水监测站点，实现对各量水监测点水量数据的自动测算、查询及统计分析。

依据《灌溉渠道系统量水规范》（GB/T 21303—2017），将灌区各类量水方式进行抽象化处理，实现流量、水量数据的自动计算和快速整编，以取代传统的人工量测水工作模式，提高量测水计算精度和效率，为灌区合理调配水资源和实施水费计收提供有力支持。

七、水费征收管理系统

水费征收管理系统是对水费的收缴情况、缴费灌溉信息进行实时、动态、科学监控管理的综合业务系统。黄花滩灌区已开发水费征收管理系统，实现用水户已缴、欠缴水费信息，实现水费收据的在线生成。水费征收管理系统功能包括：①年、季、月、日、重点用水单位用水量查询总结；②缴费清单查询、欠费清单查询、财务报表查询统计等缴费管理；③用水类型定价方案、用水时间定价方案、特殊用水户定价方案、区域用水计价方案等水费定价管理；④欠费、水量等水费预警等功能。

对水费征收管理系统进行完善，为水费征收、水量调配管理提供基础的数据支撑。新建内容包括以下功能：

（1）补充1~4号调蓄水池、绿洲分干渠工程项目供水涉及的用水单位基础信息、用水户基础信息、灌溉面积基础信息等。

（2）将用水户与分水口门及水量监测计量点关联，实现对全灌区用水户用水情况的登记、水费的计算与收缴，以及水费的统计分析功能。.

八、配水计划管理系统

黄花滩灌区已开发灌区配水计划管理系统，其功能包括：①灌区可用水量、作物分布、渠系综合信息、历史用水量、实时用水量等信息查询；②干渠、支渠、斗渠用水计划及重点区域用水计划管理；③灌区总水量调配、干渠用水调配、支渠用水调配、斗渠用水调配、重点区域重点单位的用水调配等配水调度与分配管理；④灌区、干渠、支渠、斗渠、重点区域、重点单位的用水量汇总统计与报表输出等。

根据工程扩展范围，完善配水计划管理系统对前期配水计划管理范围进行相应扩展，从灌区全局出发，补充完善水源、需水单元、输配水单元，实现灌区配水计划的制定和输配水过程的监督管理。

九、移动应用系统

将各业务系统部分功能进行移动端展示和处理，通过手机移动端可随时查看工程整体运行情况、上报工情等信息；可实现在移动端查看灌区整体运行情况，可随时处理业务工作，通过权限控制实现用户登录后的功能差异化，满足不同用户的需求。

（一）信息服务

提供量水监测、视频监视、安全监测、工程运行状态等信息的查询展示功能。可实现包括实时信息展示，历史数据变化分析等应用。

（二）信息上传

通过移动设备，实现现场采集的巡查数据及照片、视频、音频等多媒体数据的上传。用户可将现场巡查数据根据特定表格形式录入移动应用系统，将现场拍摄的照片、视频、音频等多媒体数据上传到移动应用系统，采集的信息将上传到系统服务器并在业务应用系统和移动应用系统上进行展示。

（三）巡检管理

为业务人员巡检提供轨迹管理、巡检打卡、历史巡检信息查询，同时实现巡检过程中问题上传功能。对巡检过程中发现的突发事件，提供现场取证信息上传功能。

巡检管理系统提供工程图像采集、工程巡检、电子地图、人员定位、巡检记录管理等功能。

十、三维仿真模拟系统

三维仿真模拟是在 BIM+GIS 平台的基础上进行的，仿真涉及的主要内容包括几何模型的渲染、数字高程模型和正射影像图融合等方面。三维仿真模拟是对系统三维场景状态在一定时间序列的动态描述和展示，水量调蓄过程三维仿真模拟是实时监测多个传感器发送的水位数据，通过持续监听水位高程变化，建立了"水位-面积-容积模型"，模拟仿真时钟以连续的方式推进，模型中的蓄水位等信息通过不同时刻发生的事件来改变自身的状态并与模型中的其他事件进行交互，蓄水水位动态模拟见图 10-9。

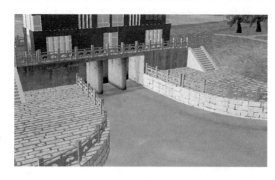

图 10-9　蓄水水位动态模拟

充分利用平台构建的数字三维场景，对重要建筑物进行精细 BIM 建模，最后将地形特征点矢量数据、地形特征线矢量数据以及地形要素矢量数据等添加到三维场景中。通过对时间轴不同节点的读取实现对蓄水过程的快速推演和历史回溯。

第五节　智　能　免　疫

为了保证智慧灌区水利智能体的安全、稳定运行以及建设的统一性和可扩展性，在建设过程中，需要同步建设主动、开放、有效的智能免疫，实现水利智能体安全状况可知、可控和可管理，形成集防护、检测、响应、恢复于一体的智能免疫体系。

一、系统安全级别

智慧灌区水利智能体智能免疫覆盖4个调蓄水池及绿洲分干渠，网络结构复杂，信息类型繁多，主要涉及水量、安全、视频、工情、阀门的控制信息等。该水利智能体的网络一旦遭到破坏，业务信息安全和系统服务安全被侵害时，业务将不能开展，使得灌区职能无法得到行使。

根据《中华人民共和国网络安全法》、《计算机信息系统　安全保护等级划分准则》（GB 17859—1999）和《信息安全技术　信息系统安全等级保护定级指南》（GB/T 22240—2008）的要求，以及灌区安全等级的确定，该系统安全级别定位第三级。

二、系统安全原则

网络安全等级保护建设方案按照《信息安全技术　网络安全等级保护安全设计技术要求》（GB/T 25070—2019）及相关标准和规定执行，遵循如下原则：

（1）紧密结合实际。现状及需求分析过程需要紧密结合黄花滩灌区各智能应用的实际情况，防止与实际情况脱节。

（2）参考并符合政策法规。充分参考国内信息安全建设法律法规以及国际标准和实践经验，保证分析设计的符合性，以满足后期建设的合规性。

（3）统一规划分步实施。等级保护建设过程按照项目管理思想和项目的实际需要，实行统一规划、分步实施。

（4）分层防护、综合防范。任何安全措施都不是绝对安全的，都可能被攻破。为预防攻破一层或一类保护的攻击行为而破坏整个系统，需要合理规划和综合采用多种有效措施，进行多层和多重保护。

（5）需求、风险、代价平衡。对任何类型网络，绝对安全难以达到，需正确处理需求、风险与代价的关系，分等级保护、适度防护，做到安全性与可用性相容，做到技术上可实现、经济上可执行。

（6）动态发展和可扩展。随着网络攻防技术的不断发展，安全需求也会不断变化，再加上环境、条件、时间的限制，要求安全防护一步到位、一劳永逸地解决网络安全问题是不现实的。因此，在考虑智慧灌区水利智能体等级保护建设时，应首先在现有技术条件下满足当前的安全需要，并在此基础上有良好的可扩展性，以满足今后新的智能应用和智能联接所产生的安全需求。

三、系统安全路线

（一）管理网等级保护路线

以等级保护安全框架为依据和参考，在满足国家法律法规和标准体系的前提下，通过"一中心三防护"的安全防护，形成网络安全综合防护体系。体系化地进行安全方案设计，全面满足等级保护安全需求及单位网络安全战略目标。等级保护安全架构见图10-10。

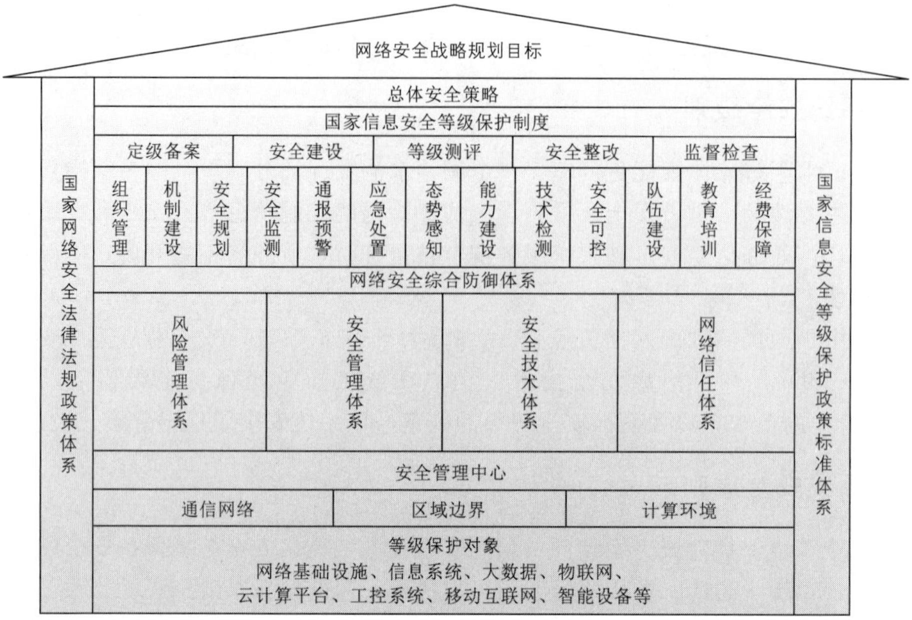

图中文字（图10-10 等级保护安全架构）：

网络安全战略规划目标

总体安全策略

国家信息安全等级保护制度

| 定级备案 | 安全建设 | 等级测评 | 安全整改 | 监督检查 |

| 国家网络安全法律法规政策体系 | 组织管理 | 机制建设 | 安全规划 | 安全监测 | 通报预警 | 应急处置 | 态势感知 | 能力建设 | 技术检测 | 安全可控 | 队伍建设 | 教育培训 | 经费保障 | 国家信息安全等级保护政策标准体系 |

网络安全综合防御体系

| 风险管理体系 | 安全管理体系 | 安全技术体系 | 网络信任体系 |

安全管理中心

| 通信网络 | 区域边界 | 计算环境 |

等级保护对象

网络基础设施、信息系统、大数据、物联网、云计算平台、工控系统、移动互联网、智能设备等

图 10-10 等级保护安全架构

按照等级保护政策、标准、指南等文件要求，对保护对象进行区域划分和定级，对不同的保护对象从物理环境安全防护、通信网络安全防护、网络边界安全防护、主机设备安全防护及应用和数据安全防护等各方面进行不同级别的安全防护设计，见图10-11。同时，统一的安全管理中心保障了安全管理措施和防护的有效协同及一体化管理，保障了安全措施及管理的有效运行和落地。

（二）控制网等级保护设计路线

1. 建设思路

控制网等级保护设计路线建设思路如下：

（1）明确对象。等级保护对象包括网络基础设施、信息系统、大数据、云计算平台、物联网、工控系统等，该方案目标保护对象为各类工业控制系统。

（2）整改建设。根据不同对象的安全保护等级完成安全建设或安全整改工作。

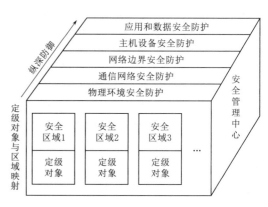

图 10-11 安全防护示意图

（3）构建体系。针对等级保护对象特点建立安全技术体系和安全管理体系，构建具备相应等级安全保护能力的网络安全综合防御体系。

（4）开展工作。依据国家网络安全等级保护政策和标准，开展组织管理、机制建设、安全规划、通报预警、应急处置、态势感知、能力建设、监督检查、技术检测、队伍建设、教育培训和经费保障等工作。

2. 分区原则

工业控制系统分为 4 层，见图 10-12，其中，第 0~3 层为工业控制系统等级保护的范畴，为设计框架覆盖的区域；横向上对工业控制系统进行安全区域的划分，根据工业控制系统中业务的重要性、实时性、业务的关联性、对现场受控设备的影响程度以及功能范围、资产属性等，形成不同的安全防护区域，系统都置于相应的安全区域内。

根据业务系统或其功能模块的实时性、使用者、主要功能、设备使用场所、各业务系统间的相互关系、广域网通信方式以及对工业控制系统的影响程度等进行分区。对于额外的安全性和可靠性要求，在主要的安全区根据操作功能进一步划分成子区，将设备划分成不同的区域可以有效地建立"纵深防御"策略。将具备相同功能和安全要求的各系统的控制功能划分成不同的安全区域，并按照方便管理和控制的原则，为各安全功能区域分配网段地址。

3. 设计框架

根据定级不同，安全保护设计的强度不同，防护类别也不同。

（1）安全计算环境，包括工业控制系统 0~3 层中的信息进行存储、处理及实施安全策略的相关部件。

（2）安全区域边界，包括安全计算环境边界，以及安全计算环境与安全通信网络之间实现连接并实施安全策略的相关部件。

（3）安全通信网络，包括安全计算环境和网络安全区域之间进行信息传输及实施安全策略的相关部件。

（4）安全管理中心，包括对定级系统的安全策略及安全计算环境、安全区域边界和安全通信网络上的安全机制实施统一管理的平台。

四、系统安全方案

系统安全方案主要包括管理网和控制网的安全防护、外聘人员进行系统安全管理等内容。

1. 管理网

管理网安全防护内容如下：

（1）设计双机热备模式的防火墙作为互联网出口。

（2）在核心交换机旁挂核心防火墙，对于流经各个区域的流量进行安全检查。

（3）对于通过互联网远程接入的设备，需要进行基于国密算法的 VPN 隧道加密。

（4）在互联网边界处，设计部署防毒墙、上网行为管理系统、入侵防御系统，并对于内部（管理网）终端进行网络安全准入检查。

（5）在管理网部署网络审计系统、堡垒机、木马监控平台、安全管理平台。

（6）在存储服务器区域（推荐异地）部署存储备份一体机。

（7）在终端服务器部署企业版杀毒软件。

2. 控制网

控制网安全防护内容如下：

（1）在管理网和控制网之间部署 1 个工控网闸。

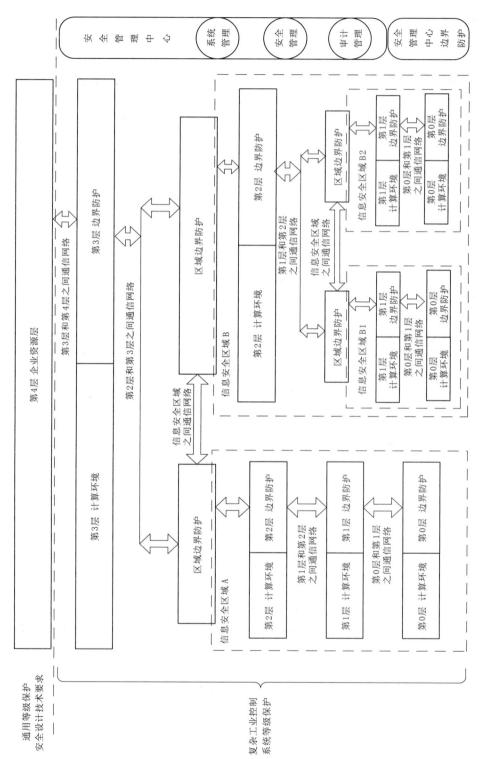

图 10-12 等级保护技术框架

（2）在控制网部署工控防火墙、工控主机防护、工控网络审计、工控安全管理平台、工控漏洞扫描系统。

（3）在终端服务器部署企业版工控杀毒软件。

3．外聘人员进行系统安全管理

外聘第三方安全人员进行安全管理的相关内容如下：

（1）外聘第三方安全人员进行安全检查、定时巡检等安全服务。

（2）外聘第三方安全人员进行全员安全培训，针对重要岗位人员、运行维护人员提供CISP、CISSP等专业安全培训。

（3）外聘等级保护测评公司对系统（定期）进行等级保护评测。

（4）外聘第三方安全人员进行系统平台、App上线之前的代码审计和安全检测，并出具相关报告。

（5）外聘第三方安全人员对系统进行漏洞扫描、脆弱性检测和风险评估，并出具相应报告。

第十一章 南水北调东线江苏段
智慧调度工程

　　南水北调东线江苏段智慧调度工程是以用户为中心、以业务为主线、以工程运行控制为焦点的现代化智慧调度运行管理工程。该工程可以看作是一个相对独立的水利智能体，从层级上看，它是省级水利智能体的一个子水利智能体；从业务上看，它是专注于水资源开发利用业务的单一业务水利智能体。该水利智能体充分根据南水北调东线工程江苏段建设现状以及调度运行管理综合性业务需求，全面提升水利信息基础设施，以物联网、云计算、大数据、移动互联网等新一代信息技术为创新动力，实现与水利发展的深度融合，搭建涵盖南水北调东线工程江苏段调度运行管理工情、水文、气象、环保、国土等信息的智慧感知和网络化共享的信息采集平台，实现系统的自动化管理。

　　南水北调东线江苏段智慧调度工程水利智能体（以下简称"智慧调度水利智能体"）总体架构见图11-1。该水利智能体同样可分为智能感官、智能联接、智能中枢、智能应用和智能免疫五部分。智能感官包括闸泵感官、视频感官、水情感官和水质感官等。智能联接主要体现为三个网络，分别是管理调度网，工程监控网和外网。智能中枢采用"1+2+5"总体架构：即为一朵云，通过一朵云服务整个公司，同时分别在南京和江都搭建两个数据中心，南京为主数据中心，江都为备调服务中心，并且水利云平台中搭建了数据、物联网、业务、AI、GIS等五个中台，这些中台为智能应用提供支撑和服务。智能应用主要包括服务于智慧调度的两大系统，分别是监控安全应用系统和调度运行管理应用系统。智能免疫为智能感官、智能联接、智能中枢和智能应用等方面提供安全防护。

　　智慧调度水利智能体综合运用现代科学技术、整合信息资源、统筹业务应用，加强对工程运行控制、调水业务、工程管理、综合服务规划及建设的科学决策与支持力度，促进调水工程与其他行业应用的广泛融合，以云服务平台为支撑实现南水北调工程感知的一体化、决策的科学化、预测的精准化、服务的主动化，建成智慧化的调度运行管理系统。该工程主要有以下特点：

　　（1）实现信息自动化监测预警。通过先进的传输网络布局，实现信息采集数据自动化监测，并利用大数据分析挖掘技术自动化实现数据业务逻辑预警、告警，减少人工投入，减少人力资源成本，提高信息采集的准确性和及时性。

　　（2）完备的信息种类、频次与来源。利用物联网技术理念，通过埋设传感器采集闸泵站工况信息、视频监视信息、水情信息、水质信息；完善工程巡查上报来的信息采集录入便利性；研究水利部、水利厅等相关数据接入。

　　（3）统一规划数据服务平台。整合自动采集的结构化、文本、多媒体等数据到大数据

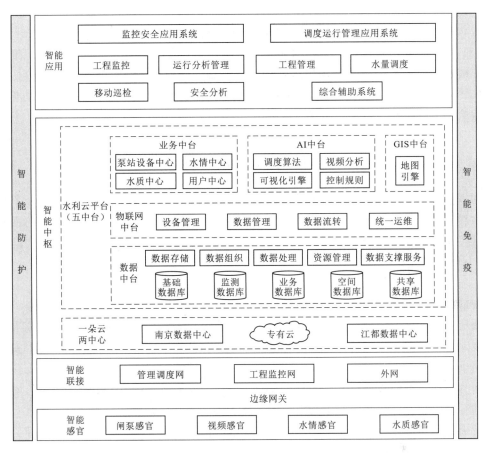

图 11-1 南水北调东线江苏段智慧调度工程水利智能体总体架构

中心，建立资源共享机制，完善从外单位导入或接入的数据共享服务；数据服务平台旨在保证数据采集、存储不依赖于应用系统，当系统生命周期结束时，数据依然具有生命力及使用价值；控制不同网段间数据交换服务。

（4）构建共享服务的业务支撑平台。建立通用业务的共享务服务平台，提供统一的用户访问服务中心、GIS 服务中心、水情水质工情视频等数据访问中心、检索服务中心、流程服务中心，减轻应用系统开发工作量，缩短应用系统开发周期，避免应用系统烟囱式的开发模式，增强系统生命力。

（5）支撑远程运行控制、故障诊断、水量调度智能化水平。利用远程运行控制集中人力资源，减少现场值班人员，减低人力成本；同时，能够从调水全线视角实现泵站群集中智能化控制。

（6）提升信息化支撑手段。建设有助于管理手段多样化、管理措施及时有效的信息化支撑手段，利用业务协同能力实现端到端一体化协同办公，有助于信息资源共享，能够提高工作效率。

（7）实现规范化、标准化、精细化、信息化的工程管理。规范化、标准化、精细化、信息化的日常管理有助于梳理业务处理逻辑，提高工作效率，有助于构建更加科学、规范、先进、高效的现代化工程管理体系，做到"组织系统化，权责明晰化，业务流程化，措施具体化，行为标准化，控制过程化，考核定量化，奖惩有据化"。

（8）统一规划自动化防护。面对调度运行管理系统复杂性，建立自动化运行维护平台，能够自动监测系统软硬件环境运行状态并实现实时故障告警；全程跟踪用户访问行为，实施数据敏感性保护，全面实现数据安全、业务安全态势感知；构建系统自动化运行日常报表运行维护管理，实现系统故障处理与工单流转自动化。

第一节　智　能　感　官

在智慧调度水利智能体中，多种智能感官采集闸泵工况信息、视频监视信息、水情信息、水质信息等，智能感官采集的信息用于满足监控中心以及全线 13 个现地站的数据监控、故障报警、控制调节的工程监控需求。

一、智能闸泵感官

智能闸泵感官是智慧调度水利智能体的关键感官之一，集成了计算机监控设备，担负着全线所有闸站的生产运行监控任务。要实现全线统一调水，保证安全供水，调度人员也必须能对全线的调水过程进行远程实时监测、监视和控制。在该水利智能体中本着安全输水、精确量水的思想，结合工程条件、机构设置和管理要求，必须要将闸站抽象为监控对象，作为监控服务的基本单元，要构造高效、快捷的监控服务体系，要制定出完善的控制策略和存储机制，这样既便于运行维护，又便于系统集成。

智能闸泵站感官的监测信息主要包括站内电气量及非电气量、状态输入量、综合计算量、其他各类运行操作信息。

（1）电气量及非电气量。该监测数据包括主机组及变配电系统的各类电气量，主机组定子绕组、轴承温度，主机组的叶片角度，各种事故和故障记录，主机组的振动、摆度，供水系统压力，变压器温度，集水井水位，上、下游水位，闸门开启、关闭运行时间，等等。

（2）状态输入量。该监测数据包括断路器合分状态，变配电设备断路器、刀闸合分状态，开关电气闭锁状态，辅机设备动作状态，闸门位置（全开、全关）及动作状态，等等。

（3）综合计算量。该监测数据包括全站开机台数，单机及全站运行台时，单机及全站抽水流量，单机及全站抽水水量，抽水耗电量统计，等等。

（4）其他各类运行操作信息。

1）控制操作信息。对主机组、辅机、变配电设备的各类控制及调节操作信息进行记录，记录信息包括操作时间、操作内容、操作人员信息等。

2）定值变更信息。应对所有的定值（设定值、限值等）变更情况进行记录，记录信息包括变更时间、变更后的值等。

3）状态量变位信息。应对现场设备运行过程中发生的状态量动作、复归等变位信息进行记录，记录信息包括变位发生时间、内容及特征数据等。

4）故障和事故信息。应对现场设备运行过程中发生的各类故障和事故信息进行记录，记录信息包括故障和事故的发生时间、性质及特征数据等。

5）参数越复限信息。应对现场设备运行的参数越复限情况进行记录及统计，记录信息包括越复限发生的时间、内容及特征数据等。

6）自诊断信息。对系统运行过程中产生的各类自诊断信息进行记录，记录信息包括自诊断信息的发生时间、性质及特征数据等。

智能闸泵站工况感官的监测信息的传输是自现地站至分调中心，然后再至总调中心。另外，根据需要，监测信息的传输能够直接自现地站至总调中心。

二、智能视频感官

智能视频感官可以全天候实时监视全线调水运行情况，向运行值班人员提供泵站、重要闸站（分水口门）机电设备现场运行图景（图像及声音），以取得设备运行的全面信息，如设备的机械位置、运行响声、烟、光等不能由计算机监控系统提供的信息。这些信息对设备运行监控，特别是设备非正常运行（故障或事故）时对设备状况的分析，都是十分必要的。实时监视全线调水、取水运行的全过程，为调水、取水规章制度的有效执行，对违规行为的查处提供可靠依据。

（一）智能视频感官构成

智能视频感官，主要包括前端视频摄像机，网络交换机，流媒体转发存储服务器、智能分析服务器，相应的软件监视与分析系统，视频管理平台及客户端。使用前段视频摄像机获取泵站的视频信息，通过流媒体服务器对采集的泵站所有视频信号转发，智能分析服务器通过网络协议从流媒体服务器取得视频流进行监视与分析，视频管理平台及客户端通过访问流媒体转发图像并获取智能分析服务的报警信息。

（二）智能视频感官功能

智能视频感官主要具有监视功能、可控制功能、特定录像功能和智能识别与分析功能。

1. 监视功能

智能视频感官的监视功能主要体现在如下方面：

（1）能对泵站关键部位进行实时视频监视。视频监视范围可以对现场监视全覆盖范围，可以根据监视要求配置固定摄像机或者活动摄像机。

（2）摄像机能清晰、有效地获取视频图像。摄像机能够适应现场的照明条件，环境照度不满足视频监视要求的，配置了辅助照明，摄像机带有红外功能。

（3）活动摄像机可设定为自动扫描方式，即通过云台控制摄像机上下左右来回扫描，获取监控区域范围内的视频图像。

（4）显示设备能清晰、稳定地显示摄像机所采集的图像。

（5）显示方式满足安全管理要求。图像可设定为自动切换方式，即根据预定时间在预定显示设备上显示预定监控点的图像。

（6）监视图像上有图像编号、地址、时间、日期等信息。

2. 可控制功能

智能视频感官的可控制功能主要体现在如下方面：

（1）系统能手动或自动操作，对摄像机、云台等进行遥控。

（2）能平稳、可靠地对活动摄像机进行上下左右控制，对摄像机镜头进行变焦和光圈调节，调节监视效果。

（3）能手动切换或编程自动切换监视图像，对视频输入信号在指定的监视器上进行固定或时序显示，切换图像显示重建时间应在可接受的范围内。

（4）辅助照明可以与联动摄像机的图像显示协调同步。

（5）前端设备对控制命令的响应和图像传输实时性满足安全管理要求。

（6）对于编程信息，系统具有存储功能，在断电或关机时，所有编程设置、摄像机号、时间、地址等信息均可保持。

（7）具有与报警控制器联动的接口，报警发生时能切换出相应部位摄像机的图像，予以显示和记录。

3. 特定录像功能

智能视频感官的特定录像功能主要体现在如下方面：

（1）能对任意监视图像进行手动或自动录像，并具有在超存储总容量时录像自动覆盖功能。

（2）存储的图像信息包含图像编号、地址、存储时的时间和日期。

（3）具有录像回放功能，回放效果满足资料的原始完整性。

（4）存储容量、存储回放带宽和检索能力满足管理要求。

（5）根据安全管理需要，录像时能存储现场声音信息。

（6）可根据用户指定时段对图像、数据信息等进行记录。

4. 智能识别与分析功能

智能视频感官的智能识别与分析功能是使用边缘智能技术的典型。对于视频自动识别的场景，需要包括对河道的人、车、物三方面的自动视频智能识别。对于自动识别的信息将分成两种事件信息情况，第一种是事件类信息，比如车辆经过、人经过。对于事件类信息要自动形成信息的备份，不需要做提醒。第二种是报警类信息，比如河道有漂浮物经过、有人进入河道进行钓鱼等行为。对于报警类信息，不仅要提供及时的报警，还要以声音的方式提醒出来。

视频的智能判断有自我学习的功能，随着视频库采样信息的不断完善，视频识别率会逐步升高，也就是说随着时间的推移，系统图像识别率会逐步升高。可以在云中心提供一个数据离线收集功能，用户在远程通过操作可以定时把现地的数据离线收集到云端存储，便于以后查看。

对于人、车、物的场景检测如下：

（1）人的特定目标检测。先建立侦测系统，对于河道边缘危险的人行为（比如游泳、钓鱼）进行报警，对于河道边缘正常的人经过进行事件记录处理。对人体，均可以通过移动侦测算法计算，结合应用软件划定区域，结合图像移动目标的前后时间逻辑等方式得到效果较好的解决方案。

（2）河道水面物体检测。采集大量河道水面图片，标记水面的杂物，无杂物的水面图片是负样本，有杂物的水面图片是正样本，这样就是一个两分类问题。在训练的时候，对有杂物的图像进行变换，如相识变换、加噪声等，这样可以增加训练样本。

（3）河道两岸车辆、异常物体入侵检测。河道两岸和水面相比是静止不动的，可以用运动检测的方法来做车辆、异常物体的检测，提供车辆进入管控区报警的功能。智能报警后，将发生报警前 5min 到报警结束的图像回传到南京指控中心，考虑整体网络带宽 100Mbit/s，13 个站点，对视频进行降帧处理后回传。

三、智能水情感官

智能水情感官是为了实现智慧调度水利智能体运行管理的自动化，实现区域水资源优化配置提供数据支撑。智能水情感官采集的信息满足输水沿线泵站实时优化调度和监控、行政区划之间的水量计量、重要分水口门水量计量、输水沿线水力学仿真、区域水资源优化配置等功能的要求。采集的水情信息包括输水干线水面线控制点水位、流量，泵站出口水位、流量，重要分水口门水位、流量，闸位与干线有水量交换的支流上游来水控制站点水位、流量等信息。智能水情感官主要是对水位和流量进行观测。

（一）水位观测

水位观测的目标是全面实现在线观测和传输。水位观测可以在水位自记井使用浮子式自记水位计、水位编码器和新遥测终端设备，或者结合超声波测流设备，配备超声波式自记水位计，并安装遥测终端设备，还可以采用气泡式水位计进行水位观测。这些水位计都适合于江河、湖泊、水库、河口的水位观测。

1. 全量编码浮子式水位计

该水位计由水位传感和轴角编码器组成。水位传感器以浮子传感水位，测井中变化的水位使浮子上升或下降，浮子借悬索的传动将水位升降的直线运动传送给水位轮，使水位轮产生圆周运动，带动轴角编码器旋转将水位模拟量 A 编码转换为相应的数字量 D，以开关量的形式并行输出。浮子式水位计的分辨率不大于 1cm，测验范围一般为 $0\sim10m$，能适应最大的水位变率不低于 40cm/min。这种水位计适宜安装在水位测井中观测水位。

2. 气泡式水位计

气泡式水位计原理是将空气通过干燥瓶过滤净化后，气泵将空气经单向阀压入储气罐中，储气罐中的气体分两路分别向压力单元中的压力传感器和通入水下的通气管中输送。根据压力传递原理可知，在通气管内气体达到动态平衡时，水下通气管口的压力和压力控制单元的压力传感器所承受的压力相等，再减去大气压力值，即可得水头的静压值。压力传感器输出的模拟信号经过数/模转换及单片机处理后，得到水位值。气泡式水位计量程一般超过 10m，分辨率为 1cm，精度为 1cm，电源 12V，温度范围为 $-10\sim60℃$。气泡式水位计适合于没有专用水位自记井的断面进行水位观测。

3. 超声波水位计

这种水位计是利用超声波在不同介质中的传播特性差异，将换能器安装在水下（或水上），通过发射、接受来测量水位的仪器。气介质超声波水位计是把换能器安装在水面上方，当超声波在空气中传播遇到水面后被反射，仪器可测出超声波往返于传感器到水面之间的时间间隔。

（二）流量观测

流量观测的目标是在所有的测流断面，尽量做到连续观测，可以利用管道声学多普勒测流仪进行观测。

超声波多普勒侧视法测流仪其工作原理以声学多普勒效应为基础。该测流仪采用一体化的结构，将换能器和电子部件集中在一个密封容器内，工作时全部浸入水下，通过防水电缆传输信息。该测流仪主要由3个超声波探头组成。两束超声波沿水平方向呈一定角度向对岸发射，利用多普勒原理计算本层水流某一段上各点的二维流速。另一束超声波向上发射，通过观测发射波和水面反射波的时间差测量水深。再根据预先率定好的数学模型，求得断面的平均流速和流量。

四、智能水质感官

南水北调东线工程沿线部分河道、湖泊等水体污染比较严重。东线工程调水水质备受社会关注，也成为调水成功的关键制约因素。为了确保调水水质达到国家地表水环境质量Ⅲ类标准，必须对输水沿线河道、湖泊、各支流汇入输水河道的水质进行监控，为水质保护方案、发布水质污染警报提供基础。

因此，需要在输水沿线布置智能水质感官，建设水质采样化验和信息传输系统，要求该系统能提供每旬主要输水河道、湖泊的水质，对重要水质控制点进行连续实时监测。水质自动监测的项目包括水温、pH/ORP、溶解氧、浊度、深度、氨氮、高锰酸盐指数、总磷、总氮、总有机碳。观测数据能自动传输到相应监测中心。

五、边缘网关

边缘网关是连通现地设备与云的一体化边缘计算模块，既具备在现地站高实时采集数据、高性能分析数据、存储数据、高性能计算引擎、断网续传等能力，又继承了云安全、存储、计算、人工智能的能力，支持物联网平台数据管理以及物模型交互，支持云端大数据预测建模分析后模型和调优参数在现地的执行，见图11-2。边缘网关的主要功能模块如下：设备接入（包括物模型转换）、流式计算、数据存储、诊断分析计算、与云端通信和同步、数据缓存、现地交互等。

边缘网关的功能如下：

（1）实现现地站各类监控采集的模拟量、状态量等边缘端统一存储，能够通过接口实现被现地监控系统调用。

（2）接收传感器采集数据，实现实时诊断分析功能，并将报警信息输出给现地监控系统。

（3）实现各类监控采集数据、采集时频域数据、启停机开关量数据、报警等事件类数据的归一化处理，并基于物模型与统一物联网平台交互，为云端数据基础。

（4）在现地站检测到与云端断网后进行实时数据缓存，并在网络恢复后将缓存数据传送到云端。

（5）接收统一物联网平台下发的依托大数据算法实现的阈值更新，实现将阈值下发给现地监控系统。

（6）实现各类报警信息、停机信息集中存储、管理，并能够与上层应用平台实现报警、停机的上层事件联动与响应。

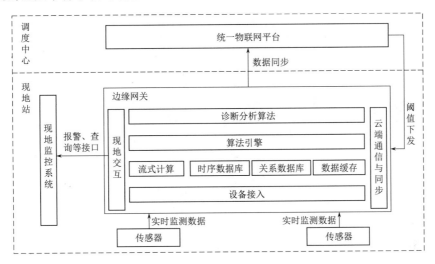

图 11-2　边缘网关工作示意图

第二节　智　能　联　接

智慧调度水利智能体的运行管理各个业务系统在工程监控网、管理调度网和外网这"三张网络"中运行。这"三张网络"根据业务类别对网络进行物理划分，将各种感官设备、水利云和各种智能应用联接在一起，共同服务于智慧调度。

工程监控对安全性和可靠性要求较高，不能与其他业务共用一张物理网络；管理调度业务涉及水文、地理信息等数据，须与 Internet 物理隔离。因此建设三张物理网络：一张网独立承载工程监控业务；一张网承载视频监视和管理调度业务；一张网负责外网的访问接入。"三张网络"具体网络总体拓扑结构见图 11-3。

一、工程监控网

工程监控系统包括现地监控系统和远程监控系统。现地监控系统是分别部署现地监控系统以及边缘网关，满足 13 个现地站各自的工程监控需求。从控制权限层面，13 个现地站之间相互独立；从网络层面，13 个现地站也可进行数据互通。远程监控系统是南京调度中心部署远程监控系统，并在江都调度中心部署远程监控系统客户端，实现 13 个现地站的数据监测、报警提醒、控制调节等远程监控功能。

工程监控系统组建了独立的工程监控网，用于承载泵（闸）站管理所、分公司、省公司等各级管理机构之间监控信息，同时与其他业务网络之间物理隔离，保证了全线泵闸启闭控制数据的传输和调水业务的安全运行。工程监控网所涉及的管理机构架构见图 11-4。

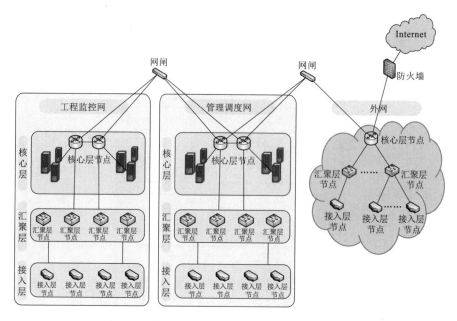

图 11-3　智慧调度水利智能体网络总体拓扑结构

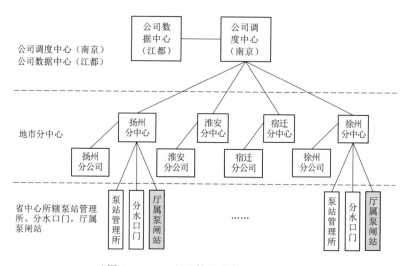

图 11-4　工程监控网的管理机构架构

　　根据智慧调度水利智能体工程监控网的管理机构架构及业务信息流程，网络结构采用核心层、汇聚层及接入层的分层结构进行建设，具体方案如下：

　　（1）核心层——在公司调度中心（南京）和公司数据中心（江都）分别设置 1 个核心层节点，公司数据中心（江都）同时作为公司调度中心（南京）的备调中心实现整个系统的灾备冗余；在两个中心分别配置 2 台核心路由器，两台设备采用双机虚拟化的方式互为冗余。

　　（2）汇聚层——四地分别设置 1 个汇聚中心，每个汇聚中心设置 2 台汇聚路由器。每个汇聚中心汇聚层节点均通过双千兆链路上连到公司调度中心（南京）和公司数据中心

（江都）核心节点，每个汇聚中心的 2 台设备采用双机虚拟化的方式互为冗余。

（3）接入层——公司管辖的接入节点配置 2 台接入路由器，通过千兆链路上连至汇聚中心汇聚路由器，每个接入点的 2 台设备采用双机虚拟化的方式互为冗余。

工程监控网是一个从公司调度中心（南京）、汇聚中心和管理所的三层网络架构，由于安全性要求，该网络从物理上与其他的网络进行了隔离，是一个完全封闭的网络，不与其他网络实现网络层面的互通，因此工程监控网络的路由协议无需启用边界路由协议（BGP），只需考虑内部路由协议（IGP）。工程监控网为全封闭网络，承载的业务类型也比较单一，所以无需部署复杂的 IP QoS 策略，只要部署充裕即可，保证数据信息轻载。

二、管理调度网

管理调度网中传送的数据主要包含视频监视信号、水量调度、闸站安全监测、内部办公信息、视频会议等数据，并通过 VPN 进行划分虚拟通道，保证了业务系统使用的控制权限。

管理调度网所涉及的管理机构架构见图 11-5。

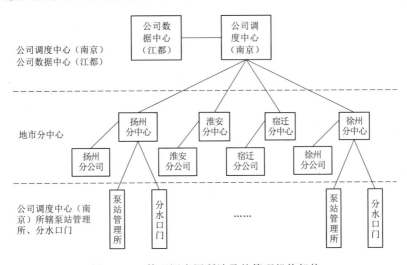

图 11-5　管理调度网所涉及的管理机构架构

根据智慧调度水利智能体管理调度网的管理机构架构和业务需求，管理调度网的网络结构采用核心层、汇聚层及接入层的分层结构进行全路由组网方式建设，具体方案如下：

（1）核心层——在公司调度中心（南京）和公司数据中心（江都）分别设置 1 个核心层节点，公司数据中心（江都）同时作为公司调度中心（南京）的备调中心实现整个系统的灾备冗余；在两个中心分别配置 2 台核心路由器，两台设备采用双机虚拟化的方式互为冗余。

（2）汇聚层——四地分别设置 1 个汇聚中心，每个汇聚中心设置 2 台汇聚路由器。每个汇聚中心汇聚层节点均通过双千兆链路上连到公司调度中心（南京）和公司数据中心（江都）核心节点，每个汇聚中心的 2 台设备采用双机虚拟化的方式互为冗余。

（3）接入层——公司管辖的接入节点配置 2 台接入路由器，通过千兆链路上连至汇聚中心汇聚路由器，每个接入点的 2 台设备采用双机虚拟化的方式互为冗余。

管理调度网中有多种内部业务数据和视频监视数据的运行，并要求通过互联网发布各类业务，为了保证关键业务和关键用户对服务质量的要求，就必须充分考虑各种应用业务分类和拥塞控制技术。

从工作服务质量设计的角度，管理调度网的网络结构可分为两个主要部分：网络骨干和网络边缘。网络骨干主要由核心路由器组成，它提供以下能力：①大容量、高性能和高可靠性；②分类排队、拥塞管理与避免。核心路由器上支持 MDRR（专用低延时队列）、WRR（加权循环）排队技术和 RED（随机早期检测）拥塞控制与避免技术，它按照不同的 IP 优先级进行排队调度和在拥塞控制中有选择性地丢包，保证高优先级的业务，如视频类业务。网络边缘路由器提供以下能力：①业务分类 Marking；②速率限制 CAR；③流量统计 Netflow。利用 CAR 等技术来进行访问速率限制和利用 IP 优先级进行业务分类，并利用 Netflow 等来进行流量统计，采用 WRR、WFQ 等排队调度。

三、外网

由于信息公开服务以及公司调度中心（南京）、公司数据中心（江都）、分公司、泵闸站管理所等各级管理机构对外网的访问需求，需要考虑整个网络与 Internet 的接入，同时本着经济实用、集中管理的原则，除公司调度中心（南京）设置独立外网出口以外，其他站点都在公司数据中心（江都）设置统一的外网出口，外网的管理机构架构见图 11-6。

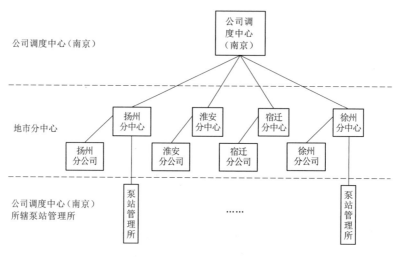

图 11-6　外网的管理机构架构

外网的接入主要用于互联网访问，通过防火墙与互联网进行逻辑隔离，与互联网之间存在网络层的数据交互。因此外网访问接入设备的路由协议需启用边界路由协议（BGP）。BGP 路由协议主要用于与外网互通时，可以采用静态路由方式与外网（通信运营商 IP 网或 ISP 网络）互通。

外网主要提供对于互联网访问等业务。在具体部署时可以采取以下策略：①流量分类和标记；②拥塞管理；③拥塞避免；④流量监管和流量整形。

第三节　智　能　中　枢

随着信息化蓬勃发展，数据存储、硬件平台、操作系统、不同时期的应用系统等资源不能共享的问题越来越约束未来的发展，迫使用户不得不花费大量的资金去打通这些信息孤岛，企业信息化程度越高问题越严重，不得不浪费的资金也越多。为了使东线江苏段调度运行管理具有良好的适应性、扩展性，高度的资源共享、资源利用的可复制性，以及实现系统衍生价值，智慧调度水利智能体建设采用统一智能中枢的设计思路。智能中枢能够应对业务需求变化表现出灵活的适应性，面对新应用具有扩展性，信息和应用资源方面高度共享，显示出了水利智能体强大的生命力。

智能中枢采用"1+2+5"总体架构，包括一朵云、两个数据中心和五个中台。一朵云指通过一个水利云平台服务整个公司；两个数据中心是分别在南京和江都搭建数据中心，南京为主数据中心，江都为备调服务中心；水利云平台中搭建了数据、物联网、业务、AI、GIS五个中台，这些中台是智能应用的支撑平台，为各个业务系统提供统一资源服务基础平台，实现信息和资源的高度共享，避免重复开发和资源浪费。

一、一朵云

在建设水利云平台之前，南水北调东线江苏段调度存在系统虚拟化程度低、系统直接孤岛严重、统一管控难的问题，未来将有大量的应用系统进行建设，如果没有统一的云平台，不仅管理上存在困难，而且会造成大量的服务资源的浪费，同时还无法打通各个系统之间的数据交互。

南水北调东线江苏段调度水利云平台可以统一提供计算、存储、网络、数据库、中间件、大数据的资源，未来建设的系统不再简单搭建在传统的物理机上，而是搭建在云平台上，大大提高了资源的利用率，同时方便应用资源的扩展，给智慧调度提供了坚实的保障基础。

南水北调东线江苏段调度水利云平台架构能为用户提供稳定、安全、可靠、可扩展的计算、存储服务。主要服务内容包括：基础设施资源服务、支撑软件资源服务、应用功能服务、大数据计算服务、信息安全技术服务等。

（1）基础设施资源服务，包括南水北调中心机房及配套设施服务、网络资源服务、计算资源服务、存储资源服务。

（2）支撑软件资源服务，通过集成应用支撑平台，为各部门提供操作系统、中间件、数据库和开发工具等应用支撑软件服务；提供业务应用的开发、部署和运行的支撑服务；提供数据搜索引擎、通用代码库和工具等组件及构件服务。

（3）应用功能服务，通过集成应用支撑平台，为各部门直接使用云平台上提供的各种公共应用软件。公共应用软件包括网站系统、邮件系统、办公系统等通用应用服务软件。

（4）大数据计算服务，包括数据的采集、清洗及交换服务，数据的存储、发布及共享服务，数据的可视化分析及展示服务。

（5）信息安全技术服务，包括平台安全服务、数据安全服务、业务安全服务、终端安全服务、安全监控服务、安全事件服务和安全审计服务等。

二、两个中心

随着云计算的蓬勃发展，越来越多重要的计算机信息系统出现在云计算中。面对各行业的用户和企业对网络应用和数据信息的依赖日益强烈，要谨防突发性灾难，对整个企业的数据和业务生产造成重大影响。例如火灾、洪水、地震、区域电力中断或者人为破坏导致重要信息丢失、服务中断、经济损失、客户流失等。因此，为了保证东线江苏段调度水利云平台中计算机信息系统的业务连续性和数据可靠性，该智慧调度水利智能体在水利智能体基本构成的基础上，使用灾备解决方案，将南京服务中心作为数据服务中心，江都备调中心作为数据、应用的备份中心，保证灾难发生时关键数据不丢失，系统服务尽快恢复运行。

江都备调中心通过与南京服务中心有效的备份机制，实现异地备调，当南京服务中心出现故障时，江都备调中心能够快速启动实现数据、应用服务支撑。江都备调中心建设综合考虑建设规模与建设成本，实现数据全备份，工程监控、大数据分析应用场景备份。

（一）南京服务中心

在南京搭建数据中心，南京服务中心为业务应用提供开发、运行环境。南京服务中心包括以下方面内容：

（1）云平台硬件服务器，包括计算、存储、网络与安全硬件建设。

（2）云平台软件，云服务框架搭建，业务支撑平台建设，大数据应用框架建设及与计算机网络、工程监控与视频监视系统、信息采集、应用系统、应用支撑平台的对接。

通过南京服务中心，实现运行可靠的大数据中心，南京服务中心将作为整个系统数据存储、处理和共享服务的中心，形成可靠、完整的数据更新、数据交换、数据维护机制，具备严格的数据标准体系、完善的管理体系与安全机制，汇集基础性、全局性、专业性的南水北调东线江苏境内数据资源，建成集接收处理、存储管理、共享交换、应用服务于一体的云服务平台。

（二）江都备调中心

江都备调中心作为数据、应用的备份中心，通过与南京云服务中心有效的备份机制，实现异地备调，当云服务中心出现故障时，备调中心能够快速启动实现数据、应用服务支撑。备调中心建设需综合考虑建设规模与建设成本。实现数据全备份，工程监控、大数据分析应用场景备调备份，综合办公、调度运行管理类业务不进行备调备份。

（三）容灾系统

在江都备调中心建成应急调度系统、计算机网络系统、机房实体环境等单元工程，作为应急调度中心承担南水北调江苏段调度运行管理。根据业务需求变化及建设内容更改，正在进行机房整体环境改造、传输网络系统建设及服务器设备施工等工作。

容灾系统是指在江都建立功能相同的系统，系统之间可以相互进行健康状态监视和功能切换，当一处系统因意外（如火灾、洪水、地震、人为蓄意破坏等）停止工作时，整个应用系统可以切换到另一处，使得该系统功能可以继续正常工作。

容灾系统需要具备较为完善的数据保护与灾难恢复功能，保证生产中心不能正常工作时数据的完整性及业务的连续性，并在最短时间内由灾备中心接替，恢复业务系统的正常运行，将损失降到最小。

对于备份容灾机制来说，主要实现对现有云上系统的数据进行备份，包括数据库、文件系统、应用程序、图像视频等，通过定制备份确保在南京中心出现问题后，数据不丢，可以通过江都对数据进行恢复，并继续提供服务。

三、多中台

江苏南水北调水利云中心的多中台对应水利智能体中的数据平台和服务平台，并且对数据平台和服务平台进行了进一步划分。数据平台改称为数据中台，服务平台细分为物联网中台、业务中台、GIS 中台、AI 中台。数据中台、物联网中台、业务中台、GIS 中台、AI 中台的互通互联，不仅对智能设备采集实现连接，同时连接各个应用系统，对智慧水利保驾护航。

根据江苏南水北调业务需求，基于多中台思想设计的水利智能体总体规划内容能够有效支撑战略的发展，根据大集中、一体化地要求和平台化、生态圈的思路，提出科学合理的多平台战略，全面指导江苏南水北调各项工作的开展，能够充分结合大数据、物联网、移动互联网等新兴技术，能够准确把握江苏南水北调所处的不同发展阶段，依据其特征和发展规律，快速构建符合水利发展的智慧水利新应用。

（一）数据中台

智慧水利的大数据体系不能因为业务及其系统而孤立，不应该存在一个个的数据孤岛。因此，需要从水利整体业务的角度进行整体打通，将各类业务系统数据、日志采集的数据、第三方采购的数据全部整合在一起，形成数据中台承上启下融会贯通才能极大地发挥大数据的效用。

数据中台是汇总各个应用系统数据的地方，从现有业务应用系统沉淀下来众多数据资源，可以作为数据中台的主要数据来源。通过数据中台，将各个部分的数据汇聚融合在一起，建立调水基础库，将数据集中到工程、设备、人员、水文、GIS 等领域，存储在水利云中心，通过大数据对数据的分析，提炼出数据价值，一方面在大屏上做数据的展示，另一个方面提供反哺能力给业务系统。

1. 水利数据架构

水利数据整体架构设计需要考虑数据打通及数据闭环，包括三层，见图 11-7，第一层是数据计算后台，提供数据计算及存储硬件设施；第二层是数据中台，提供数据技术及数据内容，包含数据采集与同步、数据架构设计、数据研发与运维、数据连接与萃取的技术能力，也包含由此产生的数据资产及其资产化管理和数据服务、数据分析与挖掘产品的相关工具；第三层是数据产品及应用前台，即基于数据资产及服务能力之上，根据业务需要，构建面向业务及用户的一整套完整的数据产品体系，包括全局大屏监控、数据化运营、数据植入业务，辅助实现业务监控、过程改进及业务发现。

数据中台是整个数据系统的核心部分，其理念是让智慧水利的整个业务都可以共享同一套数据的技术与资产，即数据源自各业务系统，通过整合打通及萃取融通，实现数据的再增值，同时在其基础之上通过产品和算法的能力，反哺业务，实现数据价值链路的闭

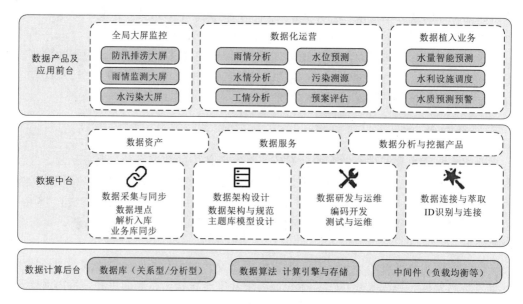

图 11-7　水利数据整体架构

环。即数据来源于业务，反哺业务，并循环往复，蕴含更大能量，形成一个数据生态，从而衍生无限的可能性。

特别需要强调的是，数据中台不仅仅是一个简单数据的存储集合，经过处理后的数据不再像蜘蛛网一样眼花缭乱，它以各个业务线、业务域上的海量数据为源头，规范标准地架构设计，从中提取核心内容，经过一定业务逻辑下的组装，有序还原出智慧水利全链路下各个对象的行为树，同时能被灵活使用，并快速扩展。

2. 数据中台逻辑组成

数据中台对数据资源进行统一的规范、管理和维护，对数据资源及其描述信息进行统一整合存储，对数据资源进行统一管理和数据访问，对应用系统的开发、部署和运行提供统一基础服务，提供统一的信息发布和数据访问平台、业务应用开发和运行平台，提高系统互联互通、数据交换共享程度，满足各级部门对业务应用和数据使用需求。

数据中台面向数据资源应用与服务、数据资源标准化与管理，实现数据资源横向集成、纵向贯通、全局共享的运转模式。数据中台的逻辑组成包括数据存储、数据组织、数据处理、资源管理、数据服务支撑，见图 11-8。

（1）数据存储。数据存储主要采用关系数据库群、海量数据库、分布式文件系统以及内存数据库等多种数据存储技术，以满足南水北调工程水利管理结构化数据、非结构化数据（如图像、视音频等）等多种类型格式的存储需求。

（2）数据组织。数据组织对各类数据资源进行逻辑组织，形成包含元数据、基础数据库、专题应用库以及资源管理库的综合数据库，满足南水北调工程水利管理业务应用的需求。综合数据库是南水北调数据中台的重要组成部分。综合数据库按照"统一规划、统一标准、统一设计、分部门建设、数据共享"的思路进行数据库的分类、分级规划，研究合理的数据库结构。

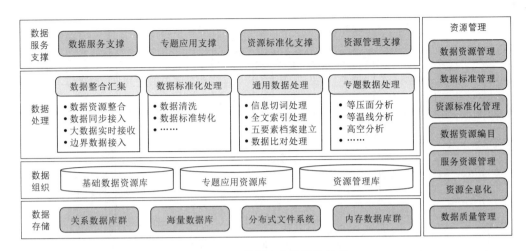

图 11-8　数据中台的逻辑组成

（3）数据处理。数据处理主要包括数据整合汇集、数据标准化处理、通用数据处理、专题数据处理。从多个层面对数据资源进行分析挖掘，为不同业务需求提供数据处理服务支撑。通过云中心的数据资源，借助强大的云计算能力，进行大数据预处理、大数据存储及管理、大数据分析及挖掘、大数据展现和应用（大数据检索、大数据可视化、大数据应用、大数据安全等），为智慧调度、应急处理以及相关行业进行支持。

（4）资源管理。资源管理从应用资源、数据资源、服务资源以及标准资源等。数据资源管理是围绕南水北调数据资源的报送、处理、存储、管理、加工、查询、分析的全过程，以实现数据的标准化、可描述、可管理、可扩展为核心，通过建立一整套的数据处理与资源管理机制，规范化、流程化地实现南水北调各类数据资源的报送、处理、整合、汇集、质量控制和加工处理，为各类信息服务提供其所需的符合服务规格要求的高质量数据信息，完善的支持各层面、各角度的内外部数据需求和管理要求，并成体系地支持南水北调数据资源的自完备、自适应和自扩展需要，通过时序化、空间化、关联化处理，建立南水北调不同业务数据之间的关联。

数据中台在把所有的数据信息作为资源进行管理，形成调度运行管理数据资源体系，并基于此信息资源体系来支持相应的数据处理、资源整合、分析应用和信息服务业务。通过大数据中心和数据云平台的建设，将汇集水文、环保、防汛抗旱、气象等部门监测的数据，实现围绕南水北调工程全面描述数据汇集整合和交换共享的目标。

（5）数据服务支撑。智慧调度水利智能体的智能应用是利用来自数据中台的数据，创造属于智慧水利自身的数据价值，可以对整个水利智能体进行全局实时分析，自动为各部门提出反馈意见，随着数据的积累和技术更新，最终将进化成为能够配合业务系统自动治理的人工智能大脑。智慧调度水利智能体数据中台可支撑的数据服务包括决策支持、公共服务和大数据监督这三大类数据应用，及其支撑快速数据分析的智能分析报表系统。

根据江苏南水北调调度运行管理业务分析，大数据分析服务能够提供如图 11-9 所示的主要功能。

通过开展各种综合性的分析应用，实现对南水北调东线工程江苏段数据资源的深度利

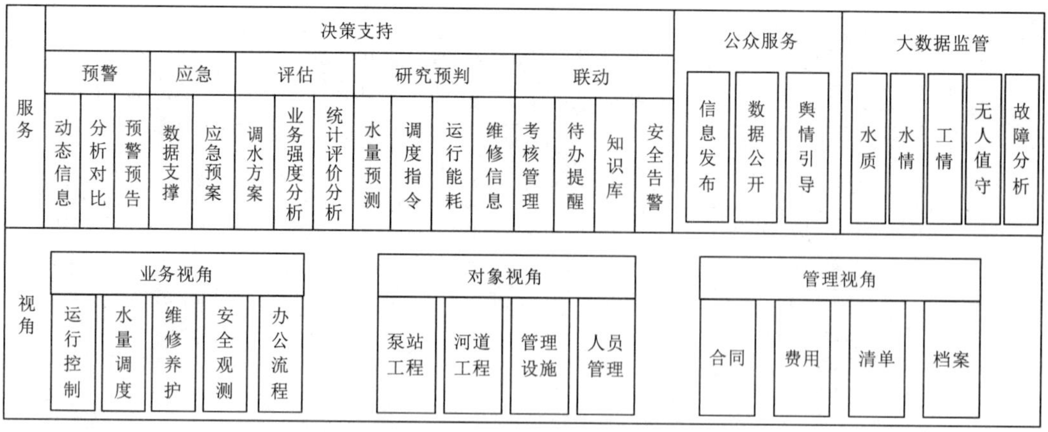

服务	决策支持														公众服务			大数据监管				
	预警			应急		评估			研究预判				联动									
	动态信息	分析对比	预警预告	数据支撑	应急预案	调水方案	业务强度分析	统计评价分析	水量预测	调度指令	运行能耗	维修信息	考核管理	待办提醒	知识库	安全告警	信息发布	数据公开	舆情引导	水质	水情	工情	无人值守	故障分析

视角	业务视角					对象视角				管理视角			
	运行控制	水量调度	维修养护	安全观测	办公流程	泵站工程	河道工程	管理设施	人员管理	合同	费用	清单	档案

图 11-9　大数据分析服务功能

用，揭示现状、预判未来，充分挖掘数据资源蕴含的巨大价值，为科学调度提供保障，为科学决策与现代化管理提供有力支持。

（二）物联网中台

对于智慧调度水利智能体，考虑物联网（IoT）的支持，克服不同水利厂商设备数据标准不统一、应用涉及面窄、不可靠性高等难点，实现底层终端设备的"管、控、营"一体化，为上层提供应用开发和统一接口，构建终端设备和业务的端到端通道。物联网中台支持全线泵站的机组设施设备的数字化建模，采集、控制、报警数据的标准化统一管理还为行业提供智能化操作系统、数据采集规范。

1. 物联网中台功能

物联网中台实现基于各种水利事件的远程运营维护，同时能够很好地支持各类上层应用对于水利设备管理、数据服务、事件运营的数据需求。一方面，物联网中台作为上层工程监控、工程管理等各种水利信息化应用的设备管理与数据交互的基础；另一方面，物联网平台应保持兼容性与扩展性，支持各类工控设备以及非工控水利物联网设备的统一接入与模型统一，以及现有数据与新增数据、扩展的内外部数据的统一存储与对外服务。物联网中台功能如下：

（1）实现全线 13 个泵站各类传感器、智能设备的云端统一化接入与标准化管理，构建设备在云端的数字镜像，并通过该数字镜像实现对设备的监控、管理与控制。

（2）实现全线 13 个泵站各类传感器的各类采集数据、报警数据、流程数据、外部数据在云端的归一化定义、存储、管理与交互。

（3）实现全线 13 个泵站各类传感器、各种应用的基于事件的全生命周期管理与运营联动能力。

（4）实现对于上层各类运营平台及应用系统的能力支持与数据响应，保持对于未来新接入的物联网设备及新增水利应用的扩展支持。

（5）实现全线泵站设备基于统一数字模型的数据归一化存储与展示，保持对于现有设备及未来新增设备的一致性管理与扩展支持。

2. 智能化操作系统功能

物联网中台为行业提供一个智能化操作系统，其功能包括但不限于以下几点：

（1）异构通信支持。平台持续对主流物联网通信技术进行开发适配，支持 NB–IoT、LoRa 等低功耗广域通信技术，GPRS、3G、4G 及 5G 广域高速率通信技术，Wi–Fi、BLE、Zigbee 等近场通信技术。特别是对于客户在运营商无法覆盖的区域搭建私有广域通信网络，提供了基于 LoRa 技术的端到端解决方案。

（2）多类型设备连接。平台支持市面销售常见的多种类型的设备，对于独立直连型设备可以直接从云端连接到设备实现数据通路的搭建和设备的管控，对于网关型设备，可以穿透到网关下联设备，利用网关的通信能力来管理其下联子设备的数据上报与行为管理。

（3）多协议与数据标准化统一：平台支持多种通信协议，包括 MQTT，CoAP，Http，Modbus 等。对于采集数据，通过 TSL 物模型抽象模块进行数据标准化。

（4）应用的标准化集成。提供 Web Console 以及移动 App 开发、构建、托管的技术服务，以及应用插件化容器，更加便于应用移植。平台通过领域模型，对应用系统的能力进行抽象，从而让事件联动引擎可以无差别地调用丰富的应用能力。

（5）提供组件化集成所需的工具平台。平台提供 Link Develop 一站式物联网开发平台、包括产品开发、设备开发、应用开发、测试认证等功能，允许多个设备厂商与应用厂商并行、高效进行集成，一改传统集成的多头管理、技术扯皮和大量定制开发的弊病。

（6）端到端的安全可信链。智能化的联动处置综合运营管理体系能够让设备、人、应用智能化地协同，这就要求全链路中的设备、数据和信令是安全可信、难以被仿造和篡改的。平台提供设备端到应用端的端到端可信链，对体系内各类信息的加解密、密钥保存、密钥生命周期管理进行完整地支持。

3. 数据采集规范

物联网中台为行业提供数据采集规范，主要包括以下内容：

（1）对于全线 13 个泵站的现地采集系统，数据格式和规范需要有统一的标准规范。

（2）泵站采集的数据点值需要统一的命名和类型，不允许出现相同的字段在不同系统命名不一致。

（3）对于采集的字段内容数量需要统一的标准，不允许差异性存在。

（4）当传输异常的时候，要统一采取处理机制，保障数据的完整性。

（5）对于统一标准格式，需要在数据传输时加入必要的规范验证，对于不符合规范的数据给予提示和处理。

（三）业务中台

智慧调度水利智能体业务中台的主要功能是抽象业务能力中心，打通各个应用系统之间的孤岛，通过提炼的中心，不断沉淀业务能力，最终形成江苏水源特色的水利业务中台，通过业务中台对各个应用赋能提供统一支撑。业务中台架构见图 11–10。

第一层是资源层：利用云计算的底层技术，建立资源共享池服务于上层需求，提供 IaaS 服务，包括弹性计算、负载均衡和虚拟技术等，提高资源利用率和自动化管控程度。

第二层是共享层：按照"大集中、一体化"的思路进行建设，构建中间共享服务能力层，将应用层共享的部分抽象在该层实现，最终实现灵活、快速支撑上层应用建设的需求。搭建适应南水北调工程运行管理业务的共享服务，即包含工情监测、水情监测、水质监测、泵站设备管理、用户组织、流程服务、GIS服务、视频服务等共性业务的南水北调工程业务中台，以满足各类业务专题信息共享的需求。

　　第三层是应用层：建设智慧水利平台应用，同时满足多终端、多网络环境访问。构建面向管理处的决策支撑应用和运营管控应用，包括水量调度、工程管理、设备监测、维修管理、运行控制和考核管理等。

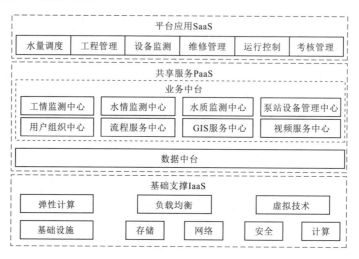

图 11-10　业务中台架构

（四）GIS 中台

　　GIS 中台中采用 WebGIS 技术提供地图信息及空间分析服务，各级用户在客户端无需添加任何工具即可进行空间信息查询与分析。空间数据信息服务器允许用户在多种数据管理系统中管理地理信息，并使所有的 GIS 应用程序都能够使用这些数据。用户还可以在 GIS 桌面产品中制作地图和地理处理任务并很容易地将它们发布到云服务器中去，被 Web 应用、桌面产品和移动设备所使用。GIS 中台可以为各应用系统提供统一的地图服务以及相关空间分析服务，达到空间信息和 GIS 功能的充分有效共享，实现运行管理的可视化决策支持功能。

　　GIS 中台可以提供以下服务：

　　（1）基本服务，包括在地图上进行放大、缩小、平移、鹰眼、测距、前后视图等操作，以及根据用户的需要把查看的地图当前窗口打印或保存。

　　（2）高级查询服务，包括地点查询、地点定位、范围查询、查找最近目标、最短路径计算。

　　（3）地图元数据管理，包括元数据的录入、维护、修改、检索等。

　　（4）空间数据库构建，采用地理编码技术（地址匹配技术），通过相应的功能子系统，将只有属性信息的数据赋予相应的地理坐标，以构建空间数据。

　　（5）空间信息处理制图综合类，包括图形分层、按比例尺综合取舍、按比例尺概括等功能。

（6）符号编辑类，包括点符号编辑、线符号编辑、面符号编辑等功能。

（7）空间分析类，包括叠置分析、通视分析、通行分析、挖填方计算、库容计算、剖面分析等功能。

（五）AI中台

AI中台指通过视频识别、机器学习，语音识别等AI技术，统一对视频摄像头发现的数据做视频自动识别，对于泵站监控的数据做实时分析，指导泵站良好工作，同时提供大数据的预测性维护，提供最佳的泵站运行的能效比。AI中台包括了水源未来要用到的所有的人工智能技术，通过AI中台统一对外提供服务，未来江苏南水北调所要使用的人工智能技术主要包括视频技术和深度学习技术等。

（1）视频技术，主要针对江苏水源水域上面的摄像头，通过视频识别技术自动识别出河面污染、河面漂浮物、违法倾倒渣土、危险行为（如游泳、钓鱼）等，由传统的人工检查变成机器自动识别，大幅提高识别的准确率，防止危险发生。

（2）深度学习技术，是基于大数据的深度挖掘的方式，通过大数据发现现有数据之间的关系，未来希望首先在江苏水源实现以下场景：①实现设备阈值参数智能优化；②泵站设备故障预测性维护以及基于视频的智能分析识别；③实现对于关键参数、报警数据、运行数据、视频数据的大数据挖掘、智慧化分析、智能化判断，提升全线泵站的运行管理能力以及预测性维护能力。

未来AI中台中将不断汇聚和沉淀出人工智能的场景和算法，未来人工智能技术不应该分散到各个应用系统当中去，而是应该统一建设到AI中台中，AI中台具备自我学习和更新的能力，随着整体系统的建设，不断自我升级。

第四节　智　能　应　用

智慧调度水利智能体是一个作业运行性强、决策支持要求高、用户众多的复杂系统。应用以工程运行控制业务、水量调度业务为主，涉及工程监控、水量调度、信息监测管理、工程管理等各个方面。具有空间跨度大，控制节点多，工程运行管理控制复杂，自动化、集成化要求高的特点。所有应用运用先进的软件开发技术，以数据的应用与展示、泵闸站的远程自动控制、虚拟现实与模型仿真、智能化信息提取、动态互操作、地理信息系统等为技术基础，全面、及时地获取并展示所需数据，并以业务流程为主线，采用多层结构化软件系统技术架构开发应用系统的方式进行建设，为工程监控、水量调度、信息监测管理、工程管理等业务提供数字化的操作平台和决策支撑环境。在该系统的支持下，全面提高水量调度等各项业务的处理能力，实现调水过程的自动化，保证全线调水安全，实现企业管理现代化。

根据应用系统建设需求将应用系统划分为监控安全应用系统、调度运行管理应用系统等部分，每部分以一个业务目标为核心，由一个或多个子系统协同完成。其中监控安全应用系统、调度运行管理应用软件系统是与核心业务有关的各子系统集合。

一、监控安全应用系统

监控安全应用系统主要内容：工程监测系统、泵站运行分析与管理系统、移动巡检系统和基于大数据的监控安全分析系统。

（一）工程监控系统

工程监控系统可分为现地工程监控系统和远程工程监控系统。

1. 现地工程监控系统

现地工程监控系统实现现地站以开机准备、运行保障、故障自停机为核心的数据监测、报警提醒、控制调节等功能，实现现地泵站的安全、稳定、高效运营。该监控系统主要包括数据采集与处理、数据监测与预警、控制与调节、监控报警、历史数据查询、系统自诊断与恢复、运行指导。

现地监控基于组态软件进行开发，部署在 13 个泵站当地，实现以开机准备、运行保障、故障自停机为核心的数据监测、报警提醒、控制调节等功能，实现现地泵站的安全、稳定、高效运营。

（1）数据采集与处理。数据采集与处理主要实现现地监控系统与各种采集控制单元、检测设备、通信设备之间的相互通信，能够实时采集泵站各设备的运行参数状态，各类传感的实时数据，包括属性、描述及数值等，并经过合理性检查，工程值转换等处理后显示与控制。

（2）数据监测与报警。能够根据监控权限，以图、表的方式显示所有泵站的运行状况。能够根据用户的选择，以图、表显示单一监控站的实时监测数据。所有显示数据都支持动态刷新。

（3）控制与调节。能够根据用户下达的各种控制调节，发送至 I/O 采集服务器，经服务器向 PLC 发送设备的启停及调节指令。

（4）监控报警。能够在数据越限或者运转异常的情况下，进行实时报警显示及提醒，推动后续的处置联动，紧急情况下可以自动进行关停等操作。

（5）历史数据查询。能够以报表、图表、曲线方式查询泵站所有机组的运行历史数据、报警历史数据、操作历史数据等。

（6）系统自诊断与恢复。支持系统及硬件设备在遇到故障后在一定程度上能够具备自动恢复工作的能力。

（7）运行指导。支持控制操作过程监视、泵站一次设备操作指导、事故和故障操作处理指导等现地站运行指导功能。

2. 远程工程监控系统

远程工程监控系统实现全线 13 个泵站的统一数据监控、远程控制、报警管理、远程维护等工程监控功能，同时，通过远程配置系统，实现对所有监控中心工作站、现地站工作站、现地采集系统统一开发配置和管理。

远程监控系统基于组态软件进行开发，与现地站为统一平台，功能着眼于全线泵站的统一监控、报警、控制、配置等内容。在远程中心配置监控系统开发平台，可对所有监控中心工作站、现地站工作站、现地采集系统统一开发配置和管理。原现地监控系统优先考虑在原软件上进行平台升级，以节约成本，且统一平台，满足架构设计，易于维护。除采集功能外，远程监控系统应具备现地监控系统所有的功能。远程监控系统主要功能如下：

（1）数据监测。实现全线13个泵站基于一个界面的状态概况与数据展示，支持各个泵站相关运行参数的实时监控，同时支持根据不同角色、不同权限的数据权限的内容查看。

（2）远程控制。实现全线13个泵站的远程控制与调节，同时实现"远程-现地"一体的设备控制流程定义、执行、流转与监控。

（3）报警管理。实现全线13个泵站基于一个界面的异常状态、报警信息的统一监控与展示，同时实现"远程-现地"一体的限定值及触发条件的策略下发，参数优化及处置流程监控。

（4）远程维护。实现对系统用户、运行参数、代码等进行管理，对PLC和监控软件进行远程维护。

（二）泵站运行分析与管理系统

泵站运行分析与管理系统包括预测分析、智能诊断、统计报表和存储查询等功能。

1. 预测分析

泵站运行分析与管理系统依托数值分析以及依托基于大数据的监控安全分析系统的大数据能力，对重点参数作数据预测分析，评估泵站机组的未来发展趋势，洞察重点参数之间的趋势耦合关系，及早发现故障隐患。数据预测采用先进、符合工程运行实际的算法进行判断，根据实际预测效果，在系统运行过程中根据结果不断修正算法。此外，在算法预测过程中，采用自学习功能，以达到预测算法较好的效果。

预测分析结果以图例、表格、曲线的方式进行展示，并具备单个及多个重点参数及分析项的分析结果显示。预测分析所涉及的重要参数包括温度、压力、振动、液位、流量、电气、测点对比等的趋势分析及预测。

2. 智能诊断

泵站运行分析与管理系统的智能诊断主要根据专家知识库、运行参数特征值和设定权值对系统进行综合判断，并对设备作出相应评价，评价结果采用等级制。针对不同因素对机组总体状态具有不同影响程度的特点，采用不同权值来进行机组的总体评价，启用更加合理的评价准则，提高评价结果的合理性和真实性。

（1）专家知识库。系统完善故障诊断知识库，完善故障诊断功能，系统将自动故障诊断和手动故障记录结合起来，完善故障履历的管理，记录设备运行过程中的各类故障信息。结合振动、工艺量等参数，采用信息融合的思想综合诊断大型水泵的故障，形成一套故障诊断专家知识库。

（2）诊断内容。智能诊断功能应通过各类图表信息综合展示以及单项数据展示等方式，给出初步维修或处理意见。智能诊断的终端内容主要包含主机主动诊断评价、电气诊断评价、压力诊断评价、温度诊断评价、振动诊断评价、流量诊断评价、液位诊断评价。

（3）故障诊断。针对其中评价结果为"故障"的设备，给出诊断结果，并给出初步维修或处理意见，方便用户了解机组的性能状况，具有一定的运行指导意义。用户可以通过点击不同机组选择按钮，查询不同机组的诊断评价结果。

3. 统计报表

泵站运行分析与管理系统应提供泵站运行状态、机组运行数据、故障报警数据、泵站核心参数的自定义统计报表功能。

统计报表功能应支持如下两种统计方式：单泵站报表统计。按照一个泵站的统计维度，自定义或者预先设置需要输出的统计报表，实现对于单个泵站所关心的数据进行查询与分析多泵站报表统计。根据多个泵站的共性统计维度与统计方式，自定义或者预先设置需要输出的统计报表，实现对泵站集群的数据查询与分析。值班人员只能对有权限的单个或多个泵站进行报表统计的生成与查询。

统计报表包含但不限于以下内容：泵站日/月/年报表、机组日/月/年报表、报警日/月/年报表、电气参数统计报表、振动参数统计报表、环境参数统计报表、温度参数统计报表、压力参数统计报表、流量参数统计报表、水位参数统计报表。

4. 存储查询

泵站运行分析与管理系统应实现权限泵站各类数据的全量存储、查询及打印功能。

（1）数据存储。泵站运行分析与管理系统应支持全线泵站全量数据存储，同时支持外部数据导入、请求等功能。存储的数据主要有运行历史数据、报警历史数据、操作历史数据三类。

（2）数据查询。泵站运行分析与管理系统应满足用户对历史数据的多种查询请求，支持按照泵站、时间段、参数标签、参数值范围等检索项进行模糊或者精确匹配。查询结果可以进行下载、打印。同时查询结果可以通过图表、曲线方式进行可视化显示。

（3）打印功能。将相关数据表格进行打印。

（三）移动巡检系统

智慧调度水利智能体在13座泵站实现移动巡检功能。移动巡检主要分为泵站移动巡检系统和移动巡检管理系统两部分。

泵站移动巡检系统主要基于移动巡检管理系统的基础信息，在现地站工程运行范围内开展手持设备（即巡检App）移动巡检，提高工作效率。同时，移动巡检产生的关键信息数据如巡检结果、视频、图像、声音等能够通过网络技术实时同步到调度中心的云服务平台中，供后期综合应用，同时支持在线巡检和离线巡检功能，以及在线的语音对讲功能。

移动巡检管理系统的基础信息主要作用为泵站移动巡检App提供基础数据信息，用于管理各泵站的巡检任务，起到基础信息支撑和综合查询的关键作用，现地监控系统自动接收监控中心巡检管理子系统的巡检信息，本地不对这些基础信息进行管理，主要提供查询功能，这些信息包括设备档案信息、设备巡检信息、巡检路径信息、巡检规则信息等。

1. 泵站移动巡检系统

为推动泵站智能化管理水平建设，实施移动巡检系统。该系统主要肩负起泵站移动巡检工作，基于现地站无线网络覆盖环境，支持离线巡检、NFC技术，高效可靠地移动巡检，并实时准确地收集巡检结果。

巡检人员手持巡检仪巡检，巡检区域可分为站身与站区，无线网络覆盖站内各个区域，使得巡检人员通过无线App，将巡检任务、图像、视频、声音等信号传送至现地站工程监控应用系统。当巡检人员在室外远离泵站的位置或网络中断时，可先进行离线存储，待接入无线网络后将数据传送至后台。对于异常信息，系统组织好数据后，及时推送到监控中心移动巡检管理系统以及 App 信息发布系统，供相关领导及时审阅。系统具备先进适用的自动化水平，具备扩展功能，高效可靠。

泵站移动巡检系统包含如下功能：①实现站内巡检的移动办公；②实现离线巡检功能；③实现对已排程待巡检的路径计划推送提醒功能；④实现巡检路线站点平面示意图并可提示漏检点的功能；⑤同时支持条码和 NFC 标签的设备定位；⑥实现巡检实绩的及时上传和在线处理；⑦实现巡检情况在线跟踪和统计分析；⑧实现巡检异常信息的及时推送并报送现地站工程监控应用系统；⑨实现公告相关信息的及时推送。

2. 移动巡检管理系统

现地站智能巡检系统运行在工程监控网上，移动巡检管理系统在监控中心云服务平台中划拨资源实施，移动巡检 App 根据每个站的巡检情况定制开发，部署在各现地站的手持巡检仪上，手持巡检仪要求具备无线、4G、扫码、NFC 等先进功能，要求能够实时传输巡检情况，并支持离线功能。泵站移动巡检系统需要将巡检结果等数据与 App 信息发布系统进行共享，可以将巡检结果在信息发布 App 中发布，供管理人员随时考查现地站的巡检情况。

巡检管理主要肩负起泵站移动巡检应用的后端基础数据的维护和管理工作，主要包含站内巡检点维护、现地站设备架构维护、现地站设备档案维护、设备巡检内容维护、巡检路径维护、巡检实绩综合查询、异常信息查询以及处理完成后的实绩维护，同时，支持设备信息、设备巡检内容、巡检路径等及时推送到泵站移动巡检应用中，便于移动巡检获取最新的数据等。系统具备先进适用的自动化水平，具备扩展功能，高效可靠。

移动巡检管理系统主要包括以下功能：

（1）基础信息管理。完成移动巡检所需基础参数的定义和维护，包含巡检点维护、设备架构维护、设备档案信息维护、NFC 标签维护等。

（2）设备点检内容管理。依据设备档案维护相对应的设备点检内容信息，也是巡检路径的前提数据。

（3）巡检路径管理。依据各站内巡检点和设备点检内容信息，共同形成事先预定好的巡检路径，严格规范操作路径，提高工作效率。

（4）数据管理。数据主要分为两部分，一部分为系统运行基础参数数据；另一部分为系统运行产生的关键数据。按照不同的数据源进行数据的分类，数据源头包括泵站的运行数据通过接口自动上传，操作人员通过移动 App 上传运行数据、巡检数据、诊断数据等。

（5）接口管理。接口主要涉及获取下游故障诊断系统接口数据，上游为泵站移动巡检应用提供必备数据接口，为综合查询 App 提供关键信息接口以及推送接口等。考虑系统未来的业务延伸，接口的开放性非常重要，故障诊断系统采集的运行数据、诊断数据也需要传送至故障诊断应用系统，作为故障诊断应用基础数据的重要组成部分。

（四）基于大数据的监控安全分析系统

基于大数据的监控安全分析系统依托云端强大的数据处理与分析能力，实现全线 13 个现地泵站的运行态势、故障分析与处理。应用机器学习算法结合大数据平台的运算能力，对机器设备运行过程中生成的数据进行挖掘分析，找出机器设备在不同工作状态（温度、湿度、压力、运转速度等各种参数）下的最佳表现，找出机器设备不能稳定工作的原因，找出机器设备的生命周期规律，从而实现让人能够"懂"机器设备。

基于大数据的监控安全分析系统，部署在南京、江都两个数据中心，依托大数据分析能力与分析算法，实现设备阈值参数智能优化、泵站设备故障预测性维护、基于视频的智能分析识别及监控安全智慧化应用，从而实现对于关键参数、报警数据、运行数据、视频数据的大数据挖掘、智慧化分析、智能化判断，提升全线泵站的运行管理能力以及预测性维护能力。其中，南京数据中心要实现上述全部功能；江都数据中心作为备调中心具备系统的基本功能，实现数据的备份。

整体系统应通过大规模分布式云端计算存储技术，海量实时计算反馈能力，高并发低延迟相应服务等世界先进水平等云计算技术，构建基于专有云的大数据与人工智能应用，建设以现地站生产作业信息实时监测系统、故障诊断及预警系统和生产运行管理系统为核心的基于大数据的监控安全分析系统。业务变化带来的反馈效果数据也通过同样手段收集回到云数据仓库，形成业务数据化的反馈闭环，使得业务不断快速迭代升级。

基于大数据的监控安全分析系统主要功能如下：

（1）设备阈值参数智能优化。通过数据拟合分析，建立机组运行状态调优模型，对振动、温度、摆度等关键指标进行阈值判断。系统以数字、图形、表格、曲线和文字等形式对设备阈值优化结果进行显示和描述，及时对机组正常运行和故障隐患的潜在触发阈值进行科学判断，阈值优化结果能够下发现地执行。

（2）泵站设备故障预测性维护。通过大数据分析，将泵站主要设备，包括水泵、电动机、齿轮箱、主变压器、高压断路器、隔离开关等关键参数进行数据分析与建模，针对不同水利条件，结合具体水文数据，提前将关键部位可能发生的故障进行警示提醒，将特定预警信息传递至相关系统，由其提示负责人员进行干预维护。

（3）基于视频的智能分析识别。对于视频自动识别的场景，需要包括对河道的人、车、物三方面的自动视频智能识别。这一部分利用边缘智能技术，部署于智能感官处。

（4）监控安全智能化应用。通过界面呈现、结果展示、数据应用等方式，实现分析结果的展示与应用，从而基于大数据分析、视频识别算法，更好地实现全线 13 个泵站的监控管理，更好地指导现地站进行维护管理。

二、调度运行管理应用系统

调度运行管理应用系统包括水量调度系统、工程管理系统和综合辅助系统。

（一）水量调度系统

通过对南水北调东线工程江苏段水量调度工作内容分析，结合南水北调东线工程江苏段调度运行管理的建设开发目标，考虑业务扩展情况，水量调度系统需要根据不同的功能要求开发不同的功能子系统，来满足水量调度业务处理功能要求，需重点突出调度中心生产调度功能和技术支撑功能。

满足水量调度系统功能需求，需要开发水量调度日常调度管理、水量调度方案编制、实时水量调度、供水经营管理、防汛度汛管理以及水量调度方案统计评价分析等基本功能。同时，为了满足水量调度方案编制计算要求，需开发来水预测模型、水量调度模型；为了满足实时水量调度及应急水量调度方案计算要求，需开发实时调度模型；为了满足水量调度评价计算要求，开发水量调度评价模型。水量调度系统功能见图 11-11。

1. 水量调度日常管理

水量调度日常管理主要完成水量调度
日常业务处理工作，为水量调度方案编
制、水量统计分析、水费计算、调度方案
评价、防汛度汛管理、供水经营管理、综
合信息服务与决策会商等提供依据。水量
调度日常管理主要包括以下内容。

（1）受理所辖区域年、月汇总需水计
划，以及特殊需水要求，根据供需平衡等
分析计算、汇总确定全线年需水数据，并
负责存储入库。

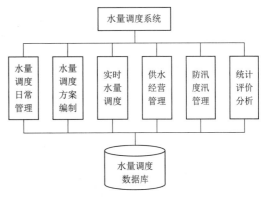

图 11-11　水量调度系统功能

（2）负责接收水源各种相关信息，确定年供水数据，并负责存储备案。

（3）负责调度方案、调度指令，以及应急调度方案、指令的接收，并生成调度命令，拟定调度公文上报上级主管部门并存储备案，下发给现地站执行或由总公司直接执行闸门控制。同时下发各个分公司存储备案。

（4）对全线水量调度方案的实施情况进行监视分析，负责实时引水数据的采集、接收或提取、管理、存储实时水量调度信息，并存入数据中心相关水量调度数据库。

（5）负责全线水量调度相关信息的发布。各类公告、通报的接收与发送，以及各种统计报表的生成与输出。

（6）接收或提取分公司和现地站上报的泵站状态、设备运行状态等信息，存入水量调度数据库，并可对这些信息进行检索查询。

（7）负责供水安全监视，实时接收分公司、现地站等上报的突发事件并进行记录，负责重特大调度险情的上报，以及应急调度方案的协商制定和实施，调度方案存入水量调度数据库，同时可对历史发生事件进行检索查询。

（8）负责水量统计分析和全线水量调度日常业务处理系统的运行维护和管理。

2. 水量调度方案编制

水量调度方案编制主要功能：调度运行中心根据可供水量、沿线市（县）供水管理机构需水计划提供的用水需求以及来水情况，依据水量平衡分配规则，制定科学有效的年、月水量调度方案。水量调度方案是以月为步长的年方案，属每年的水量分配指导计划，是供、需、管三方必须协商并报上级政府部门批准的文件，内容主要是每年全线调水量的空间、时间分配方案和参考分配过程，是每年签订水交易合同的依据。水量调度方案编制的数据流程见图 11-12。

3. 实时水量调度

实时水量调度主要功能是在调水方案基础上编制全线安全可行的水量调度指令，并进行全线自动信息监测。根据实时水量调度的任务，按照水量调度方案制定实时调度

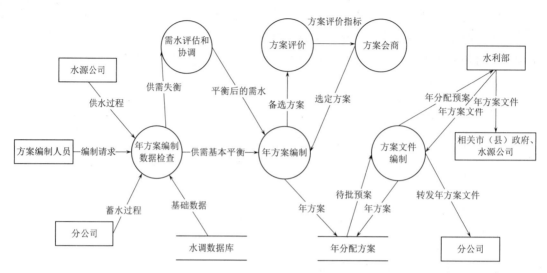

图 11-12　水量调度方案编制的数据流程

指令，以及根据水量调度反馈的信息重新制定调度指令，实时水量调度的业务流程设计如下：

（1）准备实时调度数据。根据水量调度方案、当前调度状态和调度要求，准备实时水量调度模型驱动数据。该项工作为周期性工作，工作周期需要考虑东线稳定时间和模型运算时间，一般情况下以日为周期，即每天进行。水量调度方案由方案编制模块提供，从水调数据库中获取。当前调度状态由监控系统获取，包括当前全线泵站、分水口门等控制建筑物开度、水位、流量及工况。

（2）驱动模型生成实时调度指令。调用水量调度模型生成全线或局部调整的实时调度指令。在模型尚不具备优化计算时，由人工经验生成实时调度指令。实时调度指令应满足东线稳定、安全输水的要求，所生成的调度目标和调度阈值应能满足监控系统运行的要求。

（3）发布实时调度指令并反馈循环。实时调度指令包括了当前调度期的一组或全线泵站的目标流量、目标水位及其变化阈值，发送给分公司细化并由现地站执行，保证流量、水位在目标值的变化阈值内。现地站将执行实时反馈给总公司、分公司。

（4）接收应急调度要求重新生成调度指令。在实时水量调度指令执行过程中，当接到应急险情警报和应急调度要求时，实时调度系统将应急调度要求、当前运行状态和水量调度方案等重新输入水量调度模型（当模型不具备时由人工生成实时调度指令），重新制定实时调度指令，经决策后发送现地站细化执行并反馈。

4. 供水经营管理

供水经营管理是水量调度相关业务，实现供水成本、利润核算，进行供水经营多维度报表分析。根据省际、市际各交水断面、各分水口门的实际引水量和物价部门制定的水价，计算出应缴纳的水费，并由水费管理部门实施征收。同时还具有分析比较的功能，可以进行历史水费、水量的分析比较，为水源公司、分公司等单位进行经济效益评价等提供依据。

5. 防汛度汛管理

为安全度过汛期，防汛度汛管理是汛期调水需要进行的一项管理工作，包括预案管理、防汛度汛方案管理、防汛度汛组织管理、物资备品备件管理、工作会议、方案执行反馈等。

在汛期，防汛度汛管理定时或不定时地接收监控系统等发来的工程安全等危及供水安全的实时信息和预警预报信息。调度人员可以随时接收各种监视信息，及时预测安全隐患，一旦发现险情，负责将险情发生区段、险情类型、险情级别、险情抢护预案、险情预测等信息，发送到水量调度系统，立即采取相应的应急响应措施，若属重大险情，启用应急调度预案，形成相应的应急调度方案，迅速生成应急调度指令，下发到现地站执行。

6. 水量调度方案统计评价分析

水量统计是一个关乎南水北调东线江苏段能否高效率运行的重要工作。水量统计应能依据工程监控系统流量数据，统计分析南水北调东线工程江苏段工程实时水量过程。同时水量统计为水费征收、调度评价、效益分析、信息发布等提供数据支持。水量统计、水费计算、水量调度方案统计评价分析流程见图 11-13～图 11-15。

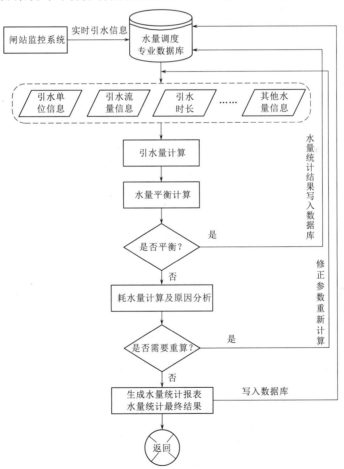

图 11-13　水量调度方案统计评价分析流程

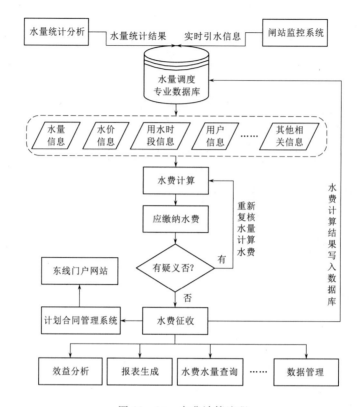

图 11-14　水费计算流程

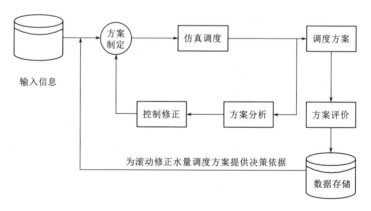

图 11-15　水量调度评价流程

（二）工程管理系统

通过对智慧调度水利智能体工程管理业务内容分析，结合江苏段调度运行管理的建设开发目标，考虑业务扩展情况，工程管理应具有以下功能：工程综合管理、工程运行管理、工程维护管理、工程检查管理、工程设备管理、工程安全管理、工程防汛管理等。

1. 工程综合管理

工程综合管理包括工程概况、管理单位概况、组织结构、规章制度、档案管理、考核管理等功能。

（1）工程概况。该模块主要内容包括工程介绍，以及江苏水源公司管理机构所在辖区工程的综合介绍和工程特点介绍。用户可使用此模块查询江苏省南水北调工程总体概况，展示江苏省南水北调工程总体信息及工程信息。

（2）管理单位概况。该模块主要指参与南水北调东线工程建设、设计、监理、设备厂家等单位名称及简介等信息的管理。动态生成管理单位等组织机构架构图；通过组织机构架构图查看具体机构及机构简介；支持组织机构的增加、删除、修改等操作。

（3）组织机构。添加或减少人员、安全、防汛等专项结构，管理所、项目部的业务人员和岗位职责。通过组织机构架构图查看各管理机构的人员信息；支持人员信息的增加、修改、删除等操作；显示与编辑荣誉信息、展示信息。

（4）规章制度。各种规章制度、管理细则等的上传、管理，便于查询和浏览。提供打印功能。该模块包括规章制度目录管理和规章制度管理。

（5）档案管理。对各类文档分类、录入、在线维护管理、目录建立、存档、提供在线查询。与专业档案管理对接。

（6）考核管理。该模块包括对人员、组织等考核全流程管理和汇总查询。

2．工程运行管理

工程运行管理主要包括运行准备、运行操作、运行值班、运行巡查、运行总结等功能。

（1）运行准备。该模块包含运行方案、人员安排、组织、运行前对设备机组检查、供电等。

（2）运行操作。主、辅机系统设备的开停机操作。对运行过程中的重要操作进行记录，具有增加、修改、删除及查询功能。

（3）运行值班。编制值班计划，运行值班期间运行日志的上传录入，形成值班记录，与值班相关内容的查询、交接班处理。提供移动端值班信息查询。

（4）运行巡查。利用移动设备在运行过程中对设备、建筑物状况进行巡查，并对巡查结果进行搜集、汇总、分析，从而了解该设备的运行状态。具体功能见移动巡检系统。

（5）运行总结。统计运行数据，根据运行统计数据即时分析并提示可采取降低能耗的措施。因计算机监控系统的可靠性及稳定性不能得到有效保证，应增设编辑功能，必要时对相关信息进行修正，系统后台可以记录自动获取后的信息被修改的地方。

3．工程维护管理

工程维护管理包括工程维修、工程养护、备品备件、维护台账、工程评级等功能。

（1）工程维修。对维护项目实施过程、进度、变更、验收、资料、决算等进行管理，可以自动形成"维修项目管理卡"。

（2）工程养护。按照养护项目管理要求，进行养护项目计划、实施过程、实施结果的管理。可以自动形成"养护项目管理卡"。

（3）备品备件。管理已有的备品备件。现地管理单位、分公司和公司能够共享查看每个工程的备品备件储存情况，实时更新工程备品备件的使用情况。

（4）维护台账。汇总维护项目管理情况，可分项目、分年度、分工程、分设备等自动生成维护台账。

（5）工程评级。根据评价标准，对设备评级和建筑物评级进行管理。

4. 工程检查管理

工程检查管理包括工程检查、工程建筑物观测、智能提醒等功能。

（1）工程检查。利用移动设备对各类检查项目进行日常检查管理。定期收集汇总泵站及河道工程的各类检查表。现场实时录入各类检查报表，可以以照片/扫描方式进行上传；定期汇总报表完成情况，分公司和公司能够查看，能够根据管理要求，自动提醒设备定期检查。

（2）工程建筑物观测。工程观测系统主要利用移动设备对工程建筑物参数情况进行观测，并记录观测结果。结果支持进行增加、删除、修改、查询，统计分析，生成相应的监测成果分析报告。

（3）智能提醒。按照频次提醒观测工作。阈值报警，数据超过警戒值报警。

5. 工程设备管理

对工程中的设备实现管理功能，包括初期管理、中期管理和后期管理。要求包括设备调整、使用、维护、状态监测、故障诊断，以及操作、维修人员培训教育，维修技术信息的收集、处理等全部管理工作，建立设备固定资产档案、技术档案和运行维护原始记录。

6. 工程安全管理

工程安全管理包括工程安全运行管理和建设工程安全生产管理两个子系统。

（1）工程安全运行管理子系统。该子系统包括人员考核管理、安全检查管理、安全预案应急响应管理、安全教育培训管理、安全设施与危险源管理、安全鉴定管理、安全总结管理、安全台账管理、安全信息上报等。

（2）建设工程安全生产管理子系统。该子系统包括人员管理、安全检查、教育培训、设施与重大危险源管理、事故及鉴定管理、安全台账管理、安全综合建设等。

7. 工程防汛管理

工程防汛管理，基于系统的综合信息服务及监测系统、水文气象信息，开发信息接收处理、信息服务与监视及防汛组织管理等模块，以现代化的管理观念和工作方式，提高防汛安全综合处理能力，为科学、高效地调水提供决策支持。

（1）信息接收处理模块。工程防汛管理在防洪信息数据库的基础上，读取综合辅助系统中接入的水文信息、气象信息、交叉建筑物工情、洪水预报等基础信息数据；提供交叉河流建筑物断面水位、交叉河流水文气象以及与工程相关的主要治河工程、堤防、上游水库等多种信息的查询、统计功能，监视交叉河流建筑物断面水位、交叉河流水文气象数据、洪水预报数据、交叉河流处工情数据，对遇超警戒的数据进行预警；管理防洪物资、抢险队伍、仓库等相关信息。

（2）信息服务与监视模块。工程防汛信息服务与监视的主要业务内容包括沿线河流水文、气象信息的接收处理查询，对暴雨、洪水过程进行监视，并针对超标准洪水提出处理预案，并在防汛期间进行抢修维护，确保工程安全度汛以及度汛期间的调水。

（3）防汛组织管理模块。工程防汛组织管理模块包括防汛组织机构、防汛预案、防汛值班、防汛检查、防汛调度、防汛物资、防汛总结等功能。

（三）综合辅助系统

综合辅助系统包括信息发布、信息查询、GIS 信息服务、内网门户、外网门户、调度会商。

1. 信息发布

信息发布中心主要提供通用的文字编辑功能，实现工程概要类信息、水量调度类信息、泵站监控类信息、工程安全监测类信息、工程管理与维护类信息、工程防汛安全类信息、水质监测类信息、应急事件处理类信息以及专题定制类信息的编辑与发布，将信息推送到内网门户或外网门户。

信息发布系统包括信息分类、信息编辑、信息审核、信息发布、信息展示等功能模块。

2. 信息查询

提供基于"一张图"的泵站基础信息、水情、水质、工情、视频等信息展示页面。通过 GIS 中台绘制一张图，并由业务中台获取水情、水质、工情与视频信息的展现，使各级管理部门能及时、准确地了解输水沿线的水情、水质信息以及工程运行状况，为调度运行管理提供信息查询服务。

3. GIS 信息服务

提供基于 GIS 的信息查询服务，主要功能包括地图操作、空间位置服务、辅助空间分析、热点信息展现及标注等，使各级管理部门能及时、准确地了解输水沿线的水情、水质信息以及工程运行状况，为调度运行管理提供信息服务。

（1）地图操作。主要提供地图的浏览、鹰眼导航、图层控制、底图切换等功能，底图支持卫星影像图和栅格图两种。

（2）空间位置服务。根据工程实体坐标及移动设备提供的 GPS 信息进行空间定位，并在地图中进行展现。

（3）辅助空间分析。辅助空间分析包括查询、统计分析、空间量算、缓冲区分析等功能。

（4）热点信息展现。该模块提供热点信息展示功能，以热点方式展现重要空间要素。当鼠标滑过热点时弹出热点信息或改变热点要素的注记、符号等进行热点提示。

（5）标注。通过标注功能，用户可创建空间要素，并添加属性信息（包括文本、数值型属性值及图片、音频、视频等多媒体属性）。

4. 内网门户

内网门户可将分散异构的各种应用系统和数据资源通过统一的通用门户界面整合到一个统一的访问入口，实现结构化数据资源、非结构化文档、各种应用系统跨数据库、跨系统平台的无缝接入和集成，提供一个支持信息访问、传递，以及协作的集成化商务环境，可实现个性化业务应用的高效开发、集成、部署与管理，并根据每个用户的特点、喜好和角色的不同，为特定用户提供量身定做访问关键业务信息的安全通道和个性化应用界面，让适当的人在适当的时间获取适当的信息和服务。内网门户是面向内部人员提供接入服务，是所有应用系统的统一门户，同时也是进行内部信息发布的平台。内网门户主要包括如下功能：

（1）统一用户身份管理。建立统一的用户管理，结合数字证书的应用，建立基于数字证书的用户安全管理系统，统一对所有业务系统的用户进行管理，实现业务系统用户数据的"一库"管理，并能对业务系统所有用户进行统一监控。统一并集中各应用软件的单位、部门、用户、权限管理，为各应用软件提供用户身份认证服务。实现对用户的集中管理和对业务系统权限的分布式管理。

（2）单点登录。通过后台的 SSO 单点登录的设置，实现对用户名以及密码的同步认证。所有的业务应用系统采用统一的用户登录界面，用户在统一的用户登录界面上登录到统一工作平台后，进入该平台中已经集成的业务应用系统无需再重新登录，实现集成业务应用系统的单点登录。

（3）CA 安全认证。通过建立统一认证系统，实现对所有应用系统的用户认证的统一管理，尤其是实现所有应用系统认证方式的统一。通过建立统一认证体系，既简化各个应用系统的设计方案，又简化操作者的操作步骤，同时，避免了一个操作者在每个应用系统中都拥有一套密码的繁琐。加强信息安全，实现信息保密性和用户行为的不可抵赖性。

（4）用户的个性化服务。内网门户提供个性化服务的个人工作台，为用户提供个性化的访问界面，能在权限管理控制下分配有权访问的应用功能和信息分类推送内容。各单位用户通过内网门户进行身份验证后，进入自己的个性化工作界面。根据单位内部不同岗位、不同部门、不同下属公司的员工本身的工作范畴，建立内部统一的不同级别的信息门户，信息门户的展现形式、内容都可以根据用户的个性化展现，加强工作信息的利用价值。

（5）全文检索。根据用户的需要定制全文检索服务，可以在内网主页中提供全局的检索服务，也可以在各业务系统或处室范围提供局部的检索功能。

（6）用户权限控制。具有一套科学完整的权限用户模型，提供多级、灵活的安全操作控制。梳理调度运行管理系统中包括哪些需要权限控制的系统资源，并提供对权限资源的增加、删除、修改、查询等维护界面。权限与角色是多对多的关系，用户通过角色来关联权限。

5. 外网门户

外网门户是面向社会提供信息发布服务，是所有对外信息发布的统一门户。通过此平台可供统一发布内部综合新闻、人事新闻、业务新闻、通知公告、动态资讯、外部报道等动态信息。

6. 调度会商

南水北调东线江苏段调度运行管理是一项极其复杂的系统工程，在工程运行中会发现许多突发性事件，某些事件可能会影响到水量调度全局，这些对整个工程运行带来重大影响的突发事件需要在决策会商层面进行决策分析，综合考虑相关因素后作出相应决策。会商系统由会商主题、会商支持系统、决策支持系统、会商决策系统、应急响应等几个子系统组成。

（1）会商主题。会商决策这些重大问题时，应采用行政首长负责制下的群体会商决策形式确定解决问题的方案，每次会商都是面向主题展开的，一般一个主题经常涉及多个业务领域，需要综合业务处理。

会商主题主要包括水量实时调度指令会商、工程安全险情会商、工程综合安全评估会商、工程重大维修养护计划会商、交叉河流超标准洪水险情会商、应急调水会商（水位预警等）、突发水污染事故处理会商、重大管理决策会商、基础设施重大问题会商等。

（2）会商支持系统。会商支持系统主要发布会议信息、维护会议纪要，提供各类会商主题汇报模板，对会商所需材料进行收集和汇总，并根据汇报模板要求对数据进行重新组织和加工处理，以满足会商要求；会商结束对会议结果及会商信息进行发布，确保会商会议组织的效率、质量以及会议决议的有效落实。

会商支持工作流程见图 11-16。

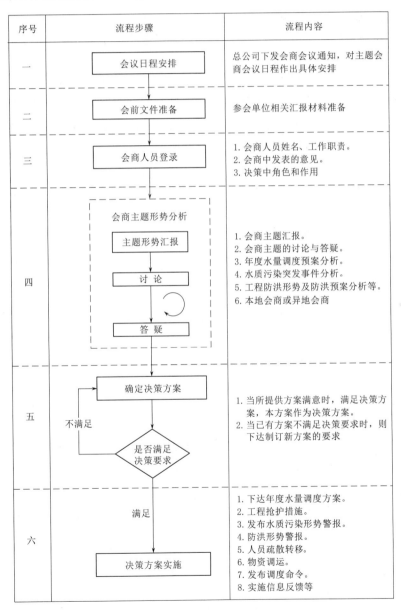

图 11-16　会商支持工作流程

调度公司有时还需要和流域机构以及市（县）共同会商，对于重大方案的实施和重大险情、灾情，还要求能及时提供现场情况，因此，系统应具有电视会议手段和远程视（音）频信息传输的能力。

（3）决策支持系统。建立面向会商主题的决策支持系统是将业务应用系统的数据和其他相关数据作为基础数据源，采用科学的数据组织处理方法，通过丰富的报表、多维分析等方法找出这些数据内部蕴藏的大量有用信息，对水量调度、工程管理、水质监测、水文气象、调水效益经济指标等各方面情况进行科学的分析，并作出可信的判断和预测，为南水北调运行工作提供及时、准确、科学的辅助决策依据。

（4）会商决策系统。会商决策是调度运行管理过程中最重要的工作环节之一。通常是在会商环境支持下，通过会议的形式，以群体（包括会商决策人员、决策辅助人员以及其他有关人员）会商的方式，从所作出的各种决策方案（包括水源公司水量调度方案、工程管理中涉及应急方案、水质监测应急方案、水文监测应急方案等）中，根据确保干渠工程安全、充分发挥工程水量调度效益、尽量减少干渠工程险情造成的损失和对生态环境的不利影响、协调各方甚至牺牲局部保护整体利益的原则，进行群体决策，选择出满意的应急响应方案并付诸实施。

（5）应急响应。南水北调东线工程是一个大型调水工程，其正常运行将关系到国家安

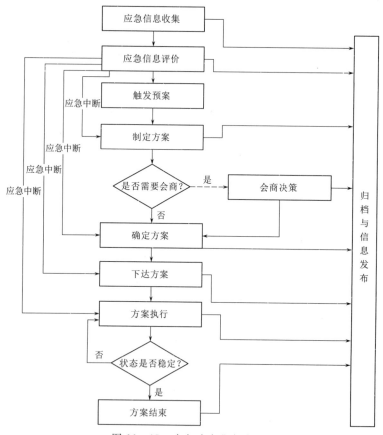

图 11-17　应急响应业务流程

全、社会稳定等重大问题，根据《国家突发公共事件总体应急预案》的指导方针，应从组织体系、运行机制、应急保障、监督管理等 4 方面内容，针对工程故障、工程安全事故、突发水污染事故、紧急调水等工程自然灾害事故和恐怖袭击险情，提出快速响应的应急响应机制、流程和相应系统制定应急响应方案的主要内容。应急响应建设的指导思想是：健全体制，明确责任；统一领导，分级管理；常规调度与应急调度结合；全线联动，科学应对；协调管理，共享互动。

应急响应系统服务于辖区内南水北调工程供水运行期间重大洪涝自然灾害、生态破坏、水污染、工程安全事故等突发事件的应对工作，充分综合利用信息采集与传输的应急机制、数据存储的备份机制和监控中心的安全机制，针对不同类型突发事件提出相应的应急响应方案和处置措施，最大程度地保证水安全。

应急响应业务流程见图 11-17。

第五节　智　能　免　疫

智慧调度水利智能体中各部分在设计、开发、测试、运行及使用全过程中，都可能存在不同种类、不同类型的安全风险，需要针对不同安全风险采取不同安全防护措施。

一、安全风险类别

从安全风险来源划分，主要分为自然事件风险、人为事件风险、软件系统风险、软件过程风险、项目管理风险、应用风险、用户使用风险等。

（1）自然事件风险是不以人的意志为转移的不可抗的天灾人祸。

（2）人为事件风险分为意外人为事件风险和有意人为事件风险。有意人为事件风险包括内部窃密和破坏、恶意的黑客行为、工业（商业）间谍、恶意代码、侵犯个人隐私、其他有意的人为事件威胁。

（3）软件系统风险主要由软件系统体系结构的合理程度及其对外界变化的适应能力产生的各种风险，包括兼容风险、维护风险、使用风险。

（4）软件过程风险是在软件开发周期过程中可能出现的风险及软件实施过程中外部环境的变化可能引起的风险，包括软件需求阶段的风险、设计阶段的风险、实施阶段的风险、维护阶段的风险。

（5）项目管理风险主要来源于应用软件产品的不可预见性，软件的生产过程不存在绝对正确的过程形式、信息系统应用项目的独特性。

（6）应用风险主要是在应用系统或软件过程中，尤其在网络环境下，因网络连接或操作而产生的风险，主要包括安全性、未授权访问和改变数据、未授权远程访问、不精确的信息、错误或虚假的信息输入、授权的终端用户滥用、不完整的处理、重复数据处理、不及时处理、通信系统失败、不充分的测试、不充分的培训、不充分的支持、不充分的文档。

（7）用户使用风险是指终端用户进行开发和应用过程中产生的风险，包括不充分的使用资源、不兼容的系统、冗余系统、无效的应用、职责不明、用户对开发阶段分析不全面、非授权访问数据与程序、侵犯版权、病毒破坏信息。

二、安全防护手段

针对上述安全风险，需要在智慧调度水利智能体的智能感官、智能联接、云服务平台智能免疫、数据资源和智能应用等环节，实现安全风险的完整防护。

（一）智能感官安全防护

智能感官设备包括传输设备、网络设备、服务器。信息化设备及软件系统运维管理包括接入传输设备运行数据（含现地泵站机房、备调中心机房）、计算机网络设备（含现地泵站机房、备调中心机房）、服务器设备（含现地泵站机房、备调中心机房）及云服务平台中间件及各个应用系统运行数据，可以通过集中展现方式，实现统一巡查防护。

（二）智能联接安全防护

智能联接涉及的数据通信，需要通过对通信信息进行加密处理、用户身份认证、设置权限等方法来预防和制止网络通信的安全问题。

（1）对通信信息进行加密处理。网络间数据传输加密保护通常采用构建 VPN 加密通道的方式实现。即在公共网络平台间，通过在网关处部署专用设备，采用密码技术实现在公共传输通道上建立虚拟专用通道。

（2）用户身份认证防护。确定用户身份认证即通过让用户提供相应的账户、密码和用户名等信息，得到访问服务器中信息的许可，这可以在很大程度上防止非法用户的登录及其带来的一系列信息泄露等损害。

（3）设置权限防护。对于没有相应访问信息权限的其他人，在没有得到合法用户的授权的基础上是无权访问该信息的，以此来预防非法用户的入侵，注入恶意信息或病毒，篡改和破坏通信系统。

同时智能化场景联动与智能化的决策治理，要求必须能够具备相当程度的安全能力，特别是从设备到云到应用的端到端能力，来形成可信链，确保链条内的数据和信令不会被恶意地篡改，而带来不可预估的风险与损失。为此，平台供应商必须能够提供端到端的安全可信链解决方案。

（三）云服务平台智能免疫

云服务平台采用云盾作为平台运行的安全产品。云盾是适用于核心业务应用对外防护的互联网化防护体系，能够为用户提供 DDoS 检测/防御、Web 层攻击检测/防御、Web 漏洞发现/修复、主机漏洞发现/修复、主机防入侵的实时防护能力。

云盾可对获取到的大量本地安全数据与云端情报统一在安全数据分析引擎集群里进行安全大数据分析，为用户呈现整体安全态势、入侵事件回溯，如针对性攻击发现、人员情报泄露预警、入侵原因分析等。通过这些核心安全信息的分析展现，安全管理员不仅能够了解安全状况，还可以借助安全数据分析引擎开放的自定义分析界面对已有安全数据进行场景化分析，实现安全分析能力的灵活定制。

云盾能对 Web 系统提供业务模块的自动分析，可以让管理员掌握当前业务系统中的业务模块及其访问规则，并对监测对象进行实时、可视化监测；对业务的访问流程进行监测，包括业务访问流程合规、业务访问行为合规；能够根据内置策略，对业务交互过程中的业务数据进行识别，自动检测出业务数据类型及具体内容；能够根据业务数据的使用情况，自动梳理记录敏感数据操作访问行为并关联相关业务账号，做可视化展现，并支持自动识别敏感数据页面名称，确定敏感业务 URL 地址。

（四）数据资源安全防护

数据层面的安全防护主要是有针对性地对数据、内容进行保护，采取事后的防御技术手段可以有效地降低系统被破坏、窃取、篡改的风险，将安全损失降到最低。主要需要考虑数据泄漏和数据丢失两方面的威胁。数据泄漏可使用敏感数据保护机制和数据安全风险感知与监测预警机制相结合的方式。数据丢失防范主要依靠数据备份等机制完成。

1. 敏感数据保护

主要通过如下方面对敏感数据进行保护：

（1）数据以密文方式存储在文件和磁盘当中，即使数据库文件被盗窃也可以保证敏感数据不被访问。

（2）设置 SQL 黑白名单规则库，数据库漏洞规则库配置，定义敏感数据范围，定义敏感数据集合标签级别，分配具有多维身份标签的管理者。

（3）设置敏感数据集合访问规则，访问规则可设定精细化的访问因子，如应用程序名、IP 地址、主机名、操作系统账户、时间、U 盾等，满足条件才能访问敏感数据集合。

（4）内置数据库文件保护引擎，防范包括勒索软件、已知勒索病毒、未知勒索病毒等的恶意攻击。

（5）具备口令破解检测防御能力。

（6）只有具备操作权限的安全管理员和授权人员才可以进行业务代码操作。

（7）根据用户的身份与访问的数据库对象以及对应的脱敏规则，对不同授权的用户可返回真实数据、部分遮盖、全部遮盖以及其他脱敏算法得到的结果。

（8）用户可以订阅自己的安全告警事件，安全告警事件发送支持短信、邮件以及页面。

2. 数据安全风险感知与监测预警

主要通过如下方面对数据安全风险感知与监测预警：

（1）对数据库登录操作监测并记录详细的成功登录行为和失败登录行为信息，能够识别暴力破解等非法登录行为。

（2）实现 SQL 操作监测和分析，并详细记录管理用户的行为信息，包括该语句执行的时间、机器名、用户名、IP 地址、MAC 地址、客户端程序名以及 SQL 语句等信息，对数据库操作进行审计，可对查询、新增、修改、删除等行为进行监测。

（3）监测全网数据库客户端的日志信息，包括进程名、主机信息、策略名、结果、产生时间等信息。对于疑似威胁的操作记录，能够基于会话进行追踪溯源，根据人（用户名、账户）进行追溯，在同一界面展现跟其相关的从登录、访问到退出的全过程。

（4）根据不同的安全级别采用不同的响应方式，包括记录、告警，告警方式包括邮件、短信。定期自动生成：日、周、月、季度、年度综合报表；提供表格、柱状图、饼状图、折线图等多种展示方式；文档支持格式包括 HTML \ PDF \ Excel 等；通过指挥监控中心大屏实现数据安全威胁态势可视化、威胁事件监测、数据库资产可视化等。

3. 数据容灾备份

通过公司数据中心（江都）实现数据的容灾备份，当公司调度中心（南京）出现故障时，江都可以接管南京提供服务。

（五）智能应用安全防护

智能应用安全功能应实现身份鉴别、身份管理、访问控制服务、加密服务、数字签名及安全审计等安全服务。此外，身份保护、匿名化、许可指令管理服务需要结合应用系统在应用层实现。

对于不同的用户要采取不同的权限机制，对于不能操作泵站权限的人，严格禁止给予权限，对于有操作权限的，要求控制到机器和人。可自定义分权管理维护者，并约束查看范围。通过同组织架构关联，对于一定机构范围内，设定一定功能的权限体系，再将相关人员与权限体系进行组合，从而形成人员对于应用模块权限的松耦合管理。对于控制到机器，需要做到对于可以操作的给予控制，设置机器的白名单，不在白名单里面的机器禁止访问工控系统；对于控制到人，需要加密钥、加密狗设备，保证用户身份的安全。

参 考 文 献

［1］ Chen J，Ran X. Deep learning with edge computing：A review ［J］. Proceedings of the IEEE，
2019，107（8）：1655-1674.

［2］ Cheong S M，Choi G W，Lee H S. Barriers and solutions to smart water grid development ［J］.
Environmental management，2016，57（3）：509-515.

［3］ Li E，Zeng L，Zhou Z，et al. Edge AI：On-demand accelerating deep neural network inference via
edge computing ［J］. IEEE Transactions on Wireless Communications，2019，19（1）：447-457.

［4］ Li J，Yang X，Sitzenfrei R. Rethinking the framework of smart water system：A review ［J］. Wa-
ter，2020，12（2）：412.

［5］ Li J. Cyber security meets artificial intelligence：A survey ［J］. Frontiers of Information Technolo-
gy & Electronic Engineering，2018，19（12）：1462-1474.

［6］ Mao Y，You C，Zhang J，et al. A survey on mobile edge computing：The communication perspec-
tive ［J］. IEEE Communications Surveys & Tutorials，2017，19（4）：2322-2358.

［7］ Smart Cities：applications，technologies，standards，and driving factors ［M］. Springer，2017.

［8］ Wang X，Han Y，Leung V C M，et al. Convergence of edge computing and deep learning：A com-
prehensive survey ［J］. IEEE Communications Surveys & Tutorials，2020，22（2）：869-904.

［9］ Yuanyuan W，Ping L，Wenze S，et al. A new framework on regional smart water ［J］. Procedia
Computer Science，2017，107：122-128.

［10］ Zhang Y，Luo W，Yu F. Construction of Chinese Smart Water Conservancy Platform Based on the
Blockchain：Technology Integration and Innovation Application ［J］. Sustainability，2020，12
（20）：8306.

［11］ Zhou Z，Chen X，Li E，et al. Edge intelligence：Paving the last mile of artificial intelligence with
edge computing ［J］. Proceedings of the IEEE，2019，107（8）：1738-1762.

［12］ None. 新华三驱动国内首例 MEC 智慧水利商用部署落地 ［J］. 中国信息化，2019（7）：13-13.

［13］ IMT-2020（5G）推进组. 5G 智慧城市安全需求与架构白皮书 ［R/OL］. （2020-05-12）［2020-
09-30］. http：//www. caict. ac. cn/kxyj/qwfb/bps/202005/t20200513_281305. htm.

［14］ 腾讯研究院，腾讯云，腾讯政府. WeCity 未来城市 2.0 白皮书 ［R/OL］. （2020-05-12）［2020-
09-30］. https：// new. qq. com/rain/a/20201203A0EL0500.

［15］ 百度智能云. 百度城市大脑白皮书 ［R/OL］. （2020-05-18）［2020-09-30］. https：//
www. sohu. com/a/397374282_178670.

［16］ 阿里云计算有限公司，中国电子技术标准化研究院，等. 边缘云计算技术及标准化白皮书
（2018）［R/OL］. （2018-12-12）［2020-09-30］. http：//www. cesi. cn/201812/4591. html.

［17］ 刘锋，等. 城市大脑与超级智能城市建设规范研究报告 1.0 ［R/OL］. （2020-03-02）［2020-09-
30］. https：//www. sohu. com/a/451401204_120956935.

［18］ 智慧水利优秀应用案例和典型解决方案推荐目录（2020 年度）［OL］. （2020-03-04）［2020-09-
30］. http：//www. mwr. gov. cn/zw/tzgg/tzgs/202002/P020200217620908388366. pdf.

［19］ 丁飞. 物联网开放平台：平台架构、关键技术与典型应用 ［M］. 北京：电子工业出版社，2018.

［20］ 陈新宇，罗家鹰，江威，等. 中台实践：数字化转型方法论与解决方案 ［M］. 北京：机械工业出

版社，2020.

[21] 邓中华. 大数据大创新——阿里巴巴云上数据中台之道 [M]. 北京：电子工业出版社，2018.

[22] 刘锋. 崛起的超级智能：互联网大脑如何影响科技未来 [M]. 北京：中信出版社，2019.

[23] 施巍松，刘芳，孙辉，等. 边缘计算 [M]. 北京：科学出版社，2018.

[24] 吴亚林，等. 物联网用传感器 [M]. 北京：电子工业出版社，2012.

[25] 张学记，等. 智慧城市：物联网体系架构及应用 [M]. 北京：电子工业出版社，2014.

[26] 包欣. 基于多源数据的旱情监测方法研究 [D]. 淮南：安徽理工大学，2013.

[27] 蔡阳，崔倩. 河湖遥感"四查"机制建立及其应用实践 [J]. 水利信息化，2020 (1)：4.

[28] 曹凯. 超声波明渠流量计设计 [D]. 包头：内蒙古科技大学，2015.

[29] 曹丽娟，张静静，徐磊，等. 现代水利感知网发展方向简析 [J]. 河北水利，2020 (3)：46，48.

[30] 陈冬梅. 边缘计算在5G中的应用研究 [J]. 计算机产品与流通，2020 (11)：58.

[31] 陈国星. 5G＋水利探索与创新 [J]. 信息技术与信息化，2019 (7)：206 - 207.

[32] 陈岚，周维续. 水利网络安全监测与预警方法 [J]. 水利信息化，2017 (3)：29 - 32.

[33] 陈铁明，蔡家楣，蒋融融，等. 基于插件的安全漏洞扫描系统设计 [J]. 计算机工程与设计，2004，25 (2)：194 - 196.

[34] 陈小英. 基于窄带物联网的远程水文测报系统 [J]. 电子技术与软件工程，2019 (24)：7 - 8.

[35] 陈仲华. IPv6技术在物联网中的应用 [J]. 电信科学，2010，26 (4)：16 - 19.

[36] 程诚，董晨龙，李宏，等. 智慧视频识别在水利信息化中的应用 [J]. 四川水利，2019，40 (3)：124 - 128.

[37] 程风刚. 基于云计算的数据安全风险及防范策略 [J]. 图书馆学研究，2014 (2)：15 - 17.

[38] 董希泉，林利，张小军，等. 主动防御技术在通信网络安全保障工程中的应用研究 [J]. 信息安全与技术，2016，7 (1)：80 - 84.

[39] 鄂竟平. 全面推行河长制湖长制 [R]. 时事报告：党委中心组学习，2018 (4)：56 - 70.

[40] 鄂竟平. 坚定不移践行水利改革发展总基调 加快推进水利治理体系和治理能力现代化——在2020年全国水利工作会议上的讲话 [J]. 水政水资源，2020 (1)：17 - 31.

[41] 范亮，陈倩. 人工智能在网络安全领域的最新发展 [J]. 中国信息安全，2017 (4)：104 - 107.

[42] 方明伟. 基于可信计算的移动智能终端安全技术研究 [D]. 武汉：华中科技大学，2012.

[43] 冯登国，秦宇，汪丹，等. 可信计算技术研究 [J]. 计算机研究与发展，2011，48 (8)：1332 - 1349.

[44] 符志勇. 基于遥感技术下的水利工程建设 [J]. 农村经济与科技，2016 (18)：64 - 64.

[45] 付东来. 基于可信平台模块的远程证明关键技术研究及其应用 [D]. 太原：太原理工大学，2016.

[46] 付静，姚葳，杨非. 水利行业网站安全管理研究 [J]. 水利信息化，2017 (3)：24 - 28.

[47] 付永贵. 基于区块链的供应链信息共享机制与管理模式研究 [D]. 北京：中央财经大学，2018.

[48] 甘仲民，张更新. 卫星通信技术的新发展 [J]. 通信学报，2006 (8)：2 - 9.

[49] 高建新. 新型节水灌溉自动化控制系统应用 [J]. 现代农业科技，2020 (12)：188 - 189.

[50] 高昆仑，王志皓，安宁钰，等. 基于可信计算技术构建电力监测控制系统网络安全免疫系统 [J]. 工程科学与技术，2017，49 (2)：28 - 35.

[51] 盖嘉俊，谭宇翔，顾盛楠，等. 面向南水北调工程可视化调度的数据仓库实现 [J]. 数码世界，2019 (11)：69 - 70.

[52] 顾诚. 无人机技术综述及其在水利行业的应用 [J]. 江苏科技信息，2019 (34)：13.

[53] 韩璇，袁勇，王飞跃. 区块链安全问题：研究现状与展望 [J]. 自动化学报，2019，45 (1)：206 - 225.

[54] 何坚安. 蜜罐技术在信息安全防御中的应用与研究 [J]. 网络安全技术与应用，2020 (8)：29 - 31.

[55] 何正源，段田田，张颖，等. 物联网中区块链技术的应用与挑战 [J]. 应用科学学报，2020，38

(1)：22-33.

[56]　贺骥，王海锋，郭利娜，等．遥感技术在水利强监管领域的应用研究［J］．水利发展研究，2020，20（1）：14-17，38.

[57]　胡吉华．基于无线网络的高精度水位自动监测系统［D］．南京：南京师范大学，2014.

[58]　胡小青，程朋根，聂озан菊，等．无人机 LiDAR 在山洪灾害调查中的关键技术及应用［J］．江西科学，2016，34（4）：470-474.

[59]　胡震，刘博雅．区块链在网络安全中的应用［J］．电子技术与软件工程，2019（24）：175-176.

[60]　胡震．云计算安全问题分析及解决方案探讨［J］．科技传播，2019，11（23）：103-104.

[61]　花江，王永胜，喻火根．卫星通信新技术现状与展望［J］．电讯技术，2014，54（5）：674-681.

[62]　黄慧．基于区块链的数据交换与共享技术研究［D］．西安：西安电子科技大学，2019.

[63]　黄旅军．基于区块链技术的网络安全技术研究［J］．网络安全技术与应用，2020（3）：23-24.

[64]　贾辉．浅谈光纤通信技术在长距离调水工程中的发展应用［J］．通讯世界，2016（12）：227-228.

[65]　贾晓东，张冰．网络空间安全智能主动防御关键技术的思考与实践［J］．科技创新与应用，2020（32）：152-153.

[66]　姜红德．智能联接——重塑网络新形态［J］．中国信息化，2020（1）：40-41.

[67]　蒋云钟，冶运涛，赵红莉，等．水利大数据研究现状与展望［J］．水力发电学报，2020，39（10）：1-32.

[68]　金晶，庞亚威，温旋，等．无人机遥感技术在河湖岸线监管中的应用研究［J］．科技创新与应用，2020（14）：175-176.

[69]　景文强，余波，李昂阳，等．"天地一体化"信息网络主动防御安全体系研究［J］．微型机与应用，2019，38（8）：17-21.

[70]　康峰．网络漏洞扫描系统的研究与设计［J］．电脑开发与应用，2006（10）：27-28.

[71]　孔令启，胡文才．视频监控技术在水文测报远程管理中的应用探讨［J］．治淮，2017（1）：37-38.

[72]　孔毅，胡先兵，李建强．智能网络在安全领域的应用［J］．计算机与网络，2015，（20）：52-53.

[73]　李春雷，刘立聪，张雅莉，等．遥感技术在河湖"清四乱"中的应用方法探究［J］．浙江水利科技，2019，47（4）：74-77.

[74]　李飞．气泡式水位计在梅溪湖水位站的应用［J］．智能水利，2020，6（12）：234-235.

[75]　李红娇，魏为民，田秀霞，等．可信计算技术在云计算安全中的应用［J］．上海电力学院学报，2013（1）：83-86.

[76]　李敏．浅析水利通信专网在水利信息化建设中的重大意义［J］．信息系统工程，2014（11）：115-116.

[77]　李明柔，陆隽，陈燕群．智能节水灌溉系统应用与推广［J］．技术与市场，2018（10）：50.

[78]　李盘．红外诊断技术在亭子口水利枢纽中的应用［J］．水力发电，2014（9）：81-83.

[79]　李乔．基于移动终端的水位监测与车牌定位算法研究［D］．西安：西安电子科技大学，2011.

[80]　梁德福．时差法低功耗超声波流量计的设计与实现［D］．上海：华东理工大学，2012.

[81]　刘昌军，孙涛，张琦建，等．无人机激光雷达技术在山洪灾害调查评价中的应用［J］．中国水利，2015（21）：49-51.

[82]　刘德龙，李夏，李腾，等．智慧水利感知关键技术初步研究［J］．四川水利，2020，41（1）：111-115.

[83]　刘飞．人工智能技术在网络安全领域的应用研究［J］．电子制作，2016（9）：32-33.

[84]　刘良明．基于 EOS MODIS 数据的遥感干旱预警模型研究［D］．武汉大学，2004.

[85]　刘文辉，雷四华，徐赟．无线通信 ZigBee 技术在中小型水库大坝安全监测中的应用［J］．水利水电快报，2019，40（11）：74-77.

[86]　刘永丹．基于区块链的网络空间安全技术［J］．电子技术与软件工程，2017（20）：215-217.

[87]　卢玉．基于云端协同的弹性迁移计算技术的探讨［J］．企业技术开发，2019，38（6）：4-6.

[88]　陆波，易茂艳．基于 ZigBee 技术的自动化水文监测系统的设计与开发［J］．吉林水利，2019

（12）：6-9.

［89］ 罗东俊. 基于可信计算的云计算安全若干关键问题研究［D］. 华南理工大学，2014.

［90］ 吕良军. 试论水利工程运行管理方式的创新途径［J］. 智能城市，2019，5（24）：82-83.

［91］ 马东平，王后明. 浅谈5G在水环境监控中的应用［J］. 治淮，2020（2）：31-32.

［92］ 马奉先，林珂，赵海洋. 5G在智慧水利领域的应用探索［N］. 人民邮电，2020-03-19（004）.

［93］ 马海荣，罗治情，陈娉婷，等. 遥感技术在农田水利工程建设及管护中的应用［J］. 湖北农业科学，2019，58（23）：16-20.

［94］ 马立川. 群智协同网络中的信任管理机制研究［D］. 西安：西安电子科技大学，2018.

［95］ 孟令奎，郭善昕，李爽. 遥感影像水体提取与洪水监测应用综述［J］. 水利信息化，2012（3）：18-25.

［96］ 牟舵，肖尧轩，张飞，等. 珠江流域水利网络安全能力提升探析［J］. 水利信息化，2020（5），41-45.

［97］ 穆成新，张长伦. 云计算数据安全策略研究［J］. 计算机安全，2013（1）：60-62.

［98］ 牛广文. 基于GPRS通信的远程土壤墒情自动监测系统设计［J］. 自动化与仪器仪表，2015（2）：36-37.

［99］ 彭波，张得煊. 利用红外热像技术探测土石坝集中渗漏的研究［J］. 科学技术与工程，2016，16（11）：93-98.

［100］ 彭元松，彭端. 基于ZigBee无线通信技术的河流水位监测系统［J］. 仪表技术与传感器，2012（7）：68-70.

［101］ 秦超杰，凌红霞. 卫星通信技术在水库信息化中的应用［J］. 江淮水利科技，2014（1）：34-36.

［102］ 秦超杰. 山区水库防洪减灾卫星通信应用探讨与实践［J］. 水利信息化，2013（4）：44-47.

［103］ 任伟，许卓首，虞航，等. 水利卫星通信应用系统在黄河水文工作中的应用［J］. 中国防汛抗旱，2016（4）：59-61.

［104］ 任岩. 水库工程智慧运行管理系统设计［J］. 长江技术经济，2020，4（S2）：180-182.

［105］ 芮晓玲，吴一凡. 基于物联网技术的智慧水利系统［J］. 计算机系统应用，2012，21（6）：161-163，156.

［106］ 沈昌祥，陈兴蜀. 基于可信计算构建纵深防御的信息安全保障体系［J］. 四川大学学报：工程科学版，2014，46（1）：1-7.

［107］ 沈昌祥，张大伟，刘吉强，等. 可信3.0战略：可信计算的革命性演变［J］. 中国工程科学，2016，18（6）：53-57.

［108］ 沈昌祥，张焕国，王怀民，王戟，赵波，严飞，余发江，张立强，徐明迪. 可信计算的研究与发展［J］. 中国科学：信息科学，2010，40（2）：139-166.

［109］ 沈昌祥. 用可信计算3.0筑牢网络安全防线［J］. 信息安全研究，2017，3（4）：290-298.

［110］ 沈昌祥. 用可信计算构筑智能城市安全生态圈［J］. 网信军民融合，2017（4）：19-23.

［111］ 沈昌祥. 用主动免疫可信计算构筑新型基础设施网络安全保障体系［J］. 网信军民融合，2020（4）：10-13.

［112］ 沈文忠，张泽锋，吕斌. 水利工程标准化运行管理平台的设计与实现［J］. 浙江水利科技，2018，46（4）：93-96.

［113］ 宋博，李亚，吕朋举. 水利业务系统个人信息安全保护手段［J］. 河南水利与南水北调，2018，47（5）：89-90.

［114］ 宋炜，张志秀，钱昊，等. 江苏省墒情自动监测系统的设计与应用［J］. 中国防汛抗旱，2020，30（3）：27-31.

［115］ 施巍松，张星洲，王一帆，等. 边缘计算：现状与展望［J］. 计算机研究与发展，2019，56（1）：73-93.

[116] 苏洁，冯雯. 基于通信网络的安全主动防御技术分析 [J]. 探索与观察，2020 (17)：37 – 38.

[117] 孙傲冰，季统凯. 面向智慧城市的大数据开放共享平台及产业生态建设 [J]. 大数据，2016，2 (4)：69 – 82.

[118] 孙世友，鱼京善，杨红粉，等. 基于智慧大脑的水利现代化体系研究 [J]. 中国水利，2020 (19)：52 – 55.

[119] 谭磊. 水库坝体水位自动监测方法与装置 [D]. 淮南：安徽理工大学，2015.

[120] 谭宇翔，盖嘉俊. 江苏南水北调工程物联平台建设方案设计与实施 [J]. 数码世界，2021 (4)：46 – 47.

[121] 谭宇翔，顾盛楠. 基于南水北调工程业务中台的微服务架构的设计与实施 [J]. 信息系统工程，2019 (10)：38 – 39.

[122] 王闯. 视频监控前沿技术在水利行业中的应用探讨 [J]. 中国管理信息化，2017 (18)：137 – 138.

[123] 王春雨，张志民，刘静. 智能预警技术在水利安全管控方面的应用 [J]. 黑龙江水利科技，2019，47 (12)：160 – 164.

[124] 王飞. 光纤通信技术在水利通信网络中的应用探析 [J]. 中小企业管理与科技，2015 (25)：216 – 216.

[125] 王锋，屈梁生. 用遗传编程方法提取和优化机械故障的声音特征 [J]. 西安交通大学学报，2002 (12)：1307 – 1310.

[126] 王涵彬. 人工智能技术在网络安全领域的应用思考 [J]. 通讯世界，2019，26 (2)：69 – 70.

[127] 王洪. 浅谈水利通信专网在水利信息化建设中的意义 [J]. 中国水运（下半月），2012 (6)：84 – 85.

[128] 王吉星，马湛. 气泡式水位计在水文自动测报系统中的应用 [J]. 水文，2005 (6)：53 – 55.

[129] 王丽涛，王世新，周艺，等. 旱情遥感监测研究进展与应用案例分析 [J]. 遥感学报，2011 (6)：1315 – 1330.

[130] 王良. 漏洞扫描系统设计与应用 [J]. 网络空间安全，2011 (2)：44 – 46.

[131] 王维洋. 无人机摄影测量快速建模技术及其工程应用 [D]. 郑州：华北水利水电大学，2017.

[132] 王新星，刘涛，董亚维，等. 卫星遥感与无人机遥感技术在生产建设项目水土保持监管中的应用——以晋陕蒙接壤地区部批生产建设项目为例 [J]. 中国水土保持，2019 (11)：29 – 33.

[133] 王战友，李昼阳，周银. 广东智慧河长平台设计与实现 [J]. 水利信息化，2019 (3)：10 – 16.

[134] 王振宇. 可信计算与网络安全 [J]. 保密科学技术，2019 (3)：63 – 66.

[135] 韦丹. 水质在线监测系统在污水处理中的应用 [J]. 中国资源综合利用，2020，38 (5)：178 – 180.

[136] 卫建国，张晓煜，张磊，等. 基于 GIS 的宁夏干旱监测预警系统设计与应用 [J]. 气象科技，2011，39 (5)：635 – 640.

[137] 魏杰. 青海省东部农业区干旱遥感监测及预警研究 [D]. 杨凌：西北农林科技大学，2016.

[138] 文雄飞，陈蓓青，申邵洪，等. 资源一号 02C 卫星 P/MS 传感器数据质量评价及其在水利行业中的应用潜力分析 [J]. 长江科学院院报，2012，29 (10)：118 – 121.

[139] 吴浩云，黄志兴. 以智慧太湖支撑水利补短板强监管的思考 [J]. 水利信息化，2019，149 (2)：5 – 10, 14.

[140] 吴元立，司光亚，罗批. 人工智能技术在网络空间安全防御中的应用 [J]. 计算机应用研究，2015，32 (8)：2241 – 2244.

[141] 吴中如. 高新测控技术在水利水电工程中的应用 [J]. 水利水运工程学报，2001 (1)：13 – 21.

[142] 肖雪，李清清，许继军，等. 洪水预报及防洪调度系统的设计与应用 [J]. 中国防汛抗旱，2020，30 (11)：56 – 60.

[143] 谢庆华. 红外诊断技术在带电设备缺陷诊断中的运用 [J]. 四川电力技术，2008 (S1)：51 – 54.

[144] 徐婧. 人工智能网络安全领域的"双刃剑" [J]. 中国信息安全，2019 (7)：35 – 37.

[145] 徐占华，邓剑锋. 基于网络视频的建设工程监管系统研究 [J]. 北京测绘，2014 (3)：11 – 13.

[146] 许峰，吕鑫. 可信水利信息系统构建研究 [J]. 水利信息化，2010 (4)：23 – 26.

[147]   薛腾飞. 区块链应用若干问题研究 [D]. 北京：北京邮电大学，2019.

[148]   颜晓莲，邱晓红，章刚，支持边缘端-云端协同工作的群组命令传输算法 [J]. 计算机应用研究，2020，38 (4)：1154 - 1157.

[149]   杨非，花基尧，刘庆涛，等. IPv6 在水利部门户网站群中的应用 [J]. 水利信息化，2016 (2)：40 - 44.

[150]   杨金芳. 电机电器状态检测与故障诊断 [J]. 中国新技术新产品，2014 (9)：122.

[151]   杨凯. 水利信息化网络通信系统设计方案研究 [J]. 水利信息化，2016 (2)：45 - 50.

[152]   杨荣康. 物联网时代的"大禹治水"——5G 智慧治水 [J]. 计算机产品与流通，2020 (3)：98.

[153]   杨一民，王海，王毅，等. 动态防御技术在内网安全中的应用 [J]. 自动化与仪器仪表，2017 (11)：182 - 184.

[154]   易克初，李怡，孙晨华，等. 卫星通信的近期发展与前景展望 [J]. 通信学报，2015，36 (6)：161 - 176.

[155]   曾诗钦，霍如，黄韬，等. 区块链技术研究综述：原理、进展与应用 [J]. 通信学报，2020，41 (1)：134 - 151.

[156]   詹全忠，蔡阳. 水利关键信息基础设施保护的思考 [J]. 水利信息化，2017 (3)：16 - 19，28.

[157]   詹全忠，张潮. 智慧水利总体方案之网络安全 [J]. 水利信息化，2019 (4)：20 - 24.

[158]   张成. 基于图像识别的水库水位自动监测仪研发 [D]. 济南：济南大学，2019.

[159]   张大伟，沈昌祥，刘吉强，等. 基于主动防御的网络安全基础设施可信技术保障体系 [J]. 中国工程科学，2016，18 (6)：58 - 61.

[160]   张焕国，韩文报，来学嘉，等. 网络空间安全综述 [J]. 中国科学：信息科学，2016，46 (2)：125 - 164.

[161]   张建刚，高广利. 新一代水利卫星通信应用系统建设 [J]. 水利信息化，2012 (1)：47 - 51.

[162]   张坤，庞军城. 物联网在智慧水利中的应用 [J]. 电子元器件与信息技术，2020，4 (7)：16 - 17.

[163]   张美燕，蔡文郁. 水利工程安全监测网视频传感器节点的设计与实现 [J]. 浙江水利水电专科学校学报，2013，24 (4)：68 - 71.

[164]   张阳，杜文广. 基于计算机视觉的嵌入式水位监控系统设计 [J]. 制造业自动化，2014 (9)：121 - 123.

[165]   章新川，李瑛，胡彦华. 基于"互联网＋"构建陕西智慧城乡供水服务体系 [J]. 城镇供水，2017 (3)：63 - 69.

[166]   赵龙乾，满君丰，彭成. 基于云端协同计算架构的边缘端 I/O 密集型虚拟机资源分配方案 [J]. 计算机应用研究，2020 (9)：2734 - 2738.

[167]   赵峥，韩汝春. 水利工程视频监控系统建设与技术支撑 [J]. 水利信息化，2012 (5)：53 - 57.

[168]   郑浩. 基于声学信号的滚动轴承故障诊断方法研究 [D]. 徐州：中国矿业大学，2020.

[169]   牛智星，胡春杰，阮聪等. 基于水尺图像自动提取水位监测系统与应用 [J]. 电子设计工程，2019，27 (23)：103 - 107.

[170]   郑振浩，王金龙. 基于标准化管理的水利工程运行管理系统建设研究 [J]. 浙江水利科技，2019，47 (2)：79 - 81.

[171]   周李京. 区块链隐私关键技术研究 [D]. 北京：北京邮电大学，2019.

[172]   周洲，沈醉云，车田超，等. 江苏南水北调工程调度运行管理基础数据库设计 [J]. 江苏水利，2018 (10)：10 - 16.

[173]   朱清科，马欢. 我国智慧水土保持体系初探 [J]. 中国水土保持科学，2015，13 (4)：117 - 122.